国家自然科学基金项目(51774135、51274100)资助
教育部高等学校特色专业建设点项目(TS11624)资助
湖南省安全生产财政专项资金项目(湘财企指〔2017〕20号)资助
湖南省教育厅教学改革研究项目(2016-385)资助

安全监测监控原理与仪表

（修订版）

主　编　李润求　　周利华
主　审　施式亮

中国矿业大学出版社

·徐州·

内 容 提 要

安全监测监控是事故预防的基本技术手段。本书以"原理—仪表—系统—应用"为主线,全面介绍安全监测监控的基本理论、技术原理、监测仪表、监控方法以及监控系统设计与应用,强调了安全监测监控理论与技术的实用性、复合性和先进性,体现了现代科学技术水平。

本书可作为高等院校安全工程、应急技术与管理、电气工程及其自动化、自动化等专业本科生的教学用书,也可作为安全管理和安全技术人员的培训教材与自学用书。

图书在版编目(C I P)数据

安全监测监控原理与仪表 / 李润求,周利华主编
. —徐州:中国矿业大学出版社,2018.2(2022.1重印)

ISBN 978 - 7 - 5646 - 3902 - 0

Ⅰ. ①安… Ⅱ. ①李… ②周… Ⅲ. ①安全监测②安全监控 Ⅳ. ①X924

中国版本图书馆 CIP 数据核字(2018)第 027767 号

书　　名	安全监测监控原理与仪表
主　　编	李润求　　周利华
责任编辑	陈红梅
出版发行	中国矿业大学出版社有限责任公司
	(江苏省徐州市解放南路　邮编 221008)
营销热线	(0516)83884103　83885105
出版服务	(0516)83995789　83884920
网　　址	http://www.cumtp.com　**E-mail**:cumtpvip@cumtp.com
印　　刷	徐州中矿大印发科技有限公司
开　　本	787 mm×1092 mm　1/16　**印张** 20.75　**字数** 518 千字
版次印次	2018 年 2 月第 1 版　2022 年 1 月第 2 次印刷
定　　价	38.00 元

(图书出现印装质量问题,本社负责调换)

《安全监测监控原理与仪表》
编委会

主　编　　李润求　　周利华

副主编　　李石林　　伍爱友　　游　波

参　编　　黄　飞　　鲁　义　　柴红保

　　　　　刘　勇　　崔　辉

主　审　　施式亮

前　言

在工业生产和日常生活中,存在着各种危险和有害因素,如粉尘、可燃气体、有毒有害气体、热辐射、噪声、电磁波等,污染生产和生活环境,影响工业生产过程,更对人体健康和生命安全造成危害。而随着现代工业生产的发展和科学技术的进步,生产装置结构越来越复杂,集成化程度越来越高,自动化程度也越来越高,如大规模装置、大型联合装置的出现,使技术密集性、物质高能性和过程高参数性等更为突出,工业过程中的温度或压力的微小变化、高速流体系统的流量流速的微小变化、爆炸危险体系的微小触发能量等,对于现代装置、高能过程和高技术系统都可能导致毁灭性的灾难。

事故是可以避免的。安全工程的研究对象是广泛存在于生产、生活、生存范围之内的各种不安全因素(危险和有害因素),通过研究分析这些不安全因素的内在联系和作用规律,探寻防止灾害和事故的有效措施,以达到控制事故、保证安全的目的。安全监测监控技术就是以安全生产和人类健康可持续发展为目标,以安全科学与工程学科理论为指导,以智能监测监控技术为核心,对生产环境和生活环境中各类危险和有害因素的危害程度、危害范围及动态变化进行有效监测,集成状态监测、评估预警、应急控制等功能,实现对工业生产和日常生活中各类危险和有害因素的有效监测、控制和管理。因此,安全监测监控是事故预防的基本技术手段。

全书分为11章。第1章介绍了安全监测监控技术与安全工程的关系、安全监测监控仪表与安全监控系统的发展;第2章介绍了常用传感器基本工作原理和主要性能参数;第3章介绍了可燃气体监测原理和监测仪表的应用;第4章介绍了氧气与有毒有害气体监测技术与仪表;第5章介绍了生产性粉尘的理化性质与粉尘监测技术;第6章介绍了噪声监测原理与仪表和噪声监测方法;第7章介绍了工业通风参数的监测原理与仪表;第8章介绍了入侵防范基本原理与仪表;第9章介绍了火灾探测器的基本原理以及火灾探测器的选用;第10章介绍了安全监测数据分析与管理;第11章介绍了安全监控系统工程设计要求和典型工程设计案例。

本书在湖南科技大学周利华教授自编教材基础上,由湖南科技大学李润求、周利华、李石林、伍爱友、游波、黄飞、鲁义、柴红保、刘勇、崔辉等联合编写完成,李润求、周利华对全书进行了统稿,湖南科技大学施式亮教授对全部书稿进行了全面细致的审稿。本书出版经历了一个漫长的过程,引用了许多相关文献资料和国家与行业标准,接受了同行专家学者的审阅与建议。在此,向本书所引用资料的作者和评审专家以及关心支持编写本书的领导和专家学者表示最真诚的谢意,对参与本书校对工作的湖南科技大学硕士研究生陈晓勇、麻正丽、申晋豪等表示衷心的感谢。本书的出版得到了国家自然科学基金项目(51774135、51274100)、教育部高等学校特色专业建设点项目(TS11624)、湖南省安全生产财政专项资金项目(湘财企指〔2017〕20号)、湖南省教育厅教学改革研究项目(2016-385)等资助。

  本书涉及面非常宽广,内容丰富,限于编写时间以及编写人员学识水平,不妥之处在所难免,恳请读者提出宝贵意见,以便今后修订和补充。

编 者

2018 年 1 月

目　录

第1章 绪 论

在工业生产和日常生活中,存在着各种危险和有害因素,如粉尘、可燃气体、热辐射、噪声、放射线、电磁波等,造成对生产和生活环境的污染,影响工业生产过程,更对人体健康和生命安全造成危害。对生产环境和生活环境中各类危险和有害因素的危害程度、危害范围及动态变化进行有效监测监控,这是事故预防的基本技术手段。

1.1 安全监测监控技术

人类社会的工业化进程及其成果,在给人类带来巨大的财富与现代文明的同时,工业灾害及其后果给人类造成了巨大的财产损失和人员伤亡。随着现代工业生产的发展和科学技术的进步,生产装置结构越来越复杂,集成化程度越来越高,功能越来越完善,自动化程度也越来越高,如高能技术、高新技术、航空航天技术、核工业技术、深海技术等的发展以及大规模装置、大型联合装置的出现,使技术密集性、物质高能性和过程高参数性等更为突出,工业过程中的微小温度或压力的变化、高速流体系统的流量流速的变化、高速运转机械平衡条件的微小变化、物料配比系统的微小失误、高压装置的细小裂纹、爆炸危险体系的微小触发能量等,对于现代装置、高能过程和高技术系统都可能导致毁灭性的灾难。事故是可以避免的。如何合理利用技术手段,对危险和有害因素进行有效的监测、预警和抑制,避免或减少人员伤亡和财产损失,这些是生产安全关键技术需要重点解决的现实问题。

1.1.1 概述

检(监)测是人类认识世界的重要技术手段。人们可以通过各种检(监)测方式和检(监)测技术来获取信息,以助于了解周围环境,进而实现对工业生产和日常生活等环境参数的控制。现代检(监)测技术随着科学技术的发展已经成为一门独立的学科。在煤炭、石油、化工、冶金等生产部门,为了确保安全生产,改善劳动条件,提高劳动生产率,使生产管理水平趋向科学化、现代化发展,要求对生产过程与生产环境参数进行实时、准确的检(监)测,并对这些工艺参数和环境参数实施有效的控制,因而逐步发展和形成了安全监测监控技术。

生产环境和生活环境中的危险和有害因素,来源于人、机、环境、管理,类型多种多样,但绝大多数具有可测性和可控性。表征危险和有害因素状态的可观测参数称为危险源的"状

— 1 —

态信息",如表征生产过程或设备的运行状况正常与否的参数,作业环境中化学和物理危害因素的浓度或强度等。安全状态信息出现异常,反映系统正在从相对安全状态向事故发生的临界状态转化,提示人们必须及时采取措施,以避免事故发生或将事故的伤害和损失降至最小强度。

为了获取危险和有害因素的状态信息,需要将这些信息通过物理的或化学的、甚至生物的方法转化为可观测的物理量,这就是通常所说的安全检测,它是环境安全与卫生条件、特种设备安全状态、生产过程危险参数、操作人员不安全行为等各种不安全因素检测的总称。担负信息转化任务的器件称为传感器或检测器,由传感器或检测器及信号处理、显示单元便组成了"安全检测仪表(器)"。如果将传感器或检测器及信号处理、显示单元集于一体固定安装于现场,对安全状态信息进行实时检测,则这种装置被称为安全监测仪表(器)。如果只是将传感器或检测器固定安装于现场,而信号处理、显示、数据分析、报警等单元安装在远离现场的控制室内,则称之为安全监测系统。在对危险和有害因素的可控性进行分析之后,通过应急控制使系统或环境的事故临界状态转化为相对安全状态,以避免事故发生或将事故的伤害、损失降至最低程度。集成了具有安全防范性质的控制技术的安全监测系统,则称之为安全监控系统。如入侵报警系统、自动喷水灭火系统、消防联动控制系统、电气火灾监控系统、煤矿安全生产监控系统等,都是以生活环境或生产环境系统的安全为目标而设置的一套综合性电子监控系统。

1.1.2 监测监控与安全工程

早期的工业生产监测监控是以计算机为基础的生产过程控制与调度管理自动化系统,通过对现场设备运行进行监视和控制,以实现工艺参数测量、数据采集、设备控制、参数调节以及各类信号报警等功能,属于被动式的灾害预防技术。其目的是确保设备的安全运行,预防和消除事故隐患,避免事故发生。其主要任务是能及时地、正确地对运行设备的运行参数和运行状况做出全面监测,预防和消除事故隐患;对设备的运行进行必要的指导,提高设备运行的安全性、可靠性和有效性,以期把运行设备发生事故的概率降低到最低水平,将事故造成的损失减低到最低程度;通过对设备运行进行监测、隐患分析和性能评估等、为设备的结构修改、设计优化和安全运行提供数据和信息。

随着对人类自身健康可持续发展的深入认识和安全科学与工程学科理论的持续完善,安全工程的研究范围遍及生产领域(安全生产及劳动保护方面)、生活领域(交通安全、消防安全与家庭安全等)和生存领域(工业污染控制与治理、环境灾变的控制和预防)。安全工程的研究对象是广泛存在于生产、生活、生存范围之内的各种不安全因素(危险和有害因素),通过研究分析这些不安全因素的内在联系和作用规律,探寻防止灾害和事故的有效措施,以达到控制事故、保证安全的目的。现代安全监测监控是以人类健康可持续发展出发,以安全科学理论为指导,以智能监测监控技术为核心,集成了状态监测、评估预警、应急控制等功能,实现对环境或系统中各类危险和有害因素的有效监测、控制和管理。现代安全监测监控与安全工程的关系如图 1-1 所示。

安全系统工程是以预测和预防事故为中心,以识别、分析、评价和控制系统风险为重

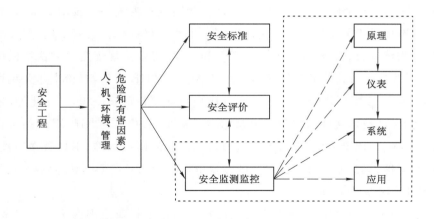

图 1-1 安全监测监控与安全工程

点的安全理论和方法体系。安全系统工程领域研究、解决的主要问题是如何控制和消除人员伤亡、职业病、设备或财产损失,最终实现在功能、时间、成本等规定的条件下,系统中人员和设备所受的伤害和损失最小。安全评价是安全系统工程的核心部分,通过安全科学与工程的原理和方法识别系统中存在的危险和有害因素,评价其危险程度,从而提出控制措施并对实施效果进行检验。系统中危险和有害因素的各种信息来源于人的观察或利用安全检(监)测工具,安全对策或危险和有害因素的控制措施也是通过人的行为或工具进行实施。显然,利用工具对环境或系统中的危险和有害因素进行监测监控也是安全系统工程的重要组成部分。因此,安全工程研究领域也包括了安全监测监控的原理与仪表、安全监测监控系统的组成与建设,以及如何充分利用安全监测监控系统为人类健康可持续发展服务。

对如何进行安全监测和由安全监测得到的数据如何进行评价以及如何对系统进行安全控制等问题,则必须依靠安全标准。安全标准是为了保护人体健康、社会物质财富和维持生态平衡,对安全状况、污染源排放和有关生产环境保护的方法等,由国家按规定的程序制定和批准的一整套技术规范。安全标准是制定安全规划、衡量安全水平和执行安全生产法规的主要依据。将安全监测的结果与安全标准对照,才能判断安全工作的优劣,才能制订安全规划、计划、措施,确定所需达到的安全目标。

1.1.3 安全标准

所谓安全监测监控标准体系,就是根据安全标准的特点和要求,按照它们的性质功能以及内在联系进行分级、分类,从而构成一个有机联系的整体。尽管安全标准的批准颁发机构和运用范围不同,但安全标准体系内的各种标准互相联系、相互依存、互相补充,具有很好的配套性和协调性。

1) 安全标准的层次

按照《中华人民共和国标准化法》规定,安全标准可分成国家标准、行业标准、地方标准、团体标准和企业标准等层次。以下主要介绍前四种:

（1）国家标准。安全监测监控国家标准是在全国范围内统一的技术要求，也是我国安全监测监控标准体系中的主体。主要由国家安全生产、卫生部门、公安部门等组织制定，归口管理。保障人体健康，人身、财产安全的标准和法律、行政法规规定强制执行的标准是强制性标准，代号为"GB"；其他标准是推荐性标准，代号为"GB/T"，如《粉尘作业场所危害程度分级》（GB 5817—2009）、《传感器命名法及代号》（GB/T 7666—2005）。此外，还有一种"国家标准化指导性技术文件"，作为对国家标准的补充，其代号为"GB/Z"。指导性国家标准是指生产、交换、使用等方面，由组织（企业）自愿采用的国家标准，不具有强制性，也不具有法律上的约束性，只是相关方约定参照的技术依据。例如：《点型感烟/感温火灾探测器性能评价》（GB/Z 24979—2010）。

（2）行业标准。对没有国家标准而又需要在全国某个行业范围内统一的安全要求，可以制定行业标准。行业标准是国家标准的补充，由国务院有关行政主管部门制定，并报国务院标准化行政主管部门备案，在公布国家标准之后，该项行业标准即行废止。安全监测监控行业标准管理范围主要有：职业安全及职业卫生工程技术标准；工业产品在设计、生产、检查、储运、使用过程中的安全卫生技术标准；特种设备和安全附件的安全技术标准、起重机械使用的安全技术标准；工矿企业工作条件及工作场所的安全卫生技术标准；职业健康安全管理和工人技能考核标准等。行业标准分强制性标准和推荐性标准，如《粉尘采样器技术条件》（AQ 4217—2012）、《氨气检测报警仪技术规范》（AQ/T 3044—2013）、《煤矿安全生产监控系统联网技术要求》（MT/T 1116—2011）、《安全防范高清视频监控系统技术要求》（GA/T 1211—2014）。国家职业卫生标准是以保护劳动者健康为目的，对劳动条件（工作场所）的卫生要求做出的技术规定，是实施职业卫生法律、法规的技术规范，是卫生监督和管理的法定依据。国家职业卫生标准同样分强制性标准和推荐性标准，代号分别为"GBZ"和"GBZ/T"。例如：《职业健康监护技术规范》（GBZ 188—2014）、《工作场所物理因素测量 第8部分：噪声》（GBZ/T 189.8—2007）。

（3）地方标准。对没有国家标准和行业标准而又需要在省、自治区、直辖市范围内统一的工业产品的安全卫生要求，可以制定地方标准。地方标准由省、自治区、直辖市标准化行政主管部门制定，并报国务院标准化行政主管部门和国务院有关行政主管部门备案。在公布国家标准或者行业标准之后，该项地方标准即行废止。地方安全监测监控标准是对国家标准和行业标准的补充，同时也为将来制定国家标准和行业标准打下基础，创造条件。如北京市地方标准《城市轨道交通安全防范技术要求 第2部分：视频安防监控子系统》（DB11 646.2—2009）、山东省地方标准《固定污染源废气低浓度排放监测技术规范》（DB37/T 2706—2015）。

（4）企业标准。企业生产的产品没有国家标准和行业标准的，应当制定企业安全标准，作为组织安全生产的依据。企业的产品安全标准须报当地政府标准化行政主管部门和有关行政主管部门备案。已有国家标准或者行业标准的，国家鼓励企业制定严于国家标准或者行业标准的企业标准，在企业内部适用。例如：中国化学工程总公司施工工艺标准《建筑设备监控系统施工工艺标准》（BQ-CNCEC J070301—2004）。

2）安全标准的类型

按照标准化对象，通常把标准分为技术标准、管理标准和工作标准等类别。技术标准是指对标准化领域中需要协调统一的技术事项所制定的标准。技术标准包括基础技术标准、产品标准、工艺标准、检测试验方法标准，以及安全、卫生、环保标准等。管理标准是指对标准化领域中需要协调统一的管理事项所制定的标准。管理标准包括管理基础标准、技术管理标准、经济管理标准、行政管理标准、生产经营管理标准等。工作标准是指对工作的责任、权利、范围、质量要求、程序、效果、检查方法、考核办法所制定的标准。工作标准一般包括部门工作标准和岗位（个人）工作标准。安全标准的类别也符合上述划分原则。

（1）安全基础标准。基础标准是指在一定范围内作为其他标准的基础，被普遍使用，具有广泛指导意义的标准。生产安全基础标准主要指在生产安全工作领域中，对应统一的符号、名词、原则等所做的规定，在安全标准体系中处于指导地位，是制定其他标准的基础。例如：《图形符号 安全色和安全标志 第1部分：安全标志和安全标记的设计原则》（GB/T 2893.1—2013）、《生产过程危险和有害因素分类与代码》（GB/T 13861—2009）、《煤矿安全监控系统通用技术要求》（AQ 6201—2006）、《泄漏电缆入侵探测装置通用技术要求》（GA/T 1031—2012）、《作业场所环境气体检测报警仪 通用技术要求》（GB 12358—2006）等。

（2）安全方法标准。方法标准是指以设计、实验、统计、计算、操作等各种方法为对象的标准，世界上各主要国家都对安全监测监控方法作统一的规定。其中内容是以设计、制造、施工、检验等技术事项做出统一规定的标准，一般称作"规范"，如《工业电视系统工程设计规范》（GB 50115—2009）、《石油化工可燃气体和有毒气体检测报警设计规范》（GB 50493—2009）、《安全防范工程技术规范》（GB 50348—2004）等；而内容是对工艺、操作、安装、检定等具体实施要求和实施程序做出统一规定的标准，则称作"规程"，如《双金属温度计规程》（JJG 226—2001）和《精密杯形和U形液体压力计检定规程》（JJG 241—2002）等。我国的生产安全分析、测试方法等方法标准中，要求在不同的时间、地点，不同的监测人员、使用不同的仪器时所得的结果尽量具有可比性，有些监测项目中，同时列出了不止一种测试方法供选用，如《粉尘物性试验方法》（GB/T 16913—2008）。

（3）安全产品标准。产品标准是指为保证产品的适用性，对产品必须达到的主要性能参数、质量指标、使用维护要求等所制定的标准，如《线型感温火灾探测器》（GB 16280—2014）、《可燃气体报警控制器》（GB 16808—2008）、《火灾显示盘》（GB 17429—2011）、《火灾声和/或光警报器》（GB 26851—2011）等。

（4）安全质量标准。安全质量标准是指在一定的时间和空间范围内，对安全质量的要求所做的规定。一般安全质量标准包括工作场所有害因素限值标准、大气安全质量标准、水安全质量标准、土壤安全质量标准和城市区域环境噪声标准等。这些标准都是以保护人体健康与正常的生活和工作条件，维持正常生态平衡而制定的各种有害因子在生产生活环境中的最高允许浓度或限值，如《工业企业设计卫生标准》（GBZ 1—2010）、《工作场所有害因素职业接触限值 第1部分：化学有害因素》（GBZ 2.1—2007）、《工作场所有害因素职业接触限值 第2部分：物理因素》（GBZ 2.2—2007）、《环境空气质量标准》（GB 3095—2012）等。

安全质量标准也是各地对环境划分区域进行分级、分类管理和安全评价的基础,是制定污染物排放标准的依据。

(5)污染物排放标准。污染物排放标准是为了实现安全质量标准,结合当前国家的技术水平、经济发展程度和生产安全状况,对排放到环境中的有害因子的排放程度或排放量所做的具体指标规定。例如:《烧碱、聚氯乙烯工业污染物排放标准》(GB 15581—2016)、《加油站大气污染物排放标准》(GB 20952—2007)、《建筑施工场界环境噪声排放标准》(GB 12523—2011)等。排放标准直接控制污染源的排放,从而防止或至少减轻环境污染,使安全质量标准的实现得到可靠的保证。

安全标准体系不是一成不变的,它与一定时期的技术经济水平以及安全监测状况相适应。对于已具备实施国际标准条件则直接采用国际标准,而部分安全标准甚至比国际标准要求更加严格。因此,安全标准是随着技术经济的发展、安全监测监控要求的提高而不断变化。

1.1.4　安全监测分析方法

1)安全监测类型

暴露在有毒物质中,对健康的影响有急性的和慢性的。根据暴露毒害物质的种类,应采用相应的监测方法。基于职业现场的特点和作业环境的差异,以及分析与评估的需要,目前所采用的监测类型主要有长周期监测、连续监测、快速测量。长周期监测是评估个人在给定时间间隔内的平均暴露情况。通过连续监测能够探测可以造成急性暴露的高浓度有害物质的短期暴露情况。如果已知确切的暴露时间点,且在此时进行测量,则可使用快速测试来测量急性危害。如果进行了一系列从统计来说有重要作用的测量,则可对慢性危害进行评价。

根据监测类型的不同,其监测方法主要有慢性危害测试法、急性危害测试法、现场危害直接测试法。慢性危害测试法是连续个人剂量测量,对平均背景水平的连续测量,对选定地点及时间内的有害物水平的快速测量。急性危害测试法是使用快速反应设备进行连续的个人及背景监测,对选定地点及时间内做背景有害物水平的快速测量。现场危害直接测试法一般使用直接读数的仪器进行测试,是进入某一场所是否安全的分析,即对于该场所危险物质性质及数量的检测分析。

2)安全监测项目选择

安全监测目标的测定是一个十分复杂的问题。主要由于:

(1)某些危险有害物质的含量甚微,而且在不同的情况下,其差别可以相差甚远。例如,同样量的六价铬在污染源监测中可以高达千分之几;而在生产环境监测时,则可能会低到千亿分之几,甚至更低。这就要求测定方法本身要有较高的灵敏度,同时又要适应较大的浓度范围。

(2)试样的组分复杂。正由于监测的对象项目的含量甚微,因此,其他的非监测对象物质就是大量的了。这就要求测定方法的选择性要好,以使分析测定过程的预处理简化。

(3)某些监测对象还十分不稳定,要求立即测定或加以固定。例如,水中溶解氧的监测就需注意从采样到测定的整个过程中不应使样品受到外界大气的影响和水体中生物的影响。

（4）试样数量大,监测项目多。由于安全监测有许多场合都需要进行统计处理,分析相关关系等。这就要求有足够数量的样品和足够的监测项目,于是安全监测就成为一项工作量很大的事情。

对于安全评价来说,如果监测项目越多,则把握其污染水平也越确切。但在实际工作中,由于受人力、物力、技术水平和其他条件的限制,不可能在监测计划中将所涉及的项目全部列入,应该根据监测计划及污染因子的特性,对监测项目进行筛选,挑选出最有代表性或最关键的项目,以最经济的人力、物力和时间来解决问题,因此选择监测项目要因时因地制宜。一般应选择:对人体健康影响大、面广、持续时间长的污染因子;不易被微生物分解,不易在自然条件下会自然分解而引起逐渐积累的物质;能反映环境安全综合质量的某些指标;有可靠的检测手段,能获得可靠监测结果的项目;监测所得的数据,要有相应的生产环境安全标准或能进行解析;其他有特殊目的或要求的项目。

3）安全监测分析方法

在安全监测分析中既有物理量的测定也有污染组分的测定。物理量的测定如温度、色度、噪声等都已有比较简便快速的测定方法,而且这些方法很容易实现连续自动化测定。但化学组分的测定则比较复杂。目前用于安全监测的测定方法有化学分析法、物理化学分析法和生物法三大类。

（1）化学分析法。化学分析法包括滴定法(酸碱滴定、氧化还原滴定、沉淀滴定和铬合滴定)和重量法。这种方法的主要特点是:① 准确度高,其相对误差一般为 0.1%～0.2%;② 所需仪器设备简单,成本低,保养维修方便;③ 灵敏度较低,仅适用于高含量组分的测定,对微量组分则不能适用;④ 选择性较差,往往需要比较复杂的预处理。

（2）物理化学分析法。物理化学分析法通常又称为仪器分析法。其种类很多,但大体上可分为光学分析法,电化学分析法和色谱分析法三大类。仪器分析方法的共同特点是:① 灵敏度高,适用于微量或痕量组分的分析;② 选择性好,对试样预处理要求简单;③ 响应速度快,容易实现连续自动测定;④ 有些仪器分析法还可组合使用,以提高鉴别能力。但是与化学分析法相比,仪器分析法的相对误差较大,一般都达 3%～5%,而且所用仪器的成本较高,维修保养比较复杂。

（3）生物法。生物监测是一种近年来逐步受到人们重视的新的监测方法。从理论上讲,环境的物理化学过程决定着生物学过程;反之,生物学过程的变化也可以在一定的程度上反映出环境的物理、化学变化过程。因此,我们可以通过对生物的观察来评估安全状况的变化。从某种意义上说,由安全状况的变化所致的生物学过程的变化能够更直接、更综合地反映出环境安全对生态系统的影响,比用理化方法监测得到的为数有限的参数更具有说服力。生物监测具有如下优点:① 能直接反映出环境安全对生态系统的影响;② 价格低廉,不需购置昂贵的精密仪器;③ 不需要烦琐的保养、维修仪器的工作;④ 可以在大面积或较长距离内密集布点,甚至在边远地区也可布点;⑤ 具有一定的专一性。但是生物学过程比较复杂,影响因素很多,使生物监测方法受到许多限制。例如:精度不高,有些场合只能半定量;影响生物学过程的不仅仅是环境污染,还有许多非污染因素在起作用。因此,在不同的自然条件下没有可比性,在季节和地理上也有较大的限制。

4) 安全监测方法选择原则

随着现代技术的不断发展,对各种污染因子的测定方法有多种多样,这些方法在不同的条件下能满足安全监测的要求,但是对于同一污染因子如采用不同的监测方法或采用不同原理的检测仪器,往往会得到不同的结果。为了最大限度地利用由环境监测所得到的信息,在选择污染因子的测定方法时应遵循下列几条基本原则:

(1) 标准化。测定方法的标准化是目前世界各国都在加强推行的一种做法。为了使在不同情况下测得的监测结果具有可比性,应尽可能采用标准方法;如果是进行国际合作的安全监测计划,还应采用国际统一的标准方法,有些国家的标准测定法中还规定了应采用的仪器型号。

(2) 专用化。由于危险有害物质往往和其他的成分混杂在一起,为了提高监测工作的效率,只要条件许可我们就应选用有专用仪器的测定方法。一般来说,专用仪器都有很高的选择性,可以省去烦琐的分离操作。

(3) 自动连续化。在经常性的测定工作中如有可能则应尽量采用连续自动测定装置,这样可以获得更多的信息。但在使用连续自动监测系统时,必须注意用标准试样对系统的精度和灵敏度进行定期校核,以保证所得结果的正确。

1.2 安全监测监控仪表的本质安全

在工业生产过程中,安全监测通常都是先对非电量予以转换,然后用电测方法来间接获得测量结果。针对有特殊要求的石油、化工、矿山等生产过程,尤其是易燃、易爆场所,监测仪表在构成和使用上,除了应完成对非电量的转换和比较以获取测量结果之外,还必须对其自身的安全特性给予考虑,达到保证生产安全的目的,从而在仪表结构方面逐步发展形成了隔爆型、防爆型和本质安全型的安全监测仪表。《爆炸性环境》(GB 3836—2017)等对爆炸性环境电气设备的制造、使用、检验等做出了相关规定。

1.2.1 监测监控仪表的安全特性

在工业生产中,许多生产过程具有易燃、易爆、高温、高压和有毒等特点,许多工艺介质具有强烈的腐蚀性,有些介质易结晶和堵塞管道。监测仪表在这些特殊的场所中使用时必须采取相应的技术措施,解决仪表的防护问题。特别是在存在易燃易爆的气体、液体或粉尘的生产环境中,安装和使用监测仪表必须考虑安全防爆措施,以防止产生危险火花,引起燃烧或爆炸事故。也就是说,在安全监测监控仪表的自身特性方面提出了安全要求,以及为达到提出的安全要求应采取的何种措施的问题。

为了使安全检(监)测监控仪表能够适用于具有火灾及爆炸危险的生产现场,仪表中常见的三种防爆措施如下：

1）控制易爆气体

人为地在危险场所（即同时具备发生爆炸所需的可燃气体、氧气、温度等三个条件的工业现场）营造出一个没有易爆气体的空间，将仪表安装在其中，典型代表为正压型防爆方法Exp（Ex为防爆标志，Exp为正压型防爆标志）。其工作原理是在一个密封的箱体内，充满不含易爆气体的洁净气体或惰性气体，并保持箱内气压略高于箱外气压，将仪表安装在箱内，如现场设置的正压型防爆仪表柜。

2）控制爆炸范围

人为地将爆炸限制在一个有限的局部范围内，使该范围内的爆炸不至于引起更大范围的爆炸。典型代表为隔爆型防爆方法Exd（Exd为隔爆型防爆标志）。其工作原理是为仪表设计一个足够坚固的壳体，按标准严格地设计、制造和安装所有的界面，使在壳体内发生的爆炸不至于引发壳体外危险性气体（易爆气体）的爆炸。隔爆型防爆方法的设计与制造规范极其严格，而且安装、接线和维修的操作规程也非常严格。该方法决定了隔爆的电气设备、仪表往往非常笨重，但许多情况下也是最有效的办法。

3）控制引爆源

人为地消除引爆源，既消除足以引爆的火花，又消除足以引爆的表面温升，典型代表为本质安全型防爆方法Exi（Exi为本质安全型防爆标志）。其工作原理是利用安全栅技术，将提供给现场仪表的电能量限制在既不能产生足以引爆的火花，又不能产生足以引爆的仪表表面温升的安全范围内。本质安全设备在正常工作、发生一个故障、发生两个故障时均不会使爆炸性气体混合物发生爆炸。因此，该方法是最安全可靠的防爆方法。

一般来说，具有本质安全特性的检（监）测仪表称为本质安全型仪表，也称为安全火花型仪表，其主要特点是仪表自身不会产生危险火花。而具有一定防爆、隔爆特性的检测仪表则称为防爆型或隔爆型仪表，它的主要特点是在仪表内部仍有可能产生危险火花，并且该火花能够点燃由仪表缝隙进入其内部的可燃混合气体，但却能阻止仪表内部的燃烧或爆炸通过缝隙传至外部的危险环境。必须指出的是，防爆或隔爆型的结构不但适用于检测仪表，也适用于电气设备或电动机的安全要求，是先于本质安全型结构之前应用的传统防爆类型。

1.2.2 监测监控仪表的本质安全原理

为了使检测仪表具有本质安全特性或防爆、隔爆特性，长期以来人们进行了坚持不懈的努力，并在仪表的电路设计和结构设计方面对防爆措施进行了多种尝试和研究，最后逐步发展形成了结构防爆仪表和安全火花防爆仪表两大类。结构防爆仪表是传统的防爆仪表类型，有充油型、充气型、隔爆型等。其基本思想是将可能产生危险火花的电路从结构上与爆炸性气体隔离开来；其设计所依据的基本安全指标是爆炸性混合物或易燃、易爆气体按自燃温度的分组和按最大安全缝隙大小划分爆炸危险性等级。安全火花防爆仪表则是采用截然不同的方法，从电路设计开始就考虑防爆问题，将电路在短路、开路或断路以及误操作等各种状态下可能发生的火花都限制在爆炸性混合物或易燃、易爆气体的点火能量之下，是从爆炸发生的根本原因上采取措施来解决防爆问题。安全火花防爆仪表的设计依据是各种爆炸性混合物或易燃、易爆气体按其最小引爆电流分级和按自燃温度分组。显然,与结构防爆仪表相比,安全火花防爆仪表的优点突出,具有本质安全特性,因此也称为本质安全防爆仪表。

1）监测监控仪表的防爆结构

对于结构防爆仪表,其安全防护措施是通过使用不同的结构形式来实施的。归纳起来,结构防爆仪表的防爆结构有五种形式:隔爆型、防爆通风充气型、防爆充油型、防爆安全型和特殊防爆型。

（1）隔爆型。隔爆型将检测仪表及配线完全装在仪表盒、设备盒或管内进行密封,但是无论怎样密封,内外的温差照样能使内部空气膨胀和收缩,通过间隙进行呼吸,因而不可能完全防止爆炸性气体从外部进入结构内部。所以,像隔爆仪表箱、电动机外壳、开关箱、照明灯具玻璃罩等,除了要做成完全密封的结构之外,还要做成即使在结构内部发生电火花引起可燃性气体爆炸,也能耐得住爆炸的结构（其耐压大约为 0.8 MPa）。同时,爆炸生成的气体通过间隙出来时,还要能够冷却到不致对密封结构外部的爆炸性混合气体构成点火源。《爆炸性环境 第 2 部分:由隔爆外壳"d"保护的设备》（GB 3836.2—2010）规定了爆炸性气体环境用电气设备隔爆型的结构要求、检查和试验要求与程序。

必须指出的是,如果在隔爆型结构的结合面上使用密封填料封闭,那么在隔爆容器内发生爆炸时,爆炸压力会将密封填料挤出去,使它起不到隔爆的作用。因此,通常是将结合面全部加工成光洁面或螺纹进行连接,这样爆炸产生的气体通过金属光洁面或螺纹时,就能够被冷却到爆炸性混合气体的燃点温度以下,从而阻止燃烧波的传播。这时,气路长度（即金属光洁结合面的间隙深度或者螺纹峰谷面的总长）与间隙或缝隙大小必须符合最大安全缝隙或火焰蔓延极限所规定的具体值。

当检测仪表的供电或配电线路中有必要采用隔爆型结构时,要把电线穿入厚壁钢管中,在钢管之间的连接必须用 5 扣以上的螺纹紧密咬合,以做到即使在管内产生电火花引起可燃气体爆炸,也不至于波及外面。同时,为了防止爆炸性混合气体通过钢管传到其他设备或相邻房间内,必须在钢管上设置密封配件,充填密封胶堵塞管子。

（2）防爆通风充气型。防爆通风充气型也称为正压型,它与隔爆型一样,需将检测仪表装入全封闭的容器内或外壳中,同时里面充入清洁空气或惰性气体,以稍微提高内部压力来防止危险性气体进入。如果内部压力下降,外部的爆炸性气体有可能进入而发生危险,故一般设有内部压力监测及自动报警或自动停车等装置,监控内部压力下降情况。

对于爆炸危险等级较高和自燃点组别较低的可燃性气体或蒸气,往往隔爆结构制造有困难,对此采用通风充气型结构是合适的,可以有效地提高仪表和电气设备的安全性。所以,在电动仪表、电气自动控制装置等设备上常采用通风充气型防爆结构。《爆炸性环境 第 5 部分:由正压外壳"p"保护的设备》（GB 3836.5—2017）规定了爆炸性气体环境用正压外壳型电气设备的结构和试验的特殊要求。

（3）防爆充油型。防爆充油型简称充油型,这种结构主要用于电气设备的防爆。它是将开关、制动器、变压器、整流器等电气主体浸没在绝缘油中,而且油面高出危险部位的距离至少要保证在 10 mm 以上。在这种防爆结构中,漏油引起的油面下降是十分危险的。因此,必须用油面计来经常监测油面位置,以确保安全性。此外,在充油型开关中,开关开闭时产生的弧光能使绝缘油热分解,产生以氢气为主的可燃气体,所以要设排气孔以防止由于其中积累分解气体而成为混合气体发生爆炸。《爆炸性气体环境用电气设备　第 6 部分:油浸型"o"》(GB 3836.6—2004)规定了潜在爆炸性气体、蒸气和薄雾环境用油浸型电气设备、电气设备油浸部件和油浸型的 Ex 元件的结构和试验方法。

(4)防爆安全型。防爆安全型结构并不是真正的防爆结构,只是采用辅助性措施,将正常运行中容易过热或产生电火花的仪表或设备部件,在绝缘、温升等方面加以处理,使之比一般要求的部件做得可靠;同时,对仪表或设备中的气隙、端子板、连接点等部位严格要求,增加安全度。因此,防爆安全型有时也称为增安型。《爆炸性环境　第 3 部分:由增安型"e"保护的设备》(GB 3836.3—2010)规定了在正常运行条件下不会产生火花、电弧或危险温度,供电额定电压不超过 11 kV(交流有效值或直流值),采用增安型"e"防爆型电气设备的设计、结构、检验和标志的特殊要求。

(5)特殊防爆。通常情况下,特殊防爆型结构多用在实验测试仪器和安全性检查仪器中,其防爆性能要通过实验被确认之后才能付诸使用。

以上 5 种结构防爆形式在检测仪表和电气设备的安全防护中有着广泛的应用。对于检测测量仪表来讲,其中隔爆型、防爆通风充气型(即正压型)和防爆安全型(增安型)用得更多一些,是主要采用的结构防爆类型。但在石油、化学工业中,随着自动控制技术、计算机技术的广泛应用,利用电子设备、微电子设备进行各种工艺计量、参数监测和控制越来越多,如果原封不动地采用上述防爆结构,则在技术上和经济上都造成一定的困难,因而发展形成了适于低电压、弱电流电子设备和微电子设备的安全防爆型式——本质安全型防爆结构,又称为安全火花型结构(标志为"ia"和"ib")。

2)监测监控仪表的本质安全防爆

在具有爆炸危险的工业生产现场进行工艺参数检测或安全性参数监测时,必不可少地要使用相应的检测仪表或监测仪表。而检测仪表或监测仪表一旦用于有爆炸危险的场所,就必须对仪表自身的安全特性予以充分地考虑,以确保不至于测量仪表引起爆炸危险,从而保证工业生产正常、安全地进行。测量仪表的自身安全性主要是采用结构防爆类型和本质安全防爆类型来加以实现,二者有着根本的区别。本质安全型与其他防爆类型相比,其安全程度较高,防爆等级比结构防爆仪表高一级,可以用于结构防爆仪表所不能胜任的氢气、乙炔等最危险的场所;同时,它长期使用不降低防爆等级,还可以在运行中用本质安全型测试仪器进行现场测试和检修,因而被越来越多地用于石油、化工、煤矿等危险场所的测量、报警、自动控制等系统中。

本质安全防爆原理也可称为安全火花原理,它所研究的是电路和电气设备的电火花是否会点燃爆炸性气体混合物的问题。由于本质安全型电路传递的功率很小,因而本质安全防爆原理只能适用于控制、测量、监视、通信等弱电设备和系统。凡具有本质安全型防爆结构的检测仪表,都是安全火花防爆仪表。其防爆结构中,仪表的各个电气回路中使用的都是一些很微弱的电压和电流,即使断开通电中的电感回路时,在断开处产生火花或者在间歇接触电容回路或电阻回路时产生小火花和电弧,但这些火花或电弧已经完全小到不能成为爆炸性混合气体的点火源,其极限能量无论如何也达不到可燃气体在空气中最适宜浓度下的最小点火能量,所以安全火花防爆仪表具有本质安全特性。安全火花(本质安全型)防爆仪表在防爆结构设计中采用的安全防护措施有两个方面:一是对送往易燃、易爆危险现场的电信号,经专门的安全保持器,进行严格的限压、限流和电路隔离;二是对危险现场中仪表的高储能危险元件,在线路设计上对其自身能量进行限制,严格防止危险火花的出现。

从危险火花的分析可得,设计本质安全防爆系统就是要合理地选择电气参数,使系统和设备在正常或故障状态下发生的电火花变得相当小,不会点燃周围环境的可燃性气体混合物。由于本质安全防爆是利用系统或电路的电气参数达到防爆要求的,因而是一种非常可靠的防爆手段。鉴于此,确定什么样的电火花标准才能不点燃周围环境中可燃性气体混合物即成为关键性问题。标准确定得当,既保证了安全,又利于设计制造;标准确定得过严,安全固然得到保证,但设计制造方面会存在困难;标准确定得过宽,安全得不到保证,显然也不合适。因此,必须在实验和理论分析相结合的基础上认识电火花在可燃性气体混合物中的点燃特性,认识影响电火花点燃特性的各种因素。

从燃烧燃爆炸理论知,由电路断路、短路、击穿、电弧等产生的电火花,引起爆炸性混合物的点燃爆炸是一种很复杂的物理化学反应过程。通过对某些给定条件和试验方法及装置的研究,以及各种试验数据的分析,可以得出每种爆炸性混合物都有其最小点燃能量。当小于这个能量时,将不能引起点燃。因此,可以从限制电路的能量入手,采用各种方式使电路中的电压、电流以及电气参数在一个允许的范围内。这时,尽管产生了电火花,也不会点燃爆炸性混合物,从而达到在实际中安全应用的目的。

此外,由电流产生的热效应也是一种危险的点火源,对此也必须引起足够的注意。合理选择导线的截面积及电气元件参数的额定值,使其表面发热温度在爆炸性混合物的自燃温度以下,也可以避免点燃的可能性。

上述两个方面是本质安全型防爆的基础。本质安全型电气设备的设计制造和检验规程的中心思想,就是严格按照爆炸性危险环境的划分,在电路设计和电气单元划分上给予特别考虑,从限制电路上的能量入手,采取各种方式限定电路中的电压、电流及电气参数,严格防止电气设备及电路出现危险火花和限制外部非安全能量窜入危险场所,从而确保电路在任何事故状态下只可能产生能量很小的安全火花,决不会导致爆炸性危险环境中易燃、易爆物质的燃烧或爆炸。

由于在本质安全型电路及电气设备的设计和检验中,对电火花在爆炸性混合物中点燃能力的认识主要是建立在试验测试基础上的,而且目前国标中对爆炸性混合物能否被点燃即点燃,能力(亦称点燃特性)的测试有严格的规定,并将爆炸性混合物典型的点燃能力曲线——最小点燃电流和最小点燃电压,作为设计本质安全型电路的基本依据,因此,对本质安全防爆基本原理和本质安全防爆设计依据还需根据国标中的有关规定来加以说明。如《爆炸性环境 第 1 部分:设备 通用要求》(GB 3836.1—2010)对了爆炸性气体环境用电气设备等的结构、检验和标志的通用要求及检验程序等进行了相应规定,《爆炸性环境 第 4 部分:由本质安全型"i"保护的设备》(GB 3836.4—2000)规定了使用在爆炸性气体环境中的本质安全设备,以及连接进入该环境中的本质安全电路的关联设备的结构和试验要求。

利用电火花发生装置产生的电火花,在各种爆炸性混合物中进行一系列点燃试验发现,爆炸性混合物能否被点燃,主要因素有可燃性气体或蒸气本身的因素,如气体或蒸气的种类、浓度、温度和压力等;电气回路存在的因素,如直流、交流电路,高频、低频信号,电压、电流大小,电路的电感性、电容性和电阻性等;产生电火花方面的因素,如产生火花的两个导电极的形状、尺寸、材料、开闭速度、开闭方式和极性等;火花次数的影响。

对本质安全防爆设计依据的探讨,来自对爆炸性混合物能否被点燃的分析。虽然影响点燃能力的因素很多,但通过大量的电火花点燃爆炸性混合物的试验研究,目前已基本上摸清了在不同条件下点燃能力的极限值。然而,因影响点燃能力的因素复杂,至今未能确定出一个既简单又实用的由已知条件计算点燃能力的公式。所以,目前国内外都是采取定量、定性分析,以及考虑主要因素的方法。做出多种只有二元函数关系的点燃能力试验曲线,并选择其中最小点燃电流或最小点燃电压曲线作为本质安全防爆的基本设计依据。

由于点燃能力随着产生电火花方面的因素和火花次数、环境温度及压力等因素而变化,因此当采用不同结构的火花发生器做点燃试验时,点燃能力就会有较大的差异。为求得点燃能力试验的一致性,国际电工委员会(IEC)推荐了一套性能稳定、点燃能力重复性好、适用于各种电路参数(电阻性、电感性、电容性)的标准火花发生器,并规定在环境温度为20～40 ℃、气压为 0.1 MPa 左右,以及在最易点燃的浓度下绘制的曲线,点燃概率均为 10^{-3}(1 000次火花能点燃 1 次)的试验曲线为典型的点燃能力曲线。目前,国家标准《爆炸性环境 第 4 部分:由本质安全型"i"保护的设备》(GB 3836.4—2010)中也采用上述标准火花发生器和规定的试验条件,并提供两种标准试验电路用于对火花试验装置标定灵敏度,然后就可以对各种被试电路进行火花点燃试验。这样,对点燃能力的研究则主要取决于可燃性气体或蒸汽的种类和浓度,以及电路的电气参数。

3) 实现监测监控仪表本质安全的措施

本质安全防爆是利用系统或电路的电气参数达到防爆要求的,是从电路设计初始就对电路在短、开路或断路以及误操作等各种状态下可能发生的电火花予以限制,使火花能量处在爆炸性混合物或易燃、易爆气体的最小点燃能量之下,使之成为安全火花,从爆炸发生的根本原因上解决防爆问题。通常情况下,本质安全电路和电气设备实现安全火花是从以下几个方面采取措施。

(1) 合理选择元件的额定参数。本质安全电路中元件的额定参数,需根据爆炸性混合物的级别和组别进行选择,既应满足电路的本质安全性能设计要求,使电路在任何工作状态下发生的电火花的能量均小于爆炸性混合物分级点燃的最小点燃能量,还应考虑一定的裕量,使电路中所有元件工作时的表面温度低于爆炸性混合物按自燃温度分组所允许的最高表面温度。所以,与本质安全性能有关的元件(变压器除外)在正常工作状态时,其电流、电压或功率不得大于其额定值的 2/3。

当电路中由于电流太大而不能达到本质安全性能时,可采用保护性元件串接限流。一般,串接限流用电阻元件的选择,应使其使用功率在正常工作状态下不大于其额定值的2/3,故障状态下不大于其额定值。金属膜电阻、线绕被覆层电阻等可作为限流电阻,不宜采用碳膜电阻,而且限流电阻的装配应防止电阻两端短路,线绕电阻应有防止松脱措施。

当电路中由于电感、电容元件储能太大而不能达到本质安全性能时,可在其两端加保护性元件或组件。根据电容火花和电感火花放电过程的分析结果,电容储能经串联电阻放电可以减小电火花,这时串联放电用电阻的额定功率应符合限流用电阻元件的要求。而电感火花放电能量的减小,可通过对电感元件两端并接分流元件加以实现。电感线圈两端常用的保护性元件或组件(即并接分流元件)是经过老化筛选的电容器和二极管或齐纳二极管,并且需采用双重化措施。桥式连接的二极管组件可作为双重化分流元件。一般来说,二极管用作分流元件时,其承受的最大电压应不大于其额定反向电压的2/3,承受的最大电流应不大于其额定值的2/3;电容器作分流元件时,其所承受的最高电压应不大于其额定值的2/3,且不宜采用电解电容和钽电容。此外,分流元件与被保护元件应连接可靠,当其处于危险环境时应胶封为一体,特殊情况可采用相应的措施。

(2)降低电源的容量。一般来说,降低电压或电流是减小电路火花、提高本质安全性能的普遍有效的方法。因此,为使爆炸性危险环境所用电气设备达到本质安全型,应在满足电路或电气设备的工作功率和工作性能要求的条件下,把电压、电流或二者都设计成较小的值。换言之,就是要降低电路或电气设备电源的容量,防止电路中出现过高的电压或过大的电流。这也正是本质安全型防爆结构只能适用于测量、监视、通信及控制等弱电设备和系统的原因所在。

根据电火花放电过程分析,对于电感性负载,减小电流比降低电压作用更大,更有利于实现安全火花;同理,对于电容性负载,降低电压比减小电流更有利;对于电阻性负载,多数场合是降低电压。然而,随着电子工业的飞速发展和电子元、器件及电动仪表等在爆炸危险环境中的广泛应用,电路、仪表等的功能增多,电路趋于复杂,对电源容量的要求越来越高,电源容量和电源的本质安全性能之间的矛盾越来越突出。当电路为完成其基本功能而需要较大的电源容量,同时又要考虑其本质安全性能时,解决的办法是在电路中设计并采用专用的装置快速切断负载,人为地缩小电路放电时间,以利于提高电源容量。有关实验表明,当电路放电时间缩短后,电源电压、电流都可以得到很大提高,即允许的安全火花电源容量可以提高很多;而且电路放电时间的缩短,可通过提高保护电路的动作速度加以实现。

(3)机械隔离与电气隔离。对于本质安全型电气设备来讲,要求其中全部电路都是由本质安全型电路组成的,电路中所有的元件应符合本质安全性能所要求的额定参数值,或者元件本身就是可靠元件或组件,在使用中不会影响本质安全电路的防爆性能。对于直接向本质安全型电气设备供电用的电源变压器等,由于很难做成本质安全型的,因而要制成可靠元件或组件,这样就在电气设备的本质安全电路部分与非本质安全电路回路之间有许多电的、磁的联系。在正常情况下,电气设备的本质安全与非本质安全两种回路之间不会短接,但万一发生短接则十分危险,故必须采取可靠措施,对设备的连接部分、端子、导线引入部分、印刷线路板等实现机械隔离,防止非本质安全电路的危险能量窜入本质安全电路中。机械隔离还不能完全解决时,应实行电气隔离,即加设安全栅。

为了防止安全场所中非本质安全电路的能量窜入危险环境中的本质安全电路,确保危险环境中本质安全电路的安全,在本质安全电路与非本质安全电路之间设置一个由保护性元件制成的装置,这种装置称为安全栅。本质安全型电气设备中最常用的是二极管安全栅。它是一种可靠组件,由限流元件(金属膜电阻、非线性电阻等)、限压元件(二极管、齐纳二极管等)和特殊保护元件(快速熔断器等)组成,其中晶体管元件应双重化。

(4) 关键部位采用不出故障元件设计。本质安全电气设备的一个要点是在关键部位配置不出故障的部件,即可靠元件或组件,如不会短接的电源变压器、具有防止限流电阻短路的措施和隔爆外壳的电池或蓄电池、不会开路的电容器、不会短路的电阻等,其他部件即使出了故障,也无损于电气设备的本质安全性能。有关可靠元件和组件的设计、选型及参数选择等,可根据国家标准《爆炸性环境 第 4 部分:由本质安全型"i"保护的设备》(GB 3836.4—2010)中的有关要求确定。

1.2.3 本质安全监测监控仪表的选用

防爆仪表选型要根据仪表工作的环境和危险气体的性质来确定。审核防爆仪表,关键是审核其爆炸等级和温度组别。根据危险场所情况选用合适的防爆仪表,所选仪表的防爆等级一定要高于仪表工作环境中的气体爆炸等级和温度组别,但是也不可过高,因为这会增加不必要的投资成本。同时,仪表壳体(容器外表面)的温度上升也要有界限,才能保证安全。

由于电子学、微电子学的快速发展,促使本质安全型仪表发展非常快,目前现场应用的大部分是本质安全仪表。对于完全防护型仪表,危险现场的防爆仪表必须按防爆设备安装规范进行,与其相接的二次仪表、供电、控制仪表接口也应做适当处理。电缆、接头、接线盒都有相应的特殊要求。

仪表的安装配线必须按防爆仪表安装规范进行。一般在防爆仪表上包括安全栅本质安全端子,颜色为蓝色,与其相接的线路也是蓝色的,称为本质安全回路,其余称为非本质安全回路。要将它们区别开来,防止混浊短路,并与其他电路分开。要消除静电及电磁感应的影响,线路电容、电感(包括分布电感、电容)要受限制,其值应在允许值以内。要保证有良好的接地铜排,防止线路、仪表的碰伤。在运行中不得进行仪表内部检修,维护检修必须由具有认证资格的单位和技术人员担任。

1.3 安全监测监控智能化仪表

随着微电子技术的不断发展,微处理器芯片的集成度越来越高,使用的领域也越来越广泛,这些都对传统的电子测量仪器带来了巨大的冲击和影响。尤其是单片微型计算机的出现,引发了仪器仪表结构的根本性变革。智能仪器是计算机科学、电子学、数字信号处理、人工智能、超大规模集成电路等新兴技术与传统的仪器仪表技术的结合。随着专用集成电路、个人仪器等相关技术的发展,智能仪器将会得到更加广泛的应用。作为智能仪器核心部件的单片计算机技术是推动智能仪器向小型化、多功能化、更加灵活化的方向发展的动力。

1.3.1 智能仪表的发展

回顾电子仪器的发展历程,从仪器使用的器件来看,它大致经历了三个阶段,即真空管时代、晶体管时代和集成电路时代。

第一代是模拟式电子仪器(又称为指针式仪器)。这一代仪器应用和处理的信号均为模拟量。如指针式电压表、电流表、功率表及一些通用的测试仪器,均为典型的模拟式仪器。这一代仪器的特点是体积大、功能简单、精度低、响应速度慢。

第二代是数字式电子仪器。如数字电压表、数字式测温仪、数字频率计等,它们的基本工作原理是将待测的模拟信号转换成数字信号并进行测量,测量结果以数字形式输出显示。数字式电子仪器与第一代模拟式电子仪器相比,具有精度高,速度快,读数清晰、直观的特点。其结果既能以数字形式输出显示,还可以通过打印机打印输出。此外,由于数字信号便于远距离传输,因此数字式电子仪器适用于遥测遥控。

第三代是智能型仪器。这一代仪器是计算机科学、通信技术、微电子学、数字信号处理、人工智能、超大规模集成电路等新兴技术与传统电子仪器相结合的产物。智能型仪器的主要特征是仪器内部含有微处理器(或单片机),它具有数据存储、运算和逻辑判断的能力,能根据被测参数的变化自动选择量程,可实现自动校正、自动补偿、自寻故障以及远距离传输数据、遥测遥控等功能,可以做一些需要类似人类的智慧才能完成的工作。也就是说,这种仪器具备了一定的智能,故称为智能仪器。

智能仪器是一类新型的、内部装有微处理器或单片机的微机化电子仪器,它是由传统的电子仪器发展而来的,但在结构和内涵上已经发生了本质的变化。智能化仪表是建立在微电子技术的基础上,超大规模集成电路、嵌入式系统、CPU、存储器、A/D转换器和输入/输出回路等功能集成在一块芯片上的单片机等,使得模拟信号数字化这一工作从计算机端移到了现场端,现场仪表与计算机之间传送的不是模拟信号,而是数字信号,更确切地说是信息。

智能仪器的出现,极大地扩充了传统仪器的应用范围。智能仪器凭借其体积小、功能强、功耗低等优势,迅速地在家用电器、科研单位和工业企业中得到了广泛的应用。

1.3.2 智能仪表的基本组成

智能仪器一般是指采用了微处理器(或单片机)的电子仪器。由智能仪器的基本组成可知,在物理结构上,微型计算机包含于电子仪器中,微处理器及其支持部件是智能仪器的一个组成部分。但是从计算机的角度来看,测试电路与键盘、通信接口及显示器等部件一样,是计算机的一种外围设备。因此,智能仪器实际上是一个专用的微型计算机系统,它主要由硬件和软件两大部分组成。

硬件部分包括主机电路、过程输入/输出通道(模拟量输入/输出通道和开关量输入/输出通道)、人机联系部件和接口电路以及串行或并行数据通信接口等,如图1-2所示。主机电路用来存储数据、程序,并进行一系列运算处理,它通常由微处理器,ROM、RAM、I/O 接口和定时/计数电路等芯片组成;或者它本身就是一个单片机或嵌入式系统。模拟量输入/输出通道(分别由 A/D 和 D/A 转换器构成)用来输入/输出模拟量信号;而开关量输入/输出通道则用来输入/输出开关量信号。人机联系部件的作用是沟通操作者与仪表之间的联系。通信接口则用来实现仪表与外界交换数据,进而实现网络化互联的需求。

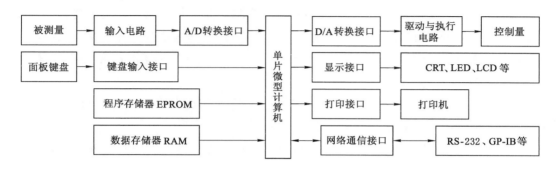

图 1-2 智能仪表的组成

智能仪器的主体部分是由单片机及其扩展电路(程序存储器 EPROM、数据存储器 RAM 及输入/输出接口等)组成的。主机电路是智能仪器区别于传统仪器的核心部件,用于存储程序和数据,执行程序并进行各种运算、数据处理及实现各种控制功能。输入电路和 A/D 转换接口构成了输入通道;D/A 转换接口及驱动电路构成了输出通道;键盘输入接口、显示器接口及打印机接口等用于沟通操作者与智能仪器之间的联系,属于人—机接口部件;通信接口则用来实现智能仪器与其他仪器或设备交换数据和信息。

智能仪器的软件包括监控程序和接口管理程序两部分。其中,监控程序主要是面向仪器操作面板、键盘和显示器的管理程序。其内容包括:通过键盘操作输入并存储所设置的功能、操作方式与工作参数;通过控制 I/O 接口电路对数据进行采集;对仪器进行预定的设置;对所监测和记录的数据与状态进行各种处理;以数字、字符、图形等形式显示各种状态信息以及监测数据的处理结果等。接口管理程序主要面向通信接口,其作用是接收并分析来自通信接口总线的有关信息、操作方式与工作参数的程控操作码,并通过通信接口输出仪器的现行工作状态及监测数据的处理结果,响应计算机的远程控制命令。

智能仪器的工作过程是:外部的输入信号(被测量)先经过输入电路进行变换、放大、整形和补偿等处理,然后经模拟量通道的 A/D 转换接口转换成数字量信号,送入单片机。单片机对输入数据进行加工处理、分析、计算等一系列工作,并将运算结果存入数据存储器 RAM 中;同时,可通过显示器接口将运算结果送至显示器显示,或通过打印机接口送至微型打印机打印输出;也可以将输出的数字量经模拟量通道的 D/A 转换接口转换成模拟量信号输出,并经过驱动与执行电路去控制被控对象;还可以通过通信接口(例如 RS-232、GP-IB 等)实现与其他智能仪器的数据通信,完成更复杂的监测与控制任务。

1.3.3 智能仪表的功能特点

1)智能仪表的主要功能

将单片机、嵌入式系统引入仪表中,能解决的问题是多方面的,可实现如下功能:

(1) 自动校正零点、满度和切换量程。自校正功能大大降低了因仪表零漂移和特性变化造成的误差,而量程的自动切换又给使用带来了方便,并可提高读数的分辨率。

(2) 多点快速检测。能对多个参数(模拟量或开关量信号)进行快速、实时检测,以便及时了解生产过程的瞬变工况。

(3) 自动修正各类测量误差。许多传感器的特性是非线性的,且受环境温度、压力等参数变化的影响,从而给仪表带来误差。在智能仪表中,只要掌握这些误差的变化规律,就可依靠软件进行修正。常见的有测温元件的非线性校正、热电偶冷端温度补偿、气体流量的温度压力补偿等。

(4) 数字滤波。通过对主要干扰信号特性的分析,采用适当的数字滤波算法,可抑制各种干扰(例如低频干扰、脉冲干扰等)的影响。

(5) 数据处理。能实现各种复杂运算,对测量数据进行整理和加工处理,例如统计分析、查找排序、标度变换、函数逼近和频谱分析等。

(6) 各种控制规律。能实现 PID 及各种复杂控制规律,例如可进行串级、前馈、解耦、非线性、纯滞后、自适应、模糊等控制,以满足不同控制系统的需求。

(7) 多种输出形式。输出形式有数字(或指针)显示、打印记录、声光报警,也可以输出多点模拟或数字量(开关量)信号。

(8) 数据通信。能与其他仪表和计算机进行数据通信,以便构成不同规模的计算机测量控制系统。

(9) 自诊断。在运行过程中,可对仪表本身各组成部分进行一系列测试,一旦发现故障即能报警,并显示出故障部位,以便及时正确地处理。

(10) 掉电保护。仪表内装有后备电池和电源自动切换电路。掉电时,能自动将电池接向 RAM,使数据不致丢失。也可采用 Flash 存储器来替代 RAM,存储重要数据,以实现掉电保护的功能。

2) 智能仪表的主要特点

近年来,随着微电子技术、计算机技术和网络技术的不断发展,智能仪器的发展出现了新的趋势,具体表现在以下几个方面。

(1) 微型化。微型智能仪器指微电子技术、微机械技术、信息技术等综合应用于仪器的生产中,从而使仪器成为体积小、功能齐全的智能仪器。它能够完成信号的采集、线性化处理、数字信号处理,控制信号的输出、放大、与其他仪器的接口、与人的交互等功能。微型智能仪器随着微电子机械技术的不断发展,其技术不断成熟,价格不断降低,因此其应用领域也将不断扩大。它不但具有传统仪器的功能,而且能在自动化技术、航天、军事、生物技术、医疗领域起到独特的作用。

(2) 多功能化。多功能本身就是智能仪器仪表的一个特点。例如,为了设计速度较快和结构较复杂的数字系统,仪器生产厂家制造了具有脉冲发生器、频率合成器和任意波形发生器等功能的函数发生器。这种多功能的综合型产品不但在性能上(如准确度)比专用脉冲发生器和频率合成器高,而且在各种监测功能上提供了较好的解决方案。

(3) 人工智能化。人工智能是计算机应用的一个新领域,利用计算机模拟人的智能,用于机器人、医疗诊断、专家系统、推理证明等各方面。智能仪器的进一步发展将含有一定的人工智能,即代替人的一部分脑力劳动,从而在视觉(图形及色彩辨识)、听觉(语音识别及语言领悟)、思维(推理、判断、学习与联想)等方面具有一定的能力。这样,智能仪器可不需要人的干预而自主地完成检测或控制功能。显然,人工智能在现代仪器仪表中的应用,使人们不仅可以解决用传统方法很难解决的一类问题,而且有望解决用传统方法根本不能解决的问题。

(4) 通信与控制网络化。随着网络技术的飞速发展,Internet 技术广泛应用于工业控制和智能仪器仪表设计领域,实现了智能仪器系统基于 Internet 的通信能力,以及对设计好的智能仪器系统进行远程升级、功能重置和系统维护。在系统可编程技术 ISP(in system programming)是对软件进行修改、组态或重组的一种新技术。ISP 技术消除了传统技术的某些限制和连接弊病,有利于在板设计、制造与编程。ISP 硬件灵活且易于软件修改,便于设计开发。由于 ISP 器件可以像任何其他器件一样在印制电路板(PCB)上处理,因此编程 ISP 器件不需要专门的编程器和较复杂的流程,只要通过 PC、嵌入式系统处理器,甚至 Internet 远程网就可进行编程。另外,嵌入式微型因特网互连技术 EMIT(embedded micro internetworking technology)也是一种将单片机等嵌入式设备接入 Internet 的新技术。利用该技术,能够将单片机系统接入 Internet,实现基于 Internet 的远程数据采集、智能控制、上传/下载数据文件等功能。

(5) 结构虚拟化。监测仪器的主要功能都是由数据采集、数据分析和数据显示三大部分组成的。随着计算机应用技术的不断发展,人们利用 PC(个人计算机)强大的图形环境和在线帮助功能,建立了图形化的虚拟仪器面板,完成了对仪器的控制、数据采集、数据分析和数据显示等功能。因此,只要额外提供一定的数据采集硬件,就可以与 PC 组成监测仪器。这种基于 PC 的监测仪器就称为虚拟仪器 VI(virtual instrument)。在虚拟仪器中,使用同一个硬件系统,只要使用不同的软件编程,就可以得到功能完全不同的测量仪器。可见,软件系统是虚拟仪器的核心,故有人说"软件就是仪器"。作为 VI 核心的软件系统具有通用性、可视性、可扩展性和升级性,代表着当今仪器发展新方向。

1.4 安全监测监控系统

1.4.1 安全监测监控系统的基本组成

安全监测监控系统由早期的单微机监控已发展成为网络化监控以及不同监控系统的联网监测,其监测参数有环境参数监测、电量参数监测以及机电设备保护信号监测三大类。其系统结构主要由监测终端、监控中心站、通信接口装置、监测分站、传感器、电缆以及计算机控制软件等组成。安全监测监控系统是以计算机为主体,加上检测装置、执行机构,与被监测控制的对象(生产过程)共同构成的整体,如图 1-3 所示。

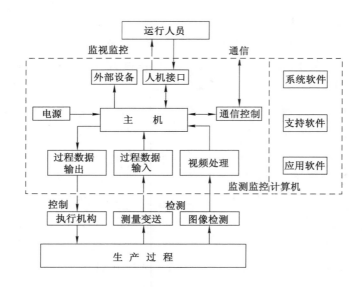

图 1-3 典型计算机安全监测监控系统示意图

硬件主要由计算机,输入、输出装置(模块),检测变送装置和执行机构三大部分组成。软件主要分为系统软件、开发软件和应用软件三大部分。系统软件作为一个操作系统,对于比较简单的计算机监控系统,则为一个监控程序。开发软件包括高级语言、组态软件和数据库等。应用软件往往包括输入/输出处理模块、控制算法模块、逻辑控制模块、通信模块、报警处理模块、数据处理模块或数据库、显示模块、打印模块等。目前,工业企业中的安全监测监控系统可使检(监)测的模拟量和开关量达上千个,巡检周期短,能同时完成信号的自动处理、记录、报警、连锁动作、打印、计算等;监测参数除可燃气体(如 H_2、CO 等)成分和浓度、可燃粉尘浓度、可燃液体泄漏量之外,还有温度、压力、压差、风速、火灾特征(包括烟、温度、光)等环境参数和生产过程参数。由于可以从连续监测数据、屏幕显示图形和经过数据处理得到各种图表,及时掌握整个生产过程的过程参数、环境参数和生产设备的状态,因此保证了生产的连续与均衡,保障了作业环境的安全卫生。

(1)系统中心站。主要由中心站软件控制监控系统进行生产环境和生产状态监测。环境监测主要监测各种有毒有害气体及工作地点的安全卫生条件,如高浓度甲烷气体、低浓度甲烷气体、一氧化碳、氧气浓度、风速、负压、温度、压力、烟雾等。生产监控主要监控各主要生产环节的生产参数和重要设备的运行状态参数,如水仓水位、供电电压、供电电流、功率等模拟量;水泵、提升机、通风机、胶带机、开关、磁力起动器运行状态和参数等。中心站软件大都采用了模块设计。软件的功能主要表现在具有测点定义功能、显示测量参数、数据报表、曲线显示、图形生成、数据存储、故障统计和报表、报告打印等功能方面。

(2)局域网络。以计算机为基础的安全监测监控系统连接采用 TCP/IP 网络协议,以实现局域网络终端与中心站之间实时通信和实时数据查询。局域网络管理主要靠网络系统应用软件来支撑。

(3)监测分站。尽管各类监控系统的监测分站形式多样,其基本功能主要有:① 开机自检和本机初始化功能;② 通信测试功能;③ 监测分站程控功能(实现断电仪功能、闭锁功能、可燃气体管道监测功能和一般的环境监测功能等);④ 死机自复位功能且通知中心站;⑤ 接收中心站初始化本监测分站参数设置功能(如传感器配接通道号、量程、断电点、报警上限和报警下限等);⑥ 监测分站自动识别配接传感器类型(电压型、电流型或频率型等);⑦ 监测分站本身具备超限报警功能;⑧ 监测分站接收中心站对本监测分站指定通道输出控制继电器实施手控操作功能和异地断电功能。

(4) 传感器。传感器主要有可燃气体、一氧化碳、风速、压力、温度、水位、电流、电压和有功功率等模拟量传感器,以及机电设备开停、机电设备馈电状态、开关状态等开关量传感器。传感器的稳定性和可靠性是安全监控系统能否正确反映被测环境和设备参数的关键技术。

1.4.2 安全监测监控系统的发展

安全检(监)测技术自有工业生产以来就存在。早期人们依据对触摸、观察,对声音、振动等机器运行的状态特征的感受,凭借个人经验,可以判断某些故障的存在,并提出修复措施。而后便逐步应用一些简单的安全检测工具,如工业发达的英国于 1815 年发明了第一项安全仪器——安全灯,它是利用瓦斯在灯焰周围燃烧,根据火焰高度来测量矿井瓦斯浓度的简单仪器。随着基础科学的发展和科学技术的进步,陆续出现了利用应变效应、压阻效应、压电效应、光学原理、热催化原理、热导原理等多种工作原理和不同性能的各类检测(监测)仪器,并发展为多参数、多功能的安全监测监控系统,实现了对各种危险和有害因素的有效监测监控。安全监控系统自诞生之日起就与计算机技术的发展紧密相关,安全监控系统的发展大致经历了四代。

第一代是基于专用计算机和专用操作系统的安全监控系统。20 世纪 50 年代后,由于电子通信和自动化技术的发展,出现了能够把工业生产过程中不同部位的测量信息远距离传输并集中监视、集中控制和报警的生产控制装置,初步实现了由“间断”、“就地”检测到“连续”、“远地”检测的飞跃,由单体检测仪表发展到监测系统。如:在过程控制自动化领域中实现了分散控制系统 DCS(distributed control system),或集散控制系统 TDCS(total distributed control system)。各现场设备通过星网汇总到中继站,再连到中控计算机上。20 世纪 70 年代,与 DCS 同时出现的 PLC(programmable logic controller)技术,出现在制造业自动化领域中,是带微处理器的智能仪表和执行端。PLC 与 DCS 在速度上各有侧重,网络、图形、编程功能均强。20 世纪 70 至 80 年代初主要采用第一代安全监控系统,实现了就地断电控制、声光报警、数码管显示、记录仪记录等功能,但其监测参数单一、监测功能少、精度低、可靠性差、信息传递速度慢、电缆用量大、系统性能价格比低。

第二代是 20 世纪 80 年代基于通用计算机的安全监控系统。20 世纪 80 年代以来,电子技术和微电子技术的发展,特别是计算机技术的应用,实现了工业生产过程控制最优化和管理调度自动化相结合的分级计算机控制,检测仪器仪表和监测系统,无论其功能、可靠性和实用性都产生了重大的飞跃,使安全监测技术与现代化的生产过程控制紧密地联系在一起。现场总线(Field bus)技术趋于成熟并走向实用化,现场总线控制系统 FCS(field bus control system)突破了 DCS 从上到下的树状拓扑结构,并把 DCS 与 PLC 结合起来,采取总线互通信的拓扑结构,进入开放、分散、可开发的体制与全数字化的体制。

第三代安全监控系统开始应用 PC 机和网络技术,同时系统逐步从集中式结构转向客户/服务器结构,各种最新的计算机技术都汇集进到安全监控系统中。20 世纪 90 年代,随着计算机、自动控制系统、通信网络特别是大型计算机监控系统技术的长足发展,通过统一的分层分布式计算机网络,统一的监控系统软件和硬件体系平台,实现各专业资源共享、信息互联变成了现实。这一阶段也是我国安全监控系统发展最快的阶段。传感器及执行器用星形结构与分站相连单向模拟传输;分站—中心站采用树形网络结构,数据传输采用数字;中心站采用专用监控软件或组态软件;采用单板机、PC 机、嵌入式计算机等多种技术;由系统实现集中监测,根据要求实现异地控制;通过大屏幕、多屏显示器等形式进行信息显示;具有数据存储、报表打印、联网等多项辅助功能。但安全监测监控系统往往针对某一监控对象开发,软硬件不兼容,信道和信息不共享;通信协议均为厂家自定义,不兼容,信息无法交互;软件为某一特定系统定制开发,无法重新利用;由于各系统数据互不兼容,难以提高数据利用率;不符合硬件通用、多网合一的发展趋势。

第四代安全监控系统是以信息化为标志,是监控系统的研究热点和发展方向。信息技术的突飞猛进和安全监测监控的重要性,促进了各类传感器、数据传输技术、信息接口和 GIS、GPS 技术在安全生产领域的大量应用,提高了安全生产信息化水平。信息化时代的安全监测监控系统的主要特征是采用因特网技术、面向对象技术、组件技术以及 JAVA 等技术,实现安全监控系统与其他信息系统的增值集成,实现控制和管理过程的智能化。

我国从 20 世纪 80 年代开始引进国外先进技术,再自行研发,经历了推广、强制、规范使用、强化管理等过程。

1.4.3　安全监测监控系统的可靠性

安全监控系统的装备与使用,大大地提高了企业的灾害预报预测能力,并多次避免了事故。但安全事故仍时有发生,安全生产的形势依然严峻,而发生事故的企业多数安装了相应的安全监控系统。由于安全监测监控系统是由多个元件和子系统组成的大系统,系统能否正常运行,取决于组成系统的元器件和各子系统的可靠度。

1) 安全监测监控系统可靠性影响因素

可靠性是一个产品在规定的条件下和规定的时间内,完成规定功能的能力。它是衡量产品质量的一个重要指标,包括产品的固有可靠性和使用可靠性两个方面。固有可靠性是产品在设计及生产过程中就已经确立了的一种可靠性,与所选用的材料、零部件、设计方案、软件结构、硬件结构、制造工艺、装配工艺等有密切关系,是产品内在的可靠性。当产品在生产厂一旦制造出来,其固有的可靠性便已确立。使用可靠性是产品在由生产厂转给用户过程中的,包装、运输、保管以及在实际使用过程中的环境、操作水平、维修技术等环节中的可靠性。在产品的研制、设计、制造、检验、使用和维修各个环节都有造成故障的可能性,也有发生故障的原因和给予改善的可能性。所以,各环节都与可靠性有着密切联系。根据实测,各种因素对产品可靠性的影响程度见表 1-1。

表 1-1 安全监测监控系统可靠性影响因素

类别	影响因素	影响程度/%
固有可靠性	零部件材料	20
	设计技术	30
	制造技术	10
使用可靠性	使用、运输、操作、安装、维修	40

可靠性一般由可靠度和失效率来表示。可靠度表示产品在规定的工作条件下和规定的时间内完成规定功能的概率。失效率,又称为故障率,它表示产品工作到某一时刻后,在单位时间内发生故障的概率。由于安全监控系统是由多个子系统组成的大系统,所以系统能否正常运行,可靠度是多少,这些取决于组成系统的元器件和各子系统的可靠度。

（1）传感器。影响传感器可靠性的因素与响应时间、线性度、催化剂中毒等多种因素有关。例如,由于企业生产作业环境及各种有毒有害气体（如 H_2S、SO_2 等）的影响,可造成传感器元件灵敏度下降,元件寿命缩短,仪器故障增多,加之粉尘的吸附和水蒸气的凝结作用,也会使传感器的灵敏度下降。

（2）转换器。由传感器输出的各种信号要通过转换器转换成易于处理和传输的标准电信号。标准信号可以是模拟量、开关量和累计量。这种转换过程存在装置误差与方法误差、基本误差与附加误差、系统误差与随机误差、绝对误差与相对误差。虽然可以采取很多措施,如制定修正曲线、利用非线性元件补偿、计算机处理等对误差加以校正,但转换过程中的误差是必然存在的。

（3）信号传输设备。传输设备对安全监控系统可靠性的影响主要表现在以下两个方面：① 信号在传输过程中,常因通信电缆原因,而使信号中断；② 模拟量传输,信号在传输过程中易受杂波干扰。由于 Internet/Intranet 技术的普及,信号传输普遍采用执行 TCP/IP 协议数字传输,传输设备的可靠性大为提高。

（4）中心站。由于目前电子技术的飞跃发展,在中心站采用主、备计算机同时工作时,中心站的故障率极低,可靠度较高,但需要特别防范计算机病毒的侵害。

（5）备用电源。备用电源对安全监控系统的可靠性也显得至关重要。例如,某煤矿发生的特大瓦斯爆炸事故。事后查明,在爆炸发生前 2 h,爆炸地点区域故障停电,瓦斯监测探头因没有备用电源而停止工作。恢复送电后,还需要人工对监测探头复电。结果直到发生爆炸时,监测探头也未能恢复工作。

（6）系统管理。在我国,许多企业装备了安全监测监控系统以后,企业的灾害事故仍然频繁发生,除了前面分析的系统的固有可靠性以外,多数的失效原因在于使用可靠性。由于安全监控系统的专业性和复杂性,许多企业的领导、专业管理部门及一些监察机构的人员,也不能深入了解安全监测监控系统的性能和使用方法,更不能及时地发现问题,因而使安全监测监控系统不能可靠地运行。

安全监测监控系统是一个能够完成规定功能的综合体,它由零部件、子系统等组成。这些组成系统的相对独立的单元统称为元件。系统的可靠性不仅取决于组成系统的元件的可靠性,而且还取决于组成元件的相互配合方式。系统可靠性依赖于所有元件的可靠性确定。

2) 安全监测监控系统的失效规律

安全监测监控系统失效率在时间上的分布曲线形态犹如浴盆,它可分为早期故障期、偶发故障期和耗损故障期,如图 1-4 所示。

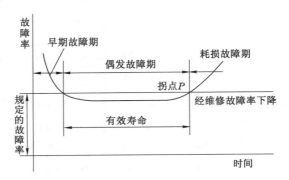

图 1-4　安全监测监控系统的失效规律

（1）早期失效期。早期失效主要是由于设计、制造、装配、检查、保管等不当而引起一些产品隐藏着缺陷而产生的。其特点是开始时失效率高,随着时间加长而迅速下降。为了提高产品可靠性,产品在正式使用前,应进行试车或调试。发现隐患和纠正缺陷,将不合格产品在使用前淘汰掉。

（2）偶然失效期。偶然失效是由于质量缺陷、维护不良、操作不当以及环境影响因素造成的。这种产品在有效寿命期中呈现随机失效,失效率低且稳定。

（3）耗损失效期。耗损失效主要是由于构成设备的某些零部件老化、疲劳、过度磨损等因素所致。它出现在产品的有效寿命期之后,其特点是失效率随着时间的增加而迅速上升。在整机设计时,要对寿命短的零部件制定预防性检修和更新措施,在它们达到耗损失效期前及时检修或更换。

3) 安全监测监控系统可靠性指标

衡量安全监测监控系统可靠性的指标有:

（1）平均无故障时间（mean time between failure,MTBF）。MTBF 指检测系统在正常工作条件下开始连续不间断工作,直至因系统本身发生故障丧失正常工作能力时为止的时间,单位为 h 或 d。

（2）可信任概率。可信任概率表示在给定时间内检测系统在正常工作条件下保持规定技术指标（限内）的概率,一般用符号 P 表示。

（3）故障率。故障率也称为失效率,它是 MTBF 的倒数。

（4）有效度。衡量检测系统可靠性的综合指标是有效度,对于排除故障,修复后又可投入正常工作的检测系统,其有效度 A 定义为平均无故障时间与平均无故障时间、平均故障修复时间 MTTR（mean time to repair）之和的比值,即 $A = \text{MTBF} / (\text{MTBF} + \text{MTTR})$。

　　对于使用者来说,当然希望平均无故障时间尽可能长,同时又希望平均故障修复时间尽可能的短,也即有效度的数值越大越好。此值越接近 1,安全监测监控系统工作越可靠。

　　以上是安全监测监控系统的主要技术指标,此外还有经济方面的指标,如功耗、价格、使用寿命等。使用方面的指标有操作维修是否方便、能否可靠安全运行,以及抗干扰与防护能力的强弱、重量、体积的大小、自动化程度的高低等。

第2章 传感器基础知识

信息技术的三大支柱是监测技术、通信技术和计算机技术,而传感器技术是监测技术的基础。"没有传感器技术就没有现代科学技术"的观点已为全世界公认。信息处理技术取得的进展以及微处理器和计算机技术的高速发展,都需要在传感器的开发方面有相应的进展。安全监测监控是事故预防的基本技术手段,传感器是安全监测监控的基础。为此,本章主要介绍安全监测监控系统中传感器的基础知识。

2.1 传感器概述

传感器是一种将被测的非电量变换成电量的装置,也是一种获得信息的手段,它在安全监测监控系统中占有重要的位置。它获得信息的正确与否,关系到整个系统的监测与控制精度。如果传感器的误差很大,后面的测量电路、放大器、指示仪等的精度再高也将难以提高整个系统的精度。近年来,由于计算机技术突飞猛进的发展和微处理器的广泛应用,各种物理量、化学量和生物量形态的信息都有可能通过计算机来进行正确、及时的处理。但是,首先都需要通过传感器来获得信息。所以,有人把计算机比喻为一个人的大脑,传感器则是人的五官。

2.1.1 传感器的概念与组成

1) 传感器的概念

从广义上讲,传感器是将被测物理量按一定规律转换为与其对应的另一种(或同种)物理量输出的装置。目前对传感器的定义,普遍的认识仍局限于非电物理量与电量的转换,即传感器是将被测非电物理量(如力、压力、重量、力矩、应力、应变、位移、速度、加速度、流量、振动、噪声等)转换成与之对应的并易于精确处理的电量或电参量(如电流、电压、电阻、电感、电容、电荷、频率、阻抗等)输出的一种检测装置。国际电工委员会(IEC:International Electro technical Committee)定义传感器"是测量系统中的一种前置部件,它将输入变量转换成可供测量的信号"。《传感器通用术语》(GB/T 7665—2005)定义为"能感受被测量并按照一定的规律转换成可用输出信号的器件或装置,通常由敏感元件和转换元件组成"。敏感元件(sensing element)指传感器中能直接感受或响应被测量的部分。转换元件(transducing element)指传感器中能将敏感元件感受或响应的被测量转换成适于传输或测量的电信号部分,当输出为规定的标准信号时则称为变送器(transmitter)。

　　传感器转换能量的理论基础都是利用物理学、化学等各种现象和效应来进行能量形式的转换。随着微电子技术的发展,传感器输出信号的形式应尽可能是电量。如图 2-1 所示,进入传感器的信号幅度是很小的,而且混杂有干扰信号和噪声。为了方便随后的处理过程,首先要将信号整形成具有最佳特性的波形,有时还需要将信号线性化,该工作是由放大器、滤波器以及其他一些模拟电路完成的。成形后的信号随后转换成数字信号,并输入到微处理器。

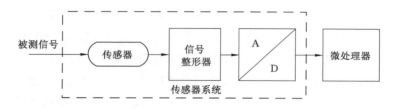

图 2-1　传感器系统的框图

　　传感器承担将某个对象或过程的特定特性转换成数量的工作。其"对象"可以是固体、液体或气体,而它们的状态可以是静态的,也可以是动态(即过程)的。对象特性被转换量化后可以通过多种方式检测。对象的特性可以是物理性质的,也可以是化学性质的。按照其工作原理,传感器将对象特性或状态参数转换成可测定的电学量,然后将此电信号分离出来,送入传感器系统加以评测或标示。

　　各种物理效应和工作机理被用于制作不同功能的传感器。传感器可以直接接触被测量对象,也可以不接触。用于传感器的工作机制和效应类型不断增加,其包含的处理过程日益完善。常将传感器的功能与人类 5 大感觉器官相比拟:光敏传感器——视觉;声敏传感器——听觉;气敏传感器——嗅觉;化学传感器——味觉;压敏、温敏、流体传感器——触觉。与当代的传感器相比,人类的感觉能力好得多,但也有一些传感器比人的感觉功能优越,例如人类没有能力感知紫外或红外线辐射,感觉不到电磁场、无色无味的气体等。

　　2) 传感器的组成

　　传感器的组成按定义一般是由敏感元件、转换元件和测量电路三部分组成。除自源型传感器外,还需要外加辅助电源,如图 2-2 所示。

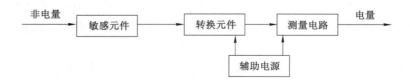

图 2-2　传感器的组成框图

敏感元件(预变换器)是直接感受被测量(一般为非电量)并将其转换为与被测量有确定关系的易变成电量(包括电量)的其他量的元件。转换元件(变换器)是能将物理量直接转换为有确定关系的电量的元件。测量电路(变换电路)是把转换元件输出的电信号变为便于处理、显示、记录、控制的可用电信号的电路。辅助电源是供给转换能量。

2.1.2　传感器的分类

可以用不同的观点对传感器进行分类:它们的转换原理(传感器工作的基本物理或化学效应);它们的用途;它们的输出信号类型以及制作它们的材料和工艺等。

(1) 根据传感器工作原理,可分为物理传感器和化学传感器两大类。物理传感器应用的是物理效应,诸如压电效应,磁致伸缩现象,离化、极化、热电、光电、磁电等效应。被测信号量的微小变化都将转换成电信号。化学传感器包括以化学吸附、电化学反应等现象为因果关系的传感器,被测信号量的微小变化也将转换成电信号。

(2) 按照其用途,传感器可分类为压力敏和力敏传感器、位置传感器、液面传感器、能耗传感器、速度传感器、热敏传感器、加速度传感器、射线辐射传感器、振动传感器、湿敏传感器、磁敏传感器、气敏传感器、真空度传感器、生物传感器等。常见传感器的应用领域和工作原理见表 2-1。

表 2-1　常见传感器原理及其应用领域

传感器品种	工作原理	可被测定的非电学量
敏力电阻,热敏电阻(NTC),PTC,半导体传感器	阻值变化	力,重量,压力,加速度,温度,湿度,气体
电容传感器	电容量变化	力,重量,压力,加速度,液面,湿度
感应传感器	电感量变化	力,重量,压力,加速度,旋进数,转矩,磁场
霍尔传感器	霍尔效应	角度,旋进度,力,磁场
压电传感器,超声波传感器	压电效应	压力,加速度,距离
热电传感器	热电效应	烟雾,明火,热分布
光电传感器	光电效应	辐射,角度,旋转数,位移,转矩

(3) 以其输出信号为标准,可将传感器分为模拟传感器、数字传感器、膺数字传感器、开关传感器等。模拟传感器是将被测量的非电学量转换成模拟电信号。数字传感器是将被测量的非电学量转换成数字输出信号(包括直接和间接转换)。膺数字传感器是将被测量的信号量转换成频率信号或短周期信号的输出(包括直接转换或间接转换)。当一个被测量的信号达到某个特定的阈值时,传感器相应地输出一个设定的低电平或高电平信号,这种传感器被称为开关传感器。

(4) 从采用的材料可将传感器分类,如按照其所用材料的类别分金属、聚合物、陶瓷、混合物;按材料的物理性质分导体、绝缘体、半导体、磁性材料;按材料的晶体结构分单晶、多晶、非晶材料。现代传感器制造业的进展取决于用于传感器技术的新材料和敏感元件的开发强度。传感器开发的基本趋势是和半导体以及介质材料的应用密切关联的。

（5）按照其制造工艺，可以将传感器区分为集成传感器、薄膜传感器、厚膜传感器、陶瓷传感器。集成传感器是用标准的生产硅基半导体集成电路的工艺技术制造的。通常还将用于初步处理被测信号的部分电路也集成在同一芯片上。薄膜传感器则是通过沉积在介质衬底（基板）上的，相应敏感材料的薄膜形成的。使用混合工艺时，同样可将部分电路制造在此基板上。厚膜传感器是利用相应材料的浆料，涂覆在陶瓷基片上制成的，基片通常是 Al_2O_3 制成的，然后进行热处理，使厚膜成形。陶瓷传感器采用标准的陶瓷工艺或某种变种工艺（溶胶－凝胶等）生产。完成适当的预备性操作之后，已成形的元件在高温中进行烧结。厚膜和陶瓷传感器这二种工艺之间有许多共同特性，在某些方面，可以认为厚膜工艺是陶瓷工艺的一种变型。

2.2　电阻式传感器

电阻式传感器是将非电量（如力、位移、速度、形变、加速度、扭矩等参数）转换为电阻变化的传感器，其核心转换元件是电阻元件。电阻式传感器将非电量的变化转换为相应的电阻值的变化，通过电测技术对电阻进行测量，以达到对上述非电量测量的目的。常见的电阻式传感器有电阻应变式传感器和电位器式传感器。

2.2.1　电阻应变式传感器原理

电阻应变式传感器是一种由电阻应变片（计）和弹性敏感元件组合起来的传感器。将应变片粘贴在各种弹性敏感元件上，当弹性敏感元件受到外作用力、力矩、压力、位移、加速度各种参数作用时，弹性敏感元件将产生位移、应力、应变，电阻应变片将它们再转换成电阻的变化。电阻应变式传感器具有悠久的历史，也是目前应用最广泛的传感器之一。它可应用不同弹性敏感元件形式完成多种参数的转换，构成检测各种参数的应变式传感器。

1）电阻应变式传感器的理论基础

电阻应变式传感器的工作是建立在金属导体的电阻定律、金属材料的应变电阻效应、材料的泊松比定律、半导体材料的压阻效应等理论基础。

（1）金属导体的电阻定律。金属导体的电阻值与其导线长度 l 成正比而与导线截面积 S 成反比，即：

$$R = \rho \frac{l}{S} \tag{2-1}$$

式中：ρ 为金属导体的电阻率。

（2）金属材料的应变电阻效应。金属材料的电阻率的相对变化与其体积的相对变化成正比，即：

$$\frac{\mathrm{d}\rho}{\rho} = c \frac{\mathrm{d}V}{V} \tag{2-2}$$

式中：c 为由一定材料和加工方式决定的常数。

（3）材料的泊松比定律。在弹性限度内金属丝沿长度方向伸长时,径向尺寸缩小,反之亦然。即轴向应变 ε_t 与径向应变 ε_r 有下面的关系成立:

$$\varepsilon_r = -\mu\varepsilon_t \tag{2-3}$$

式中: μ 为泊松比。

（4）半导体材料的压阻效应。对于半导体材料施加应力（外力）时,除了产生变形外,材料的电阻率也随着变化。这种由于应力的作用而使材料的电阻率改变的现象称为"压阻效应",有下式关系成立:

$$\frac{\mathrm{d}\rho}{\rho} = \pi\sigma = \pi E\varepsilon_r \tag{2-4}$$

式中: π 为压阻系数; E 为半导体材料的弹性模量; σ 为应力; ε_r 为径向应变。

2）电阻应变式传感器的数学模型

设有一长为 l、截面积为 S、电阻率为 ρ 的导电金属丝,它所具有的电阻为:

$$R = \rho\frac{l}{S} \tag{2-5}$$

当它受到轴向力被拉伸（或压缩）时,其 l、S 和 ρ 均将发生变化,因而导体的电阻 $R = f(l,S,\rho)$ 也随之发生变化。利用数学求导的方法可求得电阻的相对变化量。将式（2-5）两边取对数得:

$$\ln R = \ln \rho + \ln l - \ln S \tag{2-6}$$

再对上式两边取微分得:

$$\frac{\mathrm{d}R}{R} = \frac{\mathrm{d}\rho}{\rho} + \frac{\mathrm{d}l}{l} - \frac{\mathrm{d}S}{S} \tag{2-7}$$

式中: $\mathrm{d}R/R$ 为电阻的相对变化; $\mathrm{d}l/l$ 为材料的轴向线应变, $\mathrm{d}l/l = \varepsilon$; $\mathrm{d}S/S$ 为截面积的相对变化。

因为 $S = \pi r^2$; $\mathrm{d}S = 2\pi r\mathrm{d}r$,则:

$$\frac{\mathrm{d}S}{S} = 2\frac{\mathrm{d}r}{r} \tag{2-8}$$

式中, $\mathrm{d}r/r$ 为金属丝半径的相对变化,由线应变定义可知 $\mathrm{d}r/r = \varepsilon_r$（径向应变）。

又由式（2-3）得 $\mathrm{d}r/r = -\mu\varepsilon$,所以:

$$\mathrm{d}S/S = -2\mu\varepsilon \tag{2-9}$$

代入式（2-7）中得:

$$\frac{\mathrm{d}R}{R} = (1 + 2\mu)\varepsilon + \frac{\mathrm{d}\rho}{\rho} \tag{2-10}$$

对于金属导体和半导体,上式中右边末项电阻率的变化是不一样的。

（1）金属材料的应变电阻效应。金属材料的电阻率相对变化与其体积 V 相对变化之间满足式（2-2）关系,而体积的相对变化与应变 ε 和 ε_r 有下列关系存在:

$$V = Sl \tag{2-11}$$

微分后得:

$$\frac{\mathrm{d}V}{V} = \frac{\mathrm{d}S}{S} + \frac{\mathrm{d}l}{l} = 2\varepsilon_r + \varepsilon = -2\mu\varepsilon + \varepsilon = (1-2\mu)\varepsilon \tag{2-12}$$

所以：

$$\frac{\mathrm{d}\rho}{\rho} = c(1-2\mu)\varepsilon \tag{2-13}$$

代入式(2-10)可得：

$$\frac{\mathrm{d}R}{R} = (1+2\mu)\varepsilon + c(1-2\mu)\varepsilon = [(1+2\mu)+c(1-2\mu)]\varepsilon = s_{\mathrm{m}}\varepsilon \tag{2-14}$$

考虑到实际上 $\Delta R \ll R$，故将上式取有限值得：

$$\frac{\Delta R}{R} = s_{\mathrm{m}}\varepsilon \tag{2-15}$$

式中：s_{m} 为金属材料的应变灵敏度系数，$s_{\mathrm{m}} = (1+2\mu)+c(1-2\mu)$。

式(2-15)表明，金属材料的电阻相对变化与其线应变 ε 成正比。这样，我们就可以从测量金属材料的电阻相对变化得到金属材料的线应变 ε。

（2）半导体材料的应变电阻效应。半导体材料具有压阻效应即满足式(2-4)；同样，将式(2-4)代入式(2-10)中并写成增量形式为：

$$\frac{\Delta R}{R} = [(1+2\mu)+\pi E]\varepsilon = s_{\mathrm{s}}\varepsilon \tag{2-16}$$

式中：s_{s} 为半导体材料的应变灵敏度系数，$s_{\mathrm{s}} = 1+2\mu+\pi E$。

对于半导体材料 $s_{\mathrm{s}} = 1+2\mu+\pi E$，它由两部分组成，前半部分为尺寸变化所致，后部分为半导体材料的压阻效应所致，而且 $\pi E \gg (1+2\mu)$。因此，半导体材料的 $s_{\mathrm{c}} \approx \pi E$。可见，半导体材料的应变电阻效应主要基于压阻效应。于是，我们就可以从测量半导体材料的电阻相对变化而得到半导体所受到的压力。

2.2.2 电阻应变式传感器的测量电路

利用应变片可以感受由被测量产生的应变，并得到电阻的相对变化。通常可以通过电桥将电阻的变化转变成电压或电流信号。图 2-3 给出了常用的全桥电路，U_{o} 为输出电压，R_1 为受感应变片，其余 R_2、R_3、R_4 为常值电阻。为便于讨论，假设电桥的输入电源内阻为零，输出为空载。

基于上面的假设，电桥的输出电压为：

$$U_{\mathrm{o}} = \left(\frac{R_1}{R_1+R_2} - \frac{R_3}{R_3+R_4}\right)E$$

$$= \frac{R_1 R_4 - R_2 R_3}{(R_1+R_2)(R_3+R_4)}E \tag{2-17}$$

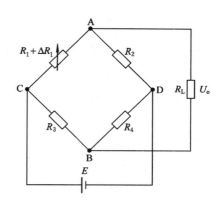

图 2-3 桥式测量电路

平衡电桥就是指电桥的输出电压 U_{o} 为零的情况。当在电桥的输出端接有检流计时，流过检流计的电流为零，即平衡电桥应满足：

$$\frac{R_1}{R_2} = \frac{R_3}{R_4} \tag{2-18}$$

在上述电桥中，R_1 为受感应变片，即单臂受感。当被测量变化引起应变片的电阻产生 R_1 的变化时，上述平衡关系被破坏，检流计有电流通过。

$$U_\circ = \left(\frac{R_1 + \Delta R_1}{R_1 + \Delta R_1 + R_2} - \frac{R_3}{R_3 + R_4} \right) E = \frac{\frac{R_4}{R_3} \cdot \frac{\Delta R_1}{R_1}}{\left(1 + \frac{\Delta R_1}{R_1} + \frac{R_2}{R_1} \right)\left(1 + \frac{R_4}{R_3} \right)} E \tag{2-19}$$

设桥臂比 $R_2/R_1 = R_4/R_3 = n$，由于 $\Delta R_1 \ll R_1$，则分母中 $\Delta R_1/R_1$ 项可忽略，即：

$$U_\circ \approx \frac{n}{(1+n)^2} \cdot \frac{\Delta R_1}{R_1} E \tag{2-20}$$

电桥电压灵敏度定义为：

$$K_V = \frac{U_\circ}{\frac{\Delta R_1}{R_1}} = \frac{n}{(1+n)^2} E \tag{2-21}$$

分析发现：① 电桥电压灵敏度正比于电桥供电电压，电桥供电电压越高，电桥电压灵敏度越高，但是电桥供电电压的升高受到应变片允许功耗的限制，所以一般电桥供电电压应适当选择；② 电桥电压灵敏度是桥臂电阻比值 n 的函数，因此必须恰当地选择桥臂比 n 的值，保证电桥具有较高的电压灵敏度。下面分析当电桥供电电压 E 确定后，n 应取何值，电桥电压灵敏度才最高。

令 $\dfrac{\partial K_V}{\partial n} = 0$，可得：

$$\frac{\partial K_V}{\partial n} = \frac{1 - n^2}{(1+n)^4} = 0 \tag{2-22}$$

求得当 $n = 1$ 是，K_V 有最大值。即当 $R_2/R_1 = R_4/R_3 = 1$，电桥灵敏度最高。由式(2-20)可知，电桥额定输出电压和电源电压及电阻相对变化成正比，而与各桥臂阻值大小无关。

2.2.3 电阻应变式传感器的结构与应用

1) 电阻应变片的分类

电阻应变片的种类繁多，分类方法也各异。

(1) 按所选用的敏感材料可分为：金属应变片和半导体应变片。

(2) 按敏感栅结构可分为：单轴应变片和多轴应变片。

(3) 按基底材料可分为：纸质应变片、胶基应变片、金属基底应变片和浸胶基应变片。

(4) 按制栅工艺可分为：丝绕式应变片、短接式应变片、箔式应变片和薄膜式应变片。

(5) 按使用温度可分为：低温应变片（-30 ℃以下）、常温应变片（-30～60 ℃）、中温应变片（60～350 ℃）和高温应变片（350 ℃以上）。

(6) 按安装方式可分为：粘贴式应变片、焊接式应变片、喷涂式应变片和埋入式应变片。

(7) 按用途可分为：一般用途应变片和特殊用途应变片（水、疲劳寿命、抗磁感应、裂缝扩展等）。

（8）按制造工艺可分为：体型半导体应变片、扩散（含外延）型半导体应变片、薄膜型半导体应变片、N-P 元件半导体型应变片。

2）电阻应变片的结构

电阻应变片（简称应变片）的种类繁多，但基本构造大体相同，都由敏感栅、基底、覆盖层、引线和黏合剂构成，如图 2-4 所示。

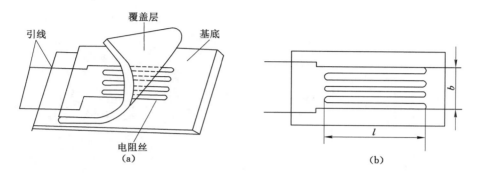

图 2-4　电阻应变片的基本结构

敏感栅由金属或半导体材料制成，电阻丝（箔条）是用来感受应变的，是应变片的敏感元件；基底和覆盖层（厚度一般在 0.03 mm 左右）用来保护敏感栅，传递应变并使敏感栅和被测试件之间具有很好的绝缘性能，它通常根据应用范围的不同而采用不同的材料，常见的有纸基和胶基；引线用于将敏感栅接到测量电路中去；它由直径为 0.15～0.30 mm 镀银铜丝或镍铬铝丝制成。

金属薄膜应变片是采用真空蒸镀或溅射式阴极扩散等方法，在薄的基底材料上制成一层金属电阻材料薄膜而形成的应变片。这种应变片有较高的灵敏度系数，允许电流密度大，工作温度范围较广。

半导体应变片是利用半导体材料的压阻效应制成的一种纯电阻性元件。半导体应变片主要有体型、薄膜型和扩散型三种。体型半导体应变片是将半导体材料硅或锗晶体按一定方向切割成片状小条，经腐蚀压焊粘贴在基片上而制成的应变片。薄膜型半导体应变片是利用真空沉积技术将半导体材料沉积在带有绝缘层的试件上而制成的。扩散型半导体应变片是将 P 型杂质扩散到 N 型硅单晶基底上，形成一层极薄的 P 型导电层，再通过超声波和热压焊法接上引出线形成的应变片。

半导体应变片比金属电阻应变片的灵敏度高 50～70 倍，其横向效应和机械滞后小。但其温度稳定性差，在较大应变下，灵敏度的非线性误差大。

3）电阻应变片的应用

电阻应变式传感器的主要优点是结构简单，使用方便，性能稳定可靠；易于实现检测过程自动化和多点同步测量、远距离测量和遥测；灵敏度高，测量速度快，适合静态动态测量；可以测量多种物理量。

将应变片粘贴在被测构件上，直接用来测定构件的应变和应力。例如，为了研究或验证机械、桥梁、建筑等某些构件在工作状态下的应力、变形情况,可利用形状不同的应变片,粘贴在构件的预测部位,可测得构件的拉、压应力、扭矩或弯矩等,从而为结构设计、应力校核或构件破坏的预测等提供可靠的实验数据,如图 2-5 所示。将应变片贴于弹性元件上,与弹性元件一起构成应变式传感器。这种传感器常用来测量力、位移、加速度等物理参数。在这种情况下,弹性元件将得到与被测量成正比的应变,再通过应变片转换为电阻变化的输出,如图 2-6 所示。

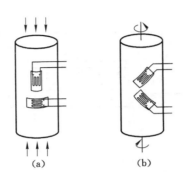

图 2-5　压力和扭矩检测

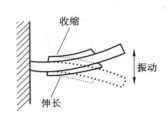

图 2-6　振动检测

2.2.4　电位器式传感器

电位器式传感器通过滑动触点把位移转换为电阻丝的长度变化,从而改变电阻值大小,进而再将这种变化值转换成电压或电流的变化值。电位器式传感器分为绕线式和非绕线式两大类。绕线电位器是最基本的电位器式传感器;非绕线式电阻传感器则是在绕线电位器的基础上,在电阻元件的形式和工作方式上有所发展,包括薄膜电位器、导电塑料电位器和光电电位器等。

绕线电位器式传感器的核心,即转换元件是精密电位器。它可实现机械位移信号与电信号的模拟转换,是一种重要的机电转换元件,如图 2-7 所示。

工作时,在电阻元件的两端,即 U_i 端加上固定的直流工作电压,从 U_o 端就有电压输出,并且这个输出电压的大小与电刷所处的位置相关。当电刷臂随着被测量产生位移 x 时,输出电压也发生相应的变化,这是精密电位器的基本工作原理。易见

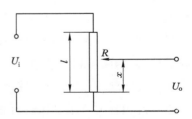

图 2-7　线绕电位器式传感器原理图

$$U_o = \frac{x}{l}U_i \tag{2-23}$$

绕线电位器式传感器又分为直线位移型、角位移型和非线性型等。不管是哪种类型的传感器,都由线圈、骨架和滑动触头等组成。线圈绕于骨架上,触头可在绕线上滑动,当滑动触头在绕线上的位置改变时,即实现了将位移变化转换为电阻变化。

如图 2-8 所示,绕线电位器主要由骨架、绕组、电刷、导电环及转轴等部分组成。绕线电位器的骨架一般由胶木等绝缘材料或表面覆有绝缘层的金属骨架构成。根据需要,骨架可做成

不同的形状,如环带状、弧状、长方体或螺旋状等。绕组即电阻元件,由漆包电阻丝整齐地绕制在骨架上构成,其两个引出端 U_{AB} 是电压输入端。电刷由电刷头和电刷臂组成(电刷头一般焊接在电刷臂上),电刷被绝缘地固定在电位器的转轴上,绕组与电刷头接触的工作端面用打磨和抛光的方法去掉漆层,以便与电刷接触。另外两个引出端 A、C 是电压输出端。

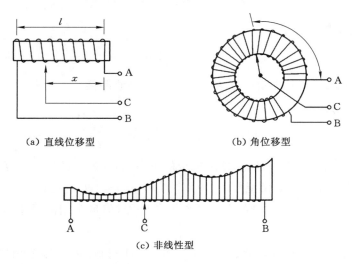

(a) 直线位移型　　　　　　　　　(b) 角位移型

(c) 非线性型

图 2-8　线绕电位器式传感器的组成

2.3　电容式传感器

电容式传感器是将被测非电量转换成电容量变化的一种传感器。其特点是结构简单、分辨率高、工作可靠、非接触测量,并能在高温、辐射和强烈振动等恶劣条件下工作,主要用于位移、振动、加速度、压力、压差、液位、粒位、成分含量等方面的测量。

2.3.1　电容式传感器原理

1) 电容式传感器的理论基础

电容式传感器是以静电场有关定律为其理论基础,它们主要有电场强度定律、电场强度与电位的关系定律、电场能量定律。

(1) 电场强度定律。对于两块无穷大的平行导电板,面电荷密度分别为 $+\sigma$ 和 $-\sigma$,其极间电场强度为:

$$E = \frac{\sigma}{\varepsilon_0} \tag{2-24}$$

式中:ε_0 为真空介电常数,$\varepsilon_0 = 8.85 \times 10^{-12} \text{F/m}$。

板外电场强度为:

$$E = 0 \tag{2-25}$$

电场方向:垂直于导电板由正电荷指向负电荷。

(2)电场强度与电位的关系定律。

对于均强电场:

$$E = \frac{U}{d} \tag{2-26}$$

对于非均强电场:

$$E = \int_0^d U \mathrm{d}l \tag{2-27}$$

式中:U 为两极板之间的电位差;d 为两极板之间的垂直距离。

(3)电场能量定律。

$$W_e = \frac{1}{2}QU = \frac{1}{2}CU^2 = \frac{Q^2}{2C} \tag{2-28}$$

式中:W_e 为两极板之间的电场能量;Q 为极板的带电量;C 为两极板的电容量。

2)电容式传感器的数学模型

电容式传感器可以任何类型的电容器作为传感器,但最常用的是平行板电容器和圆柱形电容器。

(1)平行板电容器式传感器的数学模型。若一对平行板,其面积很大且靠得很近,电荷将集中在两导体相对的表面上,电力线集中在两表面的狭窄的空间里,外表面干扰对两者的电位影响可忽略不计,我们把这样的装置称为平行板电容器。假设它们的表面积均为 S;内表面间距离为 d;极板面的线长度远大于它们之间的距离,此时相当于极板为无穷大,所以除了边缘外,两极板内表面带电均匀,极板间电场也是均匀的;两极板 A、B 的带电量分别为 $\pm q$。

由电荷密度定义,上、下两极板的电荷密度分别为:

$$\pm \sigma_e = \pm \frac{q}{S} \tag{2-29}$$

两极板间的均匀电场强度为:

$$E = \frac{\sigma_e}{\varepsilon_0} \tag{2-30}$$

A、B 两极板间的电位差为:

$$U_{AB} = \int_A^B E \mathrm{d}l = \int_0^d E \mathrm{d}l = Ed = \frac{\sigma_e d}{\varepsilon_0} = \frac{qd}{\varepsilon_0 S} \tag{2-31}$$

由电容定义可知:

$$C_{AB} = \frac{q}{U_{AB}} = \frac{q}{\frac{qd}{\varepsilon_0 S}} = \frac{\varepsilon_0 S}{d} \tag{2-32}$$

若为任意介质,其介电常数为 ε,并且用相对介电常数 ε_r 表示为:

$$\varepsilon_r = \frac{\varepsilon}{\varepsilon_0} \tag{2-33}$$

则:

$$C_{AB} = C = \frac{\varepsilon_r \varepsilon_0 S}{d} = \frac{\varepsilon S}{d} \tag{2-34}$$

式(2-34)就是平行板电容式传感器的数学模型。

(2) 同轴圆柱形电容式传感器的数学模型。设 A、B 为两个同轴圆柱形导体，A 导体的半径为 r，B 导体的半径为 R，且 $R>r$，L 为导体的长度，如图 2-9 所示。

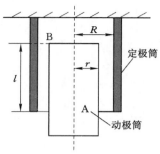

当 $L\gg R-r$ 时，两端边缘效应可以忽略，计算电场强度时，也可把圆柱体视为无穷长。由高斯定理可知，两导体间的电场强度 E 为：

$$E = \frac{\lambda}{2\pi\varepsilon_0 r} \quad (2\text{-}35)$$

式中：λ 为每个电极在单位长度内电荷的绝对值；E 的方向垂直于轴平面沿辐射方向。

图 2-9　筒形电容器

则两圆柱形导体的电位差为：

$$U_{AB} = \int_r^R E\,\mathrm{d}l = \int_r^R \frac{1}{2\pi\varepsilon_0}\frac{\lambda}{r}\,\mathrm{d}r = \frac{\lambda}{2\pi\varepsilon_0}\ln\frac{r}{R} \quad (2\text{-}36)$$

在圆柱形电容器每个电极上的总电荷为：

$$q = \lambda L \quad (2\text{-}37)$$

由电容定义得圆柱形电容器的电容为：

$$C = \frac{q}{U_{AB}} = \frac{\lambda L}{\lambda\ln\frac{r}{R}/(2\pi\varepsilon_0)} = \frac{2\pi\varepsilon_0 L}{\ln\frac{r}{R}} \quad (2\text{-}38)$$

(3) 变介质式圆柱形电容传感器的数学模型。电容式液位计中所使用的电容式传感器就属于此类。当被测液体的液面在同心圆柱形电极间发生变化时，将导致电容的变化，此时相当于两个同轴圆柱形电容器的并联。由式(2-38)可知：

$$C = C_0 + C_1 = \frac{2\pi\varepsilon_0(h-x)}{\ln\frac{R_2}{R_1}} + \frac{2\pi\varepsilon_1 x}{\ln\frac{R_2}{R_1}} = \frac{2\pi\varepsilon_0 h}{\ln\frac{R_2}{R_1}} + \frac{2\pi(\varepsilon_1-\varepsilon_0)x}{\ln\frac{R_2}{R_1}} \quad (2\text{-}39)$$

式中：ε_1 为被测液体介电常数；ε_0 为真空介电常数；h 为电极总长度；R_1 为内电极外径；R_2 为外电极内径；x 为液面高度变化。

令 $a = \dfrac{2\pi\varepsilon_0 h}{\ln\dfrac{R_2}{R_1}}$，$s_1 = \dfrac{2\pi(\varepsilon_1-\varepsilon_0)}{\ln\dfrac{R_2}{R_1}}$，则式(2-39)变为：

$$C = a + s_1 x \quad (2\text{-}40)$$

由式(2-40)可知，输出电容与液面高度变化 x 呈线性关系。

(4) 差动变极距型电容传感器的数学模型。如图 2-10 所示，上、下为定极板，中间为动极板，在初始位置时，$d_1 = d_2 = d$，$C_1 = C_2 = C$。

这种传感器工作时，如果动极板上移，则：

$$d_1 = d - \Delta d, \quad d_2 = d + \Delta d \quad (2\text{-}41)$$

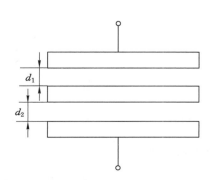

图 2-10　差动变极距型电容传感器

$$C_1 = C + \Delta C = C \frac{1}{1 - \dfrac{\Delta d}{d}}$$

$$= C\left[1 + \frac{\Delta d}{d} + \left(\frac{\Delta d}{d}\right)^2 + \left(\frac{\Delta d}{d}\right)^3 + \cdots\right] \tag{2-42}$$

$$C_2 = C - \Delta C = C \frac{1}{1 + \dfrac{\Delta d}{d}} = C\left[1 - \frac{\Delta d}{d} + \left(\frac{\Delta d}{d}\right)^2 - \left(\frac{\Delta d}{d}\right)^3 + \cdots\right] \tag{2-43}$$

电容总的变化为：

$$\Delta C = C_1 - C_2 = C\left[2\frac{\Delta d}{d} + 2\left(\frac{\Delta d}{d}\right)^3 + \cdots\right] \tag{2-44}$$

电容的相对变化为：

$$\frac{\Delta C}{C} = 2\frac{\Delta d}{d}\left[1 + \left(\frac{\Delta d}{d}\right)^2 + \left(\frac{\Delta d}{d}\right)^4 + \cdots\right] \tag{2-45}$$

略去高次项,则：

$$\frac{\Delta C}{C} \approx 2\frac{\Delta d}{d} \tag{2-46}$$

则差动电容传感器的灵敏度为：

$$K = \frac{\Delta C}{C}\frac{1}{\Delta d} = \frac{2}{d} \tag{2-47}$$

式(2-46)为差动变极距型电容传感器的数学模型。

2.3.2 电容式传感器的测量电路

将电容量转换成电量(电压或电流)的电路称作电容式传感器的转换电路,它们的种类很多,目前较常采用的有电桥电路、谐振电路、调频电路及运算放大电路等。

1) 电桥电路

图 2-11 所示为电容式传感器的电桥测量电路。电容传感器为电桥的一部分,通常采用电阻、电容或电感、电容组成交流电桥,它是一种由电感、电容组成的电桥。由电容变化转换为电桥的电压输出,经放大、相敏检波、滤波后,再推动显示、记录仪器。

图 2-11 桥测量电路

2) 谐振电路

图 2-12 所示为谐振式电路的原理框图,电容传感器的电容 C_x 作为谐振回路(L_2、C_2、C_x)调谐电容的一部分。谐振回路通过电感耦合,从稳定的高频振荡器取得振荡电压。当

传感器电容发生变化时,使得谐振回路的阻抗发生相应的变化,而这个变化被转换为电压或电流,再经过放大、检波即可得到相应的输出。

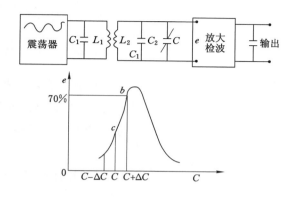

图 2-12　电容谐振电路原理图

为了获得较好的线性关系,一般谐振电路的工作点选在谐振曲线的线性区域内,最大振幅 70% 附近的地方,且工作范围选在 BC 段内。这种电路的优点是比较灵活;其缺点是工作点不易选好,变化范围也较窄,传感器连接电缆的杂散电容对电路的影响较大,同时为了提高测量精度,要求振荡器的频率具有很高的稳定性。

3）运算放大器电路

采用比例运算放大器电路,可以使输出电压约与位移

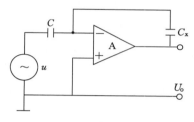

图 2-13　运算放大器电路

的关系转换为线性关系。如图 2-13 所示,反馈回路中的 C_x 为极距变化型电容式传感器的输入电路,采用固定电容 C,$U_。$ 为稳定的工作电压。由于放大器的高输入阻抗和高增益特性,比例器的运算关系为:

$$U_y = -U_。\frac{Z_C}{Z_{C_x}} - U_。\frac{C}{C_x} \tag{2-48}$$

代入 $C_x = \varepsilon_0 \varepsilon A / \delta$,得:

$$U_y = -U_。\frac{Cd}{\varepsilon_0 \varepsilon A} \tag{2-49}$$

由上式可知,输出电压与电容传感器的间隙呈线性关系。

2.4　电感式传感器

电感式传感器利用电感元件把被测物理量的变化转换成电感的自感系数 L 或互感系数 M 的变化,再由测量电路转换为电压(或电流)信号。它可以把各种物理量(如位移、压力、流量等参数)转换成电流输出。因此,能满足信息的远距离传输、记录、显示和控制等方

面的要求,在自动控制系统中应用十分广泛。电感式传感器结构简单,无活动电触点,工作可靠,寿命较长;灵敏度和分辨率高,电压灵敏度一般每毫米的位移可达数百毫伏的输出;线性度和重复性比较好,在一定位移(如几十微米至几毫米)内,传感器非线性误差可做到0.05%~0.1%,并且稳定性好。

2.4.1 自感式电感传感器

自感式电感传感器主要用来测量位移或者是可以转换成位移的被测量,如振动、厚度、压力、流量等。工作时,衔铁通过测杆与被测物体相接触,被测物体的位移将引起线圈电感量的变化,当传感器线圈接入测量转换电路后,电感的变化将被转换成电压、电流或频率的变化,从而完成非电量到电量的转换。

由电工知识可知,线圈的自感量等于线圈中通入单位电流所产生的磁链数,即线圈的自感系数

$$L = \psi/I = N\Phi/I \qquad (2\text{-}50)$$

式中:ψ 为磁链;Φ 为磁通;I 为流过线圈的电流;N 为线圈匝数。

根据磁路欧姆定律:$\Phi = \mu NIS/l$,μ 为磁导率,S 为磁路截面积,l 为磁路总长度。令 $R_m = \dfrac{l}{\mu S}$ 为磁路的磁阻,可得线圈的电感量为:

$$L = \frac{\psi}{I} = \frac{N\Phi}{I} = \frac{\mu N^2 S}{l} = \frac{N^2}{R_m} \qquad (2\text{-}51)$$

磁路的总长度包括铁芯长度 l_{i1}、衔铁长度 l_{i2} 和两个空气间隙 l_0 的长度。因铁芯和衔铁均为导磁材料,磁阻可忽略不计,则式(2-51)可改写为:

$$L = \frac{N^2}{R_m} \approx \frac{N^2 \mu_0 S_0}{2l_0} \qquad (2\text{-}52)$$

式中:S_0 为气隙的等效面积;μ_0 为空气的磁导率。

由式(2-52)可知,只要被测非电量能够引起空气间隙长度 l_0 或截面积 S_0 发生变化,线圈的电感量就会随之发生变化。因此,电感式传感器从原理上可分为变气隙长度式、变气隙截面式和螺管式三种类型。

1) 变气隙长度式电感传感器

变气隙长度式电感传感器的结构如图 2-14(a)所示。由式(2-51)可知,若 S 为常数,则 $L = f(l)$,即电感 L 是气隙厚度 l 的函数,故称这种传感器为变气隙长度式电感传感器。由于电感量 L 与气隙厚度 l 成反比,故输入/输出呈非线性关系,输出特性如图 2-15 (a)所示。

可见,l 值越小,灵敏度越高。为提高灵敏度,保证一定的线性度,将这种传感器用于较小位移的测量,测量范围约在 0.001~1 mm。由于行程小,而且衔铁在运行方向上受铁芯限制,制造装配困难,所以近年来较少使用这类传感器。

2) 变气隙截面式电感传感器

变气隙截面式电感传感器的结构如图 2-14(b)所示。由式(2-51)可知,若保持气隙厚度 l 为常数,则 $L = f(S)$,即电感 L 是气隙截面积 S 的函数,故称这种传感器为变截面式电感

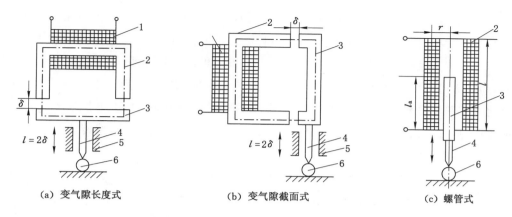

（a）变气隙长度式　　　（b）变气隙截面式　　　（c）螺管式

1—线圈；2—铁芯；3—衔铁；4—测杆；5—导轨；6—工件。

图 2-14　自感式电感传感器结构示意图

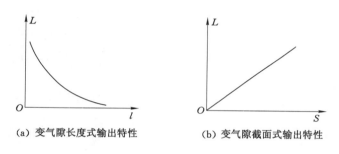

（a）变气隙长度式输出特性　　　（b）变气隙截面式输出特性

图 2-15　电感式传感器的输出特性

传感器。但是，由于漏感等原因，变气隙截面式电感传感器在 $S=0$ 时，仍有一定的电感，所以其线性区较小，为了提高灵敏度，常将 l 做得很小。变气隙截面式电感传感器的灵敏度比变气隙长度式小，但线性较好，量程也比变气隙长度式大，使用比较广泛。这种传感器的输出特性如图 2-15（b）所示。

3）螺管式电感传感器

螺管式电感传感器的结构如图 2-14（c）所示。螺管式电感传感器由一柱型衔铁插入螺管圈内构成。其衔铁随被测对象移动，线圈磁力线路径上的磁阻发生变化，线圈电感量也因此而变化。线圈电感量的大小与衔铁插入深度有关。理论上，电感相对变化量与衔铁位移相对变化量成正比，但由于线圈内磁场强度沿轴线分布不均匀，所以实际上它的输出仍有非线性。

设线圈长度为 l、线圈的平均半径为 r、线圈的匝数为 n、衔铁进入线圈的长度为 l_a、衔铁的半径为 r_a、铁芯的有效磁导率为 μ_m，则线圈的电感量 L 与衔铁进入线圈的长度 l_0 的关系为：

$$L = \frac{4\pi^2 n^2}{l_2}\left[lr^2(\mu_m - 1)l_a r_a^2 \right] \tag{2-53}$$

由式(2-53)可知,螺管式电感传感器的灵敏度较低。但由于其量程大且结构简单,易于制作和批量生产,因此它是使用最广泛的一种电感式传感器。

以上三种类型的传感器,由于线圈中流过负载的电流不等于零,存在起始电流,非线性较大,而且有电磁吸力作用于活动衔铁,易受外界干扰的影响,如电源电压和频率的波动、温度变化等都将使输出产生误差,所以不适用于精密测量,只用在一些继电信号装置中。在实际应用中,广泛采用的是将两个电感式传感器组合在一起,形成差动自感传感器。

4)差动自感传感器

两只完全对称的单个自感传感器合用一个活动衔铁,构成差动自感传感器。差动自感传感器的结构各异。图 2-16 是差动 E 型自感传感器,其结构特点是上、下两个磁体的几何尺寸、材料、电气参数均完全一致,传感器的两只电感线圈接成交流电桥的相邻桥臂,另外两只桥臂由电阻组成,构成交流电桥的 4 个臂,供桥电源为 $\dot{U}_{AC}$(交流),桥路输出为交流电压 $\dot{U}_{o}$。

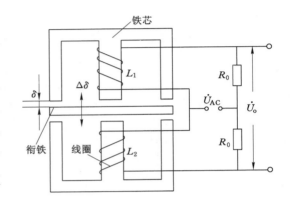

图 2-16 差动 E 型自感传感器结构原理

初始状态时,衔铁位于中间位置,两边气隙宽度相等,因此两只电感线圈的电感量相等,接在电桥相邻臂上,电桥输出 $\dot{U}_{o}=0$,即电桥处于平衡状态。

当衔铁偏离中心位置,向上或向下移动时,造成两边气隙宽度不一样,使两只电感线圈的电感量一增一减,电桥不平衡,电桥输出电压的大小与衔铁移动的大小成比例,其相位则与衔铁移动量的方向有关。因比,只要能测量出输出电压的大小和相位,就可以决定衔铁位移的大小和方向,衔铁带动连动机构就可以测量多种非电量,如位移、液面高度、速度等。差动自感传感器不仅可使灵敏度提高 1 倍,而且使非线性误差大为减小。当单边式非线性误差为 10%时,非线性误差可小于 1%。

2.4.2 互感式电感传感器

互感式电感传感器利用线圈的互感作用将位移转换成感应电势的变化。互感式电感传感器实际上是一个具有可动铁芯和两个次级线圈的变压器。变压器初级线圈接入交流电源时,次级线圈因互感作用产生感应电动势,当互感变化时,输出电势亦发生变化。由于它的两个次级线圈常接成差动的形式,故又称为差动变压器式电感传感器,简称差动变压器。差动变压器的结构形式较多,下面介绍目前广泛采用的螺管式差动变压器。

1)工作原理

螺管式差动变压器主要由线圈框架 A、绕在框架上的一组初级线圈 W 和两个完全相同的次级线圈 W_1、W_2 及插入线圈中心的圆柱形铁芯 B 组成,如图 2-17(a)所示。

当初级线圈 W 加上一定的交流电压时,次级线圈 W_1 和 W_2 由于电磁感应分别产生感应电势 e_1 和 e_2,其大小与铁芯在线圈中的位置有关。把感应电势 e_1 和 e_2 反极性串联,则输出电势为:

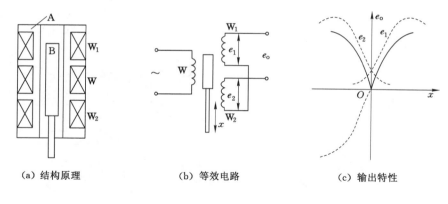

（a）结构原理　　　　（b）等效电路　　　　（c）输出特性

图 2-17　差动变压器

$$e_0 = e_1 - e_2 \tag{2-54}$$

次级线圈产生的感应电势为：

$$e = -M\frac{\mathrm{d}i}{\mathrm{d}t} \tag{2-55}$$

式中：M 为初级线圈与次级线圈之间的互感；i 为流过初级线圈的激磁电流。

当铁芯在中间位置时，由于两线圈互感相等 $M_1 = M_2$，感应电势 $e_1 = e_2$，故输出电压 $e_0 = 0$；当铁芯偏离中间位置时，由于磁通变化使互感系数一个增大，一个减小，$M_1 \neq M_2$，$e_1 \neq e_2$，随着铁芯偏离中间位置，e_0 逐渐增大。其输出特性如图 2-17（c）所示。

以上分析表明，差动变压器输出电压的大小反映了铁芯位移的大小，输出电压的极性反映了铁芯运动的方向。从特性曲线看出，差动变压器输出特性的非线性得到很大的改善。实际上，当铁芯位于中间位置时，差动变压器输出电压气并不等于零，把差动变压器在零位移时的输出电压称为零点残余电压。零点残余电压主要是传感器在制作时两个次级线圈的电气参数与几何尺寸不对称，以及磁性材料的非线性等问题引起的。零点残余电压一般在几十毫伏以下。在实际应用中，应设法减小零点残余电压，否则将会影响传感器的测量结果。

2）测量电路

差动变压器的输出是一个调幅波，且存在一定的零点残余电压，因此为了判别铁芯移动的大小和方向，必须进行解调和滤波。另外，为消除零点残余电压的影响，差动变压器的后接电路常采用差动整流电路和相敏检波电路。差动整流电路就是把差动变压器的两个次级线圈的感应电动势分别整流，然后将整流后的两个电压或电流的差值作为输出。现以电压输出型全波差动整流电路为例来说明其工作原理，如图 2-18（a）所示。

由图 2-18（a）可见，无论两个次级线圈的输出瞬时电压极性如何，流过两个电阻的电流总是从 a 到 b，从 d 到 c，故整流电路的输出电压：

$$u_o = u_{ab} + u_{cd} = u_{ab} - u_{dc} \tag{2-56}$$

如图 2-18（b）所示，当铁芯在零位时，$u_o = 0$；当铁芯在零位以上或零位以下时，输出电压的极性相反，于是零点残余电压会自动抵消。差动变压器具有测量精度高、线性范围大（$\pm$100 mm）、灵敏度高、稳定性好和结构简单等优点，被广泛用于直线位移的测量。

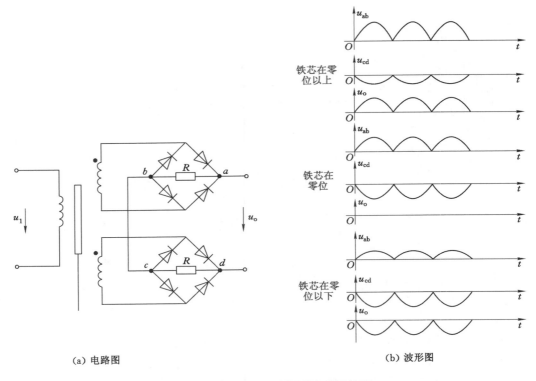

（a）电路图　　　　　　　　　　　（b）波形图

图 2-18　差动变压器测量电路及波形

2.5　磁电式传感器

　　磁电传感器是利用电磁感应原理,将输入运动速度变换成感应电势输出的传感器。它不需要辅助电源就能把被测对象的机械能转换为易于测量的电信号,是一种有源传感器,有时也称为电动式或感应式传感器。制作磁电式传感器的材料有导体、半导体、磁性体、超导体等。利用导体和磁场的相对运动产生感应电动势的电磁感应原理,可制成各种类型的磁电式传感器和磁记录装置;利用强磁性体金属的各向异性磁阻效应,可制成强磁性金属磁敏器件;利用半导体材料的磁阻效应可制成磁敏电阻、磁敏二极管、磁敏三极管等。

2.5.1　磁电感应式传感器

　　磁电感应式传感器利用导体和磁场发生相对运动而在导体两端输出感应电动势,是一种机-电能量转换型传感器,不需要供电电源,电路简单,性能稳定,输出阻抗小,又具有一定的频率范围(一般为 10~1 000 Hz),适应于振动、转速、扭矩等测量。

　　根据法拉第电磁感应定律,N 匝线圈在磁场中做切割磁力线运动或穿过线圈的磁通量变化时,线圈中产生的感应电动势 e 与磁通的变化率有如下关系：

$$e = -N\frac{\mathrm{d}\Phi}{\mathrm{d}t} \tag{2-57}$$

　　在电磁感应现象中,磁通量的变化是关键。进入线圈的磁通量越大,$\mathrm{d}\Phi$ 也越大,如果相对运动速度越快,即线速度 v 或角速度 ω 越大,相当于 $\mathrm{d}t$ 越小,$\mathrm{d}\Phi/\mathrm{d}t$ 就越大。感应电动势

e 还与线圈匝数 N 成正比。不同类型的磁电感应式传感器,实现磁通量 Φ 变化的方法不同,有恒磁通的动圈式与动铁式磁电感应式传感器,有变磁通(变磁阻)的开磁路式或闭磁路式磁电感应式传感器。

　　磁电感应式传感器的直接应用是测量线速度 v 和角速度 ω,如图 2-19 所示,其中图 2-19(a)为测线速度 v,图 2-19(b)为测角速度 ω。当线圈垂直于磁场方向运动时,磁电感应式传感器是利用电磁感应原理,将输入量转换成线圈中的感应电势输出的一种传感器。由于不需要辅助电源,所以是一种有源传感器,也被称为感应式传感器或电动式传感器。

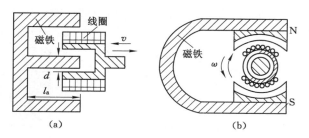

图 2-19　磁电感应式传感器

　　若线圈在恒定磁场中做直线运动,并切割磁力线,则线圈两端产生的感应电势 e 为:

$$e = - NBl \frac{\mathrm{d}x}{\mathrm{d}t}\sin\theta = - NBlv\sin\theta \tag{2-58}$$

式中:B 为磁场的磁感应强度;x 为线圈与磁场相对运动的位移;v 为线圈与磁场相对运动的速度;θ 为线圈运动方向与磁场方向之间的夹角;N 为线圈的有效匝数;l 为每匝线圈的平均长度。

　　当 $\theta = 90°$(线圈垂直切割磁力线)时,式(2-58)可写成:

$$e = - NBl \frac{\mathrm{d}x}{\mathrm{d}t}\sin 90° = - NBlv \tag{2-59}$$

　　若线圈相对磁场作旋转运动切割磁力线,则线圈的感应电势为:

$$e = - NBS \frac{\mathrm{d}\theta}{\mathrm{d}t}\sin\theta = - NBS\omega\sin\theta \tag{2-60}$$

式中:ω 为旋转运动相对速度,$\omega = \dfrac{\mathrm{d}\theta}{\mathrm{d}t}$;$S$ 为每匝线圈的截面积;θ 为线圈平面的法线方向与磁场方向的夹角。

　　当 $\theta = 90°$ 时,式(2-60)可写成:

$$e = - NBS \frac{\mathrm{d}\theta}{\mathrm{d}t}\sin 90° = - NBS\omega \tag{2-61}$$

　　由式(2-59)和式(2-61)可知,当传感器的结构确定后,B、S、N、l 均为定值,因此,感应电势 e 与相对速度 v(或 ω)成正比。由磁电感应式传感器的工作原理可知,它只适宜于动态测量。如果在其测量电路中接入积分电路,输出的感应电势就会与位移成正比;如果接入微分电路,输出的感应电势就与加速度成正比。因此,磁电感应式传感器还可用来测位移和加速度。

2.5.2　变磁阻磁电式传感器

　　这类传感器的线圈和磁铁都是静止不动的,利用磁性材料制成的一个齿轮在运动中不断地改变磁路的磁阻,从而改变贯穿线圈的磁通量 $d\Phi/dt$,使线圈中感应出电动势。

变磁阻式传感器一般都做成转速传感器,将产生感应电势的频率作为输出,其频率值取决于磁通变化的频率。变磁阻式转速传感器在结构上分为开磁路式和闭磁路式两种。

1) 开磁路变磁阻式转速传感器

传感器由永久磁铁、感应线圈、软铁、齿轮组成,如图 2-20 所示。齿轮安装在被测转轴上,与转轴一起旋转。当齿轮旋转时,由齿轮的凹凸引起磁阻变化,以使磁通发生变化,因而在线圈中感应出交变电势,其频率等于齿轮的齿数 z 和转速 n 的乘积,即

$$f = zn/60 \tag{2-62}$$

式中:z 为齿轮的齿数;n 为被测轴转速,rpm;f 为感应电势频率,s^{-1}。

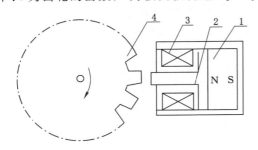

1—永久磁铁;2—软铁;
3—感应线圈;4—齿轮。

图 2-20 开磁路变磁阻式转速传感器

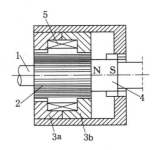

1—转轴;2—内齿轮;3a,3b—内、外齿轮;
4—永久磁铁;5—线圈。

图 2-21 闭磁路变磁阻式转速传感器

当齿轮的齿数 z 确定以后,若能测出频率 f 就可求出转速 $n(n = 60f/z)$。这种传感器结构简单,但输出信号小,转速高时信号失真也大,在振动强或转速高的场合,往往采用闭磁路变磁阻式转速传感器。

2) 闭磁路变磁阻式转速传感器

闭磁路变磁阻式转速传感器的结构如图 2-21 所示。它是由安装在转轴上的内齿轮和永久磁铁、外齿轮及线圈构成的,内、外齿轮的齿数相等。测量时,转轴与被测轴相连,当旋转时,内、外齿的相对运动使磁路气隙发生变化,从而使磁阻发生变化,并使贯穿于线圈的磁通量变化,在线圈中感应出电势。与开磁路相同,闭磁路变磁阻式转速传感器也可通过感应电势频率测量转速。

传感器的输出电势取决于线圈中磁场的变化速度,它与被测速度成一定比例。当转速太低时,输出电势很小,以致无法测量,所以这种传感器有一个下限工作频率,一般为 50 Hz 左右,最多可低到 30 Hz 左右,其上限工作频率可达 100 Hz。

2.6 压电式传感器

2.6.1 压电效应

某些电介质,当沿着一定方向对其施力而使它变形时,内部就产生极化现象,同时在它的两个表面上产生符号相反的电荷,当外力去掉后,又重新恢复不带电状态,这种现象称为压电效应。当作用力方向改变时,电荷极性也随着改变。逆向压电效应是指当某晶体沿一

定方向受到电场作用时,相应地在一定的晶轴方向将产生机械变形或机械应力,又称为电致伸缩效应。当外加电场撤去后,晶体内部的应力或变形也随之消失。下面以石英单晶压电晶体为例,说明压电效应原理。

图 2-22 所示为天然结构石英晶体的理想外形,它是一个正六面体。在晶体学中,它可用三根互相垂直的轴来表示,其中纵向轴 z 称为光轴,经过正六面体棱线,并垂直于光轴的 x 轴称为电轴,与 x 轴和 z 轴同时垂直的 y 轴(垂直于正六面体的棱面)称为机械轴。通常把沿电轴 x 方向的力作用下产生电荷的压电效应称为"纵向压电效应",而把沿机械轴 y 方向的力作用下产生电荷的压电效应称为"横向压电效应",沿光轴 z 方向受力但不产生压电效应。

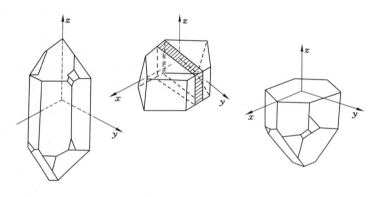

图 2-22　石英晶体的理想外形及坐标系

石英晶体之所以具有压电效应,是与它的内部结构分不开的。组成石英晶体的硅离子和氧离子 O 在 M 平面投影,如图 2-23 所示。为讨论方便,将这些硅、氧离子等效为图中正六边形排列,图中"+"代表 Si^{4+} 离子,"−"代表 $2O^{2-}$ 离子。下面讨论石英晶体受外力作用时晶格的变化情况。当无作用力 F_x 时,正、负离子正好分布在正六边形顶角上,形成三个互成 120°夹角的偶极矩,如图 2-23(a)所示。此时正负电荷中心重合,电偶极矩的矢量和等于零。当沿电轴 x 施加作用力 F_x 时,在上方正离子局部占优,在下方负离子局部占优,于是上方带正电,下方带负电,如图 2-23(b)所示。当沿机械轴 y 轴施加作用力 F_y 时,在上方负离子局部占优,在下方正离子局部占优,于是上方带负电,下方带正电,如图 2-23(c)所示。

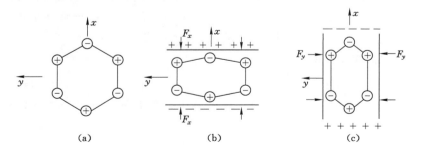

图 2-23　压电效应原理图

当压电晶片受到沿 x 轴方向的力 F_x 时,就在与 x 轴垂直的平面上产生电荷:

$$Q_x = d_{11}F_x \tag{2-63}$$

式中:d_{11}为压电系数,石英晶体 $d_{11}=2.3\times10^{-12}$ C/N。

若在同一压电晶片上的作用力是沿 y 轴方向,电荷仍在与 x 轴垂直的平面上出现,电荷大小为:

$$Q_x = d_{12}\frac{a}{b}F_y = -d_{11}\frac{a}{b}F_y \qquad (2\text{-}64)$$

式中:a、b 为晶体切片的长度和厚度;d_{12} 为石英晶体在 y 轴方向受力时的压电系数。

据石英晶体轴对称条件可知,$d_{11}=d_{12}$。

式(2-64)表明,沿 y 轴方向的力作用在压电晶片上所产生的电荷量与晶体切片的尺寸有关。式中,"$-$"表明沿 y 轴的压力和沿 x 轴的压力所引起的电荷极性相反。

具有压电效应的电介质叫作压电材料。常见的压电材料分为 3 类:压电晶体、多晶压电陶瓷和新型压电材料。

(1)压电晶体。石英是典型的压电晶体,其化学成分是二氧化硅(SiO_2),压电系数较低,$d_{11}=2.3\times10^{-12}$ C/N。它在几百度的温度范围内不随温度而变,但到 573 ℃时,完全丧失压电性质,这是它的居里点。石英具有很大的机械强度,在研磨质量好时,可以承受 $700\sim1\ 000$ kg/mm² 的压力,并且机械性质比较稳定。除天然石英和人造石英晶体外,近年来铌酸锂($LiNbO_3$)、钽酸锂($LiTaO_3$)、锗酸锂($LiCeO_3$)等许多压电单晶在传感技术中也获得了广泛应用。

(2)多晶压电陶瓷。多晶压电陶瓷是一种经极化处理后的人工多晶体,主要有极化的铁电陶瓷(钛酸钡)、锆钛酸铅等。钛酸钡是使用最早的压电陶瓷,它具有较高的压电常数,约为石英晶体的 50 倍。但是,它的居里点低,约为 120 ℃,机械强度和温度稳定性都不如石英晶体。锆钛酸铅系列压电陶瓷(PZT),随配方和掺杂的变化可获得不同的性能。它的压电常数很高,为($200\sim500$)$\times10^{-12}$,居里点约为 310 ℃,温度稳定性比较好,是目前使用最多的压电陶瓷。由于压电陶瓷的压电常数大,灵敏度高,价格低廉,一般情况下都采用它作为压电式传感器的压电元件。

(3)新型压电材料。新型压电材料主要有有机压电薄膜和压电半导体等。有机压电薄膜是由某些高分子聚合物,经延展拉伸和电场极化后形成的具有压电特性的薄膜,如聚仿氟乙烯、聚氟乙烯等。有机压电薄膜具有柔软、不易破碎、面积大等优点,可制成大面积阵列传感器和机器人触觉传感器。

压电半导体是指既具有半导体特性又具有压电特性的材料,如硫化锌、氧化锌、硫化钙等。由于同一材料兼有压电和半导体两种物理性能,故可以利用压电性能制作敏感元件,又可以利用半导体特性制成电路器件,研制成新型集成压电传感器。

2.6.2 压电传感器等效电路

当压电晶片受力时,在它的两个电极上会产生极性相反、电量相等的电荷。这样可以把压电传感器看成一个静电发生器。由于两个极板上聚集电荷,中间为绝缘体,因此它又可以看成一个电容器,如图 2-24(a)所示。其电容量为:

$$C_a = \frac{\varepsilon_0 \varepsilon_r S}{d} \qquad (2\text{-}65)$$

式中:S 为极板面积;d 为压电晶片厚度;ε_0 为真空介电常数($\varepsilon_0=8.85\times10^{-12}$ F/m);ε_r 为压电材料的相对介电常数(石英晶体为 4.85)。

由于电容器上的开路电压 U_a、电荷量 Q 与电容 C_a 三者之间存在以下关系:

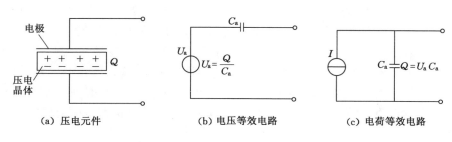

图 2-24　压电传感器

$$U_a = \frac{Q}{C_a} \qquad\qquad (2\text{-}66)$$

因此压电式传感器可以等效为一个电压源 U_a 和一个电容 C_a 的串联电路，如图 2-24(b) 所示，也可以等效为一个电流源 I 和一个电容 C_a 的并联电路，如图 2-24(c) 所示。

由等效电路可知，只有在外电路负载无穷大，内部信号电荷无"漏损"时，压电传感器受力后产生的电压或电荷才能长期保存下来。事实上，传感器内部不可能没有泄漏，外电路负载也不可能无穷大，只有外力以较高频率不断地作用，传感器的电荷能得以补充时才适于使用，因此压电晶片不适合于静态测量。

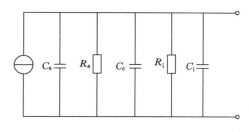

图 2-25　压电传感器完整的等效电路

当把压电式传感器和测量仪表连接时，还需考虑连接导线的等效电容 C_c、前置放大器的输入电阻 R_i、输入电容 C_i。因此，压电传感器完整的等效电路如图 2-25 所示。图中，R_a 为压电传感器绝缘电阻，C_a 为压电式传感器的等效电容。

2.7　传感器主要技术性能指标

传感器的基本特性是指输出对输入的响应质量，它包括静态特性和动态特性两大类。当输入量为常量或变化极慢时，这一关系就称为静态特性；当输入量随时间较快地变化时，这一关系就称为动态特性。一般来说，传感器输出与输入关系可用对时间的微分方程来描述。理论上，将微分方程中的一阶及以上的微分项取为零时，便可得到静态特性。因此，传感器的静态特性只是动态特性的一个特例。实际上，传感器的静态特性要包括非线性和随机性等因素，如果把这些因素都引入微分方程，将使问题复杂化。为避免出现这种情况，总是把静态特性和动态特性分开考虑。传感器除了描述输出输入关系的特性之外，还有与使用条件、使用环境、使用要求等有关的特性。

2.7.1　传感器的静态特性

静态特性表示传感器在被测量处于稳定状态时的输出输入关系。《传感器主要静态性能指标计算方法》(GB/T 18459—2001)规定了一般传感器主要静态性能指标的定义和计算方法，定义传感器的静态特性(static characteristics)为被测量处于不变或缓变情况下输出与输入之间的关系。人们总是希望传感器的输出/输入具有确定的对应关系,而且最好呈线性关系。但在一般情况下,输出/输入不会符合所要求的线性关系,同时由于存在着迟滞、蠕变、摩擦、间隙和松动等各种因素的影响,以及外界条件的影响,使输出/输入对应关系的唯一确定性也不能实现。考虑了这些情况之后,传感器的输出/输入作用图大致如图 2-26 所示。图中的外界影响不可忽视,影响程度取决于传感器本身,可通过传感器本身的改善来加以抑制,有时也可以对外界条件加以限制。图 2-26 中的误差因素就是衡量传感器特性的主要技术指标。

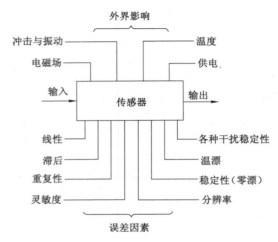

图 2-26 传感器的输出输入作用

1) 精确度、精密度和准确度

精确度反映测量误差的综合状态,综合误差小,则精确度自然就高。精确度的含义是传感器反映信号值与被测物理量真值(约定)的一致程度。精密度指的是在一定条件下进行多次测量时,在测量结果比较集中和仪器分辨率较高的条件下,随机误差的大小。准确度是指在规定条件下测量结果的正确程度。精确度、精密度和准确度这三个概念可用图 2-27 来区分。

(a) 精确度   (b) 精密度   (c) 准确度

图 2-27 精确度、精密度和准确度

传感器的精确度,往往用误差为指标,一般采用以百分数来表示相对误差。

2) 测量范围与量程

测量范围指被测物理量可以按规定的精确度进行测量的范围。量程是指测量范围的上限值与下限值的代数差,即:

$$Y_{ps} = Y_{max} - Y_{min} \tag{2-67}$$

式中:Y_{ps} 为量程;Y_{max}、Y_{min} 为测量范围的上、下限值。

3）线性度误差

理想情况下,传感器的输入和输出是线性关系,其图形是一条理想直线。而实际测量系统的静态特性则是按下面的多项式规律变化的:

$$Y = a_0 + a_1 x + a_2 x^2 + \cdots + a_n x^n \qquad (2-68)$$

式中:x、Y 分别为输入和输出量;a_0,a_1,a_2,$\cdots$,a_n 为待定系数。

由式（2-68）可知，输出量 Y 的变化除线项项 $(a_0 + a_1 x)$ 外，还有多项高次分量的影响，所以，输入—输出特性应是一条变化程度不同的曲线（称为校准曲线）。

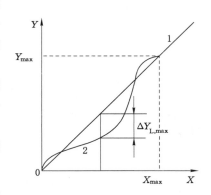

线性度误差就是指校准曲线与规定直线的最大偏差，通常用百分数来表示。这个百分数就是表示输入—输出特性的非线性度，或称线性度误差，如图 2-28 所示。

从图 2-28 中可知，最大偏差为 $\Delta Y_{L,max}$，通常用量程的百分数表示，即:

$$\delta_L = \frac{|\Delta Y_{L,max}|}{Y_{max} - Y_{min}} \times 100\% \qquad (2-69)$$

式中:δ_L 为线性度误差;$\Delta Y_{L,max}$ 为校准曲线与规定直线间最大偏差;$Y_{max} - Y_{min}$ 为仪表（传感器）量程。

1—规定直线;2—校准曲线

图 2-28　非线性特性曲线图

4）灵敏度

传感器输出量的变化值与相应的被测量的变化值之比称为传感器的灵敏度。灵敏度反映传感器对被测物理量的变化程度。灵敏度用输出变化值（ΔY）除以输入变化值（ΔX）表示，即:

$$K = \frac{\Delta Y}{\Delta X} \qquad (2-70)$$

可见，线性系统的灵敏度就是特性曲线的斜率，且灵敏度 K 为一常数。在非线性系统中，其灵敏度是特性曲线某点处的切线斜率，并随输入量的变化而变化。

灵敏度可用百分数或绝对值表示，一定用途的传感器要限定其范围。

5）回差

回差也称为变差。在测量全范围内，同一个输入信号所对应的上、下行程输出之间的最大差值称为回差，如图 2-29 所示。回差包括滞后误差和死区，回差以输出量程的百分数表示:

$$\delta_V = \frac{\Delta Y_{V,max}}{Y_{max} - Y_{min}} \times 100\% \qquad (2-71)$$

式中:$\Delta Y_{V,max}$ 为测量全范围内上、下行程输出的最大差值。

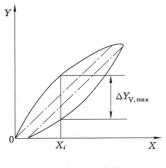

（1）死区。输入变量变化时，输出变量几乎毫无变化的有限区间，称死区，如图 2-30 所示。死区用输入量程 δ_d 的百分数表示:

$$\delta_d = \frac{\Delta X_d}{X_{max} - X_{min}} \times 100\% \qquad (2-72)$$

图 2-29　回差

式中：ΔX_d 为死区；$X_{max} - X_{min}$ 为输入量程。

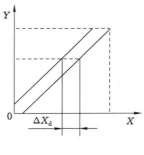

图 2-30　死区

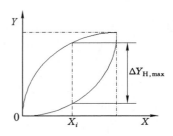

图 2-31　滞后误差

（2）滞后误差。在全范围内的被测值上、下行程均得校准曲线，两曲线间的最大偏差 $\Delta Y_{V,max}$，减去死区值后的输出增量为 $\Delta Y_{H,max}$，称之为滞后误差，如图 2-31 所示。滞后误差同样用百分数表示：

$$\delta_H = \frac{\Delta Y_{H,max}}{Y_{max} - Y_{min}} \times 100\% \qquad (2-73)$$

式中：$\Delta Y_{H,max}$ 为在同一 X_i 下的最大滞后偏差绝对值。

6）分辨率

传感器在规定测量范围内可能检测出的被测量的最小变化量称为传感器的分辨率。例如：某一温度传感器的量程是 $-50 \sim 99.9\ ℃$，其分辨率应是 $0.1\ ℃$。

7）阈值

能使传感器输出端产生可测变化量的被测量的最小变化量称作传感器的阈值。

8）重复性

在同一工作条件下，传感器对同一输入按同一方向连续多次检测时，其输出值相互间的一致程度，称为传感器的重复性。有时用重复误差来表示重复性。

9）过载

在不致引起规定性能指标永久改变的前提下，允许传感器超过测量范围的能力，称过载。过载能力可用下式表示：

$$过载 = \frac{允许超过被测上限（或下限）的测量值}{量程} \times 100\% \qquad (2-74)$$

10）飘移

传感器的输入—输出特性随某一外界因素的影响而出现缓慢变化的现象，称为飘移。对于采用电桥电路的传感器，零点飘移是仪器主要性能指标之一。

静态特性是从静态角度考察传感器测量精度的指标，为了获取准确的输出信号，要求传感器应具备静态响应良好的综合性能。为此，应尽量获取合适的测量范围和量程，具备足够的灵敏度、分辩力和重复性，以及尽量小的阈值、线性度误差、回差和飘移。

2.7.2　传感器的动态特性

传感器的动态特性是指输入量随时间变化时传感器的响应特性。由于传感器的惯性和滞后，当被测量随时间变化时，传感器的输出往往来不及达到平衡状态，处于动态过渡过程之中，所以传感器的输出量也是时间的函数，其间的关系要用动态特性来表示。一个动态特性好的传感器，其输出将再现输入量的变化规律，即具有相同的时间函数。实际的传感器的输出信号不会与输入信号具有相同的时间函数,这种输出与输入间的差异就是所谓的动态误差。传感器的动态特性是传感器的输出值能够真实地再现变化着的输入量能力的反映。

1) 数学模型与传递函数

为了分析动态特性,首先要写出数学模型,求得传递函数。一般情况下,传感器输出 y 与被测量 x 之间的关系可写成:

$$f_1(\mathrm{d}^n y/\mathrm{d}t^n,\cdots,\mathrm{d}y/\mathrm{d}t,y) = f_2(\mathrm{d}^m x/\mathrm{d}t^m,\cdots,\mathrm{d}x/\mathrm{d}t,x) \tag{2-75}$$

不过,大多数传感器在其工作点附近一定范围内,其数学模型可用线性微分方程表示,即:

$$a_n\mathrm{d}^n y/\mathrm{d}t^n + \cdots + a_1\mathrm{d}y/\mathrm{d}t + a_0 y = b_m\mathrm{d}^m x/\mathrm{d}t^m + \cdots + b_1\mathrm{d}x/\mathrm{d}t + b_0 x \tag{2-76}$$

设 $x(t)$、$y(t)$ 的初始条件为零,对式(2-76)两边进行拉普拉斯变换,可得:

$$a_n s^n Y(s) + \cdots + a_1 s Y(s) + a_0 Y(s) = b_m s^m X(s) + \cdots + b_1 s X(s) + b_0 X(s) \tag{2-77}$$

由此可求得初始条件为零的条件下输出信号拉普拉斯变换 $Y(s)$ 与输入信号拉普拉斯变换 $X(s)$ 的比值:

$$\frac{Y(s)}{X(s)} = W(s) = \frac{b_m s^m + \cdots + b_1 s + b_0}{a_n s^n + \cdots + a_1 s + a_0} \tag{2-78}$$

这一比值 $W(s)$ 被定义为传感器的传递函数。传递函数是拉普拉斯变换算子 s 的有理分式,所有系数 $a_n,\cdots,a_1,a_0$ 及 $b_m,\cdots,b_1,b_0$ 都是实数,这是由传感器的结构参数决定的。分子的阶次 m 不能大于分母的阶次 n,这是由物理条件决定的,否则系统不稳定。分母的阶次用来代表该传感器的特征。$n=0$ 时称零阶,$n=1$ 时称一阶,$n=2$ 时称二阶,而更大时称为高阶。稳定的传感器系统所有极点都位于复平面的左半平面,零点、极点可能是实数,也可能是共轭复数。

传递函数是测量系统本身各环节固有特性的反映,它不受输入信号的影响,但包含瞬态、稳态时间和频率响应的全部信息;传递函数是通过把实际检测系统抽象成数学模型后经过拉氏变换得到的,它只反映检测系统的响应特性;同一传递函数可能表征多个响应特性相似,但设备具体物理结构和形式却完全不同。

2) 频率特性

经常用正弦信号作为典型输入信号来求取传感器的稳态响应。当输入信号 $x(t)=A\sin(\omega t)$ 时,对线性传感器来说,其稳态输出是与输入的正弦信号同频率的正弦信号。在零初始条件下,输出信号的傅里叶变换与输入信号的傅里叶变换之比,就称作线性传感器的频率特性,记作

$$W(\mathrm{j}\omega) = \frac{b_m(\mathrm{j}\omega)^m + \cdots + b_1(\mathrm{j}\omega) + b_0}{a_n(\mathrm{j}\omega)^n + \cdots + a_1(\mathrm{j}\omega) + a_0} \tag{2-79}$$

因此,频率响应函数是在频率域中反映传感器对正弦输入信号的稳态响应,也被称为正弦传递函数。对同一正弦输入,不同传感器稳态响应的频率虽相同,但幅度和相位角通常不同。同一传感器当输入正弦信号的频率改变时,输出与输入正弦信号幅值之比随(输入信号)频率变化关系称为传感器的幅频特性,通常用 $A(\omega)$ 表示;输出与输入正弦信号相位差随(输入信号)频率变化的关系称为传感器的相频特性,通常用 $\Phi(\omega)$ 表示。幅频特性和相频特性合起来统称为传感器的频率(响应)特性。根据得到的频率特性,人们可以方便地在频率域直观、形象和定量地分析研究传感器的动态特性。

3) 过渡函数与稳定时间

过渡函数就是输入为阶跃信号的响应。传感器的输入由零突变到 A,且保持为 A,如图 2-31(a)所示,输出 y 将随时间变化,如图 2-31(b)所示。$y(t)$ 可能经过若干次振荡(或不经振荡)缓慢地趋向稳定值 kA,这里 k 为仪器的静态灵敏度,这一过程称为过渡过程,$y(t)$ 称为过渡函数。

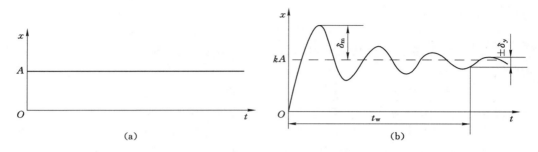

图 2-32 阶跃输入与响应

过渡函数,就是符合 $t=0$、$y=0$ 等初始条件的下列方程

$$a_n \mathrm{d}^n y / \mathrm{d}t^n + \cdots + a_1 \mathrm{d}y / \mathrm{d}t + a_0 y = b_0 A \tag{2-80}$$

的特解。

对过渡函数的要求,与输出信号如何提取有关。严格说来,过渡函数曲线上各点到 $y=kA$ 直线的距离都是动态误差。当过渡过程基本结束时,y 处于允许误差 δ_y 范围内所经历时间称为稳定时间 t_w。稳定时间也是重要的动态特性之一。当后续测量控制系统有可能受到过渡函数的极大值的影响时,过冲量 δ_m 应给予限制。

2.7.3 提高传感器性能的方法

1)合理选择结构、材料与参数

决定传感器性能的技术指标很多,要求一个传感器具有全面良好的性能指标,不仅给设计、制造造成困难,而且在实用上也没有必要。根据实际的需要与可能,在确保主要指标实现的基础上,放宽对次要指标的要求,以求得高的性能价格比。在设计、制造传感器时,合理选择结构、材料与参数是保证具有良好性能价格比的前提。

由于传感器种类繁多,要列出可以用来全面衡量传感器性能统一的指标很困难。迄今,国内外还是采用罗列若干基本参数和比较重要的环境参数的方法来作为检验、使用和评价传感器的依据。表 2-2 列出了传感器的一些常用指标,可供参考。

2)采用线性化技术

要求传感器具有线性输出特性的优越性在于:可简化理论分析和设计计算;便于标定和数据处理;便于刻度、制作、安装调试,并能提高精度水平;可不用非线性补偿环节。只有当传感器的输入与输出具有线性关系时,才能保证无失真的复现。实际上,传感器的线性特性很难做到。所以,人们要通过各种方法来完成输入/输出特性的线性化,以改善传感器的性能。

3)平均技术

通用的平均技术有误差平均处理和数据平均处理。

表 2-2　传感器性能指标

基本参数指标	环境参数指标	可靠性指标	其他指标
量程指标： 　量程范围、过载能力等 灵敏度指标： 　灵敏度、满量程输出、分辨率、输入输出阻抗等 精度方面的指标： 　精度、重复性、线性、滞后、灵敏度误差、阈值、稳定性、漂移等 动态性能指标： 　固有频率、阻尼系数、频响范围、频率特性、时间常数、上升时间、响应时间、过冲量、衰减率、稳态误差、临界速度、临界频率等	温度指标： 　工作温度范围、温度误差、温度漂移、灵敏度温度系数、热滞后等 抗冲振指标： 　各向冲振容许频率、振幅值、加速度、冲振引起的误差等 其他环境参数： 　抗潮湿、抗介质腐蚀、抗电磁干扰能力等	工作寿命、平均无故障时间、保险期、疲劳性能、绝缘电阻、耐压等性能	使用方面： 　供电方式、电压幅度与稳定度、功耗、各项分布参数 结构方面： 　外形尺寸、重量、外壳、材料、结构特点等 安装连接方面： 　安装方式、馈线、电缆等

（1）误差平均处理。利用 n 个传感器单元同时感受被测量体，因而其输出是这些单元输出的总和，假如将每一个单元可能带来的误差 δ_0 均视为随机误差，根据误差理论，总的误差将减小为：

$$\Delta = \pm \delta_0 / \sqrt{n} \tag{2-81}$$

误差平均对由于工艺缺陷造成的随机误差有较好的弥补作用。

（2）数据平均处理。在相同条件下和测量重复 n 次或进行 n 次采样，然后进行数据处理，随机误差也将按上式减小 $\sqrt{n}$ 倍。对于带有微机芯片的智能化传感器尤为方便。

4）采用补偿与校正技术

有时传感器的误差规律过于复杂，采用一定的技术措施后仍难以满足要求，或虽然可以满足要求，但因价格昂贵或技术过分复杂而无现实意义。这时可以找出误差的方向和数值，采用修正的方法加以补偿和校正。

5）采用屏蔽、隔离与抑制干扰措施

传感器可以视为一个复杂的输入系统，除能敏感有用信号外，还能敏感外界其他无用信号，即干扰信号而造成误差。消除或削弱干扰的方法可以从以下两个方面考虑：①减小传感器对干扰的灵敏度；②降低外界干扰对传感器作用的实际功率。

对电磁干扰可以采用屏蔽、隔离、滤波等措施；其他干扰要采取相应的隔离措施或者在变换为电量后对干扰进行分离或抑制减小其影响。

2.8　传感器的选用

了解传感器的结构及其发展后，如何根据测试目的和实际条件，正确合理地选用传感器，也是需要认真考虑的问题。下面就传感器的选用问题做一些简介。

2.8.1 传感器的选用因素

选择传感器主要考虑灵敏度、响应特性、线性范围、稳定性、精确度、测量方式等方面。

1）灵敏度

一般来说，传感器灵敏度越高越好，因为灵敏度越高，就意味着传感器所能感知的变化量小，即只要被测量有一微小变化，传感器就有较大的输出。但是，在确定灵敏度时，要考虑以下几个问题。

（1）当传感器的灵敏度很高时，那些与被测信号无关的外界噪声也会同时被检测到，并通过传感器输出，从而干扰被测信号。因此，为了既能使传感器检测到有用的微小信号；又能使噪声干扰小，要求传感器的信噪比越大越好。也就是说，要求传感器本身的噪声小，而且不易从外界引进干扰噪声。

（2）与灵敏度紧密相关的是量程范围。当传感器的线性工作范围一定时，传感器的灵敏度越高，干扰噪声越大，则难以保证传感器的输入在线性区域内工作。不言而喻，过高的灵敏度会影响其适用的测量范围。

（3）当被测量是一个向量时，并且是一个单向量时，就要求传感器单向灵敏度越高越好，而横向灵敏度越小越好；如果被测量是二维或三维的向量，那么还应要求传感器的交叉灵敏度越小越好。

2）响应特性

传感器的响应特性是指在所测频率范围内，保持不失真的测量条件。实际上传感器的响应总不可避免地有一定延迟，但总希望延迟的时间越短越好。一般物理型传感器（如利用光电效应、压电效应等传感器）响应时间短，工作频率范围宽；而结构型传感器，如电感、电容、磁电等传感器，由于受到结构特性的影响、机械系统惯性质量的限制，其固有频率低，工作频率范围窄。

3）线性范围

任何传感器都有一定的线性工作范围。在线性范围内输出与输入呈比例关系，线性范围越宽，则表明传感器的工作量程越大。传感器工作在线性区域内，是保证测量精度的基本条件。例如，机械式传感器中的测力弹性元件，其材料的弹性极限是决定测力量程的基本因素，当超出测力元件允许的弹性范围时，将产生非线性误差。

然而，对任何传感器，保证其绝对工作在线性区域内是不容易的。在某些情况下，在许可限度内，也可以取其近似线性区域。例如，变间隙型的电容、电感式传感器，其工作区均选在初始间隙附近，而且必须考虑被测量变化范围，令其非线性误差在允许限度以内。

4）稳定性

稳定性是表示传感器经过长期使用以后，其输出特性不发生变化的性能。影响传感器稳定性的因素是时间与环境。

为了保证稳定性，在选择传感器时，一般应注意两个问题。其一，根据环境条件选择传感器。例如，选择电阻应变式传感器时，应考虑到湿度会影响其绝缘性，湿度会产生零漂，长期使用会产生蠕动现象等。又如，对变极距型电容式传感器，因环境湿度的影响或油剂浸入间隙时,会改变电容器的介质。光电传感器的感光表面有尘埃或水汽时,会改变感光性质。其二,要创造或保持一个良好的环境,在要求传感器长期地工作而不需要经常地更换或校准的情况下,应对传感器的稳定性有严格的要求。

5）精确度

传感器的精确度是表示传感器的输出与被测量的对应程度。如前所述,传感器处于测试系统的输入端,因此传感器能否真实地反映被测量,对整个测试系统具有直接的影响。

然而,在实际中也并非要求传感器的精确度越高越好,这还需要考虑到测量目的,同时还需要考虑到经济性。因为传感器的精度越高,其价格就越昂贵,所以应从实际出发来选择传感器。

在选择时,首先应了解测试目的,判断是定性分析还是定量分析。如果是相对比较性的试验研究,只需要获得相对比较值即可,那么应要求传感器的重复精度高,而不要求测试的绝对量值准确。如果是定量分析,那么必须获得精确量值。在某些情况下,要求传感器的精确度越高越好。例如,对现代超精密切削机床,测量其运动部件的定位精度,主轴的回转运动误差、振动及热形变等时,往往要求它们的测量精度在 $0.1 \sim 0.01$ mm 范围内,欲测得这样的精确量值,必须有高精确度的传感器。

6）测量方式

传感器在实际条件下的工作方式,也是选择传感器时应考虑的重要因素。例如,接触与非接触测量、破坏与非破坏性测量、在线与非在线测量等条件不同,对测量方式的要求亦不同。

在机械系统中,对运动部件的被测参数(如回转轴的误差、振动、扭力矩),往往采用非接触测量方式。因为对运动部件采用接触测量时,有许多实际困难,诸如测量头的磨损、接触状态的变动、信号的采集等问题,都不易妥善解决,容易造成测量误差。在这种情况下,采用电容式、涡流式、光电式等非接触式传感器很方便,若选用电阻应变片,则需配以遥测应变仪。

在某些条件下,可以运用试件进行模拟实验,这时可进行破坏性检验。然而有时无法用试件模拟,因被测对象本身就是产品或构件,这时宜采用非破坏性检验方法。例如,涡流探伤、超声波探伤、核辐射探伤以及声发射检测等。非破坏性检验可以直接获得经济效益,因此应尽可能选用非破坏性检测方法。

除了以上选用传感器时应充分考虑的一些因素外,还应尽可能兼顾结构简单、体积小、重量轻、价格便宜、易于维修、易于更换等条件。

2.8.2　传感器的应用及注意事项

每一个传感器都有自己的性能和使用条件,因此对于特定传感器的适应性很大程度上取决于传感器的使用方法。

(1) 使用前必须要认真阅读使用说明书。传感器的种类繁多,应用场合也各种各样,不可能将各种传感器的使用方法及注意事项一一列举。因此,用户在使用传感器之前应特别注意阅读较详细的说明书。

（2）正确地选择安装点和正确安装传感器都是非常重要的环节。若在安装环节失误，轻者影响测量精度，重者会影响传感器的使用寿命，甚至损坏传感器。安装固定传感器的方式要简单可靠。在某一周期内，传感器的功能将会达到连续可靠，该周期长达 30 天。传感器在工业环境下至少工作两年或更长，在合理的费用基础之上进行更新和替换。

（3）一定要注意传感器的使用安全性，比如传感器自身和操作人员的安全性，特别要注意在说明书中所标注的"注意"和危险项目。

（4）传感器和测量仪表必须可靠连接，系统应有良好的接地，远离强电场、强磁场。传感器和仪表应远离强腐蚀性物体，远离易燃、易爆物品。

（5）仪器输入端与输出端必须保持干燥和清洁。传感器在不用时，保持传感器的插头和插座的清洁。

（6）传感器通过插头与供电电源和二次仪表连接时，应注意引线号不能接错、颠倒，连接传感器与测量仪表之间的连接电缆必须符合传感器及使用条件的要求。

（7）精度较高的传感器都需要定期校准，一般来说，需要 3～6 周校准一次。

（8）各种传感器都有一定的过载能力，但使用时应尽量不要超量程。

（9）在插拔仪表与外部设备连接线前，必须先切断仪表及相应设备电源。

（10）传感器不使用时，应存放在温度为 10～35 ℃，相对湿度不大于 85%，无酸、无碱和无腐蚀性气体的房间内。

（11）传感器如果出现异常或故障应及时与厂家联系，不得擅自拆卸传感器。

第3章　可燃气体检测

可燃性气体的涉及面十分广泛,凡在空气中可以燃烧的气体都属于可燃性气体,如日常生活中的城市煤气、液化石油气、工业原料气(乙烯、丙烷)、煤矿中的甲烷等。在生产和生活中,在有可能出现可燃性气体的场所,一般都是利用快速气体浓度及成分测量仪表来实现对可燃性气体的有效检测。在一些重要的、极具危险的生产现场,往往以气体浓度及成分测量仪表与生产过程控制系统相配合,构成安全生产监控系统。

3.1　可燃气体检测基本原理

3.1.1　可燃气体爆炸极限浓度

对生产和生活环境中常见的可燃性气体进行安全监测时,通常以可燃性气体浓度为检测对象,以可燃性气体的爆炸极限为标准来确定测量与报警指标。可燃气体和空气组成的混合气遇火源即能发生爆炸的可燃气体最低浓度称为该气体的爆炸下限。可燃气体和空气组成的混合气遇火源即能发生爆炸的可燃气体最高浓度称为该气体的爆炸上限。爆炸极限浓度通常用可燃性气体的体积分数表示,爆炸下限用 LEL(lower explosive limit)表示;爆炸上限用 UEL(upper explosive limit)表示。部分易燃气体或蒸汽的爆炸浓度范围如图 3-1 所示,可燃气体的爆炸极限越宽、爆炸下限越低越危险。

为了保护环境,保障人的身体健康,保证安全生产和预防火灾爆炸事故发生,必须要首先确知生产和生活环境中可燃性气体的爆炸下限,以便通过应用各种类型的测量仪器、仪表对这些气体进行检测。通过检测了解生产和生活环境的火灾危险程度,以便采取措施或通过自动监测系统实现对生产、生活环境的有效监控。

可燃性气体的监测标准取决于可燃物质的危险特性,且主要是由可燃性气体的爆炸下限决定的。从监测和控制两方面的要求来看,监测首先应做到可燃性气体与空气混合物中可燃气体的浓度达到阈限值时,给出报警或预警指示,以便采取相应的措施,而其中规定的浓度阈值和可燃性气体与空气混合物的爆炸下限直接相关。可燃性气体测量报警仪表通常以 LEL(%)作为测量单位,此即是以某种可燃性气体的爆炸下限为满刻度(100%),例如丁烷的 LEL=1.8%,若以 1.8% 作为 100%,则有 1LEL% 相当于 0.018% 丁烷。国家标准《可燃气体探测器》(GB 15322—2003)包括测量范围为 0~100%LEL 的点型可燃气体探测器、

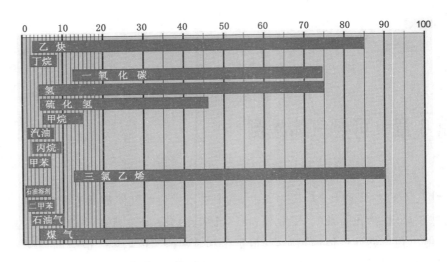

图 3-1　部分易燃气体或蒸气的爆炸浓度范围

测量范围为 0～100％LEL 的独立式可燃气体探测器、测量范围为 0～100％LEL 的便携式可燃气体探测器、测量人工煤气的点型可燃气体探测器、测量人工煤气的独立式可燃气体探测器、测量人工煤气的便携式可燃气体探测器、线型可燃气体探测器七个部分,对固定式和便携式等可燃气体探测器的定义、分类、技术要求、试验方法、标志、检验规则和使用说明书等均做了具体要求;规定探测器具有低限、高限两个报警设定值时,其低限报警设定值应在 10％LEL～25％LEL 范围,高限报警设定值应为 50％LEL;仅有一个报警设定值的探测器,其报警设定值应在 10％LEL～25％LEL 范围。

3.1.2　可燃气体检测基本原理

气体传感器能直接接受被测参数的有关数据(信息),并能将所接受的物理量信息按一定规律转变成同种或别种物理信息。所以,有时又把传感器称为变换器或变能器。目前已研制出利用物质的物理和化学性质受气体作用后而发生变化的各种传感器,它们可用于气体检漏、浓度检测以及事故报警等场合。为保证气体检测仪检测的精度,气体传感器必须满足下列条件:① 能够检测可燃气体或有毒有害气体的允许浓度和其他基准设定浓度,并能及时给出报警、显示和控制信号;② 对被测气体以外的共存气体或物质不敏感;③ 响应迅速,重复性好;④ 维护方便,价格便宜等。

1) 可燃气体检测原理概述

为了实现对可燃性气体的有效检测,往往都要涉及各种快速检测仪表和系统,而这些检测仪表和系统都是以气体传感器为核心来构成的,因此各种气体传感器的作用机理决定了相应的测量仪表对可燃性气体的探测原理。

(1) 接触(催化)燃烧式利用可燃性气体在有足够氧气和一定高温条件下发生催化燃烧(无焰燃烧),放出热量,从而引起电阻变化的特性,实现测量可燃性气体浓度。

(2) 热导式气体传感器利用被测气体与纯净空气的热传导率之差和在金属氧化物表面燃烧的特性,将被测气体浓度转换成热丝温度或电阻的变化,实现测定气体浓度。

（3）半导体式气体传感器利用灵敏度较高的气敏半导体元件吸附被测气体后电阻变化的特性,实现测定气体浓度。

（4）恒电位式传感器通过薄膜向电解池中扩散,进行恒电位电解,发生氧化还原反应,在外部电路产生电流,据此测定气体浓度。

（5）薄膜原电池式传感器利用原电池的输出与通电薄膜溶于电解质中的氧量呈正比来测定浓度。

（6）燃料电池电解式传感器利用气体溶解于电解溶液中形成气态物质的电离,通过电子电极作用而产生电动势变化实现检测。

（7）电量式传感器利用气体与电解质的反应生成电解电流的变化来实现检测。

（8）光干涉式传感器利用被测气体与新鲜空气的光干涉形成的光谱来测定浓度。

（9）红外吸收式传感器利用被测气体引起的红外线吸收量的变化来测定浓度。

2）接触（催化）燃烧式气体传感器

接触（催化）燃烧式气体检测仪器是利用可燃性气体在有足够氧气和一定高温条件下发生催化燃烧（无焰燃烧）,放出热量,从而引起电阻变化的特性,达到对可燃性气体浓度进行测量的目的。这类可燃气体测量仪器采用有代表性的气体传感器是:铂丝＋催化剂（Pd^-、Pt^-、Al_2O_3、CuO）,具有体积小、质量轻的特点。

催化燃烧式气体检测原理及其电路如图 3-2 所示。所用检测元件有铂丝催化型和载体催化型两种。其中铂丝催化型元件没有专门的催化外壳,是由铂丝承担三重工作:铂丝表面完成可燃气体氧化催化功能,同时铂丝又兼作加热丝和测温元件。而载体催化型元件是由加热芯丝和载体催化外壳组成,催化外壳对可燃气体的氧化过程起催化作用,加热电流通过芯丝将催化外壳加热到正常工作温度,而芯丝又兼作电阻测温元件来检测催化外壳的温度变化。图 3-2 中可燃气体检测元件 R_1 为载体催化型,中心为铂丝螺线,周围由氧化铝载体所覆盖,载体表面以铂、钯等催化剂处理;补偿元件 R_2 为特性与检测元件相近、不含催化剂或不与气体接触的元件;R_3、R_4 为固定桥臂电阻;R_5 为零点调节电位器;R_6 为电桥调压电阻;E 为加热电源。当空气中存在可燃气体时,可燃气体在催化元件上燃烧（氧化）,温度升高,使元件电阻发生变化,改变了电桥平衡,从而可测定可燃气体的浓度（即灵敏电流计 M 指示出的气样相对浓度之对应值）。

这类可燃气体测量仪器可制成携带式和电动单元组合式,其优点是精度高,稳定性好,输出信号与气体浓度的线性关系好,受环境温度和湿度的影响小。其缺点是催化剂易中毒失效。目前的趋势是发展低功耗和抗中毒元件,而且铂丝催化型元件抗中毒能力强些。

3）热导式气体传感器

这类仪器是利用被测气体与纯净空气的热传导率之差和在金属氧化物表面燃烧的特性,将被测气体浓度转换成热丝温度或电阻的变化,达到测定气体浓度的目的。热导式气体传感器可分为气体热传导式和固体热传导式两种。

（1）气体热传导式气体传感器。它是利用被测气体的热传导率与铂金丝（发热体）的热传导率之差所引起的温度变化的特性测定气体的浓度。这类气体传感器主要用于测定氢（H_2）、

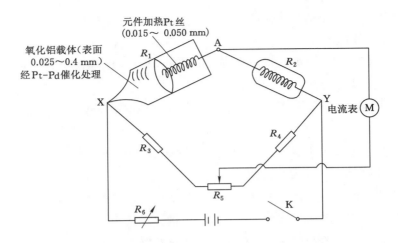

图 3-2　催化燃烧式气体检测原理

一氧化碳(CO)、二氧化碳(CO_2)、氮(N_2)、氧(O_2)等气体的浓度,仪器多制成携带式仪器。

（2）固体热传导式气体传感器。它是利用被测气体的不同浓度在金属氧化物表面燃烧引起的电阻变化特性,达到测定被测气体浓度的目的,这类仪器多制成携带式仪器,用于测定氢(H_2)、一氧化碳(CO)、氨(NH_3)等气体,也可用于测定其他可燃性气体。

必须指出的是,采用热导式气体传感器的测量仪器仪表的检测电路原理与催化燃烧式检测电路（图 3-2）相同,只是其中 R_1 用热导式元件。热导式气体浓度检测方法的优点是在测量范围内具有线性输出,不存在催化元件中毒问题,工作温度低,使用寿命长,防爆性能好。其缺点是背景气要干扰测量结果（如二氧化碳、水蒸气等）,在环境温度骤变时输出也要受影响,在低浓度检测时有效信号较弱。

4）半导体式气体传感器

这类仪器是利用灵敏度较高的气敏半导体元件吸附被测气体后电阻变化的特性,达到测定气体浓度的目的。该类气体传感器按其元件的构造不同分为化学吸附式和薄膜式两种。

（1）化学吸附半导体式气体传感器也称为半导体气敏电阻器。它是利用半导体表面的金属氧化物吸附被测气体时,将引起电导率变化的特性,使其电阻大大下降（可从 500 kΩ 下降到 10 kΩ 以下）,从而达到测定某种气体浓度的目的。

从结构上讲,化学吸附半导体式气体传感器（即半导体气敏电阻器）是一种利用加热器使元件处于所需的高温,半导体（实际上是 N 型金属氧化物半导体,即用金属氧化物掺入适量有用杂质在高温下烧结成的多晶体）接触可燃性气体或被测气体时,引起电阻变化（减小）的电阻器。应用最多的半导体气敏电阻器是二氧化锡（SnO_2）系和氧化锌（ZnO）系元件。这类元件在燃烧时加入适量贵金属作催化剂,由加热器加热到 300～400 ℃使用,其结构如图 3-3 所示。另一类新的半导体气敏电阻器是用 γ-三氧化二铁（γ-Fe_2O_3）烧结体制成,不用贵金属作催化剂,对湿度、乙醇和烟等灵敏度低,对异丁烷或丙烷等气体灵敏度最高,不存在催化剂劣化引起的灵敏度下降问题。如果将铂丝埋入半导体气敏电阻器中,则可制成前述的固体热传导式传感器,它比半导体式元件通电后需要的稳定时间短,并且具有与半导体元件相同的气体选择性。

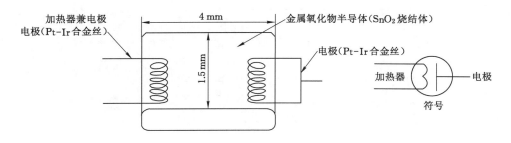

图 3-3　半导体式气体传感器的结构与符号

有关化学吸附半导体式气体检测元件的使用见表 3-1。

表 3-1　各种半导体式气体检测元件使用特性对比

所用半导体材料 (金属氧化物＋催化剂)		气体选择性		其他
		使用气体(灵敏度高)	不适用情况	
SnO_2		H_2、CO、O_2、Cl_2、NH_3、CH_4 和烷烃气体		标定气体为丁烷， 适用于低浓度气体
ZnO	Pt	乙烷、丙烷、丁烷、其他烷烃气体	H_2、CO	适用于低浓度气体
	Pd	H_2、CO	烷烃气体	适用于低浓度气体
$\gamma\text{-}Fe_2O_3$		异丁烷、丙烷、天然气等烷烃气体	乙醇、烟、湿度	适用于低浓度气体

必须指出,采用化学吸附半导体式传感器的测量仪器仪表主要用于测定 H_2、CO、H_2S、NH_3 和烷烃气体。它们的优点是测量灵敏度高,适于微量(1×10^{-4})检测,不存在催化中毒问题,整机体积小,电路简单。其缺点是当被测气体浓度较大时,测量输出与气体浓度的关系因吸附饱和效应呈非线性,从而造成测量时误差较大。另外,由于气敏元件需经一段时间加热到工作温度($300 \sim 400 ℃$),约几分钟时间,这限制了它们在频繁启动的携带式测量仪表上的应用。

(2)薄膜半导体式气体传感器是利用约 100 nm 厚的薄膜半导体表面吸附被测气体而引起电导率变化的特性来测定气体的浓度。它的工作原理与原件形式与吸附式半导体气体传感器相似,特性取决于半导体薄膜所用的材料。这类仪器主要用于测定氯气(Cl_2)、硫化氢(H_2S)等气体浓度。

5)湿式电化学气体传感器

该类传感器有恒电位电解式、燃料电池电解式、隔膜电池式气体传感器等几种形式。

(1)恒电位电解式气体传感器是利用定电位电解法原理,其构造是在电解池内安置了三个电极,即工作电极、对电极和参比电极,并施加一定的极化电压,以薄膜同外部隔开,被测气体透过此膜到达工作电极,发生氧化还原反应,从而使传感器有一输出电流,该电流与被测气体浓度呈正比关系。由于该传感器具有三个电极,因此称为三端电化学传感器。

图 3-4 所示为恒电位电解式气体传感器的基本结构和测量电路。

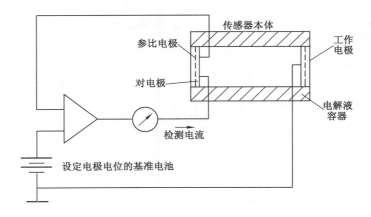

图 3-4 恒电位电解式气体传感器的结构和测量电路

传感器电极薄膜由三块催化膜组成,在催化膜的外面覆盖多孔透气膜;测定不同的气体,选择不同的催化剂,并将电解电位控制为一定数值,其中传感器电极一般是采用外加电源的燃烧电池(也称为极谱电池),电解液用硫酸,一面使电极与电解质溶液的界面保持一定电位;一面进行电解,通过改变其设定电位,有选择地使用气体进行氧化还原反应,从而在工作极间形成电流,以此电流可定量检测气体的浓度。一些气体的氧化还原反应电位见表 3-2。几种典型恒电位电解式气体传感器的性能见表 3-3。

表 3-2 主要气体的氧化还原反应电位

气体	氧化还原反应式	氧化还原反应电位/V
CO	$CO+H_2O \Longrightarrow CO_2+2H^++2e^-$	$+0.12$
SO_2	$SO_2+2H_2O \Longrightarrow SO_4^{2-}+4H^++2e^-$	$+0.17$
NO_2	$NO_2+H_2O \Longrightarrow NO_3^-+2H^++e^-$	$+0.80$
NO	$NO+2H_2O \Longrightarrow NO_3^-+4H^++3e^-$	$+0.96$
NO	$NO+H_2O \Longrightarrow NO_2^-+2H^++2e^-$	1.02
O_2	$O_2+4H^++4e^- \Longrightarrow 2H_2O$	$+1.23$

表 3-3 几种典型恒电位电解式气体传感器的性能

气体	电极材料	电解质	最小测量范围/10^{-6}	气体	电极材料	电解质	最小测量范围/10^{-6}
CO	Pt 黑	H_2SO_4	$0\sim50$	HCl	Pt 黑、Au	H_2SO_4	$0\sim15$
H_2S	Pt 黑、Au	H_2SO_4	$0\sim1$	Cl_2	Au	H_2SO_4	$0\sim3$
NO	Pt 黑、Au	H_2SO_4	$0\sim10$	PH_3	Pt 黑、Au	H_2SO_4	$0\sim1$
NO_2	Au	H_2SO_4	$0\sim5$	AsH_3	Pt 黑、Au	H_2SO_4	$0\sim1$
SO_2	Au	H_2SO_4	$0\sim15$				

采用三端电化学传感器的气体测量仪表主要用于测定可燃气体混合物的爆炸下限和 NO_2、CO、H_2S、NO、AsH_3、PH_3、SiH_4、B_2H_6、GeH_4 等气体的浓度。仪器可制成携带式或电动单元组合式的探头,具有选择性强、干扰气体的影响小等优点,缺点是寿命较短。

（2）燃料电池电解式气体传感器是利用被测气体可引起电流变化的特性来测定被测气体的浓度。这类仪器主要用于测定 H_2S、HCN、CH_2Cl_2（二氯甲烷）、NO_2、Cl_2、SO_2 等气体的浓度。

6）其他形式的气体测量仪器

（1）光干涉式气体测量仪器是利用被测气体与新鲜空气的光干涉形成的光谱来测定某气体的浓度。主要用于测定甲烷（CH_4）,二氧化碳（CO_2）,氢气（H_2）以及其他多种气体的浓度。

（2）红外线气体分析仪是选择性检测测定气样中特定成分引起的红外线吸收量的变化,从而求出气样中特定成分的浓度。该类仪器主要用于测定 CO、CO_2 和 CH_4 等气体浓度。

（3）气相色谱仪是在色谱柱内,用载气把气体试样展开,使气体的各组分完全分离、对气体进行全面分析的仪器。该类仪器笨重,只适于实验室环境中使用。

（4）气体检定管是利用填充于玻璃管内的指示剂与被测气体起反应而测定各种被测气体的浓度。其中,利用被测气体与指示剂起反应而改变颜色深浅程度的检定管叫作比色式气体检定管;利用被测气体与指示剂起反应后变色的长度来测定气体浓度的检定管叫作比长式检定管。使用中,一般是将检定管与多种气体采样器配合使用,依靠采样器来采集一定量的被测气体进入检定管,根据管中指示剂的变色程度和变色长度来确定被测气体的浓度。这类检测气体的仪器结构简单、使用方便、迅速,具有相当高的灵敏度,一般是制成携带式,最适于在各种环境中现场采集测定 CO、H_2S、NO、NO_2、NH_3、CO_2 以及烷烃、烯烃、苯、酮等多种有机化合物气体,应用十分广泛。国内的各种气体检定管的型号及性能见表 3-4。

表 3-4　国内气体检定管（比长式）一览表

检定管型号名称	被测气体	测量范围 /10^{-6}	采样体积 /mL	通气时间 /s	检定管前后眼色变化	能去处的干扰气体	有效期 /a
69 型检定管	H_2S	1~150	100	100	白色变褐色		1
S_1D 型检定管	H_2S	5~100	50	90			
S_1Z 型检定管	H_2S	50~1 000	50	90			
C_1D 型一氧化碳	CO	5~100	50	90	白色变棕色	水分、乙烯、H_2S	2
一型一氧化碳	CO	5~150	50	100			
二型一氧化碳	CO	10~500	50	100			
C_1Z 型一氧化碳	CO	50~1 000	50	90			
三型一氧化碳	CO	100~5 000	50	100			
C_1G 型一氧化碳	CO	500~10 000	50	90			
四型一氧化碳	CO	0.5%~20%	50	100	白色变褐色		1
一氧化碳检定管	CO	8~240	50	100	白色变棕色		2

表 3-4(续)

检定管型号名称	被测气体	测量范围 /10^{-6}	采样体积 /mL	通气时间 /s	检定管前后眼色变化	能去处的干扰气体	有效期 /a
J-1 型检定管	CO	75~750	50	30			2
A 型检定管	CO_2	0.05%~2.5%	50	100	蓝色变白色		3
C_2G 型检定管	CO_2	0.5%~10%	50	90			3
B 型检定管	CO_2	0.5%~15%	50	100			3
74 型检定管	NO_2	1%~21%	50	100	白色变茶色	水分、CO_2	3
79 型检定管	NO_2	1~150	50	25	白色变蓝色		2
HB-2 型检定管	NO_x	0~5	280				0.5
HB-2 型一氧化碳	CO	0~5	280				0.5

3.1.3 可燃气体检测仪表的分类与比较

1)可燃气体检测仪表分类

工业生产环境所用气体测量及报警仪表,可按其功能、检测对象、检测原理、使用方式、使用场所等分类。

(1)按其功能分类,有气体检测仪表、气体报警仪表和气体检测报警仪表等类型。

(2)按其检测原理分类,主要取决于所用气体传感器的基本工作原理,一般可燃气体检测有催化燃烧型、半导体型、热导型、电化学型、红外线吸收型、气相色谱型等。

(3)按其使用方式分类,根据使用方式不同,气体检测仪表一般分为携带式和固定式两种类型。其中,固定式转置多用于连续监测报警,携带式多用于携带检查泄漏和事故预测。

(4)按其检测对象分类,有可燃性气体检测报警仪表、有毒气体检测报警仪表和氧气检测报警仪表等类型,或者将适于多种气体检测的称为多种气体检测报警仪表。

(5)按其使用场所分类,根据工业生产环境,尤其是一些工业场所防爆安全的要求,气体测量仪表有常规型和防爆型之分,而且防爆多制成固定式,用在危险场所进行连续安全监测。

(6)按结构可分为干式和湿式两大类。凡构成气体传感器的材料为固体者均称为干式气体传感器;凡利用水溶液或电解液感知待测气体浓度的称为湿式气体传感器。气体传感器通常在大气工况中使用,而且被测气体分子一般要附着于气体传感器的功能材料表面且与之起化学反应。因而气体传感器也可归于化学传感器之内。由于这个原因,气体传感器必须具备较强的抗环境影响的能力。

(7)按输出的信号性质又可分为模拟传感器和数字传感器两大类。模拟式传感器的输出是一组与被测物理量呈一定量值关系的信号,不论连续的或离散的信号,都可用幅值或频率方式反映其变化规律。数字式传感器的输出,是一组与被测物理量呈一定关系的脉冲信号,通常以 0 和 1 表示。数字式传感器可以将被测非电物理量直接转换成脉冲、频率或二进制数码输出,抗干扰能力强。上述两类传感器均可通过模/数转换或数/模转换环节与监测系统连接。

2) 可燃气体检测仪表比较

目前使用的各种可燃性气体的测量仪器仪表,根据其所用气体传感器的不同,其检测方式和检测原理不同,相应的检测对象和测量范围也不相同。各种气体测量仪器测量范围比较见表 3-5,各类主要测量仪表特征见表 3-6。必须说明的是,从工业生产安全监控的要求出发,可燃性气体的测量仪表往往都是按一定的防爆要求,制成能与电动单元组合式仪表配套使用的结构形式,或者本身就是按 DDZ-Ⅲ 型仪表设计的监测器或检测仪表。

表 3-5　各种气体测量仪使用范围

使用的仪器类型及被测气体		被测气体含量范围[①]								
		10^{-9}	10^{-7}	10^{-6}	10^{-5}	10^{-4}	10^{-3}	1%	10%	100%
接触燃烧式仪器	可燃气体									
化学吸附半导体仪器	几乎全部气体									
固体热传导式仪器	几乎全部气体									
气体热传导式仪器	几乎全部气体									
薄膜半导体式仪器	Cl_2									
	H_2S									
	C_2H_3OH									
定电位电解式仪器	CO									
	H_2S									
	HCl									
	A_3H_3									
	PH_3									
	SiH_4									
	BeH_4									
燃料电池电解式仪器	H_2S									
	HCN									
	$COCl_2$									
	NO_2、SO_2									
隔膜电池式仪器	O_2									
红外线分析仪器	CO_2									
光干涉式仪器	CH_4									
	CO_2									
多种气体检定器	CO									
	H_2S									

注:10^{-9} 相当于 1ppb;10^{-6} 相当于 1ppm;10% 相当于 10^4ppm,依此类推。

表 3-6　主要气体测量仪特征

测量仪器类型 (检测方式)	测量范围 (LEL)	检测对象	检测原理
催化燃烧式	$0.1\%\sim x\times10^{-2}$	所有可燃气体和蒸气	根据气体在检测元件催化燃烧引起的温度上升和电阻变化测定可燃气体和蒸气浓度
气体热传导式	$0.1\%\sim100\%$	几乎所有气体	利用被测气体的热导率与铂金丝的热导率之差所引起的温度变化测定温度
气敏半导体式或 固体热传导式	$0.01\%\sim x\times10^{-2}$	几乎所有气体	利用灵敏度较高的气敏半导体元件吸附被测气体后电阻变化的特性,实现测定气体浓度
恒电位电解式	允许浓度附近$\sim$ $x\times10^{-2}$	CO、NO、CO_2、NO_2、H_2S、SO_2、NH_3、Cl_2等	通过薄膜向电池池中扩散,进行恒电位电解,发生氧化还原反应,在外部电路产生电流,据此测定气体浓度

表 3-6（续）

测量仪器类型 （检测方式）	测量范围 （LEL）	检测对象	检测原理
伽伐尼电池式 （薄膜原电池式）	$x \times 10^{-4} \sim 100\%$	O_2 等	利用原电池的输出与通电薄膜溶于电解质中的氧量呈正比来测定浓度
燃料电池电解式 （薄膜离子电极式）	$x \times 10^{-6} \sim x \times 10^{-2}$	H_2S、HCN、$COCl_2$、NO_2、SO_2、NH_3 等	利用气体溶解于电解溶液中形成气态物质的电离，通过电子电极作用而产生电动势变化实现检测
电量式	允许浓度附近	Cl_2、SO_2、NH_3 等	利用气体与电解质的反应生成电解电流的变化来实现检测
光干涉式	$0.1\% \sim 100\%$	几乎所有气体	利用被测气体与新鲜空气的光干涉形成的光谱来测定浓度
红外吸收式	$x \times 10^{-6} \sim 100\%$	几乎所有气体	利用被测气体引起的红外线吸收量的变化来测定浓度

3.2 光学甲烷检定器

甲烷（瓦斯）检测按其方法可分为四大类：一是实验室分析法，即从现场环境采取气样送到实验室进行分析测定。这种方法测得的数据一般精度较高，但所需的时间较长。二是用检测仪器在现场就地检测。这种检测具有检测仪器体积小、质量轻、便于携带、能及时了解测定结果等优点，其精度也能满足安全上的要求。三是用瓦斯报警断电装置进行连续、远距离监测，当瓦斯浓度超限时自动切断所控制的电气设备电源。四是用集中监测系统进行监测和监控。光学甲烷检定器由于使用方便、精度高、检查范围大、可测甲烷和二氧化碳两种气体，其测量甲烷浓度范围有 0～10% 和 0～100% 两种，因此在我国煤矿得到广泛的应用。

3.2.1 光学甲烷检定器的构造

我国生产的光学甲烷检定器有 AQG 型和 GWJ 型等，AQG-1 型光学甲烷检定器的外部构造如图 3-5(a)所示，内部构造如图 3-5(b)所示。AQG-1 型光学甲烷检测仪从外形看像个矩形盒子，主要由气路、光路和电路三大系统组成。

1）气路系统

气路系统主要由吸气管 4、进气管 5、水分吸收管 9、二氧化碳吸收管 11、吸气橡皮球 10、气室（包括甲烷室和空气室）22 和盘形管 30 等组成。其主要部件的作用如下：

（1）气室中的甲烷室用于存储所采气样，空气室则用于存储新鲜空气。

（2）水分吸收管中装有硅胶，并与仪器的进气管相连通，其作用是对通过吸收管的气体进行干燥，使之不能进入甲烷室，预防仪器故障并使测值准确。

（3）盘形管（也称为毛细管）一端与空气室相通，另一端与仪器所处的环境大气相通，其

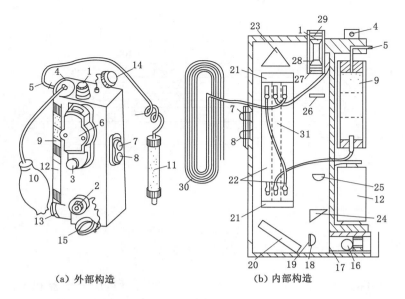

（a）外部构造　　　　　　　　（b）内部构造

1—目镜；2—主调螺旋；3—微调螺旋；4—吸气球；5—进气孔；6—微读数观察窗；7—微读数电门；
8—光源电门；9—水分吸收管；10—吸气球；11—二氧化碳吸收管；12—干电池；13—光源盖；
14—目镜盖；15—主调螺旋盖；16—灯泡；17—光栅；18—聚光镜；19—光屏；20—平行平面镜；
21—平面玻璃；22—空气室；23—反射棱镜；24—折光棱镜；25—物镜；26—测微玻璃；
27—分划板；28—场镜；29—目镜保护玻璃；30—毛细管；31—甲烷室。

图 3-5　AQG-1 型光学甲烷检定器

作用是使测定时空气室内气体压力与甲烷室相同（气压不同会造成误差），同时又能防止环境中有害气体通过盘形管进入空气室，使空气室内保持新鲜空气。

2）光路系统

如图 3-6 所示，光学甲烷检测仪的光路系统主要由光源灯泡镜 3、平行平面镜 4、气室 5、折光棱镜 6、反射棱镜 7、望远镜系统 8、分划板 9 组成。光路系统中主要零件的作用如下：

（1）光源灯泡是仪器光路系统的光源，其额定电压为 1.35 V，具有白色反光面的灯泡效果较好。

（2）聚光镜的作用是汇集光源发出的光，使其照射范围变窄，亮度增强。

（3）平面镜是产生干涉条纹的重要部件，在图中的 O 点，它通过反射和折射，将一束光线变为两束平行光线，而在 O' 点，它又再次通过折射和反射，使两束平行光线转向，并使其传播空间发生重叠，从而形成干涉条件，产生干涉条纹。

（4）折光棱镜的作用是将从气室射出的光线经两次反射（每次反射折转 90°），使其传播方向折转 180°而返回气室。

（5）反射棱镜的作用是将光线转向 90°，使其投射到物镜上。

（6）物镜上的光屏用来改善干涉条纹的清晰度。调节物镜前后距离可使干涉条纹在分划板上成像清晰。

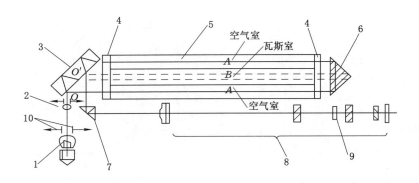

1—光源灯泡;2—聚光镜;3—平面镜;4—平行平面镜;5—气室;6—折光棱镜;

7—反射棱镜;8—望远镜系统;9—分划板;10—光栅。

图 3-6　光学瓦斯检定器原理图

(7) 物镜和目镜等组成目镜组,该组件主要起放大作用,使分划板和干涉条纹便于观察。当分划板上的刻度线和数字不清晰时,可利用目镜组进行调节;干涉条纹不清晰时,有时也可利用目镜组进行调节。

3) 电路系统

光学甲烷检测仪的电路系统主要由干电池(1 节 $1^\#$ 干电池)、光源灯泡 16、微读数电门 7、光源电门 8 等组成(图 3-5)。

气路、光路和电路三大系统是光学甲烷检测仪的主要组成部分;除此之外,光学甲烷检测仪还包括测微组件和主调螺旋等部件。测微组件主要由测微玻璃、微读数盘、微调螺旋、照明灯泡等组成,其作用是为了提高读数精度。

3.2.2　光学甲烷检定器的工作原理

如图 3-6 所示,由光源灯泡 1 发出的白光,经光栅 10 和聚光镜 2 变为一束细而亮的光束后投射到平面镜 3 上并分解成两束(实线和虚线各表示一束)光线,实线表示的那一束光线经空气室、折光棱镜 6(其作用是使光线转向 180°),再次经过空气室后投射到平面镜上;虚线表示的那一束光线经过甲烷室、折光棱镜 6,再次经过甲烷室,然后投射到平面镜上;这两束光线经平面镜作用汇合成"一束"光线,实际上是这两束光线传播的路径发生了重叠而已。这两束光线已成为相干光源,会形成干涉现象。当这两束光线经反射棱镜 7(作用是将线转向 90°)投射到物镜上时,通过目镜和场镜等组成的望远镜系统就可看到在物镜的平面上产生干涉条纹(白色光特有的干涉条纹,称之为光谱)。干涉条纹由红、绿、黄、黑 4 种条纹组成,成一定规律分布,其中有两条黑条纹比较清楚,左边那一条常被用作基准线。如果在仪器的空气室和甲烷室里都充入同样密度的新鲜空气,并利用分划板和所选的基准线记下这时的干涉条纹的位置,当甲烷室中充入含有甲烷的气体时,干涉条纹就会发生位移(因为甲烷相对于空气来说是光密介质、折射率大,会使通过甲烷室的那束光线的光程增大),其位移量与甲烷室的甲烷浓度成正比,利用特制的分划板就可将干涉条纹的位移量换算成甲烷室的甲烷浓度。这就是光学甲烷检定器的检测原理。

3.2.3 光学甲烷检定器的使用方法

1）测定前的准备

（1）检查吸收剂。光学甲烷检测仪使用的吸收剂在使用一段时间之后就会失效，因此必须经常检查，发现失效时应及时更换，否则会影响检查的准确性，还会造成仪器不能正常使用。

吸收剂是否失效主要是根据其物理性质进行判断的。水分吸收管中的硅胶在完全失效时其颜色由蓝色变为白色或很淡的浅红色。二氧化碳吸收管中的钠石灰在完全失效时颜色会由粉红色变为淡黄色或青灰色。吸收剂不应等到完全失效时再更换，应适当提前更换，否则将对仪器的检查结果产生一定程度的影响。

更换吸收剂时要注意：① 吸收剂合适的粒度范围在 2～5 mm，过大时则不能保证吸收效果，过小时则有可能被吸入进气管，造成堵塞；② 水分吸收管中的小零件必须按原来的位置摆正、放好，不得丢弃；③ 吸收管中脱脂棉应随同吸收剂一并更换。

（2）气路系统检查。气路系统的检查必须按顺序进行，首先检查吸气球是否完好，然后检查气路系统是否漏气，最后检查气路系统是否畅通。第一步，检查吸气球是否漏气的方法是用一只手捏扁气球，另一只手平捏住胶皮管，然后放松吸气球；吸气球不鼓胀起来则说明不漏气。第二步，检查仪器是否漏气，其方法是将吸气球的胶皮管接于仪器的吸气孔 4 上，用手指堵住进气孔 5，捏扁气球，松手后气球不鼓胀起来，则说明气路系统不漏气。第三步，检查气路是否畅通，其方法是放开进气孔，用手捏扁气球。放手后气球立即鼓胀起来，则说明气路畅通无阻。

（3）光路系统检查。对仪器的干涉条纹进行检查，实质上是对光路系统进行检查。根据经验，仪器的干涉条纹如果是正常的，其光路系统通常也是正常的。按下电源电门 8，由目镜观察，并旋转目镜筒使分划板刻度清晰时，再看光谱是否清晰。如不清晰，可调动电源灯泡。

（4）清洗空气室。仪器应定期拆开后盖板，打开堵头，拔去毛细管，利用吸气球清洗空气室，使空气室经常保持新鲜空气。

（5）对零。首先在和待测地点温度相近的进风巷道中，捏吸气球数次清洗甲烷室。温度相近，是为了防止由于温差过大而引起测量时出现零点漂移（俗称跑正、跑负）的现象。然后按微读数电门 7，并反时针转动微调螺旋 3，使零对准基线［图 3-7（a）］。按光源电门 8，转动主调螺旋 2，从目镜中观察，使光谱中最明显的一条黑线对准零位，盖好主调螺旋盖 15，防止基线因碰撞而移动。

2）甲烷浓度的测定

在测定地点将二氧化碳吸收管接于仪器的进气口上，然后捏放气球 5～6 次，使含有甲烷的空气进入甲烷室。按光源电门 8，从目镜中观察黑线的位置，例如黑基线位于刻度 1 与 2 之间［图 3-7（b）］，那么甲烷浓度的整数值为 1%，然后顺时针转动微调螺旋 3，使黑基线退到和整数 1 相重合［图 3-7（c）］，从微读数盘上读出小数值为 0.7%［图 3-7（c）］，其测定结果为 1.7%。

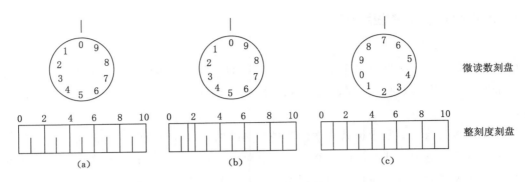

图 3-7　微刻度刻盘与整刻度刻盘

3）二氧化碳浓度的测定

在没有甲烷但二氧化碳很严重的矿井里用该检定器测定二氧化碳浓度时，吸收剂不用钠石灰。只用硅胶或氯化钙吸收水蒸气。其实际浓度应为所读取的数值乘以 0.955。这是由于仪器出厂时是按测定甲烷浓度进行校正的。因此，用于测定其他气体时仪器所示读数并不是被测气体的实际浓度，还必须进行换算。在空气中测定其他气体时，换算系数可按下式求得：

$$换算系数 = \frac{甲烷折射率 - 空气折射率}{待测气体折射率 - 空气折射率}$$

空气、甲烷和二氧化碳的折射率见表 3-7。

表 3-7　空气、甲烷和二氧化碳的折射率

气体种类	光源种类	折射率	仪器采用值
新鲜空气	白光	1.000 292 6	1.000 292
二氧化碳	白光	1.000 447~1.000 450	1.000 447
甲烷	白光	1.000 443	1.000 440

测定二氧化碳时：

$$换算系数 = \frac{1.000\ 440 - 1.000\ 292}{1.000\ 447 - 1.000\ 292} = 0.955$$

在有甲烷的地方测定二氧化碳时，或是在测定甲烷的同时又测定二氧化碳，必须先测定甲烷和二氧化碳的混合含量（不用钠石灰吸收二氧化碳，只用硅胶或氯化钙吸收水蒸气），然后再用钠石灰吸收二氧化碳来测定甲烷含量，把两次测定的读数相减所得的有效值再乘以 0.955，即得二氧化碳的实际浓度。例如：测得混合含量为 4%，甲烷含量为 3%，则二氧化碳含量为(4%−3%)×0.955＝0.955%。

4）使用时应注意的事项

（1）仪器应定期检修、校正。国产光学甲烷检定器的简便校正方法之一，是将光谱的第一条黑线条纹对在"零"上，如果第五条条纹正在 7% 的数值上，表明条纹宽窄相当，可以使用。否则应调整光学系统。

（2）在严重缺氧地区，由于空气密度小，气压低，应对仪器做相应的调整才能使用。

（3）仪器不用时，要放在干燥地方，并取出电池，以防腐蚀仪器。

3.3 热催化型甲烷检测报警便携仪

热催化式甲烷传感器是利用敏感元件对甲烷有催化作用，使甲烷在元件表面上发生无焰燃烧放出热量，使元件温度升高，电阻随之变化，测量电路将电阻变化转换为电信号输出，又称热效式传感器或催化燃烧式传感器。它是当前国内外测量低浓度甲烷使用最广泛、最成功的一种传感器。优点体现在：测量低浓度（0～4％）甲烷时精度高、灵敏度大（达 30 mV/1％CH₄），信号处理和显示简便、直观，易于实现甲烷超限报警。

3.3.1 热催化型甲烷检测报警工作原理

1）传感元件

热催化元件有铂丝催化元件和载体催化元件两种。

（1）铂丝催化元件。铂丝催化元件一般是纯度很高的（99.99％以上）铂丝制成的螺旋圈，它既是加热元件又是催化元件，也是电阻温度计的测温元件，具有三重功能。因没有载体、表面积小、催化活性低，所以工作温度要求较高，一般在 900 ℃以上才能工作。

铂丝催化元件的优点是不仅结构简单，制造容易，而且更重要的是其抗毒能力强。在含有 0.001 的 H_2S 与 1％的 CH_4 的气体中连续工作 4 小时，元件的输出活性不下降，而载体催化元件在同样环境下工作相同时间，元件的输出活性下降 20％。

铂丝催化元件的缺点是必须在高温下工作，不仅耗电最大，而且高温会导致元件表面升华、铂丝变细、电阻增加、仪器零点飘移、连续工作寿命不长。此外，其机械强度低，受振动或自重的作用，几何形状将发生变化，也将影响检测的精度，所以它一般绕制在云母、石英或陶瓷管架上。

（2）载体催化元件。载体热催化元件一般由 1 个带催化剂的敏感元件（俗称黑元件）和 1 个不带催化剂的补偿元件（俗称白元件）构成。黑、白元件的结构如图 3-8 所示。载体热催化元件的骨架是铂丝线圈，它是用直径为 0.02～0.05 mm 的高纯铂丝绕制而成，正常工作时通过 60～350 mA 的电流加热催化剂，使催化剂达到起燃温度，同时又可利用铂丝电阻值随温度改变的性质，通过测量其电阻来测量催化元件的温度。铂丝线圈被载体包围，载体是由氧化铝（Al_2O_3）浇注成的均匀多孔体，它不仅能牢固地固定铂丝线圈，而且其多孔表面可以提高催化反应效果，提高催化剂的活性和抗毒性能力。催化剂是涂镀在载体表面的一层黑色铂族金属元素（如铂、钯、铑等），甲烷和氧气在催化剂作用下，起燃温度大大降低，可在 300～500 ℃的温度下产生强烈的氧化还原反应，俗称无焰燃烧。白元件与黑元件的结构和尺寸均相同，所不同的是催化剂只涂镀在黑元件表面，白元件的作用是在测量桥路中起补偿作用。

甲烷与氧气在载体催化元件上的反应是一种气固相催化反应过程，甲烷在催化剂作用下产生氧化反应，生成二氧化碳和水，同时放出热量。氧化反应方程式为：

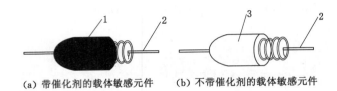

(a) 带催化剂的载体敏感元件　　(b) 不带催化剂的载体敏感元件

1—氧化铝载体＋催化剂；2—铂芯丝；3—氧化铝载体

图 3-8　载体催化元件结构

$$CH_4 + 2O_2 \longrightarrow CO_2 + H_2O + 热量$$

氧化反应放出的热量使铂丝温度上升,温度上升值 Δt 与甲烷浓度有如下关系:

$$\Delta t = AMQ/C \tag{3-1}$$

式中:A 为甲烷接触燃烧时反应速度的差异系数;M 为甲烷浓度,%;Q 为甲烷分子燃烧热,J;C 为催化剂热容量,J/K。

2) 载体催化元件的静动态特征方程

载体催化甲烷传感器被制成一个便于测量的探头,探头可以单独布置,也可作为一个独立单元装配在仪器中使用。图 3-9 是载体催化甲烷传感器的工作原理示意图,它主要由一个测量电桥构成,电桥由黑元件 r_1、白元件 r_2、、电阻 R_1、R_2、R_3、R_4 和电位器 W 组成。黑元件和白元件分别是敏感元件和补偿工件,固定桥臂电阻 R_1、R_2 的电阻相等,一般为200 Ω。补偿电阻 R_3 与白元件 r_2 并联,是为了补偿黑白元件的热力学差异,改善电桥的零点飘移。电阻 R_2 和微动开关 K 是试验报警用的,当探头长期在低浓度的位置工作时,声光箱长时间都不用。为了检查报警开关电路和声光箱是否正常,只要按下微动开关 K,电阻 R_1 和 R_2 并联,阻值下降,破坏了电桥的平衡,探头输出 1 个较大的电信号,经放大推动开关电路发出声、光报警信号,电位器又称零点为微调电阻。主要用以调整仪器零点,消除原始误差,使甲烷浓度为零时电桥平衡,输出电压为零。

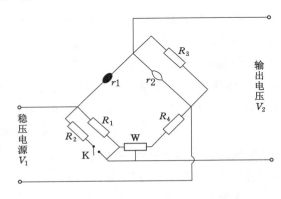

图 3-9　载体催化甲烷传感器的工作原理示意图

电桥输出电压 V_2 由下式计算:

$$V_2 = \frac{V_1 r_2}{r_1 + r_2} - \frac{V_1 R_4}{R_1 + R_4} \tag{3-2}$$

铂电阻与温度的关系是：

$$R_t = R_0(1 + At + Bt^2) \tag{3-3}$$

式中：R_t 为温度为 t 时的电阻；R_0 为温度为 0 ℃时的电阻；A 是常数，$A = 3.94 \times 10^{-8} ℃^{-1}$；$B$ 是常数，$B = 5.8 \times 10^{-7} ℃^{-2}$。

当黑、白元件的温度分别为 $(t + \Delta t)$ 和 t 时，其电阻之比为：

$$\frac{r_1}{r_2} = \frac{1 + A(t + \Delta t) + B(t + \Delta t)^2}{1 + At + Bt^2} \tag{3-4}$$

当甲烷浓度较低、Δt 较小时，由式(3-1)、式(3-2)、式(3-4)，电桥输出电压与甲烷浓度近似成正比变化：

$$V_2 \approx kMV_1 \tag{3-5}$$

当甲烷浓度较高时，电桥输出电压与甲烷浓度不成线性关系，甲烷要完全燃烧，其浓度与氧浓度之间比例不得大于 1∶5。当甲烷浓度大于 10%时，由于缺氧，甲烷浓度越大，催化反应生成热反而越少，理论上甲烷浓度过 80%时，仪器显示值与 2%浓度值相同，出现所谓的"双值"现象。因此，载体催化甲烷传感器只适用于测量 0～4%范围内的低浓度甲烷的浓度。电桥输出电压与甲烷浓度的关系示意图如图 3-10 所示。

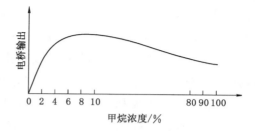

图 3-10　电桥输出电压与甲烷浓度的关系

3.3.2　载体催化甲烷传感器的工作特性

1) 反应速度及其影响

元件的反应速度是一个重要的技术指标，特别是当元件应用在运动机械上时，反应速度更是一个极重要的指标。例如：车载式甲烷报警断电仪必须在甲烷超限瞬间立即切断电源，如果反应速度太慢，便失去了安全监控的实际意义了。元件反应速度由两个因素决定，一是元件本身的时间常数 τ，二是甲烷向元件的扩散速度。

(1) 时间常数 τ 与元件表面积和工作温度、工作电流有关，可用下式表示：

$$\tau = \frac{E}{\alpha S + 4\sigma ST^3 - I^2 R \alpha_t} \tag{3-6}$$

式中：τ 为时间常数；E 为元件的热容量，它与元件的表面积的 3/2 次方成正比；S 为元件表面积；T 为元件工作温度；R 为元件电阻；I 为工作电流；σ 为常数；α 为等效热导系数；α_t 为铂丝电阻温度系数。

为了提高反应速度，应尽量缩短时间常数 τ，因为元件热容量 E 与元件表面积 S 的 3/2 次方成正比，所以当减小表面积时，τ 会适当减小，从而提高元件的反应速度；元件的反应速度随元件温度 T 的升高而加快。从式(3-6)可知，当 T 上升时，时间常数 τ 则会减小。通过实验数据分析，时间常数 τ 在 I^2 及 T^3 上升的综合作用下，其值略有减少，即电流增大后，可使时间常数 τ 稍微减小，也就是说，加大工作电流可以稍微增大元件的反应速度。因此，为了提高元件的反应速度,应尽量缩小元件的表面积,而在工作时可适当提高工作温度。

(2)甲烷在元件上的扩散速度。在催化燃烧的作用下,气室中元件的工作温度在 $300\sim$ 500 ℃,故此时元件是一个高温辐射源,在其周围空间形成一个高温辐射压强,从而抑制甲烷向元件表面的扩散,使反应速度降低。一般通过改良气室结构,使气流形成自然对流,即可提高元件的反应速度。

使用中的甲烷探头如果出现反应速度过低时,可能是气室隔爆网堵塞或损坏,也可能是元件已经老化或失效等原因所造成。

2)灵敏度

灵敏度是元件工作在规定工作电压或规定工作电流时和某一浓度甲烷气体起反应时,电桥的输出值与甲烷气体浓度之比。载体催化甲烷传感器的灵敏度是指当甲烷浓度升高 1% 时测量电桥的输出电压的增量,也称为甲烷浓度为 1% 的活性,单位为 $mV/1\%CH_4$。由于外界环境影响,使用条件变化和元件自身催化活性的下降都会使灵敏度下降。元件自身活性下降的原因主要有:

(1)催化剂衰老。敏感工件由于长期在高温下工作,使催化剂活性物质的粒子变大,活性物质还会缓慢升华,从而使电桥输出的电压变小。

(2)催化层形态结构的变化。如果元件长期在高甲烷浓度环境中工作,因缺氧不完全燃烧,造成碳粒子沉降,导致催化层断裂、破坏,催化活性急剧下降。

(3)载体表面积减小。载体为多孔氧化铝材料,为的是增大催化剂与空气的接触面积,由于长期处于高温下,载体形态逐渐发生变化,表面积减小,元件活性下降。

(4)催化剂中毒。硫、磷的化合物以及有机硅蒸气等,对催化剂均有毒性作用,这些物质能强烈地吸附在催化剂上,使其活性下降或消失。

(5)水蒸气凝结在元件上,堵塞载体孔隙使其有效表面积减小,也会造成元件活性下降。

为了保证仪器的测量精度,必须定期用标准气体校准仪器。《煤矿甲烷检测用载体催化元件》(AQ 6202—2006)标准中规定:当灵敏度降低到初值的 50% 时,视为催化元件寿命终结。

3)催化元件的稳定性

由于上述原因,传感器的灵敏度是时间的函数,随着时间的推移,元件的灵敏度将发生变化,通常测出的灵敏度都是元件在某一时刻的灵敏度,称为瞬时灵敏度。在一段时间内测得灵敏度的平均值,称为平均灵敏度;灵敏度随时间的变化率,称为元件的稳定性。对于固定使用的甲烷传感器中的催化元件,稳定性以连续工作 7 d 仪器零点的漂移量表示。稳定性是催化元件的重要指标,稳定性好的元件可延长仪器的校准周期。影响催化元件稳定性的因素除了灵敏度随时间变化外,激活现象也严重影响元件的稳定性。所谓激活现象,是指元件在遇到短时间高浓度甲烷(5%以上)之后,输出和零点会发生上升和漂移现象。这种上升和漂移是不持久的,它会以较快的速率变化着,在变化的这段时间内,输出是不稳定的。《煤矿甲烷检测用载体催化元件》(AQ 6202—2006)标准中规定了元件输出值的稳定性:在通 3.50％CH₄标准气样 3 min 后,记录电桥输出值,继续通气,电桥输出值在 1 min 内波动不超过±2％。

4）基本误差

仪器指示甲烷浓度值与真值的偏差程度,一般用相对误差表示。由于电桥输出电压与甲烷浓度在浓度较小时呈近似线性关系,而仪器的指示值是按电压与甲烷浓度呈线性关系转换的,所以,传感器的线性度是影响基本误差的主要因素。《煤矿甲烷检测用载体催化元件》(AQ 6202—2006)中规定了载体催化元件的测量范围为(0～4)％CH₄。同时,对载体催化元件的基本误差有明确的规定:测量范围在(0～1)％CH₄时,绝对误差不大于±0.06％CH₄;测量范围在(1～2)％CH₄,相对误差不大于±6％;测量范围在(2～4)％CH₄时,相对误差不大于±7％。

5）响应时间

指甲烷浓度发生一个阶跃变化时,电桥输出信号达到稳定值的 90％所需时间。响应时间是一个非常重要的性能,井下甲烷浓度的检测要求实时性强、响应时间短,以便在甲烷浓度超限时能及时发出信号并采取相应措施,如断电、报警等,避免事故发生。影响响应时间的因素主要有:一是元件本身的时间常数,二是甲烷向元件的扩散速度。时间常数是甲烷在元件上催化反应产生热量,使元件温度升高最终达到热平衡的时间,为减小时间常数,应尽可能缩小元件的几何尺寸,适当提高元件的工作温度。从提高甲烷向元件的扩散速度角度,可改善气室结构和通气方式,使气流形成自然对流,从而缩短响应时间。《煤矿甲烷检测用载体催化元件》(AQ 6202—2006)中规定了响应时间,连续式元件应不大于 15 s、间断式元件应不大于 6 s。

3.3.3　CJB4-2 型甲烷检测报警仪

1）仪器构造

CJB4-2 型甲烷检测报警仪是一种采用低功耗载体催化元件和集成电子技术的甲烷(瓦斯)检测仪器,能迅速、准确地连续监测环境气体中的瓦斯浓度,并在瓦斯浓度超限时自动报警。适用于煤矿有瓦斯爆炸危险的场所(矿用本质安全兼隔爆型),如采掘工作面,回风巷道、机电硐室等处定点使用,也可供领导干部、通风管理人员、瓦斯检测员、爆破工、井下班组长等流动作业时佩带使用。CJB4-2 型甲烷检测报警仪的外形结构如图 3-11 所示。

2）工作参数

CJB4-2 型甲烷检测报警仪是采用热催化原理的便携式、数字化安全仪器,具有抗干扰能力强、检测精度高、性能稳定、维护简单、操作方便且功耗低、电池容量大、连续工作时间长等特点。适用于煤矿有瓦斯爆炸的场所,能自动连续监测周围环境气体中甲烷的浓度,当浓度超限时,能自动发出声、光报警信号,并且将检测到的甲烷浓度实时地通过仪器上数码管显示,使用起来直观醒目;也可供煤矿井巷、采掘工作面、机电硐室等场所固定使用。主要适用于井下采掘班组人员、专职安检人员和流动人员携带使用。其主要技术指标如下:

测量范围:0～4％CH₄

测量误差:

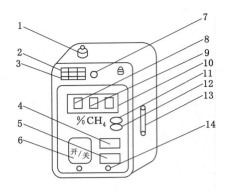

1—通气嘴;2—气室;3—声报警窗;4—电压键;5—自检键;6—开/关键;

7—光报警发光管;8—负极性指示红发光管;9—欠压指示点(欠压时小数点熄灭);

10—显示窗;11—零点调节;12—灵敏度调校;13—侧封盖;14—充电接触点。

图 3-11　CJB-2 型甲烷检测报警仪外形结构

$0\sim1\%$ CH$_4$ $\pm0.1\%$CH$_4$

$1\%\sim2\%$ CH$_4$ $\pm0.2\%$CH$_4$

$2\%\sim4\%$ CH$_4$ $\pm0.3\%$CH$_4$

报警点:1% CH$_4$

报警误差:$\pm0.1\%$CH$_4$

声级强度:>80 dB

报警方式断续式、光信号:

光信号的能见度:>10 m

分辨率:0.01%CH$_4$

响应时间:<15 s

零点漂移:$\pm0.04\%$CH$_4$(连续工作 8 h)

一次充电连续工作时间:>8 h(设计为 10 h)

测电压误差:<0.05 V

电源最高开路电压:3.9 V($3\times$GNY-1.2AH)

最大短路电流:<3 A

防爆形式及标志:Ibdi(150 ℃)

使用条件:

工作温度:$0\sim40$ ℃

相对湿度:$\geqslant98\%$

气压:$68\sim115$ kPa

风速:$0\sim8$ m/s

储存温度:$-40\sim60$ ℃

外形尺寸(长×宽×高):110 mm×66 mm×26 mm

质量:210 g

3)使用方法

(1)仪器正式投入使用前,应先对仪器进行充电。因仪器出厂后,机内电池组处于放电状态,尤其是仪器在存放很长一段时间后,电池组的容量可能有所下降。但只要充、放电几次,电池组的容量就会恢复。充电方法如下:将专用充电器的电源插头插入 AC220 V 的电源插座,充电器的绿色指示灯亮,将仪器插入充电器的充电插座,充电器的红色指示灯亮,则表明充电正常,充电时间约 14 h(充电电流 120 mA)。若绿灯亮,红灯不亮,则为倒置,应反过来。仪器在充电时应处于关机状态。

(2)零点调节。在新鲜空气中,开机预热 10 min 后,观察仪器的显示值是否为 0.00、0.01 或 0.02,显示值若超过 ±0.03,则应松开仪器侧封盖螺钉,旋下侧封盖,用专用小螺丝刀缓慢调节调零电位器,使显示值在 ±0.03 即可。(注:调节调零电位器,使仪器到 0.00 时,显示值前的负值指示有时会点亮,属正常)

(3)精度校正。调好零点后,用 2.00%CH₄ 标准气样检查 1~2 次。一般仪器在使用一星期后,就应对仪器的精度使用标准气样检验一次,以保证仪器的灵敏度。

(4)仪器在使用过程中,若零点漂移没有超过 ±0.03,则可不必调零,继续使用;若零点漂到 ±0.03,调零后应用标准气样对仪器进行重新校准,以免在检测过程中误差过大。

(5)测量时,将通气嘴对准要测量的待测点,打开开关,静待一会,当读数稳定后,该读数即为测点的瓦斯浓度值。

4)注意事项

(1)使用前必须先阅读说明书,严格按说明书进行操作,禁止随意拆卸仪器或旋动电位器等。

(2)使用时应防止水滴溅入,避免猛烈碰撞和挤压。

(3)保持仪器清洁,防止过多的尘埃堵塞气室。

(4)仪器充电、储存应在干燥清洁,无硫化物、硅化物等有害物质的室内。

(5)在使用中,对仪器的调校、故障处理等情况应逐一记录备案。

3.4　可燃气体检测报警器的检定

可燃气体检测报警器应符合《作业场所环境气体检测报警仪通用技术要求》(GB 12358—2006)的要求,其检定工作由有资质的单位承担。可燃气体检测报警器应根据《可燃气体检测报警器检定规程》(JJG 693—2011)中的规定项和步骤进行标定。该规程适用于非矿井作业环境中使用的可燃气体检测报警器(包括可燃气体检测仪,以下简称"仪器")的首次检定、后续检定和使用中检查。首次检定的目的是为了确定新生产的计量器具其计量性能,是否符合其批准时所规定的要求。后续检定的目的是为了确定计量器具自上次检定,并在有效期内使用后,其计量性能是否符合所规定的要求。后续检定包括有效期内的检定、周期检定以及修理后的检定。经安装及修理后对计量器具计量性能有重大影响时,其后续检定原则上须按首次检定进行。使用中检验的目的是为了检查计量器具的检定标记或检定证书是否有效,保护标记是否损坏,检定后的计量器具状态是否受到明显变动,以及其误差是否超过使用中的最大允许误差。

按规程要求检定合格的仪器,发给检定证书;检定不合格的仪器,发给检定结果通知书,并注明不合格项目。仪器的检定周期一般不超过 1 年。对仪器测量数据有怀疑、仪器更换了主要部件或修理后应及时送检。

1)可燃气体检测报警器检定基本要求

新安装的可燃气体检测报警器应经标定验收,并出具检验合格报告,方可投入使用。经维修的可燃气体检测报警器也应按《可燃气体检测报警器检定规程》(JJG 693—2011)的要求进行全项标定。

已投入使用的可燃气体检测报警器应进行定期标定,以避免季节、气候的影响。当探头接近其正常使用寿命或出现非正常读数时(任何一次标定显示值与标准测试气体浓度相差到 10%),标定的间隔还应缩短。尤其对于采用催化燃烧原理的报警器,因为存在"双值"现象,更应注意。如果在探头安放地区有某些会降低探头灵敏度的化学物质(硅酸盐、硫化氢、卤化物)发生泄漏后,应立即进行标定。

一旦发现显示值有偏差(超出 5%),则应进行标定。在标定前,首先要准备气样。然而一个企业中存在的可燃气体可能有多种,要配制不同种类的可燃气标样很不方便,此时一般只配制一种标样,而依据催化燃烧原理的探头对不同可燃气的灵敏度的不同,调整二次仪表的放大倍数,使得每种报警器的显示值与所测气体的浓度一一对应。

用户可以向国家标准物质中心或分析仪器厂购买有计量合格证的瓶装标准气;也可以自己制备气样,当制备气样时,先准备取样袋。取样袋使用前,先对其进行饱和浓度吸附,将两倍气样浓度的气体注入袋中,保持 1 h 后排空,使其内壁达到相对饱和,以避免制好的气样浓度在短时间内降低。配制气样一般按体积法进行,例如,要配置 50%LEL 的甲烷气体,甲烷的爆炸下限(LEL)是 5%,则 50%LEL 的甲烷气体浓度为 2.5%,假设气袋可充入 10 000 mL 的气体,应该往气袋中充入的纯甲烷体积为:10 000 mL×2.5%=250 mL,另外应充入的新鲜空气体积为:(10 000-250)mL=9 750 mL。气样配制完毕后应尽快使用,不宜超过 1 h。在配制过程中应严格操作,禁用烟火。

若在标定时无法调整到气样所对应的刻度上,或虽能调到对应的刻度,但在无可燃气体时,显示值不能恢复至零,此时应更换探头内的检测元件。

在生产实际中,某些场合可能存在多种可燃气体,此时应选择混合气体中对探头反应最不敏感的气体为基准对探头进行标定。如探头周围可能出现甲烷、丙烷、戊烷三种可燃气体,其中探头对戊烷的灵敏度最低,则应将现场可燃气体看作戊烷来进行标定。

可燃气体报警器大都有上、下两个报警点,下限报警一般设置在 20%LEL,上限报警可设置在 40%~60%LEL,不宜再高,以保证发生上限报警时用户能有一定的处理时间。

对于有毒性可燃气体检测报警仪器的检定,往往要用到像一氧化碳、硫化氢等对人体有直接影响的气体,如一氧化碳达到 1.6‰时,20 min 即可使人产生头痛、呕吐,2 h 死亡。因此,在检定室不仅要注意残留气体对检定的影响,同时要防护检定排出气体对人体的影响,增加必要的设备进行通风排污,保证室内空气清洁。

2) 检定时标准气体流量的设置

由于采用的检测元器件特殊的机理,检定时通入的标准气体流量,对检定结果有很大影响。图 3-12 所示为 KCB-2 型可燃气体检测器通入标准气体时流量与示值的关系曲线。可见,流量变化产生的误差,将远远超过仪器自身 5% 的误差范围。图 3-13 显示了接触燃烧型传感器在测量可燃气体时,传感器的响应值与进入气体流量的关系曲线。可见,当被测气体流量很小时,由于可燃气体燃烧后,得不到新气体补充,燃烧不能连续进行,因此灵敏度很低。气体流量增大后,热效应相应增加,灵敏度逐渐上升,当气体流量继续加大后,过大的气流又会使元件散热增大,反而降低了测量灵敏度。仪器设计时,已通过反复实验选择了最佳的被测气体流量,例如在区间 2—3 的某点,如果检定时通入气体的流量或大或小偏离了仪器设计时要求的通气流量,都将产生明显的误差。

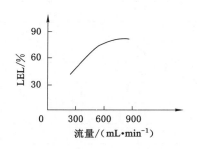

图 3-12　可燃气体检测器通入标准
气体时流量与示值的关系

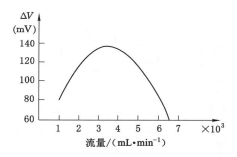

图 3-13　传感器的响应值与进入
气体流量的关系

另一方面,可燃气体检测报警仪器是测量环境气中的可燃气体含量,其工作时外部的压力为当时的大气压力。无论是扩散型取样,或者是采样泵抽吸取样,如果检定时仪器传感器由于通入的标准气体流量太大和太小,实际上都会改变传感器的工作条件(如压力),从而使检定失去意义。因此,选择检定时的通气流量,是检定可燃气体报警仪器的关键问题。

《可燃气体检测报警器检定规程》(JJG 693—2011)规定流量控制器的检定用流量计和旁通流量计组成(图 3-14),流量范围应不少于 500 mL/min。旁路流量计指示的读数在 10~100 mL/min 范围内,对 A 点压力用 U 形管压差计进行测试,其压力在 10~50 Pa 范围内,其时采样泵可以认为是自由抽吸的。这样既满足了规程要求进气处压力略大于大气压,又符合仪器工作时的实际要求。同时由于对旁路流量实施了定量控制,避免了旁路管道有可能吸进空气的失误,又节约了标准气体,减少了对环境的污染,提高了工作效率。

3) 检定项目

可燃气体报警器的检定项目见表 3-8。

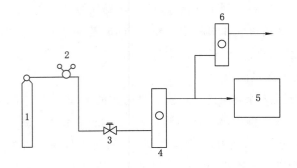

1—标气瓶;2—减压阀;3—流量调节阀;4—转子流量计;5—待检仪器;6—微流量计。

图 3-14　分流法装置

表 3-8　可燃气体报警器检定项目一览表

检定项目	首次检定	后续检定	使用中检查
外观及结构	+	+	+
标志和标识	+	+	+
通电检查	+	+	+
报警功能及报警动作的检查	+	+	+
绝缘电阻	+	+	+
示值误差	+	+	+
响应时间	+	+	+
重复性	+	+	
漂移	+	−	

注:①"＋"为需要检查的项目,"－"为不需要检查的项目。

②经安装及维修后对仪器计量性能有较大影响的,其后续检定按首次检定要求进行。

4)外观与标识检定。

仪器不应有影响其正常工作的外观损伤。新制造的仪器的表面应光洁平整,漆色镀层均匀,无剥落锈蚀现象。仪器连接可靠,各旋钮或按键应能正常操作和控制。仪器名称、型号、制造厂名称、出厂时间、编号、防爆标志及编号和国产仪器的制造计量器具许可证标志及编号等应齐全、清楚。仪器通电后,仪器应能正常工作,显示部分应清晰、完整。仪器的声光报警应正常。

5)报警功能及报警动作值的检查

通入大于报警设定点浓度的气体标准物质,使仪器出现报警动作,观察仪器声光报警是否正常,并记录仪器报警时的示值。重复测量 3 次,3 次的算术平均值为仪器的报警动作值。

6)绝缘电阻检定

仪器不连接供电电源,但接通仪器电源开关。将绝缘电阻表的一个接线端接到电源插头的相、中联线上,另一接线端接到仪器的接地端上,施加 500 V 直流电压持续 5 s,用绝缘电阻表测量仪器的绝缘电阻值。对使用交流电源的仪器,绝缘电阻应不小于 20 MΩ。

7) 示值误差检定

仪器通电预热稳定后,按照图 3-14 连接气路。根据被检仪器的采样方式使用流量控制器,控制被检仪器所需要的流量。检定扩散式仪器时,流量的大小依据使用说明书要求的流量。检定吸入式仪器时,一定要保证流量控制器的旁通流量计有气体放出。按照上述通气方法,分别通入零点气体和浓度约为满量程 60% 的气体标准物质,调整仪器的零点和示值。然后分别通入浓度约为满量程 10%、40%、60% 的气体标准物质,记录仪器稳定示值。每点重复测量 3 次。按式(3-7)计算每点 ΔC,取绝对值最大的 ΔC 为示值误差。对多量程的仪器,根据仪器量程选用相应的气体标准物质。

$$\Delta C = \frac{\overline{C} - C_0}{R} \times 100\% \tag{3-7}$$

式中:$\overline{C}$ 为仪器示值的算术平均值;C_0 为通入仪器气体标准物质的浓度值;R 为仪器满量程。

8) 重复性

仪器预热稳定后,通入约为满量程 40% 的气体标准物质,记录仪器稳定示值 C_i,撤去气体标准物质。在相同条件下重复上述操作 6 次。按式(3-8)计算的相对标准偏差为重复性:

$$S_r = \frac{1}{C} \sqrt{\frac{\sum_{i=1}^{6} (C_i - \overline{C})^2}{5}} \times 100\% \tag{3-8}$$

式中:S_r 为单次测量的相对标准偏差;$\overline{C}$ 为 6 次测量的平均值;C 为第 i 次的示值。

9) 响应时间

响应时间是可燃性气体检测仪器的主要指标之一。响应时间过长的仪器,会导致使用时对测量值判断的失误。通入零点气体调整仪器零点后,再通入浓度约为满量程 40% 的气体标准物质,读取稳定示值,停止通气,让仪器回到零点。再通入上述气体标准物质,同时启动秒表,待示值升至上述稳定值的 90% 时,停止秒表,记录秒表显示的时间。按上述操作方法重复测量 3 次,3 次测量结果的算术平均值为仪器的响应时间。

10) 漂移

仪器的漂移包括零点漂移和量程漂移。通入零点气至仪器示值稳定后(对指针式的仪器应将示值调到满量程 5% 处),记录仪器显示值 Z_0,然后通入浓度约为满量程 60% 的气体标准物质,待读数稳定后,记录仪器示值 S_0,撤去标准气体。便携式仪器连续运行 1 h,每间隔 10 min 重复上述步骤一次,固定式仪器连续运行 6 h,每间隔 1 h 重复上述步骤一次;同时记录仪器显示值 Z_i 及 S_i($i=1,2,3,4,5,6$)。按式(3-9)计算零点漂移:

$$\Delta Z_i = \frac{Z_i - Z_0}{R} \times 100\% \tag{3-9}$$

取绝对值最大的 ΔZ_i,作为仪器的零点漂移。按式(3-10)计算量程漂移:

$$\Delta S_i = \frac{(S_i - Z_i) - (S_0 - Z_0)}{R} \tag{3-10}$$

取绝对值最大的 ΔS_i 为仪器的量程漂移。

11）检定的其他注意事项

可燃气体由于要在防爆现场工作，为避免仪表成为引起爆炸的火源，可燃气体检测报警器在设计制造时就采取了防爆措施。目前，常见的有隔爆型和本安型两种。隔爆型仪表将电气部分密封于能承受一定压力的特种金属壳内，其与气体接触部分的传感器通常包覆在能分散热量的粉墨冶金体内。本安型仪表在电路设计时，就已将电路内电流的强度限制在安全的范围内，同样传感器部分也由粉墨冶金体密封。检定时如果拆开了机体，隔爆型仪表一定不能破坏原有的结构，橡皮垫之类的要原样安装好，本安型仪表则不能随便改变电路元器件的规格，以免使电路内的电流超过安全数值。因此，检定人员应具备必要的防爆设计常识。

3.5 可燃气体检测报警器使用基本要求

3.5.1 可燃气体探测报警系统基本要求

在《火灾自动报警系统设计规范》（GB 50116—2013）中，对可燃气体探测报警系统设计做了一般性规定。

（1）可燃气体探测报警系统应由可燃气体报警控制器、可燃气体探测器和火灾声光警报器等组成。

（2）可燃气体探测报警系统应独立组成，可燃气体探测器不应接入火灾报警控制器的探测器回路；当可燃气体的报警信号需接入火灾自动报警系统时，应由可燃气体报警控制器接入。

（3）石化行业涉及过程控制的可燃气体探测器，可按《石油化工可燃气体和有毒气体检测报警设计规范》（GB 50493—2009）的有关规定设置，但其报警信号应接入了消防控制室。

（4）可燃气体报警控制器的报警信息和故障信息，应在消防控制室图形显示装置或起集中控制功能的火灾报警控制器上显示，但该类信息与火灾报警信息的显示应有区别。

（5）可燃气体报警控制器发出报警信号时，应能启动保护区域的火灾声光警报器。

（6）可燃气体探测报警系统保护区域内有联动和警报要求时，应由可燃气体报警控制器或消防联动控制器联动实现。

（7）可燃气体探测报警系统设置在有防爆要求的场所时，应符合有关防爆要求。

3.5.2 可燃气体检测报警器安装的一般规定

在生产和生活环境中存在大量可燃气体，危及工业生产和人类生活安全。国家颁布了不同工业生产环境和生活环境中对可燃气体检测报警的相关规定和国家或行业标准。《作业场所环境气体检测报警仪 通用技术要求》（GB 12358—2006）对作业场所气体检测报警仪的术语、分类、技术要求、试验方法、检验规则与标识等进行了规定。《石油化工可燃气体和有毒气体检测报警设计规范》(GB 50493—2009),对在生产或使用可燃气体及有毒气体的工艺装置和储运设施的区域内,应设置可燃气体检(探)测器和有毒气体检(探)测器。

(1)可燃气体或含有毒气体的可燃气体泄漏时,可燃气体浓度可能达到25%爆炸下限,但有毒气体不能达到最高容许浓度时,应设置可燃气体检(探)测器。

(2)高毒气体或含有可燃气体的有毒气体泄漏时,有毒气体浓度可能达到最高容许浓度,但可燃气体浓度不能达到25%爆炸下限时,应设置有毒气体检(探)测器。

(3)可燃气体与有毒气体同时存在的场所,可燃气体浓度可能达到25%爆炸下限,有毒气体的浓度也可能达到最高容许浓度时,应分别设置可燃气体和有毒气体检(探)测器。

(4)同一种气体,既属可燃气体又属有毒气体时,应只设置有毒气体检(探)测器。

(5)可燃气体和有毒气体的检测系统应采用两级报警。同一检测区域内的有毒气体、可燃气体检(探)测器同时报警时,应遵循同一级别的报警中有毒气体的报警优先、二级报警优先于一级报警。

(6)工艺有特殊需要或在正常运行时人员不得进入的危险场所,宜对可燃气体和有毒气体释放源进行连续检测、指示、报警,并对报警进行记录或打印。

(7)报警信号应发送至现场报警器和有人值守的控制室或现场操作室的指示报警设备,并且进行声光报警。

(8)装置区域内现场报警器的布置应根据装置区的面积、设备及建构筑物的布置、释放源的理化性质和现场空气流动特点等综合确定。现场报警器可选用音响器或报警灯。

(9)可燃气体检(探)测器应采用经国家指定机构或其授权检验单位的计量器具制造认证、防爆性能认证和消防认证的产品。

(10)国家法规有要求的有毒气体检(探)测器应采用经国家指定机构或其授权检验单位的计量器具制造认证的产品。其中,防爆型有毒气体检(探)测器还应采用经国家指定机构或其授权检验单位的防爆性能认证的产品。

(11)可燃气体或有毒气体场所的检(探)测器,应采用固定式。可燃气体、有毒气体检测报警系统宜独立设置。便携式可燃气体或有毒气体检测报警器的配备,应根据生产装置的场地条件、工艺介质的易燃易爆特性及毒性和操作人员的数量等综合确定。

(12)工艺装置和储运设施现场固定安装的可燃气体及有毒气体检测报警系统,宜采用不间断电源(UPS)供电。加油站、加气站、分散或独立的有毒及易燃易爆品的经营设施,其可燃气体及有毒气体检测报警系统可采用普通电源供电。

(13)可燃气体和有毒气体检(探)测器的检(探)测点,应根据气体的理化性质、释放源的特性、生产场地布置、地理条件、环境气候、操作巡检路线等条件,并选择气体易于积累和便于采样检测之处布置。

3.5.3　可燃气体检测报警器布点位置的选择

在安装可燃性气体检测报警仪时,一般根据检测现场的空气可能环流现象及空气流动的上升趋势,以及厂房的空气自然流动情况、通风通道等来综合推测当发生大量泄漏时,可燃气体在平面上自然扩散的趋势方向,确定平面位置;再根据泄漏气体的密度并结合空气流动的方向,确定空间位置;然后根据泄漏是微漏还是喷射状,确定检测器距泄漏点的距离。

1) 检测器平面位置的设置

检测器安装位置的确定是十分重要的,在某些情况下,可能直接影响到能否及时报警。为此,有如下的设置原则:

(1) 探头应安装在可能泄露点附近,且尽可能接近。特别是可燃气体易积聚的死角(地坑、排污沟)一定要安装探头,并要避免风直接吹探头;同时,对于空气流通的场合,还要考虑风向的影响,一般宜安装在泄漏点的下风侧。

(2) 储罐区在储罐的进出料阀门组附近位置(两罐之间设一台)及可能存在泄漏气体的机泵房、压缩机房、灌瓶间阀组等分别设置检测器,灌瓶间一般多为半封闭厂房,可 10 m 左右设一台。

(3) 设置在建筑物内的压缩机、泵、反应器、储罐,容易引起高压气体设备处积聚气体的地方,在这些设备群的周围,按每 10 m 安装一个检测器考虑。

(4) 设置在建筑物外的上述高压气体设备,这些设备接近其他构筑物,墙壁或设置在坑内,在这些设备群的周围可按每个不大于 20 m 的间隔配置,并视装置区设备的安装密度和生产过程发生爆炸的危险程度做相应的增减。

(5) 在加热炉等火源的生产设施周围、气体易滞留的地方,可按每 20 m 安装一个检测器考虑。

(6) 可燃性气体和液体的罐装口,在其周围需要安装两个以上的检测器。

(7) 仪表控制室内设置一个以上的检测器。

(8) 当可燃性气体检测采取网络设点时,应注意如下问题:可燃气体检测器的有效覆盖水平平面半径,室内宜为 7.5 m,室外宜为 15 m。在有效覆盖面积内,可设一台检测器。

(9) 对于泄漏点的泄漏状态,如果是微漏,设点位置要靠近泄漏点,如果是喷射状泄漏,则要离泄漏点稍远一些。

2) 检测器安装高度的确定

(1) 检测比空气重(在标准状态下,气体密度大于 $0.97 kg/m^3$ 的即认为比空气重,小于 $0.97 kg/m^3$ 的即认为比空气轻)的可燃气体或有毒气体时,检测器的安装高度,应距地坪(或楼地板)$0.3 \sim 0.6$ m,过低易受雨水淋、溅而对检测器造成损害,过高则超出了比空气重的气体易于积聚的高度;检测比空气轻的可燃气体或有毒气体时,检测器宜高出释放源 $0.5 \sim 2$ m 或安装于上部易积聚可燃气体或有毒气体处。

(2) 对敞开式气体压缩机厂房的二层平台上一般不设可燃气体检测器,但在地面层设检测器。对有毒气体压缩机,应针对释放源安装检测器。

(3) 对使用氢气的场所,检测器应安装在释放源的上方,地面一般不设氢气检测器。对使用氢气的封闭式厂房或分析仪房,检测器应安装在释放源的上方,并于房顶宜积聚气体的死角处另设检测器。

(4) 检测比空气稍重或稍轻且极易与空气混合的气体(如 H_2S、NO、CO 等)时,检测器的安装高度应与现场操作人员的呼吸高度相近,距地面 $1.2 \sim 1.5$ m。

此外,安装检测器应考虑到便于以后维护,不影响工人检修设备和防尘防水。

3.5.4 可燃气体检测报警仪安装注意事项

(1)检测报警仪的选择要合理。根据装置的生产原料、中间产品、现场工艺条件及传感器使用温度等实际情况,选取合适的传感器及显示仪表。检测器的防爆类别、级别、组别必须符合现场爆炸性气体混合物的类别、级别、组别的要求,不得在超过防爆标志所允许的环境中使用,否则起不到现场防爆作用。非防爆型检测器不能在可燃气体浓度高于爆炸下限的环境条件下使用。

(2)固定式气体检测器从采样方法上有自然扩散式和强制吸入式两种,通常情况下采用自然扩散式采样方法。对于因少量泄漏有可能引起严重后果的场所、由于受安装条件和环境条件的限制难于使用扩散检测器的场所、明显的剧毒气体释放源、人员常去的泵房等有毒气体易积聚的场所中的释放源较集中的地点等应安装吸入采样设施。

(3)检测器的安装位置应便于校验和维护。其周围应保持一定的自由空间。安装检测仪时,下边至少要留出 30 cm 的自由空间,以便标定时使用。

(4)检测器应注意防水,在室外和室内易受到水冲刷的地方应装有防水罩;检测器连接电缆高于检测器的应采取防水密封措施。

(5)连接电缆要加保护套管。在探头的接线处最好加金属软管,并注意防爆标志等级与工厂防爆要求一致。报警器的周围不能有对仪表工作有影响的强电磁场(如大功率电动机、变压器)。

(6)报警器是安全仪表,有声、光显示功能,对于报警回路应安装在工作人员易看到听到的地方,以便及时了解情况。

(7)报警设定值应符合规定,可燃气体的一级报警设定值小于或等于 25%LEL;可燃气体的二级报警设定值小于或等于 50%LEL。

(8)应按检定周期对仪器进行检定,平时应定期检查仪器的报警功能。对于有试验按钮的仪器,启动报警器的试验按钮,即可检查报警器的报警功能是否正常。

(9)报警控制器应有其对应检测器所在位置的指示标牌或检测器的分布图。

(10)可燃气体检测报警器的管理应由专人负责,责任人应接受过专门培训,负责日常检查和维护。

第4章 氧气和有毒有害气体检测

生产和生活环境中的空气质量的好坏反映了空气污染程度,它是依据空气中污染物浓度的高低来判断的。来自固定和流动污染源的人为污染物排放大小是影响空气质量的最主要因素之一,其中包括车辆、船舶、飞机的尾气、工业企业生产排放、居民生活和取暖、垃圾焚烧等。城市的发展密度、地形地貌和气象等也是影响空气质量的重要因素。自然污染源是由于自然原因(如火山爆发,森林火灾等)而形成,人为污染源是由于人们从事生产和生活活动而形成。从安全检测的观点来讲,气态有害物对人类健康的危害更为直接。各国环境法都制定出大气、工厂等环境中气态有害物的排放标准。因此,空气质量与气态有害物的检测是安全监测分析的重要内容。

4.1 氧气检测

氧气(O_2)是一种无色、无臭、无味和无毒的气体。在标准状态(温度 0 ℃,压力 $1.132\,5\times10^5$ Pa)下,氧气的密度是 1.429 g/L,对空气的相对密度为 1.105。在常压下,把氧气冷却到它的沸点－182.96 ℃时,就变成淡蓝色透明且易流动的液态氧。液态氧的密度是 1.142 g/mL。如果继续冷却,在达到它的熔点－218.4 ℃时就会开始凝固,成为蓝色结晶状的固态氧,固态氧的密度是 1.27～1.30 g/mL。O_2能溶于水,在 0℃和 1 atm(101.325 kPa)的水中,能够溶解的氧气大约占水的体积的 4.9%。

O_2是一种活泼的元素,易使其他物质氧化,它和可燃气体(如氢、乙炔、甲烷等)混合后,容易引起爆炸。各种油脂与压缩氧气接触,温度超过燃点时都可以发生自燃。被氧饱和的衣服和其他纺织品,一遇火种就会立即着火。

O_2是维持人体正常生理机能所需要的气体,人体只有摄入并消耗 O_2,营养物质才能在体内进行一系列生化反应而产生能量,补充人体活动中所消耗的能量。人体维持正常生命过程所需的 O_2量取决于人的体质、精神状态和劳动强度等。一般情况下,人体需氧量与劳动强度的关系见表4-1。

最有利于人体呼吸的氧浓度为 21% 左右,当空气中的氧浓度降低时,人体就可能产生不良的生理反应,出现种种不舒适的症状,严重时可能导致缺氧死亡。当空气中的氧气体积浓度降到 15％时,人会呼吸急促,脉搏加快,当降到 10％时,人就可能因缺氧而休克。人体缺氧症状与空气中氧浓度的关系见表 4-2。

表 4-1　人体需氧量与劳动强度的关系

劳动强度	呼吸空气量/(L·min⁻¹)	氧气消耗量/(L·min⁻¹)
休息	6～15	0.2～0.4
轻劳动	20～25	0.6～1.0
中度劳动	30～40	1.2～1.6
重劳动	40～60	1.8～2.4
极重劳动	60～80	2.5～3.0

表 4-2　空气中氧浓度与人体缺氧症状

氧浓度(体积分数)/％	主要症状
17	静止时无影响,工作时能引起喘息和呼吸困难
15	呼吸及心跳急促,耳鸣目眩,感觉和判断能力降低,失去劳动能力
10～12	失去理智,时间稍长有生命危险
6～9	失去知觉,呼吸停止,如不及时抢救几分钟内可能导致死亡

　　井下的氧气主要来源于进入矿井的地面大气所固有的含量。由于矿内各种有机物和无机物的氧化、煤炭自燃、人员呼吸、爆破工作等均不断直接消耗氧气,同时其他有害气体的不断涌出,使得井下氧气浓度不断减少。为保证井下空气中有足够数量的氧气,必须不断地供给井下足够风量,在通风良好的巷道,氧气浓度的减小是微小的,只有在通风不良的地点或采空区内,氧气浓度才会显著降低。所以,在井下通风不良的地点,如果不经检查而贸然进入,就可能引起人员的缺氧窒息。缺氧窒息是造成矿井人员伤亡的原因之一。

　　检测氧气含量不仅有利于防止作业人员发生缺氧症,而且对于预防火灾,判定灭火效果等方面具有重要的意义。氧气的检测方法包括顺磁测量法、伽伐尼电池法等。锅炉或工业用炉燃烧状况可采用顺磁法,而缺氧场所多用伽伐尼电池法进行。煤矿井下测氧采用伽伐尼电池法进行。

4.1.1　顺磁性测量法

　　顺磁性指的是一种材料的磁性状态。有些材料可以受到外部磁场的影响,产生跟外部磁场同样方向的磁化矢量的特性。这样的物质具有正的磁化率。与顺磁性相反的现象被称为抗磁性。

　　磁性氧气分析仪属于磁式分析仪器中的一种,它是利用氧气有比其他气体高得多的磁化率这一特性进行测量的,可以测量混合气体中氧气的体积分数。根据仪器结构的不同,又可以分为热磁式氧气分析仪和磁力机械式氧气分析仪。

　　1) 热磁式氧气分析仪

　　从物理学可以知道,物质处于外磁场中均会被磁化,物质被磁化从微观来看就是物质的

分子磁矩沿着同一方向排列,物质被磁化的程度用磁化强度 M 表示:

$$M = \kappa H \tag{4-1}$$

式中:M 为磁化强度,A/m;H 为外磁场强度,A/m;κ 为介质的体积磁化率。

κ 值反映了介质本身的磁化特性。介质本身的磁感应强度 B 为:

$$B = \mu_0(H + M) = \mu_0(H + \kappa H) = \mu_0(1 + \kappa)H = \mu H \tag{4-2}$$

式中:μ_0 为真空中介质的磁导率,H/m;μ 为介质的绝对磁导率,H/m。

从式(4-2)可知,$\mu_0(1 + \kappa) = \mu$,$1 + \kappa$ 称为介质的相对磁化率。当介质的绝对磁导率 μ 大于真空磁导率 μ_0 时,有 $\mu_0(1 + \kappa) > 0$、$1 + \kappa > 1$、$\kappa > 0$。

对于介质的体积磁化率 κ 大于零的物质称为顺磁性物质;反之,κ 小于零的物质称为逆磁性物质。在外磁场的作用下,顺磁性物质会被拉向磁场强度大的方向,而逆磁性物质正好相反,会被推向磁场弱的方向。顺磁性和逆磁性物质不仅限于固体,气体也有这种现象,氧气就是一种很强的顺磁性气体。能够把氧气同其他所有气体区分开来的最显著的特性是氧气的顺磁性。顺磁性测量方法是利用它的这种特性进行测量的。除了氧气之外,只有一氧化氮和二氧化氮具有顺磁性。表 4-3 给出各种气体的体积磁化率。

表 4-3　各种气体的体积磁化率

气体	体积磁化率 (氧气为 100 的相对值)	气体	体积磁化率 (氧气为 100 的相对值)
氯气（Cl_2）	-0.128	氮气（N_2）	-0.42
二氧化碳（CO_2）	-0.613	氢气（H_2）	-0.123
氨气（NH_3）	-0.575	二氧化氮（NO_2）	$+6.2$
氧化亚氮（N_2O）	-0.575	空气	$+21.6$
乙炔（C_2H_2）	-0.375	一氧化氮（NO）	$+43$
甲烷（CH_4）	-0.37	氧气（O_2）	$+100$
乙烯（C_2H_4）	-0.85		

从表 4-3 可知,氧气是一种顺磁性物质,它的体积磁化率要比其他气体大得多。混合气体的体积磁化率 κ_m 可以近似地用叠加法求出:

$$\kappa_m \varphi_m = \sum_{i=1}^{n} \kappa_i \varphi_i \tag{4-3}$$

式中:κ 为气体的体积磁化率;φ 为气体的体积分数;下标"m"表示混合气体;i 表示某一种气体。

式(14-3)中 $\varphi_m = 100\% = 1$,于是:

$$\kappa_m = \kappa_{O_2} \varphi_{O_2} + (1 - \varphi_{O_2})\kappa \tag{4-4}$$

式中:κ_m 为表示混合气体中除了氧气之外其他背景气体的平均体积磁化率。

由于 $\kappa_{O_2} \gg \kappa_s$ 而且 $1 - \varphi_{O_2} < 1$,因而有:

$$\kappa_m \approx \kappa_{O_2} \varphi_{O_2} \tag{4-5}$$

上式表明:由于氧气的磁化率 κ_{O_2} 是已知的,只要测出混合气体的磁化率 κ_m,就可以得到氧气的体积分数 φ_{O_2}。

顺磁性物质的磁化率 κ 值还与温度 T 有下述关系:

$$\kappa = \frac{Cmp}{RT^2} \tag{4-6}$$

式中:C 为居里常数;m 气体相对分子质量;p 为气体绝对压力;R 为气体常数;T 为气体热力学温度,K。

由式(4-6)可知,κ 与 T^2 成反比,即当气体温度上升时,气体的体积磁化率 κ 大大下降。热磁式氧气分析仪正是利用氧气是一种强顺磁性气体,以及氧气的磁化率与温度平方成反比这一特性进行测量的。它是利用气体的热磁对流形成磁风,即把被测混合气体中氧气含量的大小转换为磁风的强弱。那么,磁风是怎样形成的呢? 如图 4-1 所示,在一个水平石英管的外边绕有直径 0.03 mm 的铂电阻丝,铂电阻丝既作为加热元件,又作为测量元件,电阻丝通以恒定加热电流。在管的左端有永久磁钢的一对磁极,形成一个固定的不均匀磁场。气样从水平管的左端由下而上运动,在经过水平管左端时,由于气样中含有氧气,而氧气又是很强的顺磁性气体,它必然要被拉向磁场强的方向,于是有氧气进入到水平管道中。进入水平管道的气体受到铂电阻丝的加热,于是它的 κ 值大大下降,这部分气体又会被推出水平横管,从横管右端流出。这个过程不断地进行,在水平管中形成气流,称为磁风,也即热磁对流。图 4-1 下端的曲线表示沿横管长度 x 方向的磁场分布 $H(x)$ 和温度分布 $T(x)$ 的情况。若控制气样由下向上运动的流量值、温度值和压力值不变,并保持水平管的外磁场和温度场的恒定,故磁风的大小仅与气样中的 κ_m 值即与氧含量有关。磁风的大小并不能直接加以测量,而是利用下面的转化过程:气样中氧含量增加→磁风加大→横管中流量加大→带走热量增加→铂电阻丝的平衡温度下降→铂电阻丝的阻值下降。这个转化过程是把氧含量转变成铂电阻阻值的变化,然后就可以进行测量。

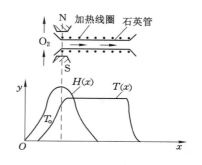

图 4-1　磁风的形成

2) 磁力机械式氧气分析仪

磁力机械式氧气分析仪采用对氧的顺磁特性直接测量的方法。这种仪器灵敏度高,除可进行常规的氧含量测量外,还可以测量微量氧含量。它不受气样的导热性能、密度等变化的影响。最早科学家法拉第所做的实验是用丝线吊一根水平杆,杆的一端是一个空心的玻璃球,当球内充满氧气时,球就会被磁场所吸引。这就是磁力机械式氧气分析仪的雏形。

下面分析装有氧气的石英小球在不均匀磁场中所受力的大小。如图 4-2 所示,有一对磁极,其磁场强度 H 沿水平方向是非均匀的,越向右 H 值越小。在磁场中有一石英小球,球内密封着氮气,它的体积磁化率为 κ_A,如果球的周围充满含有氧气的混合气体时,其体积磁化率为 κ_B,在这种情况下氧分子就会被磁场吸引,聚集到磁场强度大的地方,那么必然要把小球 A 挤出去。此时小球 A 受到的力 F 为:

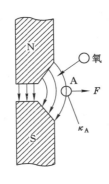

图 4-2　磁力机械式
氧气分析仪原理

$$F = \int_0^V (\kappa_A - \kappa_B) H \frac{\partial H}{\partial x} dV \qquad (4-7)$$

式中：κ_A 为小球的体积磁化率；κ_B 为混合气样的平均体积磁化率；H 为不均匀磁场的平均磁场强度；V 为小球的体积；x 为小球沿水平方向移动的距离。

从式(4-7)可知，如果 κ_A、H、$\partial H/\partial x$、V 为常数，则小球受力 F 与混合气样的体积磁化率 κ_B 有单值的对应关系。实用的发送器是在一根杆的两端装有两个石英小球，形状像一个哑铃，所以也称这种仪器为哑铃式氧气分析仪。

如图 4-3 所示，在一个密闭的气室 1 中装有两对磁极 2 和 3，在气室内形成不均匀磁场，磁极 2 和磁极 3 的磁场极性正好相反。两个空心石英球 4 内充以 N_2，两小球之间有一杆相连呈哑铃状，两个小球分别置于两对磁极的中间。哑铃由金属吊带 5 固定，哑铃可以绕吊带转动。当含有氧气的混合气样进检测气室，哑铃的两个球会受到一个转动力矩，于是产生偏转，转动力矩最后和吊带的扭转反作用力矩相平衡，转角的大小可由平面反射镜 6 的反射光束来加以检测。

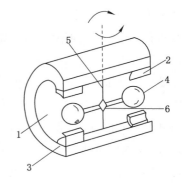

1—气室；2、3—磁极；4—石英球；
5—金属吊带；6—平面反射镜。

图 4-3　哑铃式氧气分析仪结构

磁力机械式氧气分析仪的历史比热磁式更悠久，后来在提高仪器精度方面遇到了当时技术上不能解决的问题，因此其发展停滞了一段时间。随着技术的发展，近期磁力机械式氧气分析仪在结构、元件和工艺上都有了新的突破，目前生产和使用的数量都比热磁式氧气分析仪多。

4.1.2　电化学方法

1）氧化锆氧量计

氧化锆氧量计是属于电化学分析器中的一种。氧化锆(ZrO_2)是一种氧离子导电的固体电解质，氧化锆氧量计可以用来连续地分析各种工业窑炉烟气中的氧含量，然后控制送风量来调整过剩空气系数 α 值，以保证最佳的空气燃料比，达到节能及环保的双重效果。

20 世纪 50 年代末人们发现了固体电解质，并从理论和实践上对它的电化学机理及电极过程动力学进行了深入的研究。20 世纪 60 年代初试制成功了第一台氧化锆氧分析仪，近几十年来这方面的技术得到了飞速的发展。这种氧量计除了灵敏度高、稳定性好、响应快和测量范围宽之外，与其他过程气体分析仪器的最大不同在于，氧化锆传感器探头可以直接插入烟道中进行测量，不需要复杂的采样和预处理系统，减少了仪器的维修工作量。但必须指出的是，氧化锆测量探头必须在 850 ℃左右的高温下运行，否则灵敏度会下降，所以氧化锆氧量计在探头上都装有测温传感器和电加热设备。

过去人们只了解有关电解质溶液的一些特性,如 KCl 溶于水后产生 K⁺ 和 Cl⁻ 离子,这种溶液具有良好的导电特性,称为离子导电。后来人们发现熔融盐也具有离子导电作用。

20 世纪初人们又发现有些固体也具有离子导电作用,这些固体称为固体电解质。20 世纪 60 年代后期人们系统地研究了以氧化锆(ZrO_2)为代表的氧离子导电固体电解质的特性,氧化锆在常温下为单斜晶体,当温度为 1 150 ℃时,晶体排列由单斜晶体变为立方晶体,同时有不到十分之一的体积收缩。 如果在氧化锆中加入一定量的氧化钙(CaO)和氧化钇(Y_2O_3),则其晶型变为不随温度而变化的稳定的萤石型立方晶体,这时四价的锆被二价的钙和二价的钇置换,同时产生氧离子空穴。 当温度为 800 ℃以上时,空穴型的氧化锆就变成了良好的氧离子导体,从而可以构成氧浓差电池。氧浓差电池的原理如图 4-4 所示。

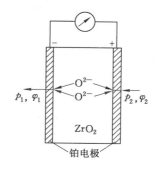

图 4-4　氧浓差电池原理

在氧化锆电解质的两侧各烧结上一层多孔的铂电极,便形成了氧浓差电池,电池左边是被测的烟气,它的氧含量(体积分数)一般为 4%～6%,设氧分压为 p_1,氧浓度为 φ_1。电池的右边是参比气体,如空气,它的氧含量(体积分数)一般为 20.8%,氧分压为 p_2,浓度为 φ_2。在温度 $t=850$ ℃时,在正极上氧分子得到电子成为氧离子,即:

$$O_2(分压\ p_2)+4e \longrightarrow 2O^{-2}$$

在负极上氧离子失去电子成为氧分子,即

$$2O^{-2}-4e \longrightarrow O_2(分压\ p_1)$$

这个过程就好像 O_2 从正极渗透到负极上去一样,也好像是一个电池,在负极上不断有电子释放出来,而正极上又不断地吸收电子,这样铂电极两侧之间就存在电动势。只要电极两侧存在氧气浓度差,即氧分压不相等,也就是 $p_1 \neq p_2$,就会有电动势存在。 氧浓差电势的大小可以用能斯特(Nernst)方程表示:

$$E = \frac{RT}{nF}\ln\frac{p_2}{p_1} \tag{4-8}$$

式中:E 为氧浓差电势;R 为气体常数;F 为法拉第常数,C/mol;T 为热力学温度,K;n 为反应时一个氧分子输送的电子数,$n=4$;p_1 为被测气体的氧分压;p_2 为参比气体的氧分压。

如果被测气体和参比气体的压力均为 p,则:

$$E = \frac{RT}{nF}\ln\frac{p_2/p}{p_1/p} \tag{4-9}$$

又因为:

$$\frac{p_1}{p} = \frac{V_1}{V} = \varphi_1,\quad \frac{p_2}{p} = \frac{V_2}{V} = \varphi_2 \tag{4-10}$$

式中:V_1、V_2 分别为被测气体和参比气体中的氧气的分体积;φ_1、φ_2 分别为被测气体和参比气体中的氧气的体积分数。

所以:

$$E = \frac{RT}{nF} \ln \frac{\varphi_2}{\varphi_1} \tag{4-11}$$

设 $\varphi_2 = 20.8\%$，即以空气为参比气体，在 $1.013\ 25 \times 10^5$ Pa 下，把气体常数 $R = 8.314$ J/(mol·K)，$n = 4$，法拉第常数 $F = 96\ 500$ C/mol 代入，并把自然对数换成以 10 为底的对数，则：

$$E = 4.961\ 5 \times 10^{-2} T \lg \frac{20.8}{\varphi_1} \tag{4-12}$$

从式(4-12)中可以看出，E 和 φ_1 呈非线性关系。E 的大小除受 φ_1 的影响外，还会受被测气体热力学温度 T 的影响，所以氧化锆氧量计一般需要带有温度补偿环节。

根据以上对仪器原理的分析，可以归纳出保证仪器正常工作的三个条件：

① 测量时应使氧化锆传感器的温度恒定，一般保持在 $t = 850$ ℃左右，这时仪器灵敏度最高。温度 T 的变化直接影响氧浓差电势 E 的大小，仪器应加温度补偿环节。

② 必须要有参比气体，而且参比气体的氧含量要稳定不变。参比气体的氧含量与被测气体的氧含量差别越大，仪器灵敏度越高。例如：用氧化锆氧量计分析烟气的氧含量时，用空气作为参比气体，空气中氧含量为 20.8%，烟气中氧含量一般为 3%～4%，其差值较大，氧化锆传感器的信号可达几十毫伏。

③ 被测气体和参比气体应具有相同的压力，这样可以用氧气的体积分数代替分压，仪器可以直接以氧浓度来刻度。从信号 E 求出 φ_1 时，仪器的信号处理模块要进行反对数运算。

氧化锆传感器主要由氧化锆管组成。氧化锆管的结构有两种，一种是一头封闭，一头开放；另一种是两头开放。一般外径为 11 mm，长度 80～90 mm，内、外电极及其引线采用金属铂，要求铂电极具有多孔性，并牢固地烧结在氧化锆管的内外侧。内电极的引线是通过在氧化锆管上打一个 0.8 mm 小孔引出的。氧化锆管的结构如图 4-5 所示。图 4-5(a)是一端封闭的氧化锆管；图 4-5(b)是两端开口的氧化锆管。

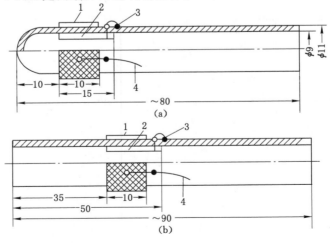

1—外电极；2—内电极；3—内电极引线；4—外电极引线。

图 4-5　氧化锆管结构

带恒温装置的氧化锆传感器如图 4-6 所示。空气进入一头封闭的氧化锆管的内部作为参比气体。烟气经陶瓷过滤器后作为被测气体流过氧化锆管的外部。为了稳定氧化锆管的温度,在氧化锆管的外围装有加热电阻丝,并装有热电偶来监测管子温度,通过调节器调整加热丝电流的大小,使氧化锆管子稳定在 850 ℃ 左右。

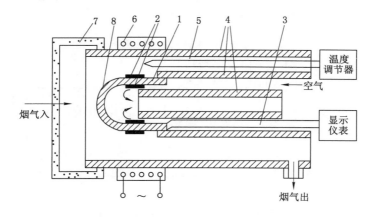

1—氧化锆管;2—内外铂电极;3—铂电极引线;4—Al$_2$O$_3$管;

5—热电偶;6—加热电阻丝;7—陶瓷过滤器;8—氧化锆管。

图 4-6　氧化锆传感器结构

氧化锆氧分析仪的现场安装有两种方式,一种为直插式,如图 4-7 所示。这种形式多用于锅炉、窑炉的烟气含氧量的测量,使用温度为 600~850 ℃。另一种为抽吸式,如图 4-8 所示。这种形式在石油、化工生产中可测量高达 1 400 ℃ 的高温气体。

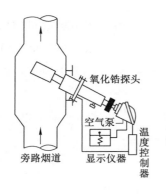

图 4-7　直插式测量系统

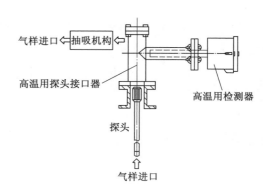

图 4-8　抽吸式测量系统

氧化锆传感器内阻很大,而且信号与温度有关,为保证测量精度,前置放大器的输入阻抗应足够高。另外,当氧浓度增大时,氧浓差电势信号会减小,它们之间呈对数关系,若使用一般模拟电路进行反对数运算,精度较低,电路复杂。现在多以微处理器为核心组成二次仪表,无论在测量精度、可靠性,还是在功能方面都有很大的提高。

2)伽伐尼电池法

隔膜电池式气体传感器又称为伽伐尼电池式气体传感器或原电池式气体传感器。这类测量仪器是利用伽伐尼电池与氧气（O_2）或被测气体接触产生电流的特性来测定气体的浓度，如图4-9所示。它由两个电极、隔膜及电解液构成。阳极是铅（Pb），阴极是铂（Pt）或银（Ag）等贵金属，电解池中充满电解质溶液（氢氧化钾，KOH），在阴极上覆盖有一层有机氟材料薄膜（聚四氟乙烯薄膜）。被测气体溶于电解液中，在电极上产生电化学反应，从而在两极间形成电位差，产生与被测气体浓度成正比的电流。

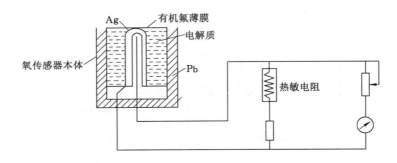

图4-9　隔膜电池式气体传感器的构造和基本电路

氧气经隔膜进入电解池内，在阴极上产生电化学反应，反应方程式为：

$$O_2 + 2H_2O + 4e \longrightarrow 4(OH)^-$$

氢氧根离子（HO）$^-$进入阳极后，与阳极Pb或Zn产生电化学反应，其反应方程式为：

$$4(OH)^- + 2Pb \longrightarrow 2Pb(OH)_2 + 4e$$

通过上述化学反应，在电解池内产生一个离子电流，电流的大小与溶氧量成一定比例，所以可以测出氧气浓度的变化。

隔膜伽伐尼电池的输出对温度成指数函数增加，所以一般采用热敏电阻作为放大器的负反馈元件进行自动温度补偿，使之不受试样气体温度的影响。由于热敏电阻具有随温度上升，其电阻减少的特性，即以指数函数的倒数变化的特性，对伽伐尼电池实现温度的自动补偿。

使用这类仪器测氧时，不需任何外接电源就可满足要求，是较理想的便携式测氧仪器。隔膜电池式传感器除用于测氧外，还可用于测其他多种气体。

4.2　有毒有害气体检测

4.2.1　一氧化碳检测

一氧化碳（CO）为无色、无臭气体，相对分子质量是28.0，对空气相对密度是0.967，在标准状态下1 L气体重1.25 g，100 mL水中可溶解0.024 9 mg的一氧化碳，燃烧时为淡蓝色火焰。当空气中一氧化碳体积浓度在13％～75％时有爆炸的危险。一氧化碳是炼焦、炼铁、炼钢、炼油、汽车尾气及家用煤的不完全燃烧产物。更引起人们关注的是城市交通车辆增多，在交通路口车辆频繁的场所,空气中一氧化碳的含量有时竟高达 50×10^{-6}(即50 ppm)。

一氧化碳有剧毒,与人体血液中血红素的亲和力比氧大 250～300 倍。一旦一氧化碳进入人体后,首先就与血液中的血红素结合,使血红素失去输氧的功能。一氧化碳与血红素结合后,生成鲜红色的碳氧血红素,故一氧化碳中毒最显著的特征是中毒者黏膜和皮肤均呈樱桃红色。人体吸入一氧化碳后的中毒程度与空气中一氧化碳浓度关系见表 4-4。

表 4-4　一氧化碳浓度与中毒症状的关系

CO 浓度(体积分数)/%	主要症状
0.02	2～3 h 内可能引起轻微头痛
0.08	40 min 内出现头痛、眩晕、恶心; 2h 内发生体温和血压下降、脉搏微弱、出冷汗,可能出现昏迷
0.32	5～10 min 内出现头痛、眩晕;30 min 内可能出现昏迷并有死亡危险
1.28	几分钟内出现昏迷和死亡

一氧化碳是大气污染监测最常见的指标之一。一氧化碳化学测定方法有五氧化二碘法、检气管法、碘量法和银胶比色法。仪器测定方法有非分散红外法、气相色谱法、汞置换法、检测管法和固体电解质原电池型检测器(定位电解法)等。其中,非分散红外法和气相色谱法应用最普遍。

1) 非分散红外法

一氧化碳、二氧化碳等气体对红外线有强烈的吸收作用,每种气体的吸收峰不同(如一氧化碳吸收 4.67 μm 的红外线),且最大吸收峰的波长范围较窄。因此,可根据这些气体对红外线的吸收作用测定它们在空气中的浓度。国产 FQW 和 HW 型红外线气体分析仪,是测定一氧化碳和二氧化碳的专用仪器。其量程一般都分为几挡,最低量程为 $(0～50) \times 10^{-6}$ (即 0～50 ppm),最高可达 $(0～500) \times 10^{-6}$(即 0～500 ppm)。

如图 4-10 所示,非分散红外法分析仪由光源 1 发出能量相等的两束红外线,被同步电机带动的扇形切光器 2 切割成一定周期的断续光,其中一束光通过比较室 4 投射到检测室 5 的下侧,另一束光通过试样室 3 投射到检测室 5 的上侧。检测室有金属膜片 6 分隔成容积相等的上、下两室,金属膜片与另一片金属构成电容式传感器。检测室的上、下两室中,密封有等量的一氧化碳。比较室中密封有不吸收红外线的气体如氧气或氮气等。

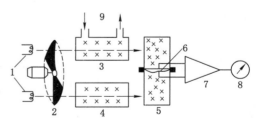

1—光源;2—切光室;3—试样室;
4—比较室;5—检测室;6—金属膜片;
7—放大器;8—指示器;9—气样。

图 4-10　非分散红外法 CO 测定仪原理图

测定时,将待测气样导入试样室中。由于比较室中的气体不吸收红外线,因此通过比较室投射到检测室下侧的红外线的强度不变。而经过试样室的红外线,部分地被气样中的一氧化碳吸收,因此强度减弱,气样中一氧化碳的浓度越高,红外线被吸收的就越多。在一定的范围内,吸收量与一氧化碳浓度呈线性关系。于是,在检测过程中,密封在检测室上下两侧的一氧化碳接收到红外光的热能不同,产生不同的热膨胀压力,从而使上、下两室间的金属膜发生相对位移,改变了电容器的电容量。这个过程使光能的变化转变为电气量的变化,再经过放大器7放大后,即可推动指示器8,反映出一氧化碳的高低。实际测定前,先向仪器的试样室中送入已知浓度 C_s(10^{-6})的一氧化碳标准气,读取指示仪表的分度值 u_s(格数或毫伏数)。再向仪器的试样室中通入待测气体,并读取指示仪表的分度值 u_x,即可由式(4-13)求得气样中一氧化碳的浓度 C_x:

$$C_x = 1.25 C_s \frac{u_x}{u_s} \tag{4-13}$$

式中:1.25 为换算系数,由"10^{-6}"单位换算为标准状态下"mg/m^3"单位的换算系数,即一氧化碳的摩尔质量/摩尔体积＝28/22.4＝1.25。

此方法测定一氧化碳的优点是速度快、操作简便,与二次仪表如记录仪联合使用时,容易实现连续自动监测。

2)气相色谱法

色谱法又叫作层析法,它是一种物理分离技术。分离原理时使混合物中各组分在两相间进行分配,其中一相是不动的,叫作固定相,另一相则是推动混合物流过固定相的流体,叫作流动相。当流动相中所含的混合物经过固定相时,就会与固定相发生相互作用。由于各组分在性质与结构上的不同,相互作用的大小强弱也有差异;因此在同一推动力作用下,不同组分在固定相中的滞留时间有长有短,从而按先后顺序从固定相中流出,这种借在两相分配原理而使混合物中各组分获得分离的技术,称为色谱分离技术或色谱法;当用液体作为流动相时,称为液相色谱,当用气体作为流动相时,称为气相色谱。

在气相色谱分析中,氢火焰离子化检定器是测定烃类化合物的高效方法。用此法可直接测定气样中的甲烷,在此基础上间接测定一氧化碳和二氧化碳。如图 4-11 所示,该图是在一般气相分析流程的基础上,在色谱柱与检定器之间安装了一个转化炉,其作用是将一氧化碳和二氧化碳转变成甲烷。

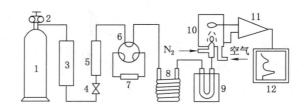

1—氢气瓶;2—减压阀;3—净化管;4—调节阀;5—流量计;6—六通阀;

7—定量管;8—色谱柱;9—转化炉;10—检定器;11—放大器;12—记录仪。

图 4-11 测定一氧化碳的气相色谱流程

分析气样时,通过接在六通阀 6 上的气体定量管 7,取一定体积的气体,转动六通阀,借来自氢气瓶 1 的载气将气样带入装有 TDX-01 碳分子筛的色谱柱 8,在色谱柱中各被测组分得到分离,按氧(来自空气)、一氧化碳、甲烷和二氧化碳的顺序从色谱柱流出,并继续通至装有镍催化剂的转化炉 9,在转化炉中,一氧化碳和二氧化碳均按 1∶1 的关系定量地转变为甲烷。转化后的气体,仍按原来的顺序通过氢火焰检定器 10,在记录仪 12 上画出各待测组分的色谱峰。

实际测定前,先向色谱仪中注入已知浓度的各待测组分的标准气样,测出它们各自色谱的保留时间和峰高;再在同样条件下注入待测气样,测出待测气样中各组分各自色谱的保留时间和峰高。从保留时间定性确认待测气样中一氧化碳、甲烷和二氧化碳各自的色谱,从峰高由式(4-14)定量计算它们各自的浓度:

$$C_{xi} = C_{si} \frac{h_{xi}}{h_{si}} k_i \qquad (4\text{-}14)$$

式中:i 为表示被测组分 CO、CH_4 或 CO_2;C_{xi} 为气样中被测组分的浓度;C_{si} 为标样中被测组分的浓度;h_{xi} 为气样中被测组分的峰高;h_{si} 为标样中被测组分的峰高;k_i 为被测组分浓度值由"10^{-6}"单位换算成标准状态下"mg/m³"单位的换算系数(即被测组分的摩尔质量/22.4)。

3) 汞置换法(间接冷原子吸收法)

冷原子吸收法是测定汞的特效方法,这个方法是通过汞蒸汽对 253.7 nm 紫外线的强烈吸收作用,利用光电转换测定器测定汞蒸汽的含量进行的。此方法也可以用于一氧化碳的间接测定。汞置换法测定一氧化碳的装置如图 4-12 所示。

利用抽气泵 8 使气体通过净化器 1,除去气样中的尘粒、水分、二氧化硫、硫化氢、醛、酮

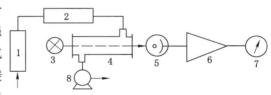

1—净化器;2—置换器;3—低压汞灯;4—汞吸收管;
5—光电管;6—放大器;7—指示仪表;8—抽气泵。

图 4-12　汞置换法测定一氧化碳的装置

以及不饱和烃类化合物,然后进入装有固体氧化汞的置换炉 2,在置换炉中一氧化碳和氧化汞反应释放出汞蒸气。当汞蒸气通过汞吸收管 4 时,就会吸收低压汞灯 3 所发出的 253.7 nm 的紫外线,使光电管 5 的光电流减小,于是在显示仪表 7 上指示出对应于被测物浓度大小的吸光度。在实际测定前,首先将已知浓度的一氧化碳标准气注入上述装置中,测定出标样的吸光度;再注入同样体积的待测气体,测定其吸光度,然后按下式计算气样中的一氧化碳的浓度:

$$C_x = C_s \frac{A_x}{A_s} \times 1.25 \qquad (4\text{-}15)$$

式中:C_x 为气样中一氧化碳的浓度,单位为 mg/m³;C_s 为标样中一氧化碳的浓度,单位为 10^{-6};A_s 为被测气样的吸光度;A_x 为标准气样的吸光度;1.25 为换算系数,由"10^{-6}"单位换算为标准状态下"mg/m³"单位的换算系数,即一氧化碳的摩尔质量/摩尔体积=28/22.4=1.25。

在测定条件下,甲烷和氢气也能与氧化汞发生反应。但是甲烷与氧化汞的反应很慢,对测定没有明显的影响;氢气在 5×10^{-6} 以下的时候,对测定的影响不大于仪器满刻度的 1%。所以用此方法测定一氧化碳具有较好的选择性,灵敏度也高。但与上述两种方法相比,因净

化管中除去干扰物质的净化剂(无水氯化钙、变色硅胶和分子筛等),特别是置换炉中的氧化汞,使用一段时间后就会失效,要进行活化或更换,因此,没有非分散红外法和气相色谱法那样方便。

4)固体电解质原电池型检测器

固体电解质原电池型检测器是一种可能做成像钢笔一样小巧的便携式检测器,有多孔电极(又叫作工作电极 W)和对电极 C 组成原电池的两极。对电极用滤纸或其他纤维浸渍适当的电解质溶液制成,多孔电极也浸渍有电解质,两电极之间用半透膜隔开。不接触待测物时,两电极处于相同情况,不产生电流。当其处在被污染的空气中时,由于被测气体的渗入而产生电极反应,产生的电流经过放大器放大后,由指示器读出被测物的浓度。有的后面不用放大器,直接用一只灵敏的微安表即可进行显示。此类检测器利用控制电位电化学原理工作,所以此类检测方法又被称为定电位电解法。固体电解质原电池型一氧化碳测量工作原理方框图如图 4-13 所示。

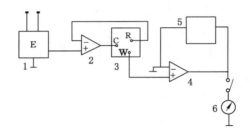

1—电源;2—恒电位环节;3—传感器;4—放大器;5—温度补偿;6—指示电表。

图 4-13   固体电解质原电池型一氧化碳原理方框图

被测量的一氧化碳,通过传感器聚四氟乙烯薄膜扩散到工作电极 W,电极 W 受到恒电位环节的控制作用,具有一个恒定的电位,一氧化碳在 W 电极上发生氧化反应,同时在电极 C 上发生氧的还原反应。

W 电极:$CO+H_2O \longrightarrow CO_2+2H^++2e$ 电动势 $e_1^0 = 0.12$ V

C 电极:$\frac{1}{2}O_2+2H^++2e \longrightarrow H_2O$ 电动势 $e_2^0 = 1.23$ V

总反应:$CO+\frac{1}{2}O_2 \longrightarrow CO_2$ 总电动势 $e_3^0 = 1.35$ V

图 4-13 中 R 是参考电极,当给定一个恒定电位时,可在传感器工作电极 W 和对电极 C 之间,产生一个固定电动势,因而有微弱的电流通过,在一定范围内,该电流大小与一氧化碳浓度成比例,即:

$$I = nFADC/\delta \tag{4-16}$$

在工作条件下,电子转移数 n,法拉第常数 F,反应面积 A,扩散常数 D 和扩散厚度 δ 均为常数。因此,测得极间电流 I,即可获得一氧化碳浓度 C。实际仪表中,电流 I 经放大后由电表直接指示一氧化碳的浓度值。

5)检测管

上面介绍了几种常见空气中气态有害物检测仪表,虽然灵敏度高、精确度高,但是结构复杂庞大、价格昂贵、操作复杂,并只能局限于实验室操作。然而对于现场使用,检测仪表必须价格低廉、操作简单、快速适时、轻便易于搬动,便携式仪表就能满足这些要求。

检气管,用适当的试剂(指示剂)浸泡过的载体做填充剂,装于细长的玻璃管中密封即做成检气管。如图 4-14 所示,检定管由外壳 1、堵塞物 2、保护胶 3、隔离层 4 及指示胶 5 等组成,其中外壳是用中性玻璃管加工而成的。堵塞物用的是玻璃丝布、防声棉或耐酸涤纶,它对管内物质起固定作用。保护胶是用硅胶作载体吸附试剂制成的,其用途是除去对指示胶变色有干扰的气体。隔离层一般用的是有色玻璃粉或其他惰性有色颗粒物质,对指示胶起界限作用。指示胶是以活性硅胶为载体吸附化学试剂经加工处理而制成的。

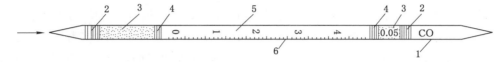

1—外壳;2—堵塞物;4—隔离层;5—指示胶;6—刻度读数。

图 4-14　检定管的结构示意图

检气管直径 4～6 mm,长 150 mm 左右。使用时,用锉刀将检气管两端封口锉断,用一定容积的吸气球或注射器,使一定量的被测气体以一定的速度通过检气管,被测气体与指示剂发生反应,使填充剂呈现一定的颜色。检气管有比色式和比长式两种,它们分别根据颜色深浅或色柱的长短,与事先制成的标准色板或浓度标尺进行比较,就可以测出气样中被测气体的含量。每支检气管只能使用一次。

检气管具有现场使用简便、速度快、便于携带和灵敏度高等优点,但有些有害气体的检气管准确度较差。一些常见的有害气体,如一氧化碳、二氧化碳、氧化氮等都可以利用适当的检气管进行测定。常用检气管的指示剂极其颜色变化和定量方法等见表 4-5。

表 4-5　各种检气管

检气管	灵敏度 /(mg·m^{-3})	抽气量 /mL	抽气速度 /(mL·s^{-1})	颜色变化	所用试剂	类型
一氧化碳 (甲型)	20	450	1.5	黄—绿—蓝	硫酸钯、硫酸铵、硫酸、硅胶	比色
一氧化碳 (乙型)	20	450	1.5			同上 (可除乙烯干扰)
一氧化碳 (丙型)	20	450	1.5			同上(可除乙烯及氧化氮干扰)
一氧化碳	25	100	1.5	白—绿	五氧化二碘、发烟硫酸、硅胶	比长度
二氧化碳	10	400	1	棕黄—红	亚硝基铁、氰化钠、氯化锌、乌络托品、陶瓷	比长度
氧化氮	10	100	1	白—绿	联邻甲苯胺、硅胶	比长度

4.2.2 氮氧化物检测

氮的氧化物包括 N_2O、NO、NO_2、N_2O_3、N_2O_4 和 N_2O_5 等多种形式,总称为氮氧化物(NO_x)。空气中的氮氧化物主要是一氧化氮和二氧化氮,是大气环境中主要有害物之一。人为产生的 NO、NO_2 是工业生产和石化燃料燃烧过程中及城市汽车排放出来的,估计人为产生的 NO、NO_2 是天然来源的 1/7。NO 又是形成光化学烟雾的触发分子,是二次污染物的前身。二氧化氮比一氧化氮的毒性高 4 倍。

一氧化氮是无色、无臭的气体,分子量为 30.011,对空气的比重为 1.036 7,熔点为 -163.6 ℃,沸点为 $-1\ 581.8$ ℃,在标准状态下 1 L 气体的质量为 1.340 3 g,稍溶于水。一氧化氮不稳定,易转化为二氧化氮。

二氧化氮为红褐色的有特殊刺激臭味的气体,相对分子质量为 46.01,对空气相对密度为 1.58,沸点为 21.2 ℃,熔点为 -10.8 ℃,在标准状况下 1 L 气体的质量为 2.056 2 g,具有腐蚀性和较强的氧化性,易溶于水,溶于水后生成腐蚀性很强的硝酸。对眼睛、呼吸道黏膜和肺部组织有强烈的刺激及腐蚀作用,严重时可引起肺水肿。二氧化氮中毒有潜伏期,容易被人忽视,中毒初期仅是眼睛和喉咙有轻微的刺激症状,常不被注意,有的在严重中毒时尚无明显感觉,还可以坚持工作,但经过 6～4 h 后发作,中毒者指头及皮肤出现黄色斑点,并有严重的咳嗽、头痛、呕吐甚至死亡。

在检测工作中,NO 和 NO_2 可以分别测定它们的总量,通常是测定总重,测定结果均以 NO_2 表示。检测方法包括化学发光法,库仑原电池法等。

1）化学发光法

当气样中的一氧化氮与臭氧(O_3)接触时,发生反应生成激发态和基态的二氧化氮(NO_2^* 和 NO_2,其比例约为 92∶8):

$$NO + O_3 \longrightarrow NO_2(或\ NO_2^*) + O_2$$

激发态的二氧化氮跃迁到较低的状态或基态时,发出波长范围为 600～3 000 nm 的连续光谱,峰值波长 1 200 nm。

$$NO_2^* \longrightarrow NO_2 + h\nu$$

式中:h 为普朗克常数;ν 为光子振动频率。

在臭氧足量的情况下,其发光强度与气样中一氧化氮的浓度成正比。因此,通过发光强度的测定,即可定量得到气样中一氧化氮的浓度。

化学发光法测定氮氧化物原理示意图如图 4-15 所示。在该装置中,通过三通阀 2 的切换作用,可使气样直接进入反应室 6,测定一氧化氮的浓度;也可以使气样经过转化器 3 把其中的二氧化氮定量地转变成一氧化氮,由转化器 3 出来的气体再进入反应室 6,这时测定的是一氧化氮和二氧化氮的总浓度。两次测定的差值,即为气样中二氧化氮的浓度。

在测定氮氧化物的总浓度时,因二氧化氮转变成一氧化氮是按 1:1 的关系定量进行的,所以发光强度也与气样中氮氧化物的总浓度成正比。显然,经过光电倍增管 7 和线性放大器 8 后,所得推动指示仪表 9 的电信号,也与气样中氮氧化物的浓度成正比,即气样中氮氧化物的浓度由下式决定:

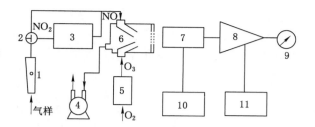

1—流量计；2—三通阀；3—转化器；4—抽气泵；5—O_3 发生器；

6—反应室；7—光电倍增管；8—放大器；9—指示仪表；10—高压电源；11—放大器电源。

图 4-15　化学发光法测定氮氧化物的装置

$$C_{NO_x} = ku \tag{4-17}$$

式中：C_{NO_x} 为氮氧化物的浓度，10^{-6}；u 为指示仪表的读数，格；k 为比例常数，$10^{-6}/$格。

用上式计算测定结果，k 值应当是已知的。测定 k 值的方法是：将已知浓度为 $C(10^{-6})$ 的二氧化氮标准气通入测定装置中，读出指示仪表的刻度值 u，即可由上式求得 k 值。

化学发光法测定氮氧化物的特点是：灵敏度高、选择性强、响应速度快，所以受到国内为的普遍重视，在大气连续自动监测中也得到采用。现已被很多国家和世界卫生组织全球监测系统作为检测大气氮氧化物的标准方法。

2）库仑原电池法

库仑原电池法也是电解分析法的一种，其理论基础仍然是法拉第电解定律。氮氧化物分析仪是采用库仑原电池法原理制作的。其测定工作原理如图 4-16 所示。

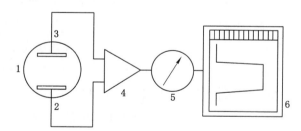

1—库仑池；2—阴极铂网；3—阳极活性炭；4—放大器；5—电表；6—记录器。

图 4-16　库仑原电池法测定 NO_2 工作原理

库仑原电池 1 既是一个电解池又是采样的吸收管。电解池有铂网阴极 2 和活性炭阳极 3，其内电解液为 pH＝7、0.1 mol 磷酸盐缓冲液中含有 0.3 mol 碘化钾溶液。在两个电极间有一个很小的电位差。当被测空气经过选择性过滤器，除去干扰物后，抽入电解池中使电解液经过阴极连续循环流动。如果空气中含有二氧化氮（空气中的一氧化氮在经过三氧化铬-石英砂氧化管时，氧化成二氧化氮），则与电解池中碘离子反应，生成碘分子：

$$2NO_2 + 2I^- \longrightarrow 2NO_2^- + I_2$$

析出的碘分子随电解液带到铂网阴极时，立即在铂网阴极上被电化还原，吸收两个电子变成碘离子：

$$I_2 + 2e \longrightarrow 2I^-$$

同时活性炭阳极也有电化氧化作用，使具化学吸附性的活性炭"…C"氧化为"…CO"，并在反应中释放出两个电子：

$$C + H_2O \longrightarrow \cdots CO + 2H^+ + 2e$$

于是，原电池的回路中就产生微弱的电流。若原电池中电流效率为 100%，则电流大小与 NO_2 的浓度成正比，并按法拉第电解定律可导出下式：

$$I = 6\,069 \times 10^{-2} q_v C \tag{4-18}$$

式中：I 为原电池的电流，μA；q_v 为气样中的流量（20 ℃，101 325 Pa），L/min；C 为气样中二氧化氮的浓度，10^{-6}。

由于 NO_2 在水中化学反应较复杂，NO_2 实际转换成电流效率只有 70%，所以上述理论电流计算式中应乘以这个转换效率。

由上式可知，气样中 NO_2 的浓度 C 与原电池电流 I 成正比，并且可以由上式计算出 NO_2 浓度 C 的数值。

4.2.3　二氧化硫检测

二氧化硫（SO_2）是一种无色、有强烈硫黄味的气体，易溶于水，相对密度为 2.32，是井下有害气体中密度最大的。在风速较小时，易积聚于巷道的底部。二氧化硫有剧毒，对眼睛有强烈刺激作用，矿工们将其称之为"瞎眼气体"。SO_2 遇水后生成硫酸，对呼吸器官有腐蚀作用，使喉咙和支气管发炎、呼吸麻痹，严重时引起肺病水肿。当空气中含二氧化硫为 0.000 5% 时，嗅觉器官能闻到刺激味。浓度达 0.002% 时，有强烈的刺激，可引起头痛、眼睛红肿、流泪、喉痛；0.05% 时，引起急、性支气管炎和肺水肿，短时间内即死亡。《煤矿安全规程》规定，空气中二氧化硫含量不得超过 0.000 5%。二氧化硫是大气主要污染物之一。火山爆发时会喷出该气体，在许多工业过程中也会产生二氧化硫。由于煤和石油通常都含有硫元素，因此燃烧时会生成二氧化硫。当二氧化硫溶于水中，会形成亚硫酸。若把亚硫酸进一步在 PM2.5 存在的条件下氧化，便会迅速高效生成硫酸（酸雨的主要成分）。

1) 溶液电导率法

溶液电导率法是在具有一定酸性的硫酸-过氧化氢吸收的容器中，通以一定流量的被测空气，进行定时的接触反应。被测空气中所含二氧化硫被吸收后形成硫酸，使吸收液的电导率变化，可得到一定时间内二氧化硫的浓度的平均值；根据记录曲线的斜率可得到二氧化硫浓度的瞬时变化。

与此类似的方法还有碘电极法。此法所用吸收液为弱酸性游离碘溶液，用碘电极检测碘离子浓度的方法，可连续测量被测气体中的二氧化硫的浓度。此法要求在预热池中反应吸收，然后导入测量池进行测量，以提高反应效率。进气管最好用碘结晶的碱性石灰管。

2) 吸光光度法

按其所采用的溶液可分为 P-品红碱甲醛水溶液法和碘-淀粉溶液法。前者是用 P-品红碱甲醛水溶液吸收空气中二氧化硫成色的方法；后者是利用空气中的二氧化硫与碘淀粉混合液产生化学反应使溶液褪色的方法。二者均属于吸光光度法,根据其光度变化,均可测量被测气体中二氧化硫的浓度。两种方法的仪器结构也相同,均由过滤器、气泵、液泵、气体吸收池及检测部分组成。测量方法可以连续测量亦可以数小时为周期进行间隔测量,同时注意定期更换试剂和用标准液校准。

4.2.4　硫化氢检测

硫化氢的分子式为 H_2S,为无色、微甜、有浓烈的臭鸡蛋味气体,能引起鼻炎、气管炎和肺水肿。当空气中浓度达到 0.000 1% 即可嗅到,但当浓度较高时(0.005%～0.01%),因嗅觉神经中毒麻痹,臭味"减弱"或"消失",反而嗅不到。硫化氢与空气的相对密度为 1.19,易溶于水,在常温、常压下 1 个体积的水可溶解 2.5 个体积的硫化氢。硫化氢化学性质不稳定,在空气中容易燃烧,空气中硫化氢浓度为 4.3%～45.5% 时有爆炸危险。硫化氢为剧毒,有强烈的刺激作用,能阻碍生物的氧化过程,使人体缺氧。当空气中硫化氢浓度较低时主要以腐蚀刺激作用为主;浓度较高时能引起人体迅速昏迷或死亡,腐蚀刺激作用往往不明显。硫化氢中毒症状与浓度的关系见表 4-6。硫化氢是生产过程中使用硫比钠或酸类作用于硫化物而产生的气体。

表 4-6　硫化氢浓度与中毒症状关系

硫化氢浓度(体积分数)/%	主要症状
0.0025～0.003	有强烈臭味
0.005～0.01	1～2 h 内出现眼及呼吸道症状,臭味"减弱"或"消失"
0.015～0.02	出现恶心、呕吐、头晕、四肢无力,反应迟钝,眼及呼吸道有强烈刺激症状
0.035～0.045	0.5～1 h 内出现严重中毒,可能发生肺炎、支气管炎及肺水肿,有死亡危险
0.06～0.07	很快昏迷,短时间内死亡

对硫化氢的测定常用亚甲基蓝比色法(使用检定管)。另一种测量硫化氢的方法是三端电化学原理的库仑池滴定式 H_2S 检测方法,其工作原理如图 4-17 所示。

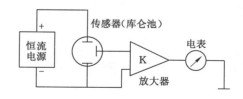

图 4-17　库仑池滴定式 H_2S 检测报警仪工作原理

该仪器采用气泵抽气取样。库仑池有三个电极:铂丝阳极、铂丝阴极和活性炭参考电极。库仑池中电解液为碱性碘化钾。当被测气体连续地抽入仪器,过滤后进入库仑池;而恒流源供电电流从阳极流入,经阴极和参考极流出,这时阳极氧化碘离子产生碘分子($2I^- \longrightarrow I_2 + 2e$),抽入的气体带动电解液循环流动,碘分子被带到阴极后,又被还原成碘离子($I_2 + 2e \longrightarrow 2I^-$)。如果吸入气体中不含有 H_2S,当碘浓度达到平衡后,阳极电流等于阴极电流,此时参考极没有电流流出。如果气体中含有 H_2S,则与溶液中碘分子反应,形成碘离子,从而降低了流入阴极的碘分子浓度,即降低了阴极电流,降低部分由参考极流出,此时阳极电流等于阴极电流与参考极电流之和。而参考极电流与 H_2S 浓度成正比例,经放大后由电表指示或报警。

4.2.5 二氧化碳检测

二氧化碳（CO_2）是无色、略带酸臭味的气体，易溶于水，不助燃，也不能供人呼吸。二氧化碳比空气重，与空气的相对密度为1.52，在风速较大的巷道中，一般能与空气均匀地混合。煤矿井下二氧化碳常常积聚在煤矿井下的巷道底板、水仓、溜煤眼、下山尽头、盲巷、采空区及通风不良处。

在新鲜空气中含有微量的二氧化碳对人体是无害的。二氧化碳对人体的呼吸中枢神经有刺激作用，如果空气中完全不含有二氧化碳，则人体的正常呼吸功能就不能维持。所以在抢救遇难者进行人工输氧时，往往要在氧气中加入5%的二氧化碳，以刺激遇难者的呼吸机能。但当空气中二氧化碳的浓度过高时，也将使空气中的氧浓度相对降低，轻则使人呼吸加快、呼吸量增加，严重时也可能造成人员中毒或窒息。二氧化碳窒息同缺氧窒息一样，都是造成矿井人员伤亡的重要原因之一。

为了对生产作业环境的二氧化碳浓度进行检测，可用光学甲烷检测仪测定。本节介绍二氧化碳检测的气体热导原理。

气体的热导率取决于它的成分。如果各个气体成分之间不发生化学反应，则混合气体的热导率接近于各成分的热导率的算术平均值。对于两种气体的混合物有：

$$\lambda_{1,2} = (\lambda_1 a + \lambda_2 b)/100 = [\lambda_1 a + \lambda_2 (100 - a)]/100 \tag{4-19}$$

式中：λ_1、λ_2为A种气体和B种气体的热导率；a、b为A种气体和B种气体的浓度；$\lambda_{1,2}$为混合气体的热导率。

显然，若λ_1、λ_2相差很大，则根据混合气体的热导率可判断各成分的浓度。空气在0 ℃时相对热导率定为1，二氧化碳的相对热导率为0.614，在0～100 ℃范围内其热导率的温度系数为0.004 95。可见，CO_2的相对热导率与空气相差较远，在一定条件下，适于用热导式仪器检测二氧化碳浓度。

4.3　便携式多参数气体检测仪

多参数便携式气体测定器其大多由载体催化元件、电化学原理传感器、嵌入式微控制芯片和LCD显示屏组成的电子测定器。可以实时检测环境空气中氧气、甲烷、一氧化碳、二氧化碳、硫化氢等多种气体浓度，可能具有温度、湿度、大气压力等检测功能，具备日期、时间记忆，具有声光报警、欠压报警灯多种功能。对于爆炸性环境下使用的仪表，通常具有防爆功能。

CD4便携式多参数气体测定器可以实时检测环境空气中甲烷、氧气、一氧化碳、硫化氢四种气体的浓度，同时具有日期、时间、温度和湿度显示，有声光报警、自动背光、欠压报警灯功能。测定器具有体积小、重量轻、操作简单、携带方便、准确可靠等优点。可广泛适用于煤矿井下、冶金化工、环保现场等环境气体的检测。CD4便携式多参数气体测定器的工作原理如图4-18所示，外形结构如图4-19所示，主要性能和技术参数见表4-7。

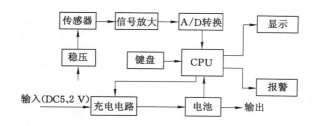

图 4-18　多参数便携式气体测定器构成框图

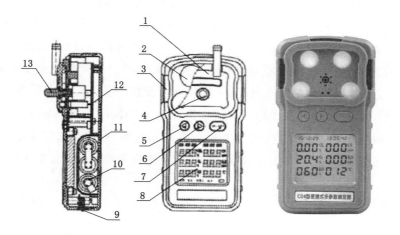

1—校验罩;2—传感器窗口;3—光报警窗口;4—声报警窗口;5—左移/减值键;6—右移/加值键;

7—开关/确认键;8—液晶显示屏;9—充电接口;10—电池组;11—壳体;12—电路板;13—校验罩固定螺钉。

图 4-19　CD4 便携式多参数检测仪结构

表 4-7　CD4 多参数便携式气体测定器主要性能和技术参数

测量气体	测量范围	基本误差	报警误差及报警设置范围	响应时间
CH_4	$(0.00 \sim 1.00)\% \ CH_4$	$\pm 0.10\% CH_4$	报警设置范围: $0.5\% CH_4 \sim 4.00\% CH_4$ 报警点:$1.00\% \ CH_4$ 报警误差:$\pm 0.05\% \ CH_4$	20 s
	$(1.00 \sim 3.00)\% \ CH_4$	真值的$\pm 10\%$		
	$(3.00 \sim 4.00)\% \ CH_4$	$\pm 0.30\% CH_4$		
O_2	$(0 \sim 30)\% \ O_2$	测量范围的$\pm 3.0\%$	报警设置范围: $16\% \ O_2 \sim 19.5\% \ O_2$ 报警点:$18\% \ O_2$ 报警误差:$\pm 0.1\% \ O_2$	20 s
CO	$(0 \sim 100) \times 10^{-6} \ CO$	不大于$\pm (1.5 + 2.0\%$真值$)$	报警设置范围: $25 \times 10^{-6} \ CO \sim 100 \times 10^{-6} CO$ 报警点:$24 \times 10^{-6} CO$ 报警误差:$\pm 1 \times 10^{-6} \ CO$	60 s
	$(100 \sim 500) \times 10^{-6} \ CO$	不大于$\pm 4.0\%$真值		
	$> 500 \times 10^{-6} \ CO$	不大于 10.0%真值		

表 4-7（续）

测量气体	测量范围	基本误差	报警误差及报警设置范围	响应时间
H_2S	$(0\sim49)\times10^{-6}\,H_2S$	$\pm3\times10^{-6}\,H_2S$	报警设置范围： $5\times10^{-6}\,H_2S\sim15\times10^{-6}\,H_2S$ 报警点：$10\times10^{-6}\,H_2S$ 报警误差：$\pm3\times10^{-6}\,H_2S$	45 s
	$(50\sim100)\times10^{-6}\,H_2S$	真值的$\pm10\%$		

测定器由载体催化元件、电化学原理传感器、信号调理电路、微处理器、人机接口和声光报警灯电路组成。载体催化元件和电化学原理传感器把气体中甲烷、一氧化碳、氧气、硫化氢浓度转化为与气体浓度成正比的电信号，电信警号调理电路滤波放大、微处理器 A/D 转换、智能分析处理后，通过液晶屏显示出被测气体的浓度；当甲烷、氧气、一氧化碳、硫化氢中任一参数达到或超过设置的报警点时，测定器发出声光报警信号。测定器具有超程甲烷冲击保护措施，当甲烷浓度超过 4.00% 时，测定器在报警的同时自动切断黑白元件的供电。CPU 在正常检测状态时，同时监测电池电压、实时显示时间，报警状态以及键盘输入并做出相应的处理。充电时，采用三段式充电管理，整个充电过程由 CPU 监控并指示，充满自动停止。

第5章 粉尘检测

工业的发展带来对生产环境和空间大气的污染,其中粉尘污染就是很严重的生产环境和大气污染。粉尘污染不仅严重影响人类健康,带来了诸如矽肺、尘肺等疾病,而且粉尘还危害于机电设备,例如:对通风机、鼓风机、空气压缩机、内燃机气缸的磨损,造成大规模集成电路失效等。此外,有些粉尘还可能产生燃烧爆炸,带来重大损失。所以,控制粉尘污染是确保职业安全及卫生的重要内容之一。为了有效地控制粉尘污染、研究新的除尘装置、正确地设计和评价除尘系统,保证生产安全,必须对粉尘的理化性质、粉尘的粒径及分布、粉尘浓度等进行检测。

5.1 生产性粉尘及其职业危害

5.1.1 生产性粉尘的概念

通俗地说"粉尘"是一种能较长时间悬浮于空气中的固体颗粒物的总称。粉尘是一种气溶胶,固体微小尘粒实际是分布于以空气作为胶体溶液里的固体分散介质。

在生产中,与生产过程有关而形成的粉尘叫作生产性粉尘。生产性粉尘来源甚广,几乎所有矿山和厂矿在生产过程中均可产生粉尘。如采矿和隧道的打钻、爆破、搬运等,矿石的破碎、磨粉、包装等;机械工业的铸造、翻砂、清砂等;以及玻璃、耐火材料等工业,均可接触大量粉尘、煤尘;而从事皮革、棉毛、烟茶等加工行业和塑料制品行业的人,可接触相应的有机性粉尘。生产性粉尘的主要来源有:固体物料经机械性撞击、研磨、碾轧而形成,经气流扬撒而悬浮于空气中的固体微粒;物质加热时生产的蒸汽在空气中凝结或被氧化形成的烟尘;有机物质的不完全燃烧,形成的烟。

粉尘颗粒一般都比较小,很多粉尘颗粒是肉眼看不到的。通常,肉眼能看到的粉尘颗粒直径在 $10~\mu m$ 以上,叫作可见尘粒;而通过显微镜才能看到的粉尘叫作显微尘粒,直径在 $0.1\sim10~\mu m$;直径小于 $0.1~\mu m$,要用高倍显微镜或电子显微镜才能看到的尘粒,称为超显尘微粒。通常情况下,将包括各种粒径在内的粉尘总和叫作全尘。对于工业生产,工业粉尘常指粒径在 $1~mm$ 以下的所有粉尘。能够通过人的上呼吸道进入肺泡区的粉尘称为呼吸性粉尘。一般认为,粒径在 $5~\mu m$ 以下的工业粉尘就是呼吸性粉尘。

5.1.2 生产性粉尘的分类

生产性粉尘可以从不同角度分类：

1) 以粉尘的来源分类

(1) 尘：固态分散性气溶胶，固体物料经机械性撞击、研磨、碾轧而形成，粒径为 $0.25\sim20\ \mu m$，其中大部分为 $0.5\sim5\ \mu m$。

(2) 雾：分散性气溶胶，为溶液经蒸发、冷凝或受到冲击形成的溶液粒子，粒径为 $0.05\sim50\ \mu m$。

(3) 烟：固态凝聚性气溶胶，包括金属熔炼过程中产生的氧化微粒或升华凝结产物、燃烧过程中产生的烟，粒径 $<1\ \mu m$，其中较多的粒径为 $0.01\sim0.1\ \mu m$。

2) 以形成粉尘的物质分类

(1) 无机粉尘：矿物性粉尘，如石英、煤尘等；金属性粉尘，如铁、铜、锰及其氧化物粉尘等；人工无机性粉尘，如金刚砂、水泥、玻璃等。

(2) 有机性粉尘，包括：动物性粉尘，如兽毛、鸟毛、骨粉等；植物性粉尘，如谷物尘、烟草尘、茶叶尘等；人工有机性粉尘，如合成纤维尘、有机染料尘等。

(3) 混合性粉尘，上述各类或同类粉尘中的几种物质的混合物。

3) 按产生粉尘的生产工序分类

(1) 一次性烟尘：由烟尘源直接排出的烟尘。

(2) 二次性烟尘：经一次收集未能全部排除而散发出的烟尘，相应的各种移动、零散的烟尘点。

4) 按粉尘的物性分类

(1) 吸湿性粉尘、非吸湿性粉尘。

(2) 不黏尘、微黏尘、中黏尘、强黏尘。

(3) 可燃尘、不燃尘。

(4) 爆炸性粉尘、非爆炸性粉尘。

(5) 高比电阻尘、一般比电阻尘、导电性尘。

(6) 可溶性粉尘、不溶性粉尘。

5) 按粉尘对人体危害的机制分类

(1) 矽尘。

(2) 石棉尘。

(3) 放射性粉尘。

(4) 有毒粉尘。

(5) 一般无毒粉尘。

5.1.3 生产性粉尘的职业危害

粉尘可随呼吸进入呼吸道。进入呼吸道的粉尘并不全部进入肺泡，可以沉积在从鼻腔到肺泡的呼吸道内。影响粉尘在呼吸道不同部位沉积的主要因素是尘粒的物理特性（如尘粒的大小、形状、密度等),以及与呼吸有关的空气动力学条件(如流向、流速等),不同粒径的粉尘在呼吸道不同部位沉积的比例也不同。

　　粉尘的化学成分直接影响着对机体的危害性质,特别是粉尘中游离二氧化硅的含量。长期大量吸入含结晶型游离二氧化硅的粉尘可引起硅肺病。粉尘中游离二氧化硅的含量越高,引起病变的程度越重,病变的发展速度越快。但是直接引起尘肺的粉尘是指那些可以吸入到肺泡内的粉尘,一般称为呼吸性粉尘。因此,可吸入肺泡中的游离二氧化硅直接危害人体的健康。

　　生产性粉尘主要引起呼吸系统疾病,如呼吸系统刺激、黏膜刺激、各种尘肺病。其他如有毒粉尘将引发相应的中毒症状;放射性粉尘引发放射病;以及已证实的长期吸入石棉尘引发的癌变。粉尘引起的职业危害主要有全身性中毒、局部刺激性、变态反应性、致癌性、尘肺。其中,尘肺的危害最为严重。2015 年,国家卫生和计划生育委员会、国家安全生产监督管理总局、国家人力资源和社会保障部、全国总工会联合组织修订并颁布了《职业病危害因素分类目录》,粉尘为职业病危害因素 6 个大类中的第一大类,涵盖了矽尘、煤尘、石墨粉尘等 52 个子类。我国《职业病防治法》定义的职业病为"指企业、事业单位和个体经济组织等用人单位的劳动者在职业活动中,因接触粉尘、放射性物质和其他有毒、有害因素而引起的疾病",也将粉尘危害的排在第一位。由此可见,粉尘危害的严重性。

5.2　粉尘物性检测

　　生产性粉尘物性包括粉尘密度、分散度、安息角、吸湿性、含湿量、浸润性、黏结性、比电阻等多种,《粉尘物性试验方法》(GB/T 16913—2008)对粉尘物性试验样品采集和物性试验方法进行了规定。

5.2.1　粉尘密度检测

　　1)粉尘密度的概念

　　由于粉尘粒子间的空隙、颗粒的外开孔和内闭孔占据了比尘粒本身大得多的体积,这使得粉尘的密度有多种概念:

　　(1)粉尘真密度:单位体积无孔隙粉尘的质量,单位为 g/cm^3。粉尘真密度在理论上应与形成这种粉尘的固体材料的密度一致。

　　(2)粉尘假密度:尘粒内部闭孔体积在内的单位体积粉尘质量,单位为 g/cm^3。

　　(3)粉尘有效密度:粉尘的真密度和假密度通称粉尘有效密度,单位为 g/cm^3。

　　(4)粉尘堆积密度(粉尘表观密度):粉尘内部孔隙和粉尘之间空隙在内的单位体积粉尘松散体的质量,单位 g/cm^3。

　　2)有效密度的测定

　　粉尘有效密度的测定可采用比重瓶法,其原理是浸液在真空条件下浸入粉尘空隙,测定同体积的粉尘和浸液的质量,根据浸液的密度计算粉尘的有效密度。采用比重瓶法测定粉尘有效密度的装置如图 5-1 所示。

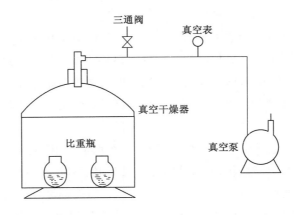

图 5-1　粉尘有效密度测定装置

(1) 试样制备。尘样通过 80 目(180 μm)的标准筛除去杂物,再在 105 ℃下干燥 4 h 后放置在干燥器内自然冷却。对于在小于或略等于 105 ℃时就会发生化学反应或熔化、升华的粉尘,干燥温度宜比发生化学反应或熔化、升华温度至少降低 5 ℃,并适当延长干燥时间。

(2) 浸液选择。浸液要求浸润性好,能与粉尘粒子亲和但不溶解粉尘、不与粉尘起化学作用、不使粉尘体积膨胀或收缩。

(3) 称量。称量洁净干燥的带盖比重瓶质量 m_o,然后装入粉尘(约至瓶容积的 1/4),称量比重瓶和粉尘质量 m_s。打开比重瓶盖,将浸液注入装有粉尘的比重瓶,浸润并浸没粉尘。把装有粉尘和浸液的比重瓶放入真空干燥器,用硬胶管按图 5-1 连接各部件,各连接处应严密不漏气。启动真空泵抽气至总表刻度大于或等于 100 kPa,并观察瓶内基本无气泡逸出时停止抽气,注意抽气开始调节三通阀,使瓶内粉尘中的空气缓缓排除,避免由于抽气过急而将粉尘带出。取出比重瓶注满浸液并加盖,液面应与盖顶平齐,称量比重瓶、粉尘和浸液质量 m_{sl}。洗净比重瓶,注满浸液并加盖,液面与盖顶平齐,称取比重瓶和浸液质量 m_1。按下式计算粉尘真密度 ρ_p:

$$\rho_p = \frac{m_s - m_o}{(m_s - m_o) + (m_1 - m_{sl})}\rho_t \tag{5-1}$$

式中:ρ_t 为浸液在测定温度下的密度,g/cm³。

测定时,应取两平行样品测定值得平均值作为测定结果。两平行样品测定值得相对误差应小于或等于 0.02。

3) 堆积密度的测定

堆积密度的测定可用自然堆积法测定,其测定原理是粉尘从漏斗口在一定高度自由下落充满量筒,测定松装状态下量筒内单位体积粉尘的质量。粉尘自然堆积密度计如图 5-2 所示。

(1) 试样制备。试样制备同比重瓶法。

(2) 称量。首先按图 5-2 将测定装置各部件组装于试验平台上,调整水平。漏斗锥度为 60°±0.5°,漏斗流出口径 ϕ12.7 mm,漏斗中心与下部圆形量筒中心一致,流出口底沿与

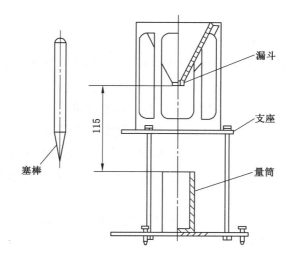

图 5-2 粉尘自然堆积密度计

量筒上沿距离 115 mm±2 mm,量筒内径 ϕ39 mm,容积 100 cm³。盛样量筒容积 120 mL。用塞棒塞住漏斗流出口,将尘样装入盛样量筒,用刮片刮平后倒入漏斗中。然后拔出塞棒使粉尘自由落下至下部量筒中,待漏斗中粉尘全部流出后,用刮片将堆积于量筒上的粉尘刮去。最后把装有粉尘的量筒放到天平上称量,按式(5-2)计算粉尘堆积密度:

$$\rho_{\mathrm{b}} = \frac{(m_1 + m_2 + m_3)/3}{V} \tag{5-2}$$

式中:ρ_{b} 为粉尘堆积密度,g/cm³;m_1、m_2、m_3 为测量 3 次分别称得的粉尘质量,g;V 为校正后的量筒容积,cm³。

连续 3 次测定所得的粉尘质量最大值与最小值之差应小于 1 g,否则进行重复测定,直到最大值与最小值之差小于 1 g,取符合要求的 3 次测量平均值作为测定结果。

5.2.2 粉尘比电阻检测

1) 粉尘比电阻

粉尘对导电的阻力特征通常用比电阻 ρ (Ω·cm)表示:

$$\rho = \frac{U}{j\delta} \tag{5-3}$$

式中:U 为施加于粉尘层的电压,V;j 为通过粉尘层的电流密度,A/cm²;δ 为粉尘层的厚度,cm。

粉尘比电阻对电除尘器运行及除尘效率有很大影响。电除尘器对比电阻在 $10^4 \sim 5 \times 10^{10}$ Ω·cm 范围内的粉尘具有较高的捕集效率。当粉尘比电阻低于 10^4 Ω·cm 时,尘粒达到极板立即放出原有电荷而带上与极板同极性电荷被排斥到气流中去。当粉尘比电阻高于 10^{11} Ω·cm 时,尘粒在收尘极板上放电缓慢,随着粉尘在收尘极板上的沉积会使尘层表面的电位越来越高,当粉尘层内的电场强度达到某一值时就会产生反电晕,从而破坏正常地除尘过程,使除尘效率降低。当粉尘比电阻数值不利于电除尘器捕尘时,应采取措施调节粉尘的比电阻值,以保证电除尘器的正常工作。

2)影响粉尘比电阻的因素

粉尘比电阻受到各种因素的影响,即使对同一种粉尘,由于条件不同,所测得的比电阻值也不同,有时相差达2~3个数量级。

(1)粉尘层的孔隙率及粉尘层的形成方式。由粉尘颗粒形成的粉尘层存在着大量空隙,空隙中充满着空气,空气的导电性远不如固体粉尘,因而孔隙率(粉尘之间的空隙体积与整个容积之比)的大小直接影响到粉尘层的电阻值。粉尘层的孔隙率与粉尘颗粒大小、粒径组成、粉尘层形成方式等有关。高孔隙率粉尘比低孔隙率粉尘的比电阻高,对于同物质的粉尘,比电阻可相差5~10倍。

在电除尘器中,粉尘颗粒在库仑力作用下排列规则,形成的粉尘层充填率高。而在比电阻测试中,常常不能完全模拟电除尘器中粉尘层的沉积方式,一般采用机械方式形成粉尘层。此种方式形成的粉尘层充填率低,多采用加压或振动方式提高其充填率。

(2)粉尘层的电气特性。一般固体材料的电阻服从欧姆定理,即伏安特性为线性,电阻为一恒定值。但是粉尘层的电气特性却不然,由于其间存在孔隙,尘粒与气体接触表面积大为增加,电压与电流关系不再服从欧姆定理,随着电压增高,电流增加很快,电阻值随之减小,不再为恒定值。图5-3所示为几种粉尘的比电阻与测定电压关系曲线。

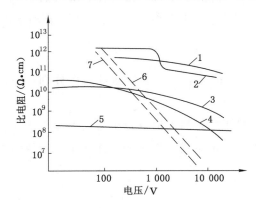

1—石松子;2—糖粉;3—氧化锌粉,4—褐煤粉;5—水泥;6—铝粉;7—铜粉。

图5-3 粉尘比电阻与测定电压的关系

由于粉尘比电阻随测定电压不同而不同,因此测定电压的选定十分重要,通常取略低于火花击穿电压的数值作为测定电压,或取击穿电压的85%作为测定电压。

(3)粉尘温度和湿度。图5-4所示为高炉粉尘比电阻随温度变化曲线。从图中可看出,低温下粉尘比电阻随温度升高而升高,当达到某极值后,温度进一步升高,比电阻反而降低。这种现象可用粉尘的两种导电机理,即表面导电和体积导电来解释。

粉尘表面吸附水蒸气和其他导电物质形成一层导电膜,电流通过这层水膜形成表面导电,随着温度升高,水膜逐渐蒸发减薄,电流传导能力降低,电阻增加,当水膜完全被蒸发时,粉尘比电阻最高。此后,导电主要通过材料内部进行,称之为体积导电,其导电特性符合通常导电材料的导电特性,即随温度增高,比电阻降低。

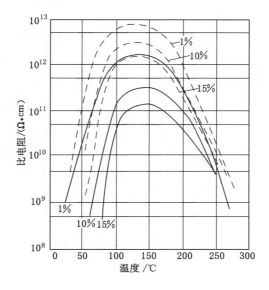

图 5-4　粉尘比电阻随温度变化曲线

烟气的温度影响粉尘表面水膜厚度,水分越多,比电阻越小。由于烟气的温、湿度与粉尘比电阻直接相关,因此比电阻测定时的温、湿度应尽可能与现场实际相符。

图 5-4 中的百分数表示容积含湿量(高炉Ⅰ;高炉Ⅱ)。

(4) 烟气成分。烟气成分对比电阻有较大影响,这些成分主要有 SO_2 和 NH_3 等。图 5-5 表示烟气中加入少量 SO_2 后飞灰比电阻的变化。

考虑到上述诸因素对粉尘比电阻的影响,所以对粉尘比电阻测定提出以下要求:① 模拟电除尘器粉尘的沉积状态,即在电场作用下和电粉尘逐步堆积形成尘层;② 模拟电除尘器内的气体成分及温度和湿度;③ 模拟电除尘器的电气工况,即电压和电晕电流。

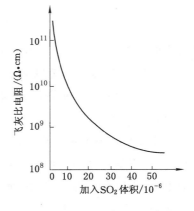

图 5-5　烟气中加入 SO_2
后飞灰比电阻的变化

3) 圆盘法测定粉尘比电阻

圆盘法测定粉尘比电阻的原理是粉尘自然装入回盘,载样圆盘置于试验环境模拟箱内,上电极自然地放在载样圆盘中心;待尘样与箱内气相状态平衡后,开启电源测量加于粉尘层上的电压和通过主电极的电流,根据粉尘层的厚度和主电极接触粉尘层的面积,计算粉尘在该状态下的比电阻。圆盘法测定粉尘电阻在试验环境模拟箱内进行,其试验系统如图 5-6 所示,圆盘测定器如图 5-7 所示。

圆盘测定器电极应导电性良好,加热后不变形,抗腐蚀,环境气相渗透平衡快,表面平整光滑无尖端放电现象;绝缘支架应耐腐蚀且绝缘性能好,由主电极和屏蔽电极组成的上电极

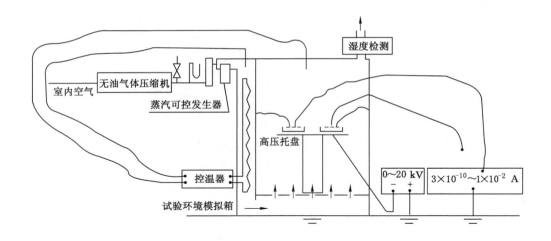

图 5-6　粉尘比电阻试验系统

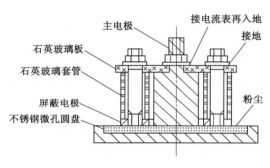

图 5-7　圆盘测定器

对尘样的压强为 10 g/cm²。试验环模模拟箱温度调整范围从室温至 300 ℃,等温试验保持在±5 ℃以内,湿度调整范围从室内湿度至 15%(体积分数),等湿试验保持在±1.5%(体积分数)以内;箱体接地可靠,高压托盘对地距离不小于 4 cm。高压直流供给电压为 0～20 kV,电流为 0～10 mA。

　　粉尘试样制备同粉尘密度测定制备要求。将试样装入圆盘测定器,粉尘应自然填充到圆盘内,并用刮片刮平。首先将载有试样的圆盘平稳放入试验环境模拟箱高压托盘上,然后将上电极轻轻、自然地放在载样圆盘中心。主电极接导向电流表的引线,屏蔽电极接地。关闭试验环境模拟箱,联锁安全门。调整试验环境模拟箱内的气态,待尘样与箱内气相状态平衡后(约 30 min)开启电源,大约 100 V/s 的速度平稳升至试验电压(一般粉尘的试验电场强度取 2 kV/cm),接通电流后 30 s～60 s 内读数。对于低比电阻粉尘,试验电流以 10 mA 为限;对于高比电阻粉尘,试验电压以粉尘层击穿电压的 95%为限。对于一般粉尘,试验电场强度以 2 kV/cm 为起点2 kV/cm 为增量逐一递升测定直至粉尘层击穿。按式(5-4)计算比电阻值:

$$\rho = \frac{U}{I} \cdot \frac{S}{H} \tag{5-4}$$

式中：ρ 为比电阻，$\Omega \cdot cm$；U 为试验电压，V；S 为主电极接触粉尘层面积，cm^2；I 为测定电流，A；H 为粉尘层厚度，cm。

4）过滤式同心圆环法测定工况粉尘比电阻

过滤式同心圆环法测定工况粉尘比电阻的原理是：置和同心圆环测量电极构成一体的采样器于含尘气流中，通过可控抽气泵用过滤法等速采样，采集的尘样在滤膜上呈同心圆环，同时用高阻表测量尘样电阻；尘样采足后，高阻表读数乘以采样器当量，即为工况粉尘比电阻测定值。过滤式同心圆环型工况粉尘比电阻测定装置由带测盘电极的采样器、可控抽气泵、高阻表和连接附件组成，如图 5-8 所示。

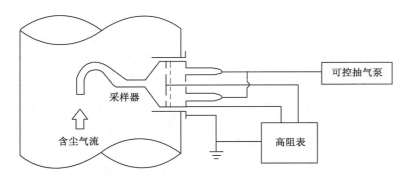

图 5-8　工况粉尘比电阻试验系统

采样器外壳为一电极，由前壳体，外电极和带接头的后壳体组成，其电极工作面是一个圆环；中心电极通过多孔导流绝缘极和绝缘内外环在器中定位，由引流杆用螺母固定，基电极工作面与外电极工作面同心对应。中心电极引流杆穿过环形滤膜，通过垫圈压紧滤膜。滤膜内侧由二个绝缘小片夹紧。采样管的长度视现场而定。气流引出管套有绝缘层，采样器籍接地罩屏蔽。带测量电极的采样器在工况下应不变形，不腐蚀；电极工作面呈同心圆环，导电性良好，本底电阻大于被测尘样电阻。可控抽气泵流量 $0\sim40$ L/min，负压 $0\sim35$ kPa。高阻表量程 $10^3\sim10^{13}$ Ω，准确度等级 10 级。

根据工况，选择长度合宜的采样管，与采样器前壳体拧紧。中心电极套上绝缘内环，用螺母配垫圈与多孔导流绝缘板一起固定；将环形滤膜装入外电极，用垫圈压紧。后壳体套上挡圈，引流杆从绝缘套管中插入，并安加强片和绝缘小片；然后将后壳体带着引流杆等与外电极拧紧；再从外电极前方将另一绝缘小片安在引流杆上夹住滤膜。绝缘外环放入外电极，然后把和导流板等固定在一起的中心电极与引流杆拧紧，固定在采样器中，使其工作面与外电极工作面同心对应。最后将带采样管的前壳体与外电极拧紧。将采样器置于采样点，可控抽气泵用带绝缘接头的橡皮管与采样器连通，高阻表电压输出和电流输入分别与采样器外电极接头和引流杆连接，电流输入线采用屏蔽线。高阻表接地端和采样器接地罩应可靠接地。接通可控抽气泵和高阻表的电源，读取装置本底电阻。开启可控抽气泵，等速采样。

随着尘样的采制,负压表读数渐增,高阻表读数渐降。高阻表读数稳定时,尘样采足。将高阻表的读数乘以采样器当量,即为粉尘比电阻测定值。

根据工况,连续测定粉尘比电阻 4～10 次,求出算术平均值和均方差。按式(5-5)计算算术平均值,按式(5-6)计算均方差:

$$\rho_{cp} = \frac{1}{n} \sum \rho_i \tag{5-5}$$

$$\sigma = \sqrt{\frac{1}{n} \sum (\rho_i - \rho_{cp})^2} \tag{5-6}$$

式中:ρ_{cp} 为粉尘比电阻平均值;n 为试验次数;ρ_i 为测定值;σ 为均方差。

舍弃偏离算术平均值 3σ 的测定值,取所余测定值的算术平均值为工况粉尘比电阻测定结果。

测定时需注意,采样器外壳为一电极,中心电极接头也是外露的,因此测定时手握套有绝缘层的气流引出管,不得接触带电部分。在高温烟气流中测定,应佩戴耐高温的绝缘手套。采样过程中,负压表指针如果突然降落,表示滤膜破漏,应该立即停止工作,重装滤膜。测定过程中,高阻表读数如果始终接近装置本底电阻,说明装置本底电阻偏低,须重新把装置处理干净,提高本底电阻。采样器的石英玻璃是易损件,操作须稳妥。如果烟气温度低于100 ℃,可以采用聚四氟乙烯配件替代石英玻璃。

由于测定粉尘比电阻的方法不统一,仪器不相同,导致各种仪器使用上的差别:

① 采样方法:小旋风采样、静电采样、过虑采样、灰斗取样等。由于采样方法不同,影响粉尘粒径分布的代表性及粉尘层的形成方式。

② 粉尘沉积在测定盘中的方法:静电沉积、机械振实、人工刮平等,不同方法所形成的粉尘充填密度不同,带来测试的差异。

③ 外加电压。在某些方法中,取粉尘击穿前的电压;另一些方法中,则取击穿电压的85%,或采用固定的电压;而同心圆筒法所取电压更低。外加电压越高、比电阻越低。由于电场强度不同,测试结果可相差一个数量级。

④ 粉尘测试环境与现场实际偏离程度直接影响到测试结果的真实性。

由于上述各种原因,致使对同一粉尘样,当采用不同方法和仪器测试比电阻时,结果相差较大。因此,在给出粉尘比电阻数据时,要注明所用仪器和方法。

5.2.3 粉尘爆炸特性检测

粉尘爆炸特性有两重含义:一是指与粉尘爆炸界限条件有关的特性,如粉尘云的爆炸上下浓度、最低着火温度、最小着火能量等;二是指粉尘充分爆炸时的特性,如最大爆炸压力及其上升速度等。

粉尘爆炸特性一般在粉尘云发生装置内测定。粉尘云发生装置的关键是能否造成均匀的粉尘云。世界各国研制出多种原理、多种形式的实验装置,采用的较多的是美国的哈特曼实验装置。在煤炭工业方面,许多国家都建立了地下或地面的大型煤尘爆炸试验巷道或中、小型管道,以此来研究煤尘的爆炸及传播特性,检验抑制爆炸的措施。

1）哈特曼爆炸测试仪

哈特曼爆炸测试仪是 1939 年由美国矿业局哈特曼研制的圆筒型爆炸测试装置，如图 5-9 所示。该装置长 30.5 cm，内径 6.4 cm，容积 1.21 L，曾作为标准粉尘爆炸实验装置被各国广泛采用。

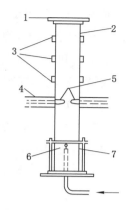

试验粉尘放置在分散杯 7 内，压力为 2.8×10^5 Pa 的 460 L 压缩空气由分散杯底部的导管进入容器并吹向伞状反射板 6，压缩空气因反射板阻挡而反吹分散杯使粉尘飞散成粉尘云，由上方的电极 5 放电点燃尘云。这个装置可以测定粉尘爆炸下限浓度、最小着火能量等参数。

1—固定环；2—燃烧容器；3—电极变更位置；

4—电极绝缘材料；5—电极；

6—反射板；7—分散杯。

图 5-9　哈特曼爆炸试验装置

为测定爆炸压力和压力上升速度，可将透明玻璃试验筒改为钢制圆筒，上端密闭形成封闭容器，由安装于顶端的压力传感器测定爆炸压力。

2）20 L 爆炸试验装置

哈特曼装置存在着粉尘喷布不均匀、爆炸压力上升速度与大规模巷道试验数据不符等缺点。为此，美国矿业局又研制出 20 L 爆炸测试装置，如图 5-10 所示。形成粉尘云的方法有两种，一种与哈特曼爆炸测试仪相同，另一种是用压缩空气通过喷嘴喷粉尘。后一种方法的具体步骤是：先卸下喷嘴 2，将试验粉尘 1 放入粉尘室内，安上喷嘴，盖紧上盖 11，将爆炸罐抽气至 20 kPa 的压力，从压缩空气罐内以 10^5 Pa 的压力喷出短促空气脉冲将粉尘从喷嘴喷出，使罐内压力上升至标准大气压。通过光学粉尘浓度探头 4 测定粉尘云浓度，用点火源 3 引燃尘云。通过观察窗 6 用爆温仪测量火焰温度，用压力传感器 7 测量爆炸压力，用氧气传感器 8 测定氧气消耗量等参数。

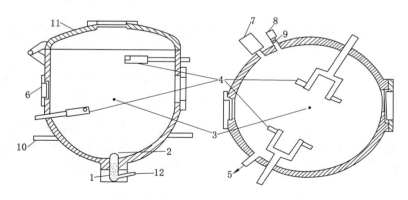

1—试验粉尘；2—喷嘴；3—点火源；4—粉尘浓度探头；5—至真空泵；

6—观察窗；7—压力传感器；8—氧气传感器；9—阀；10—支架；11—盖；12—压缩空气。

图 5-10　20 L 爆炸测试装置

3）煤尘爆炸鉴定仪

我国《煤矿安全规程》规定:新矿井在建井前必须对所有煤层进行煤尘爆炸性鉴定工作;生产矿井每延伸一个新水平,都必须进行一次煤尘爆炸性鉴定工作。如图 5-11 所示,该仪器由燃烧、形成尘云和通口除尘 3 部分组成。供煤尘云燃烧的容器是内径为 75～88 mm、长 140 mm 的硬质玻璃管,在距管口 40 mm 处开有直径为 12～14 mm 的小孔,用铂金丝绕成的加热器由此孔放入管内。试验时,将加热器升温至 1 100 ℃±20 ℃,由管口将1 g煤尘试样喷入管内,判断煤尘云是否燃烧。同一煤样做 5 次相同试验。如果 5 次均不产生火焰,则还要再做 5 次试验。10 次试验中均未出现火焰,该煤样即为无爆炸性危险煤尘;只要其中一次出现火焰,该煤样即为有爆炸性危险煤尘。

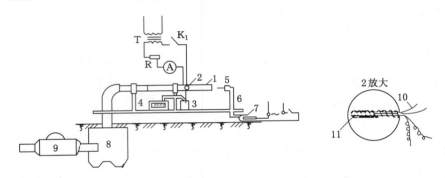

1—硬质玻璃管;2—加热器;3—冷藏瓶;4—高温计;5—试料管;

6—导气管;7—打气筒;8—滤尘箱;9—吸尘器;10—铂-铑热电偶;11—铂丝;

K_1—板把开关;K_2—电钮;T—变压器;A—电流表;R—可变电阻。

图 5-11　煤尘爆炸鉴定仪

5.3　粉尘分散度测定

粉尘分散度(distribution of particulates)是指粉尘中不同粒径颗粒的数量或质量分布的百分比,也称为粉尘粒径分布。《工作场所空气中粉尘测定 第 3 部分:粉尘分散度》(GBZ/T 192.3—2007)规定采用数量分布百分比表示。由于粉尘粒径范围很宽,从百分之几微米到数百微米,并且各种粉尘又各具不同的物理、化学性质,致使粉尘粒径的测试方法繁多。《工作场所空气中粉尘测定 第 3 部分:粉尘分散度》(GBZ/T 192.3—2007)对滤膜溶解涂片法、自然沉降法的采样原理、仪器要求等做了具体规定。

5.3.1　粉尘分散度测定方法

1）滤膜溶解涂片法

(1)测定原理。将采集有粉尘的过氯乙烯滤膜溶于有机溶剂中,形成粉尘颗粒的混悬液,制成标本,在显微镜下测量和计数粉尘的大小及数量,计算不同大小粉尘颗粒的百分比。

（2）测定仪器与试剂。检测的主要仪器有 25 mL 的瓷坩埚或烧杯、75 mm×25 mm×1 mm 的载物玻片、显微镜、目镜测微尺、物镜测微尺等。物镜测微尺是一标准尺度，其总长为 1 mm，分为 100 等分刻度，每一分度值为 0.01 mm，即 10 μm（图 5-12）。使用的试剂为乙酸丁酯、化学纯。使用前，所用仪器必须擦洗干净。

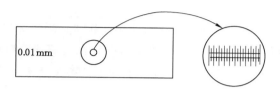

图 5-12 物镜测微尺

（3）测定方法。将采集有粉尘的过氯乙烯滤膜放入瓷坩埚或烧杯中，用吸管加入 1～2 mL 乙酸丁酯，用玻璃棒充分搅拌，制成均匀的粉尘混悬液。立即用滴管吸取 1 滴，滴于载物玻片上；用另一载物玻片成 45°角推片，待自然挥发，制成粉尘（透明）标本，贴上标签，注明样品标识。

目镜测微尺的标定：将待标定目镜测微尺放入目镜筒内，物镜测微尺置于载物台上，先在低倍镜下找到物镜测微尺的刻度线，移至视野中央，然后换成 400～600 放大倍率，调至刻度线清晰，移动载物台，使物镜测微尺的任一刻度与目镜测微尺的任一刻度相重合（图 5-13）。然后找出两种测微尺另外一条重合的刻度线，分别数出两种测微尺重合部分的刻度数，按照式（5-7）计算出目镜测微尺刻度的间距（μm）：

$$D = \frac{a}{b} \times 10 \tag{5-7}$$

式中：D 为目镜测微尺刻度的间距，μm；a 为物镜测微尺刻度数；b 为目镜测微尺刻度数；10 为物镜测微尺每刻度间距，μm。

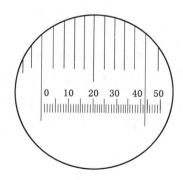

图 5-13 目镜测微尺的标定

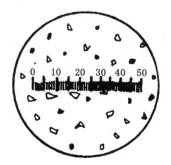

图 5-14 粉尘分散度的测量

取下物镜测微尺，将粉尘标本放在载物台上，先用低倍镜找到粉尘颗粒，然后在标定目镜测微尺所用的放大倍率下观察，用目镜测微尺随机地依次测定每个粉尘颗粒的大小，遇长径量长径，遇短径量短径，至少测量 200 个尘粒（图 5-14）。按表 5-1 分组记录，算出百分数。

表 5-1 粉尘分散度测量记录表

粒径/μm	<2	2~	5~	≥10
尘粒数/个				
百分数/%				

（4）测定注意事项。镜检时，如发现涂片上粉尘密集而影响测量时，可向粉尘悬液中再加乙酸丁酯稀释，重新制备标本。制作好的标本应放在玻璃培养皿中，避免外来粉尘的污染。本法不能测定可溶于乙酸丁酯的粉尘（可用自然沉降法）和纤维状粉尘。

2）自然沉降法

（1）测定原理。将含尘空气采集在沉降器内，粉尘自然沉降在盖玻片上，在显微镜下测量和计数粉尘的大小及数量，计算不同大小粉尘颗粒的百分比。对于可溶于乙酸丁酯的粉尘选用本法。

（2）测定仪器。检测仪器主要有格林沉降器、18 mm×18 mm 盖玻片、75 mm×25 mm×1 mm 载物玻片、显微镜、目镜测微尺、物镜测微尺等。

（3）粉尘采样。采样前清洗沉降器，将盖玻片用洗涤液清洗，用水冲洗干净后，再用95%乙醇擦洗干净，采样前将盖玻片放在沉降器底座的凹槽内，推动滑板至与底座平齐，盖上圆筒盖。采样点的选择参照《工作场所空气中有害物质监测的采样规范》（GBZ 159—2004），可从总粉尘浓度测定的采样点中选择有代表性的采样点。采样时将滑板向凹槽方向推动，直至圆筒位于底座之外，取下筒盖，上下移动几次，使含尘空气进入圆筒内；盖上圆筒盖，推动滑板至与底座平齐。然后将沉降器水平静止 3 h，使尘粒自然沉降在盖玻片上。

（4）测定方法。将滑板推出底座外，取出盖玻片，采尘面向下贴在有标签的载物玻片上，标签上注明样品的采集地点和时间。在显微镜下测量和计算，同滤膜溶解涂片法。

（5）注意事项。本法适用于各种颗粒性粉尘，包括能溶于乙酸丁酯的粉尘；使用的盖玻片和载物玻片均应无尘粒；沉降时间不能<3 h。

3）安德逊移液管法

（1）测定原理。均匀分散在液体介质中的粉尘在重力作用下按斯托克斯规律沉降，按给定时刻在悬浊液柱的规定深度依次取出定体积的样液，蒸发液体介质后测定其中粉尘质量；根据各时刻取出样液中的粉尘质量与同体积原始样液中粉尘质量之比，确定粉尘分散度。安德逊移液管法测定的是质量百分比，按式(5-8)计算取样时间，d_p(μm) 通常设定 6 个控径等级：5，10，15，25，35，50。

$$t = \frac{1}{\rho_p - \rho_w} \times \frac{18\mu_w}{g} \times 10^8 \times \frac{h}{d_p^2} \qquad (5\text{-}8)$$

式中：d_p 为粒径尘粒沉降 h 高度所需时间，s；ρ_p 为粉尘有效密度，g/cm^3；ρ_w 为液体介质密度，g/cm^3；18 μ_w/g×10^8 为液体介质黏度修正系数；μ_w 为液体动力黏度，g/(cm·s)；g 为重力加速度，981 cm/s^2；h 为沉降高度，cm；d_p 为粉尘粒径，μm。

（2）测定仪器。测定粉尘分散度的安德逊移液管如图 5-15 所示，为直径 5 cm、容积

500 mL的磨口管瓶,从下部基线至上部液面刻有 20 cm 的标线,刻线间距为 1 mm。瓶中吸液毛细管外径 5 mm,内径 1 mm,下端面应与瓶下部基线平齐,上都有供吸液和排液用的三通阀及容积为 10 mL 的球形漏斗。瓶和毛细管的垂直度与光洁度均应良好。ϕ40 mm× 25 mm称量杯 6~8 个,20 mL 注射器一支,长为 0.8 m 的 ϕ10 mm 软胶管一根。秒表。分析天平最大称量 200 g,感量 0.1 mg。一组直径为 200 mm 的标准筛:80 目(180 μm)筛、170 目(90 μm)筛、200 目(75 μm)筛、230 目(62 μm)筛等。

(3) 测定方法。洗净称量杯并编号,烘干后在干燥器内冷却,然后称重。记录称量杯初重。取 1~2 g尘样在烧杯中与液体介质和定量分散剂搅拌均匀,确认液体介质浸润粉尘颗粒表面后,用液体介质将尘样和分散剂全部注入移液管瓶。用注射器将液体介质加入移液管瓶到 20 cm 标线,然后关闭三通阀,振荡盛样移液管 3 min,使其成均匀的悬浊液。移液管就位,尘样开始沉降,用秒表计时。将移液管上部球形漏斗上方口用软胶管与注射器连接。用注射器通过吸液毛细管按时在 0 刻度液位取样,每次取样应提前 7 s,在 15 s 内抽取 10 mL。抽取量藉 10 mL 球形漏斗和三通阀控制,允差 0.2 mL。样液依次注入各称量杯中。每次取样入称量杯后,建议用 5~10 mL 液体介质从上方注入球形漏斗,冲洗残留样液入称量杯。将盛有样液的称量杯在不高于样液沸点的温度下烘

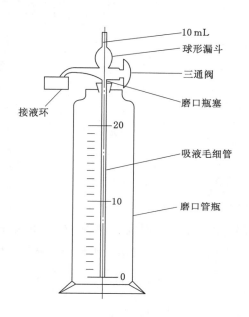

图 5-15 安德逊移液管瓶

干后放入干燥器中冷却,然后称重。按式(5-9)的计算悬浊液含尘浓度:

$$c = \frac{m}{V} \tag{5-9}$$

式中:c 为悬浊液含尘浓度,g/mL;m 为尘样质量,g;V 为悬浊液体积,mL。

然后按式(5-10)计算各粒径的筛下累计百分数:

$$D_i = \frac{m_{si} - m_1 - m_i}{m_c} \times 100 \tag{5-10}$$

式中:D_i 为 d_p 粒径的筛下累计百分数,%;m_{si} 为样液最大粒径 d_p 的称量杯终重,mg;m_1 为 10 mL 样液的分散剂含量,mg;m_i 为样液最大粒径为 d_p 的称量杯初重,mg;m_c 为 10 mL 原始样液的含尘量,mg。

4) 沉降天平法

图 5-16 所示为沉降天平原理图。该仪器自动记录称量沉降的粒子量,并绘出曲线。不同粒径的粉尘在均匀分布的悬浊液中,以本身的沉降速度沉降在天平盘上,天平连续累积称出由一定高度的悬浊液中沉降到天平盘上的粉尘量。

沉降到天平盘上的粉尘量 m_t 是时间 t 的函数,它是两部分质量之和。若令无限长时间

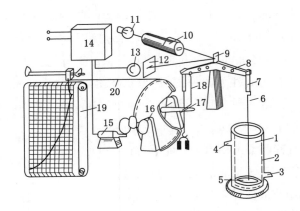

1—沉降筒;2—沉降筒内壁;3、4—短管;5—天平盘;6—金属杆;7—吊环;

8—天平架;9—镜面;10—聚光器;11—光源(6V、15W 灯泡);

12—光栅;13—光电管;14—电流放大器;15—步进电机;16—制动圆盘;

17—杠杆;18—金属杆;19—记录纸;20—拉线。

图 5-16　沉降天平原理图

内沉降到天平盘上的质量为 m_∞,粉尘的沉降速度为 v,最大、最小粒径为 d_{max}、d_{min},则第一部分为从 $t_0 \sim t$ 时间内,粒径 d_t(即相应于沉降速度为 h/t)到 d_{max} 的所有沉降粒子,第二部分为粒径范围 d_t 到 d_{min} 的粉尘沉降量。即:

$$m_t = \int_{d_t}^{d_{max}} m(d)\mathrm{d}(d) + \int_{d_{min}}^{d_t} \frac{vt}{h} m(d)\mathrm{d}(d) \tag{5-11}$$

上式对时间取导数:

$$\frac{\mathrm{d}m_t}{\mathrm{d}t} = \int_{d_{min}}^{d_t} \frac{v}{h} m(d)\mathrm{d}(d) \tag{5-12}$$

或

$$t\frac{\mathrm{d}m_t}{\mathrm{d}t} = \int_{d_{min}}^{d_t} \frac{vt}{h} m(d)\mathrm{d}(d) \tag{5-13}$$

将式(5-13)代入式(5-11)中得:

$$m_\infty R = m_t - t\frac{\mathrm{d}m_t}{\mathrm{d}t} \tag{5-14}$$

式中:R 为时间 t 内粉尘粒径大于 d_t 的筛上累计百分数,$R = \dfrac{1}{m_\infty} \int_{d_t}^{d_{min}} m(d)\mathrm{d}(d)$。

式(5-14)表明,在 t 时间内,所有沉降下来的大于 d_t 的粉尘量 $m_\infty R$ 可由总沉降粉尘量 m_t 减去时间 t 与该沉降曲线斜率的乘积。测定中,得出的往往是 $m = F(t)$ 曲线,故可用图解法求出 R 值。

沉降天平法理论上测定的粒径范围为 $0.2 \sim 60\ \mu m$。但由于布朗运动,小于 $1\ \mu m$ 的微粒不可能测准。

5) 消光法

当光线通过含尘悬浊介质时,由于尘粒对光的吸收、散射等作用,光的强度会衰减。当

悬浊介质中粉尘具有不同大小的粒径时,光强度由 I_0 变化为 I,衰减公式为:

$$\ln \frac{I_0}{I} = Cl \sum_0^{d_{max}} k_r \sigma_r n_r d_r^2 \tag{5-15}$$

式中:k_r 为与粉尘形状有关的系数;C 为粉尘浓度;l 为介质厚度;σ_r 为消光系数;n_r 为单位体积内直径为 d_r 的尘粒数。

在粒径为 d_i 到 d_{i+1} 的范围内有:

$$\ln \frac{I_0}{I} = \ln I_i - \ln_{i+1} = \ln \frac{I_i}{I_{i+1}}$$

当 d_i 到 d_{i+1} 的间隔很小时,光强的变化为 Δr:

$$\Delta r = \ln \frac{I_{i+1}}{I_i} = Cl \sum_{d_i}^{d_{i+1}} \sigma_r k_r n_r d_r^2 \tag{5-16}$$

在粒径变化范围很小时,可得出由 d_i 到 d_{i+1} 的尘粒质量 Δm 与光强度变化 Δr 的关系:

$$\Delta m = \frac{\pi \rho_p}{6} \frac{\Delta r d_r}{\sigma_r k_r lC} \tag{5-17}$$

在粒径 $0 \sim d_t$ 范围内的质量百分比 D(%)为:

$$D = \frac{\sum_0^{d_t} \frac{\pi \rho_p}{6} \frac{\Delta r d_r}{\sigma_r k_r lC}}{\sum_0^{d_{max}} \frac{\pi \rho_p}{6} \frac{\Delta r d_r}{\sigma_r k_r lC}} \times 100 = \frac{\sum_0^{d_t} \frac{\Delta r d_r}{\sigma_r}}{\sum_0^{d_{max}} \frac{\Delta r d_r}{\sigma_r}} \times 100 \tag{5-18}$$

实际可认为消光系数 σ_r 为常数,上式可写为:

$$D = \frac{\sum_0^{d_t} \Delta r d_r}{\sum_0^{d_{max}} \Delta r d_r} \times 100 \tag{5-19}$$

测出各粒径区间的光强变化 Δr,并进行相应的计算就可以得到粉尘的粒径分布。

消光法粒径测定仪的主要结构原理如图 5-17 所示。灯 L_T 射出的光线经滤光器 F,通过可变光栅 I 和棱镜 L,形成近似于平行的光束。该光束通过狭缝 S_1,照射在被测的沉降槽 S 上。通过沉降槽的光线再经条缝 S_2 照射到光电管 P_C 上。光电管输出的电流在测定仪 M(微安表和电位差计)上显示。

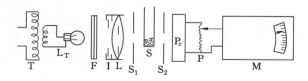

图 5-17　消光法粒径测定仪

6)惯性分级法

利用粉尘大小粒子在气体、液体介质中的惯性不同可以对其分级,这种分析方法称为惯性分级法。采用惯性分级的仪器有级连冲击器、巴柯分级器、串联旋风分级器等。

（1）级连冲击器。级连冲击器结构简单、紧凑，并可同时测定粉尘浓度和粒径分布，因而得到广泛应用。如图 5-18 所示含尘气流从圆形或条缝形喷嘴高速喷出，形成射流，直接冲向设于前方的冲击板上。冲量较大的尘粒偏离气流撞击在冲击板上，由于黏聚力、静电力和范德瓦尔力的作用而黏附、沉积于冲击板上；而冲量较小的粉尘则随气流进入到下一级。若把几个喷嘴依次串联，并逐渐减小喷嘴直径、气流速度将会逐级升高，从气流中分离出来的粉尘粒子也逐级减小。

级联冲击器的惯性冲击性能用惯性碰撞参数 Ψ 或斯托克斯数 St 来表征。斯托克斯数的物理意义是尘粒穿过静止介质所通过的最大距离与特征长度的比值：

$$St = \frac{\rho_p v c d_p^2 / 18\mu}{D/2} \tag{5-20}$$

式中：ρ_p 为粒子密度，kg/m^3；v 为气流喷出喷嘴流速，m/s；c 为滑动修正系数；d_p 为粒子粒径，m；μ 为气体的动力黏度，$Pa \cdot s$；D 为喷嘴直径或宽度，m。

惯性碰撞参数 Ψ 为斯托克斯数 St_k 的 2 倍，即 $\Psi = 2S_{tk}$，它们的物理意义相同。

当雷诺数 Re 在 $500 \sim 3\,000$ 范围内，收集效率 η 是惯性碰撞系数 Ψ 的单值函数。把收集效率 η 等于 50% 的粉尘粒子的粒径称作有效分割粒径 d_{50}，它所对应的惯性系数为 Ψ_{50}，斯托克斯数为 St_{50}。当 Re 数在 $100 \sim 3\,000$ 变化时，$\sqrt{\Psi_{50}}$ 基本为一定值。对于冲击器的各级有效分割粒径 d_{50i}，可用下式计算：

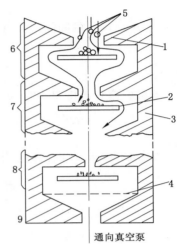

1—喷嘴；2—冲击板；3—外壳；4—滤网；
5—粒子；6—第一段；7—第二段；
8—第 n 段；9—终过滤段。

图 5-18 级联冲击器工作原理图

$$d_{50i} = \left(\frac{18\Psi_{50i}\mu D_i}{c_i \rho_p v_i} \right)^{1/2} \tag{5-21}$$

其中每一级的气流出口流速 v_i 为：

$$v_i = \frac{4q_V}{\pi D_i^2 n_i} \tag{5-22}$$

式中：q_V 为气体总流量，m^3/s；n_i 为第 i 级的喷嘴个数；D_i 为第 i 级的喷嘴直径或宽度，m。

考虑每级压差的影响，各级的有效分割粒径 d_{50i} 应采用下式计算：

$$d_{50i} = \left(\frac{14.1\Psi_{50i}uD_i^3 n_i p_i}{c_i \rho_p p_s q_V} \right)^{1/2} \tag{5-23}$$

式中：p_i 为第 i 级喷嘴的绝对压力，Pa；p_s 为烟道或管道内气体绝对压力，Pa。

对于条缝形喷嘴级联冲击器：

$$d_{50i} = \left(\frac{18\Psi_{50i}\mu b_i^2 l_i p_i}{c_i \rho_P p_s q_V} \right)^{1/2} \tag{5-24}$$

式中：b_i 为条缝喷嘴宽度，m；l_i 为条缝喷嘴总长度，m。

对于小粒子尚需做滑动修正,滑动修正系数 c_i 是粉尘粒径 d_{50i} 的函数:

$$c_i = 1 + \frac{2\lambda_i}{d_{50i}}\Big[1.23 + 0.41\exp\Big(-0.44\,\frac{d_{50i}}{\lambda_i}\Big)\Big] \tag{5-25}$$

式中:λ_i 为气体分子的平均自由程,m。

如能查出对应粒径的滑动修正系数值,可直接代入式(5-23)或式(5-24)中求出有效分割粒径 d_{50i} 值;如果查不到对应粒径的滑动修正系数,可先令 $c_i = 1$,按式(5-23)或式(5-24)求出 d_{50i},并代入式(5-25)中解出 c_i 值,再代入式(5-23)或式(5-24)中计算 d_{50i} 值,重复上述过程迭代计算,直到 d_{50i} 为一常数为止。

冲击器每一级喷嘴的压力 p_i 用下式计算:

$$p_i = p_s - F_i \Delta p \tag{5-26}$$

式中:Δp 为冲击器的总压降阻力,Pa;F_i 为第 i 级的压降百分数。

级联冲击器的总压降:

$$\Delta p = kq_V^2 \rho_g M \tag{5-27}$$

式中:k 为冲击器的经验系数;M 为气体平均摩尔质量,kg/mol;ρ_g 为气体平均密度,kg/m³。

图 5-19 和图 5-20 分别为单孔圆喷嘴级联冲击器(НИИОГАЗ 冲击器)和多孔圆喷嘴级联冲击器(Andersen Ⅲ 型冲击器)的结构图。

(2)巴柯分级器。巴柯分级器利用惯性离心力使粉尘粒子分离而进行分级,如图 5-21 所示。该仪器由试料容器、旋转圆盘和电机等部分组成。尘粒在分级室内运动见图 5-22,用于测定的粉尘由带振动器的加料漏斗 1 通过中央小孔 2 进入到旋盘上。电机带动旋盘旋转,在离心力作用下,粉尘经环缝落入分级室 3。电动机带动辐射叶片旋转,使气流从仪器下部环缝 6 吸入,经节流片 8,整流器 9,分级室 3 从上部边缘排出。分级室高度很小,粉尘在此处受到由中心向周围的惯性离心力,同时又受到由周围向中心的气流阻力。因粉尘的大小、形状及密度不同,粉尘所受的作用力大小方向也不同。当粉尘的离心力大于空气阻力时,粉尘落到收尘室 4 中成为筛上物,而离心力小于空气阻力的尘粒则被吹出成为筛下物,其中部分粉尘沉降到外圈的旋转圆盘 5 上。

环缝 6 的宽度由螺母 7 的位置决定。利用节流片 8 可调整螺母 7 的位置,从而调整进入仪器的空气量。该仪器配有一套节流片,由大到小逐级更换节流片,进入的空气量就由小到大逐级变化,从而逐级将粉尘吹去。

工作开始时采用最大节流片,环缝 6 减至最小,进入仪器风量最小。经加尘漏斗将一定量粉尘全部加完后,将落于收尘室 4 中的粉尘仔细扫下称量,并作为第二次测量的原始粉尘,更换节流片,重复上述步骤,直到分级完毕。

巴柯分级器的分割粒径 d_p 可以根据粉尘所受离心力和空气阻力的平衡来求。在 Stokes 区范围,可以写出:

$$\frac{\pi}{6}d_p^3(\rho_p - \rho_g)\frac{v_t^2}{R} = 3\pi\mu d_p v_r \tag{5-28}$$

$$d_p = \sqrt[3]{\frac{18\mu v_r R}{(\rho_p - \rho_g)v_t^2}} \tag{5-29}$$

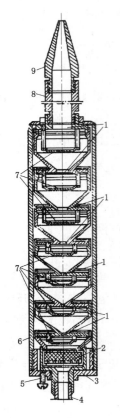

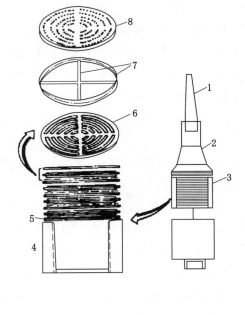

1—单孔喷嘴;2—过滤器;3—顶盖;4—接管;

5—螺栓;6—外壳;7—冲击板;

8—进气口;9—采样嘴。

图 5-19　НИИОГАЗ 冲击器图

1—连接管;2—入口;3—芯段;4—板夹;

5—后置过滤器;6—玻璃纤维集尘片;

7—分隔环;8—分级喷嘴(共 9 级)。

图 5-20　Andersen Ⅲ型冲击器

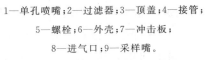

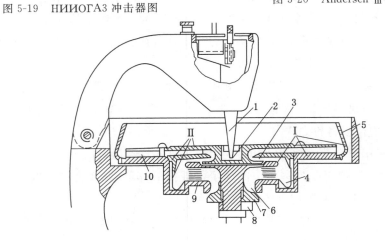

1—加尘漏斗;2—小孔;3—分级室;4—收尘室;5—外旋转圆盘

6—环缝;7—螺母;8—节流片;9—整流器;10—风机叶片。

图 5-21　巴柯分级器

式中：R 为分级室半径，m；v_t 为粉尘在分级室的切线速度，m/s；v_r 为空气的汇流速度，m/s。

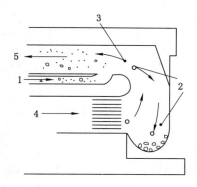

1—未分级尘样；2—粗粒子；3—细粒子；4—气流；5—含尘气流。

图 5-22 尘粒在分级室内运动示意图

v_r 可由进入的空气量求得：

$$v_r = \frac{q_V}{2\pi R h} \tag{5-30}$$

式中：q_V 为空气流量，m/s；h 为分级室高度，m。

将式(5-30)代入式(5-29)，经整理得：

$$d_p = \frac{1}{v_t}\sqrt[3]{\frac{9\mu q_V}{(\rho_p - \rho_g)\pi h}} \tag{5-31}$$

由于对这种仪器不能准确测出粉尘的切线速度 v_t 及空气量 q_V，因而由式(5-31)不能计算出各级分割粒径。在实际应用中，需要通过改变空气量 q_V 对仪器进行标定。

仪器出厂前按 $\rho_p = 1$ g/cm^3 进行标定。当 $\rho_p \neq 1$ g/cm^3 时，实际的分割粒径 d_p' 为：

$$d_p' = \frac{d_p}{\sqrt{\rho_p'}} \tag{5-32}$$

式中：d_p 为密度为 1 g/cm^3 时的分割粒径，μm；ρ_p' 为测定粉尘的真密度，g/cm^3。

巴柯离心分级器操作方便，粉尘运动接近于旋风除尘器的工作状况，因而在工业中应用较广。美国机械工程师协会的粉尘性能测试规范推荐本方法作为粉尘粒径测定的标准方法。其缺点在于对微细粉尘(8 μm 以下)测值偏低，对于吸湿性强、黏性大的粉尘不易分散。

(3) 串联旋风分级器。旋风除尘器是利用气流旋转运动作用在粉尘粒子上的惯性离心力将粉尘从气流中捕集下来的。缩小旋风器尺寸可以明显提高除尘效率、减小除尘器的分割粒径 d_{50}。采用不同大小的旋风器串联，由于每个旋风器有着互不相同的分割粒径，这样，就可以将粉尘分级。图 5-23 所示为五级串联旋风分级器。

旋风器的捕尘效率与很多因素有关，其中主要取决于进入旋风器的气流量及本身的主要尺寸。小旋风气的捕尘机理与旋风除尘器不尽相同，其精确理论尚未充分研究。通过试验得知，大多数旋风器的性能满足下列方程：

$$d_{50} = k q_V^n \tag{5-33}$$

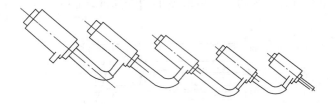

图 5-23　五级串联旋风分级器

式中:q_V 为采样流量;k,n 为经验常数。

k、n 对于各个旋风器都不相同,它们均由实验确定,k 的变化范围为 6.17～45.91,而 n 为 -0.636～-2.13。旋风器的分割粒径 d_{50} 还与气体的温度(黏度)有关,其关系为线性,但对不同尺寸的旋风器和不同流量,其斜率不同。

串联旋风采样器适用的粉尘浓度范围、流量范围广,耐高温。其缺点是划分的级数较少,体积较大,需要大采样口才能进行管内采样。

5.3.2　粉尘粒径表示与计数方法

1) 粒径表示方法

显微镜法测量的是粒子的表观粒径,即投影尺寸。对球形粒子可直接按长度计量,对于大多数形状不规则粒子,常采用如下几种方法表示粒径:

(1) 面积等分径 d_M:将粉尘的最大投影面积分为大致相等两个部分的直线长度。

(2) 定向径 d_F:尘粒的最大投影尺寸,由测微尺的垂线与尘粒投影轮廓线相切的两条平行线间的距离来表示。

(3) 投影面积径 d_P:与粉尘的投影面积相同的同一圆面积的直径。

在实际测量时,多采用垂直投影法,即使所测粉尘粒子在视场内向一个方向移动,顺序无选择地逐个测量粒径,如图 5-24 所示。

2) 观测计数分析及换算方法

用显微镜法测定粒径分布时,如果要达到一定精度,需计数大量粒子。为缩短观测过程,可采用统计学分层取样技术,即对数量较多的小粒子只测一个或两个定面积视野,而对出现比较少的大粒子则可以多测几个定面积视野,然后取其平均值。举例见表 5-2。从表中可见,第一次测量视野中 300 颗粒子只有 2.5 μm 以下的各粒径区间计数超过 10,于是后几次只计测大于 2.5 μm 的粒子,使所有的粒径区间都满足计数超过 10 的要求。用此方法计测 6 个视野 333 个粒子可得到满意的结果。

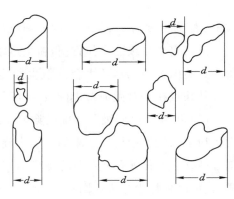

图 5-24　垂直投影法测量粒径

如果用一般刻板的计测方法,达到同样精度需计数 300×6=1 800 颗粒子。

表 5-2 显微镜法粒径分析举例

粒径区间/μm		≤0.40	0.45~0.62	0.63~0.88	0.89~1.25	1.26~1.76	1.77~2.50	2.51~3.53	3.54~5.00	5.01~7.07	7.08~10.0	总 计
体积中间径/μm		0.35	0.55	0.78	1.10	1.55	2.20	3.10	4.39	6.21	8.78	
测量次数	1	57	87	54	36	21	24	6	12	0	3	300(n)
	2							12	6	3	0	21(n)
	3									3	0	3(n)
	4									2	1	3(n)
	5									2	1	3(n)
	6									1	2	3(n)
总　计		57	87	54	36	21	24	18	18	11	7	333(n)
平均每次计数(n)		57	87	54	36	21	24	9	9	1.8	1.2	300(n)
颗粒百分数/%		19	29	18	12	7	8	3	3	0.6	0.4	
颗粒累积百分数/%		19	48	66	78	85	93	96	99	99.6	100.0	
分割体积 V_i		2.44	14.47	25.63	47.92	78.20	255.55	268.12	761.44	431.07	812.20	2 697.04
质量百分数/%		0.09	0.54	0.95	1.78	2.90	9.48	9.94	28.23	15.98	30.11	
累积质量百分数/%		0.09	0.63	1.58	3.36	6.26	15.74	25.68	53.91	69.89	100.00	

显微镜法测得的是粉尘计数分布,要想变成计重分布,需通过体积换算,得到各粒径区间的粒子质量百分数。方法是首先根据测定的粒径区间上下限(d_{ui} 和 d_{li})求出各区间粒径的算术平均值 $\overline{d_i}$:

$$\overline{d_i} = \frac{1}{2}(d_{li} + d_{ui}) \tag{5-34}$$

然后根据粒径区间的颗粒 n_i 求出各区间的分割体积 V_i:

$$V_i = n_i (\overline{d_i})^3 \tag{5-35}$$

粉尘总体积 V 为:

$$V = \sum_{i=1}^{n} V_i = n_1 \overline{d_1^3} + n_2 \overline{d_2^3} + \cdots + n_n \overline{d_n^3} \tag{5-36}$$

各粒径区间的质量分数 f_i 为:

$$f_i = \frac{V_i}{V} \times 100\% \tag{5-37}$$

5.4 作业场所粉尘浓度测定

粉尘是一种严重的职业性有害因素。可进入整个呼吸道(鼻、咽和喉、胸腔支气管、细支气管和肺泡)的粉尘称为总粉尘(total dust,简称总尘)。技术上系用总粉尘采样器按标准方法在呼吸带测得的所有粉尘。按呼吸性粉尘标准测定方法所采集的可进入肺泡的粉尘粒子,其空气动力学直径均在 7.07 μm 以下,空气动力学直径 5 μm 粉尘粒子的采样效率为 50%,称为呼吸性粉尘(respirable dust,简称呼尘)。因此,工作场所必须进行粉尘浓度的检测,按照《工作场所有害因素职业接触限值 第 1 部分:化学有害因素》(GBZ 2.1—2007)中的有关规定和要求进行控制。职业性有害因素的接触限制量值指劳动者在职业活动过程中长期反复接触,对绝大多数接触者的健康不引起有害作用的容许接触水平。化学有害因素的职业接触限值包括时间加权平均容许浓度、短时间接触容许浓度和最高容许浓度三类。时间加权平均容许浓度(permissible concentration-time weighted average,PC-TWA)以时间为权数规定的 8 h 工作日、40 h 工作周的平均容许接触浓度。短时间接触容许浓度(permissible concentration-short term exposure limit,PC-STEL)在遵守 PC-TWA 前提下容许短时间(15 min)接触的浓度。最高容许浓度(maximum allowable concentration,MAC)是指工作地点、在一个工作日内、任何时间有毒化学物质均不应超过的浓度。

5.4.1　总粉尘浓度测定

1) 测定原理与仪器

空气中的总粉尘浓度测定原理是用已知质量的滤膜采集,由滤膜的增量和采气量,计算出空气中总粉尘的浓度。

测定空气中的总粉尘浓度的主要仪器包括:滤膜、粉尘采样器、分析天平、秒表、干燥器、除静电器等。典型的滤膜测尘系统如图 5-25 所示。滤膜一般使用过氯乙烯滤膜或其他测尘滤膜。当空气中粉尘浓度≤50 mg/m³ 时,用直径 37 mm 或 40 mm 的滤膜;粉尘浓度>50 mg/m³ 时,用直径 75 mm 的

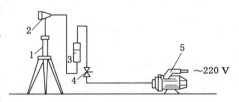

1—三脚支架;2—滤膜采样头;3—转子流量计;
4—调节流量螺旋夹;5—抽气泵。

图 5-25　滤膜测尘系统

滤膜。粉尘采样器包括采样夹和采样器两部分。采样夹应满足总粉尘采样效率的要求和气密性要求。粉尘采样夹可安装直径 40 mm 和 75 mm 的滤膜,用于定点采样。小型塑料采样夹可安装直径≤37 mm 的滤膜,用于个体采样。需要防爆的工作场所应使用防爆型粉尘采样器。用于个体采样时,流量范围为 1~5 L/min;用于定点采样时,流量范围为 5~80 L/min。用于长时间采样时,连续运转时间应≥8 h。分析天平的感量 0.1 mg 或 0.01 mg。采用秒表或其他计时器进行采样计时。采样后的滤膜应进行干燥和除静电。

2) 粉尘样品采集

(1) 准备滤膜。将滤膜置于干燥器内 2 h 以上,用镊子取下滤膜的衬纸,将滤膜通过除静电器,除去滤膜的静电,在分析天平上准确称量。在衬纸上和记录表上记录滤膜的质量和编号。将滤膜和衬纸放入相应容器中备用,或将滤膜直接安装在采样头上。滤膜毛面应朝进气方向,滤膜放置应平整,不能有裂隙或褶皱。用直径 75 mm 的滤膜时,做成漏斗状装入采样夹。

(2) 粉尘采样。现场粉尘采样按照《工作场所空气中有害物质监测的采样规范》(GBZ 159—2004)执行。

定点采样时根据粉尘检测的目的和要求,可以采用短时间采样或长时间采样。短时间采样在采样点,将装好滤膜的粉尘采样夹,在呼吸带高度以 15～40 L/min 流量采集 15 min 空气样品。长时间采样时在采样点将装好滤膜的粉尘采样夹,在呼吸带高度以 1～5 L/min 流量采集 1～8 h 空气样品(由采样现场的粉尘浓度和采样器的性能等确定)。

个体采样时将装好滤膜的小型塑料采样夹,佩戴在采样对象的前胸上部,进气口尽量接近呼吸带,以 1～5 L/min 流量采集 1～8 h 空气样品(由采样现场的粉尘浓度和采样器的性能等确定)。

对于滤膜上总粉尘的增量(Δm)要求,无论定点采样或个体采样,要根据现场空气中粉尘的浓度、使用采样夹的大小和采样流量及采样时间,估算滤膜上总粉尘的增量($\Delta m'$)。使用直径≤37 mm 的滤膜时,Δm 不得大于 5 mg;直径为 40 mm 的滤膜时,$\Delta m'$ 不得大于 10 mg;直径为 75 mm 的滤膜时,Δm 不限。

采样前,要通过调节使用的采样流量和采样时间,防止滤膜上粉尘增量超过上述要求(即过载)。采样过程中,若有过载可能,应及时更换采样夹。

采样后,取出滤膜,将滤膜的接尘面朝里对折 2 次,置于清洁容器内;或将滤膜或滤膜夹取下,放入原来的滤膜盒中。室温下运输和保存,并且携带运输过程中应防止粉尘脱落或二次污染。

(3) 粉尘浓度计算。滤膜称量前,将采样后的滤膜置于干燥器内 2 h 以上,除静电后,在分析天平上准确称量。$\Delta m \geqslant 1$ mg 时,可用感量为 0.1 mg 分析天平称量;$\Delta m \leqslant 1$ mg 时,应用感量为 0.01 mg 分析天平称量。称量后按式(5-38)计算空气中总粉尘的浓度:

$$c = \frac{m_2 - m_1}{Qt} \times 1\,000 \qquad (5\text{-}38)$$

式中:C 为空气中总粉尘的浓度,mg/m³;m_2 为采样后的滤膜质量,mg;m_1 为采样前的滤膜质量,mg;Q 为采样流量,L/min;t 为采样时间,min。

空气中总粉尘时间加权平均浓度按《工作场所空气中有害物质监测的采样规范》(GBZ 159—2004)规定计算。

(4) 注意事项。该方法为工作场所粉尘总浓度测定基本方法,如果用其他仪器或方法测定粉尘质量浓度时,必须以本法为基准。当过氯乙烯滤膜不适用时(如在高温情况下采样),可用超细玻璃纤维滤纸。长时间采样和个体采样主要用于 PC-TWA 评价时采样。短时间采样主要用于超限倍数评价时采样;也可在以下情况下,用于 PC-TWA 评价时采样:① 工作日内,空气中粉尘浓度比较稳定,没有大的浓度波动,可用短时间采样方法采集 1 个或数个样品;② 工作日内,空气中粉尘浓度变化有一定规律,即有几个浓度不同但稳定的时段时,可在不同浓度时段内,用短时间采样,并记录劳动者在此浓度下接触的时间。采样前后,滤膜称量应使用同一台分析天平。测尘滤膜通常带有静电,影响称量的准确性,因此,应在每次称量前除去静电。

3) 粉尘采样器材的参考技术指标

（1）用直径 0.3 μm 的油雾进行检测时，滤膜的阻留率不小于 99%；用 20 L/min 的流量采样，过滤面积为 8 cm² 时，滤膜的阻力不大于 1 000 Pa；因大气中湿度变化而造成滤膜的质量变化，不大于 0.1%。

（2）总粉尘采样夹理想的入口流速为 1.25 m/s±10%。

（3）将滤膜夹上装有塑料薄膜的采样头放于盛水的烧杯中，向采样头内送气加压，当压差达到 1 000 Pa 时，水中应无气泡产生；或用手指完全堵住采样头的进气口，转子应迅速下降到流量计底部；自动控制流量的采样器，则进入停止运转状态。

（4）流量计精度为±2.5%。

（5）个体采样泵能连续运转 480 min 以上。定点大流量采样泵能连续运转 100 min 以上，采气流量（带滤膜）大于 15 L/min，负压应大于 1 500 Pa。

（6）用感量为 0.01 mg 天平称量、个体采样法测定粉尘 8h TWA 浓度时，以 3.5 L/min 采样，适用的空气中粉尘浓度范围为 0.1～3 mg/m³；以 2 L/min 采样，适用粉尘浓度范围为 0.2～5.2 mg/m³。用感量为 0.1 mg 天平称量、个体采样法测定粉尘 8h TWA 浓度时，以 3.5 L/min 采样，适用的空气中粉尘浓度范围为 0.6～3 mg/m³；以 2 L/min 采样，适用粉尘浓度范围为 1.2～5.2 mg/m³。若粉尘浓度过高，应缩短采样时间，或更换滤膜后继续采样。

4）粉尘定点采样点和采样位置

不同工作场所，粉尘采样点额采样位置不同，以下简要介绍一些采样点和采样位置的确定。

（1）工厂粉尘定点采样点和采样位置的确定。一个厂房内有多台同类产尘设备生产时，3 台以下者选 1 个采样点，4 台至 10 台者选 2 个采样点，10 台以上者至少选 3 个采样点；同类设备处理不同物料时，按物料种类分别设采样点；单台产尘设备设 1 个采样点。移动式产尘设备按经常移动范围的长度设采样点，20 m 以下者设 1 个，20 m 以上者在装、卸处各设 1 个采样点。在集中控制室内至少设 1 个采样点，操作岗位也不得少于 1 个采样点。胶带长度在 10 m 以下者设 1 个采样点，10 m 以上者在胶带头、尾部各设 1 个采样点；高式胶带运输转运站的机头、机尾各设 1 个采样点；转运站设 1 个采样点。

采样位置选择在接近操作岗位的呼吸带高度。

（2）地下矿山（金属矿、非金属矿）和隧道工程粉尘定点采样点和采样位置的确定。掘进按工作面各设 1 个采样点。洞室型采场按凿岩、运矿等作业类别设采样点。巷道型采场按作业的巷道数设采样点，切割工程量在 50 m³ 以上的采场工作面设 1 个采样点，开凿漏斗时以一个矿块为 1 个采样点。漏斗放矿按采场设采样点，但在同一风流中相邻的几个采场同时放矿时，只设 1 个采样点，巷道型采矿法出矿按巷道数设采样点。使用胶带转载机运输时，每一胶带转载机、装车站、翻车笼等各设 1 个采样点。溜井的倒矿和放矿分别设 1 个采样点。主要运输巷道按中段数设采样点。破碎洞室设 1 个采样点。打锚杆、搅拌混凝土、喷浆当月在 5 个班以上时，分别设采样点。更衣室设 1 个采样点。

凿岩作业的采样位置设在距工作面 3～6 m 回风侧。机械装岩作业、打眼与装岩同时作业和掘进机与装岩机同时作业的采样位置，设在距装岩机 4～6 m 的回风侧；人工装岩在距装岩工约 1.5m 的下风侧。普通法掘进天井的采样位置,设在安全棚下的回风侧;吊罐或爬罐法掘进天井的采样位置,设在天井下的回风侧。洞室型、巷道型采场作业的采样位置设在距产尘点 3～6 m 的回风侧;多台凿岩机同时作业的采样位置设在通风条件较差的一台处。电耙作业的采样位置设在距工人操作地点约 1.5 m 处。溜井和漏斗的倒矿和放矿作业的采样位置,设在下风侧约 3 m 处。胶带转载机、装车站、翻罐笼等产尘点的采样位置均设在产尘点下风侧 1.5～2 m 处。主要运输巷道的采样位置设在污染严重的地点。喷浆、打锚杆作业的采样位置设在距工人操作地点下风侧 5～10 m 处。

(3) 露天矿山粉尘定点采样点和采样位置的确定。每台钻机(潜孔钻、牙轮钻、冲击钻等)的司机室内设 1 个采样点,钻机处设 1 个采样点。台架式风钻(包括轻型、重型凿岩机)凿岩,按工作面设采样点。每台电铲、柴油铲的司机室内设 1 个采样点,司机室外设 1 个采样点。每台铲运机司机室内设 1 个采样点,司机室外设 1 个采样点。每台装岩机设 1 个采样点。每个人工挖掘工作面设 1 个采样点。车辆(汽车、电机车、内燃机车、推土机、压路机等)的司机室内设一个采样点。其他运输(索道、皮带、斜坡道、板车、人工等运输)在转运点或落料处设采样点。一条工作台阶路面设 1 个采样点。永久路面(采矿场到卸矿仓或废石场之间)设 2～4 个点。每个二次爆破凿岩区设 1 个采样点。每个废石场、卸矿仓、转运站的作业处各设 1 个采样点。每一个独立风源设 1 个采样点。溜矿井的倒矿和放矿处分别设采样点。计量房、移动式空压机站分别设 1 个采样点。保养场、材料库、卷扬机房、水泵房和休息室等处,均应分别设 1 个采样点。

电铲、钻机、铲运机、车辆等司机室内的采样位置设在司机呼吸带内。钻机外的采样位置设在距钻机 3～5 m 的下风侧。铲运机外的采样位置设在距铲岩处 1.5～3 m 的下风侧。台架式风钻凿岩的采样位置设在距工人操作处 1.5～3 m 的下风侧。电铲外的采样位置设在电铲装载和卸载中点的下风侧。装岩机及人工挖掘工作面的采样位置设在距挖掘处 1.5～3 m 的下风侧。机动车辆以外的其他运输作业的采样位置,设在距转运点或落料处 1.5～3 m 的下风侧。工作台阶路面,永久路面的采样位置设在扬尘最大地段的下风侧。二次爆破凿岩区的采样位置设在距凿岩处 3～5 m 的下风侧。废石场、卸矿仓、转运站的采样位置均设在卸载处的下风侧。独立风源的采样位置设在采场的实际上风侧而且不应受采场内任何含尘气流的影响。溜矿井倒矿、放矿作业的采样位置,设在距井口 5～10 m 的下风侧。计量房、移动式空压机站、保养场、水泵房等场所的采样位置设在工人操作呼吸带高度。

(4) 煤矿井下作业粉尘定点采样点和采样位置的确定。炮采作业面在钻孔工人运煤工作处设 1 个采样点。机采、综采作业面、采煤机司机、助手工作处各设 1 个采样点,运煤工作处设 1 个采样点。顶板作业处设 1 个采样点。岩石掘进、半煤岩掘进、煤掘进工作面的凿岩工、运矿工作处设 1 个采样点。矿车司机工作处设 1 个采样点。

凿岩工采样位置设在距工作面 3～6 m 的回风侧,运矿作业采样位置设在距工人工作处 3～6 m 下风侧。采煤机司机及助手作业设在距工人操作处 1.5 m 下风侧。顶板支护工作业处采样位置距工人作业点 1.5 m 下风侧。

(5) 车站、码头、仓库产尘货物搬运存放时粉尘定点采样点和采样位置的确定。车站、码头、仓库、车船等装卸货物作业处,分别设 1 个粉尘采样点,皮带输送货物时,装卸处分别设 1 个采样点。车站、码头、仓库存放货物处,分别设 1 个采样点。人工搬运货物时,来往行程超过 30 m 以上者,除装卸处设粉尘采样点外,中途设 1 个采样点。晾晒粮食时设 1 个采样点。物品存放仓库内接触粉尘时,在包装、发放处各设 1 个采样点。

采样位置一般设在距工人 2 m 左右呼吸带高度的下风侧;粮食囤边采样应距囤 10 m 左右。

5) 粉尘 TWA 浓度测定示例

(1) 个体采样法示例。某锅炉车间选择 2 名采样对象(接尘浓度最高和接尘时间最长者)佩戴粉尘个体采样器,连续采样 1 个工作班(8 h),采样流量 3.5 L/min,滤膜增重分别为 2.2 mg 和 2.3 mg。按式(5-38)计算:

$$C_{TWA1} = 2.2/(3.5 \times 480) \times 1\,000 = 1.31 \text{ (mg/m}^3)$$
$$C_{TWA2} = 2.3/(3.5 \times 480) \times 1\,000 = 1.37 \text{ (mg/m}^3)$$

(2) 定点采样法示例。分别按接尘时间 8 h、接尘时间不足 8 h、接尘时间超过 8 h 计算。

接尘时间 8 h:某锅炉车间在工人经常停留的作业地点选 5 个采样点,5 个采样点的粉尘浓度及工人在该处的接尘时间,测定结果见表 5-3。

表 5-3　车间采样点粉尘浓度及工人接尘时间测定结果

作业区域	工作点平均浓度/(mg·m⁻³)	接尘时间/h
煤场	0.34	2
进煤口	4.02	0.8
电控室	0.69	4.5
出渣口	2.65	0.3
清扫处	7.74	0.4

计算 8h TWA 浓度为:

$$C_{TWA} = (0.34 \times 2.0 + 4.02 \times 0.8 + 0.69 \times 4.5 + 2.65 \times 0.3 + 7.74 \times 0.4)/8 = 1.36 \text{ (mg/m}^3)$$

接尘时间不足 8 h:某工厂工人间断接触粉尘,总的接触粉尘时间不足 8 h,工作地点的粉尘浓度及接尘时间测定结果见表 5-4。

表 5-4　车间采样点粉尘浓度及工人接尘时间测定结果

工作时间	工作点平均浓度/(mg·m⁻³)	接尘时间/h
08:30—10:30	2.5	2
10:30—12:30	5.3	2
13:30—15:30	1.8	2

计算 8h TWA 浓度为:

$$C_{\text{TWA}} = (2.5 \times 2 + 5.3 \times 2 + 1.8 \times 2)/8 = 2.4 \ (\text{mg/m}^3)$$

如接尘时间超过 8 h:某工厂工人在一个工作班内接尘工作 6 h,加班工作中接尘 3 h,总接尘时间为 9 h,接尘时间和工作点粉尘浓度见表 5-5。

表 5-5　车间采样点粉尘浓度及工人接尘时间测定结果

时　间	工作任务	工作点平均浓度/(mg·m⁻³)	接尘时间/h
08:15—10:30	任务 1	5.3	2.25
11:00—13:00	任务 2	4.7	2
14:00—15:45	整理	1.6	1.75
16:00—19:00	加班	5.7	3

计算 TWA 浓度为:

$$C_{\text{TWA}} = (5.3 \times 2.25 + 4.7 \times 2 + 1.6 \times 1.75 + 5.7 \times 3)/8 = 5.2 \ (\text{mg/m}^3)$$

5.4.2　呼吸性粉尘浓度测定

1)测定原理与仪器

空气中粉尘通过采样器上的预分离器,分离出的呼吸性粉尘颗粒采集在已知质量的滤膜上,由采样后的滤膜增量和采气量,计算出空气中呼吸性粉尘的浓度。根据呼吸性粉尘的定义,预分离器对粉尘粒子的分离性能应符合呼吸性粉尘采样器的要求,即采集的粉尘的空气动力学直径应在 7.07 μm 以下,且直径为 5 μm 的粉尘粒子的采集率应为 50%。采样器的性能和技术指标应满足《工作场所空气中粉尘测定　第 2 部分:呼吸性粉尘浓度》(GBZ/T 192.2—2007)的规定,需要防爆的工作场所应使用防爆型粉尘采样器。滤膜使用过氯乙烯滤膜或其他测尘滤膜。分析天平的感量为 0.01 mg。另外还需要除静电器、干燥器和秒表或其他计时器。

2)粉尘样品采集

(1)采样准备。滤膜称量前,将滤膜置于干燥器内 2 h 以上。用镊子取下滤膜的衬纸,除去滤膜的静电;在分析天平上准确称量。在衬纸上和记录表上记录滤膜的质量 m_1 和编号;将滤膜和衬纸放入相应容器中备用,或将滤膜直接安装在预分离器内。滤膜安装时,滤膜毛面应朝进气方向,滤膜放置应平整,不能有裂隙或褶皱。按照所使用的预分离器的要求,做好准备和安装。

(2)粉尘采样。工作场所现场粉尘采样按照《工作场所空气中有害物质监测的采样规范》(GBZ 159—2004)执行,并参照《工作场所空气中粉尘测定　第 1 部分:总粉尘浓度》(GBZ/T 192.1—2007)执行。根据粉尘检测的目的和要求,可以采用短时间采样或长时间采样。短时间采样时在采样点将连接好的呼吸性粉尘采样器,在呼吸带高度以预分离器要求的流量采集 15 min 空气样品。长时间采样时在采样点将装好滤膜的呼吸性粉尘采样器,在呼吸带高度以预分离器要求的流量采集 1~8 h 空气样品(由采样现场的粉尘浓度和采样器的性能等确定)。个体采样时将连接好的呼吸性粉尘采样器佩戴在采样对象的前胸上部,进气口尽量接近呼吸带,以预分离器要求的流量采集 1～8 h 空气样品(由采样现场的粉尘浓度和采样器的性能等确定)。

无论定点采样或个体采样,要根据现场空气中粉尘的浓度、使用采样夹的大小和采样流量及采样时间,估算滤膜上 Δm。采样时要通过调节采样时间,控制滤膜粉尘 Δm 数值在 0.1～5 mg 的要求。采样前,要通过调节采样时间,防止滤膜上粉尘增量超过上述要求。采样过程中,若有过载可能,应及时更换预分离器。

采样后,从预分离器中取出滤膜,将滤膜的接尘面朝里对折 2 次,置于清洁容器内,或将滤膜或滤膜夹取下放入原来的滤膜盒中,在室温条件下运输和保存。运输和保存过程中应防止粉尘脱落或二次污染。

3) 粉尘浓度计算

将采样后的滤膜置于干燥器内 2 h 以上,除静电后,在分析天平上准确称量,记录滤膜和粉尘的质量 m_2。空气中呼吸性粉尘的浓度按式(5-39)进行计算:

$$C = \frac{m_2 - m_1}{Qt} \times 1\,000 \tag{5-39}$$

式中:C 为空气中呼吸性粉尘的浓度数值,mg/m³;m_2 为采样后的滤膜质量数值,mg;m_1 为采样前的滤膜质量数值,mg;Q 为采样流量数值,L/min;t 为采样时间数值,min。

空气中呼吸性粉尘的时间加权平均浓度按《工作场所空气中有害物质监测的采样规范》(GBZ 159—2004)规定计算。

4) 注意事项

采样前后,滤膜称量应使用同一台分析天平。测尘滤膜通常带有静电,影响称量的准确性,因此,应在每次称量前除去静电。要按照所使用的呼吸性粉尘采样器的要求,正确应用滤膜和采样流量及粉尘增量,不能任意改变采样流量。长时间采样和个体采样主要用于 PC-TWA 评价时采样。短时间采样主要用于超限倍数评价时采样;也可在以下情况下用于 PC-TWA 评价时采样:工作日内,空气中粉尘浓度比较稳定,没有大的浓度波动,可用短时间采样方法采集 1 个或数个样品;工作日内,空气中粉尘浓度变化有一定规律,即有几个浓度不同但稳定的时段时,可在不同浓度时段内,用短时间采样,并记录劳动者在此浓度下接触的时间。

5.4.3 游离二氧化硅含量测定

游离二氧化硅(free silica)是指岩石或矿物中没有与金属或金属化合物结合而呈游离状态的二氧化硅。《工作场所空气中粉尘测定 第 4 部分:游离二氧化硅含量》(GBZ/T 192.4—2007)中对游离二氧化硅定义为结晶型的二氧化硅,即石英。空气中的游离二氧化硅对人体的伤害极大,矿山粉尘中的游离二氧化硅是引起尘肺的主要病因,是评价粉尘危害性质的主要指标。游离二氧化硅含量测定方法主要有焦磷酸法、红外分光光度法、X 射线衍射法等。

1) 焦磷酸法

焦磷酸法测定游离二氧化硅的原理是,粉尘中的硅酸盐及金属氧化物能溶于加热到

245~250 ℃的焦磷酸中,游离二氧化硅几乎不溶,从而实现分离。然后称量分离出的游离二氧化硅,计算其在粉尘中的百分含量。测定步骤如下:

(1) 将采集的粉尘样品放在 105 ℃±3 ℃的烘箱内干燥 2 h,稍冷,贮于干燥器备用。如果粉尘粒子较大,需用玛瑙研钵研磨至手捻有滑感为止。

(2) 准确称取 0.100 0~0.200 0 g 粉尘样品于 25 mL 锥形瓶中,加入 15 mL 焦磷酸及数毫克硝酸铵,搅拌,使样品全部湿润。将锥形瓶放在可调电炉上,迅速加热到 245~250 ℃,同时用带有温度计的玻璃棒不断搅拌,保持 15 min。

(3) 若粉尘样品含有煤、其他碳素及有机物,应放在瓷坩埚或铂坩埚中,在 800~900 ℃下灰化 30 min 以上,使碳及有机物完全灰化。取出冷却后,将残渣用焦磷酸洗入锥形瓶中。若含有硫化矿物(如黄铁矿、黄铜矿、辉铜矿等),应加数毫克结晶硝酸铵于锥形瓶中。再按照步骤(2)加焦磷酸及数毫克硝酸铵加热处理。

(4) 取下锥形瓶,在室温下冷却至 40~50 ℃,加 50~80 ℃的蒸馏水至约 40~45 mL,一边加蒸馏水一边搅拌均匀。将锥形瓶中内容物小心转移入烧杯,并用热蒸馏水冲洗温度计、玻璃棒和锥形瓶,洗液倒入烧杯中,加蒸馏水至 150~200 mL。取慢速定量滤纸折叠成漏斗状,放于漏斗并用蒸馏水湿润。将烧杯放在电炉上煮沸内容物,稍静置,待混悬物略有沉降,趁热过滤,滤液不超过滤纸的 2/3 处。过滤后,用 0.1 mol 盐酸洗涤烧杯,并移入漏斗中,将滤纸上的沉渣冲洗 3~5 次,再用热蒸馏水洗至无酸性反应为止(用 pH 试纸试验)。如用铂坩埚时,要洗至无磷酸根反应后再洗 3 次。上述过程应在当天完成。

(5) 将有沉渣的滤纸折叠数次,放入已称至恒量(m_1)的瓷坩埚中,在电炉上干燥、炭化;炭化时要加盖并留一小缝。然后放入高温电炉内,在 800~900 ℃灰化 30 min;取出,室温下稍冷后,放入干燥器中冷却 1 h,在分析天平上称至恒量(m_2)。

(6) 按式(5-40)计算粉尘中游离二氧化硅的含量:

$$C = \frac{m_2 - m_1}{G} \times 100 \tag{5-40}$$

式中:C 为游离二氧化硅含量,%;m_1 为坩埚质量,g;m_2 为坩埚加沉渣质量,g;G 为粉尘样品质量,g。

测定时需注意的是:焦磷酸溶解硅酸盐时温度不得超过 250 ℃,否则容易形成胶状物;酸与水混合时应缓慢并充分搅拌,避免形成胶状物;样品中含有碳酸盐时,遇酸产生气泡,宜缓慢加热,以免样品溅失;用氢氟酸处理时,必须在通风柜内操作,注意防止污染皮肤和吸入氢氟酸蒸气;用铂坩埚处理样品时,过滤沉渣必须洗至无磷酸根反应,否则会损坏铂坩埚。

2) 红外分光光度法

红外分光光度法测定游离二氧化硅的原理是,α-石英在红外光谱中于 12.5 μm(800 cm^{-1})、12.8 μm(780 cm^{-1})及 14.4 μm(694 cm^{-1})处出现特异性强的吸收带,在一定范围内,其吸光度值与 α-石英质量呈线性关系,通过测量吸光度,进行游离二氧化硅的定量测定。测定步骤如下:

(1) 准确称量采有粉尘的滤膜上粉尘的质量 G。然后将受尘面向内对折 3 次,放在瓷坩埚内,置于低温灰化炉或电阻炉(小于 600 ℃)内灰化,冷却后,放入干燥器内待用。称取 250 mg溴化钾和灰化后的粉尘样品一起放入玛瑙乳钵中研磨混匀后,连同压片模具一起放入干燥箱(110 ℃±5 ℃)中 10 min。将干燥后的混合样品置于压片模具中,加压 25 MPa,持续 3 min,制备出的锭片作为测定样品。同时,取空白滤膜一张,同样处理,作为空白对照样品。

(2) 石英标准曲线的绘制:精确称取不同质量的标准 α-石英尘(0.01~1.00 mg),分别加入 250 mg 溴化钾,置于玛瑙乳钵中充分研磨均匀,按上述样品制备方法做出透明的锭片。将不同质量的标准石英锭片置于样品室光路中进行扫描,以 800 cm^{-1}、780 cm^{-1} 及 694 cm^{-1} 三处的吸光度值为纵坐标,以石英质量(mg)为横坐标,绘制三条不同波长的 α-石英标准曲线,并求出标准曲线的回归方程式。在无干扰的情况下,一般选用 800 cm^{-1} 标准曲线进行定量分析。

(3) 样品测定:分别将样品锭片与空白对照样品锭片置于样品室光路中进行扫描,记录 800 cm^{-1}(694 cm^{-1})处的吸光度值,重复扫描测定 3 次,测定样品的吸光度均值减去空白对照样品的吸光度均值后,由 α-石英标准曲线得到样品中游离二氧化硅的质量(m)。

(4) 按式(5-41)计算粉尘中游离二氧化硅的含量:

$$C = \frac{m}{G} \times 100 \tag{5-41}$$

式中:C 为粉尘中游离二氧化硅(α-石英)的含量,%;m 为测得的粉尘样品中游离二氧化硅的质量,mg;G 为粉尘样品质量,mg。

测定时,粉尘粒度大小对测定结果有一定影响,因此,样品和制作标准曲线的石英尘应充分研磨,使其粒度小于 5 μm者占95%以上,方可进行分析测定。灰化温度对煤矿尘样品定量结果有一定影响,若煤尘样品中含有大量高岭土成分,在高于 600 ℃灰化时发生分解,于 800 cm^{-1}附近产生干扰,如灰化温度小于 600 ℃时,可消除此干扰带。在粉尘中若含有黏土、云母、闪石、长石等成分时,可在 800 cm^{-1}附近产生干扰,则可用 694 cm^{-1}的标准曲线进行定量分析。为降低测量的随机误差,实验室温度应控制在 18~24 ℃,相对湿度小于50%为宜。制备石英标准曲线样品的分析条件应与被测样品的条件完全一致,以减少误差。

3) X 线衍射法

X 线衍射法测定游离二氧化硅的原理是:当 X 线照射游离二氧化硅结晶时,将产生 X 线衍射;在一定的条件下,衍射线的强度与被照射的游离二氧化硅的质量成正比;利用测量衍射线强度,对粉尘中游离二氧化硅进行定性和定量测定。测定步骤如下:

(1) 准确称量采有粉尘的滤膜上粉尘的质量 G。按旋转样架尺度将滤膜剪成待测样品 4~6 个。

(2) 标准 α-石英粉尘制备:将高纯度的 α-石英晶体粉碎后,首先用盐酸溶液浸泡 2 h,除去铁等杂质,再用水洗净烘干;然后用玛瑙乳钵或玛瑙球磨机研磨,磨至粒度小于 10 μm后,于氢氧化钠溶液中浸泡 4 h,以除去石英表面的非晶形物质,用水充分冲洗,直到洗液呈中性(pH=7),干燥备用。或用符合本条要求的市售标准 α-石英粉尘制备。

（3）标准曲线的制作：将标准 α-石英粉尘在发尘室中发尘，用与工作环境采样相同的方法，将标准石英粉尘采集在已知质量的滤膜上，采集量控制在 0.5～4.0 mg，在此范围内分别采集 5～6 个不同质量点，采尘后的滤膜称量后记下增量值，然后从每张滤膜上取 5 个标样，标样大小与旋转样台尺寸一致。在测定 α-石英粉尘标样前，首先测定标准硅在面网上的衍射强度（CPS）；然后分别测定每个标样的衍射强度（CPS）。计算每个点 5 个 α-石英粉尘样的算术平均值，以衍射强度（CPS）均值对石英质量（mg）绘制标准曲线。

（4）定性分析：在进行物相定量分析之前，首先对采集的样品进行定性分析，以确认样品中是否有 α-石英存在。

（5）物相鉴定：将待测样品置于 X 线衍射仪的样架上进行测定，将其衍射图谱与《粉末衍射标准联合委员会（JCPDS）》卡片中的 α-石英图谱相比较，当其衍射图谱与 α-石英图谱相一致时，表明粉尘中有石英存在。

（6）首先测定样品面网的衍射强度，再测定标准硅面网的衍射强度；测定结果按式（5-42）计算：

$$I_B = I_i \times \frac{I_s}{I} \tag{5-42}$$

式中：I_B 为粉尘中石英的衍射强度，CPS；I_i 为采尘滤膜上石英的衍射强度，CPS；I_s 为在制定石英标准曲线时，标准硅面网的衍射强度，CPS；I 为在测定采尘滤膜上石英的衍射强度时，测得的标准硅面网衍射强度，CPS。

由计算得到的 I_B 值（CPS），从标准曲线查出滤膜上粉尘中石英的质量（m）。

（7）粉尘中游离二氧化硅（α-石英）含量按式（5-43）计算：

$$C = \frac{m}{G} \times 100 \tag{5-43}$$

式中：C 为粉尘中游离二氧化硅（α-石英）含量，%；m 为滤膜上粉尘中游离二氧化硅（α-石英）的质量，mg；G 为粉尘样品质量，mg。

测定时，粉尘粒径大小影响衍射线的强度，粒径在 10 μm 以上时，衍射强度减弱；因此制作标准曲线的粉尘粒径应与被测粉尘的粒径一致。单位面积上粉尘质量不同，石英的 X 线衍射强度有很大差异。因此，滤膜上采尘量一般控制在 2～5 mg 范围内为宜。当有与 α-石英衍射线相干扰的物质或影响 α-石英衍射强度的物质存在时，应根据实际情况进行校正。

5.5　管道粉尘浓度检测

管道测尘通常是指一般含尘管道和烟道两种类型粉尘浓度和排放量的测定。车间一般含尘管道排出的尘粒，大多是由机械破碎、筛选、包装和物料输送等生产过程中产生的，气体介质成分稳定，气体的温度也不高。而从烟道排放的尘粒，大都是由燃烧、锻造、冶炼、烘干等热过程产生的，这种含尘气体不但温度高，含湿量大，而且气体成分也发生变化，并伴有二氧化硫、氮氧化物、氟化物等有害物质,有较强的腐蚀性。因此,在选定测定方法和测试装置时,应考虑这些因素。

5.5.1 管道粉尘采样

1) 采样位置的选定和管道断面测点的布置

在测定烟气的流量和采集粉尘样品时,为了取得有代表性的样品,应尽可能将采样位置选在气流平稳的直管段中,距弯头、阀门及变径管段下游方向大于 6 倍直径和在其上游方向大于 3 倍直径处。最少也不能少于 1.5 倍直径,此时应适当增加采样点数。要求取样断面气体流速最好在 5 m/s 以上。此外,应当注意在水平管道中,由于尘粒的重力沉降作用,较大尘粒有偏离流线向下运动的趋势,管道内粉尘浓度分布不如垂直管道内均匀,因此在选择采样位置时应优先考虑垂直管道。

采样位置选定后,采样孔和采样点主要根据管道断面的大小和形状而定。管道横断面上测点的选定,通常是将断面划分为适当数量的等面积环(或方块),在各个等面积环(或方块)上定出采样点。

圆形管道断面的等面积分环法,即将圆管断面分成若干个等面积的圆环,然后将断面两垂直直径上各圆环的面积中分点作为测点,如图 5-26所示。

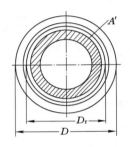

图 5-26 等圆环面积的划分

取管道直径为 D ,将其分成 n 个等面积圆环,每一个圆环的面积为 A' :

$$A' = \frac{\pi D^2}{4n} \tag{5-44}$$

第 x 个圆环的直径为 $D_x(x$ 由圆中心算起)为:

$$D_x = D\sqrt{\frac{2x-1}{2n}} \tag{5-45}$$

若采样点由管内壁计算,则各点与管壁距离 l :

当 $l < D/2$ 时

$$l = \frac{D}{2}\left(1 - \sqrt{\frac{2x-1}{2n}}\right) \tag{5-46}$$

当 $l > D/2$ 时

$$l = \frac{D}{2}\left(1 + \sqrt{\frac{2x-1}{2n}}\right) \tag{5-47}$$

根据划分的环数 n 及测点序号的各测点与管壁的距离列于表 5-6 中。

圆形断面上所需的圆环数,习惯上按管径大小划分,在一般通风管道上可按表 5-7 选取。对于锅炉烟囱,环数可选少一些,见表 5-8。矩形管道的测点设在等面积矩形块的重心,测点数按断面面积 A 确定,见表 5-9。对于拱形管道,由于其断面是圆形和矩形组合而成,因此应分别按圆形和矩形管道采样点布置原则确定。

表 5-6　圆形管道断面上测点位置(由内壁到测点距离,以管道直径百分数表示)

测点序号 (X)	圆 环 数 (n)									
	3	4	5	6	7	8	9	10	11	12
1	4.4	3.3	2.5	2.1	1.8	1.6	1.4	1.3	1.1	1.1
2	14.7	10.5	8.2	6.7	5.7	4.9	4.4	3.9	3.5	3.2
3	29.5	19.4	14.6	11.8	9.9	8.5	7.5	6.7	6.9	5.S
4	70.5	32.3	22.6	17.7	14.6	12.5	10.9	9.7	8.7	7.9
5	85.3	67.7	34.2	25	20.1	16.9	14.6	12.9	11.6	10.5
6	95.6	80.6	65.8	35.5	26.9	22	18.8	16.5	14.6	13.2
7		89.5	77.4	64.5	36.6	28.3	23.6	20.4	18	16.1
8		96.7	85.4	75	63.4	37.5	29.6	25	21.8	19.4
9			91.8	82.3	73.1	62.5	38.2	30.6	26.1	23
10			97.5	88.2	79.9	71.7	61.8	38.8	31.5	27.2
11				93.3	85.4	78	70.4	61.2	39.3	32.3
12				97.9	90.1	83.1	76.4	69.4	60.7	39.8
13					94.3	87.5	81.2	75	68.5	60.2
14					98.2	91.5	85.4	79.6	73.9	67.7
15						95.1	89.1	83.5	78.2	72.8
16						98.4	92.5	87.1	82	77
17							95.6	90.3	85.4	80.6
18							98.6	93.3	88.4	83.9
19								96.1	91.3	86.8
20								98.7	94	89.5
21									96.5	92.1
22									98.9	94.5
23										96.8
24										98.9

表 5-7　圆形风道分环数

管径/mm	≤200	200~400	400~600	600~800	800~1 000	>1 000
环数/n	3	4	5	6	8	10
测点数	12	16	20	24	32	40

表 5-8　烟囱分环数

直径 D/m	<0.5	0.5~1	1~2	2~3	3~5
环数 n	1	2	3	4	5
测点数	4	8	12	16	20

表 5-9　矩形管道测点数

管道面积 A/m²	<1	1～4	4～9	9～16	16～20
测点数	4	9	12	16	20

一般采样孔的结构如图 5-27 所示。为了适应各种形式采样管插入,孔径应不小于 75 mm。当管道内有有毒或高温气体,且采样点管道处于正压状态时,为保护操作人员安全,采样孔应设置防喷装置,见图 5-28。

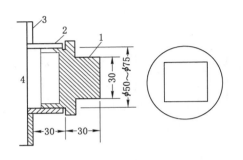

1—丝堵;2—短管;3—烟道壁;4—烟道。

图 5-27　一般采样孔结构

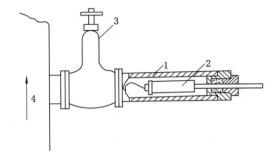

1—密封室;2—采样管;3—闸板阀;4—烟道。

图 5-28　采样孔防喷装置

2)等速采样原理

为了取得有代表性的样品,尘粒进入采样嘴的速度必须和管道内该点气流的速度相等,这一条件称为等速采样。非等速采样都将使采样结果不能真实地反映实际尘粒分布情况。图 5-29 所示为在不同采样速度下尘粒运动状况。当采样速度 v_n 大于采样点的气流速度 v_s 时,处于采样嘴边缘以外的部分气流进入采样嘴,而其中较大的尘粒则由于惯性作用不能随气流进入采样嘴,继续沿原来的方向前进,使采集的样品浓度 C_n 低于实际浓度 C_s。当采样速度 v_n 小于采样点的气流速度 v_s 时,情况恰好相反,样品浓度 C_n 高于实际浓度 C_s。只有采样速度 v_n 等于采样点的气流速度 v_s,采集的粉尘浓度才与实际情况相符。对于不等速采样造成的采样误差,国内外进行了很多研究,试图得到不等速采样的影响误差。虽然提出了各种计算公式和图表,但由于粉尘性质、粒径分布、流速波动等因素变化较大,很难得到准确的结果,提出的各种计算式差别较大,且计算复杂,在实际应用上还有一定困难。图 5-30 所示为沃特森(Watson)的实验结果。从图上可看出,尘粒越大,不等速引起的采样误差越大,小于 4 μm 的粒子,由于其惯性较小,不等速采样引起的误差影响不大。

3)维持等速方法

(1)预测流速法。使用普通采样管一般采用此法,即在采样前预先测出各采样点的气体温度、压力、含湿量、气体成分和流速,根据测得的各点流速、气体状态参数和选用的采样嘴直径计算出各采样点的等速采样流量,然后按此流量采样。

① 采样嘴口径的选择。采样嘴的选择原则,是使采样嘴进口断面的空气速度与烟道测点速度相等,同时为防止与采样嘴相连的采样管内积尘,一般要求采样管内的气流速度大于 25 m/s。根据流体的连续性方程式,采样管内的空气流量应等于采样头进口断面的空气流

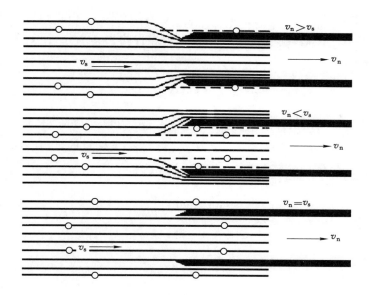

图 5-29　不同采样速度下尘拉运动状况

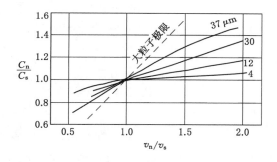

图 5-30　非等速采样误差

量。所以：

$$\frac{\pi}{4}d_0^2 \times 25 = \frac{\pi}{4}d^2 v \tag{5-48}$$

式中：d_0 为采样管内径，mm；d 为采样嘴进口内径，mm；v 为采样嘴进口断面气流速度，m/s。

等速采样时，v 就是风管内的流速。采样管内径常取 $d_0 = 6$ mm，采样嘴内径 d 可由下式求出：

$$d = 30/\sqrt{v} \tag{5-49}$$

② 常温管道等速采样计算。在此情况下可以不考虑温度、压力、湿度对采样体积的影响，因为一般气流的绝对压力变化不大。抽气量 q_{vs} 按下式计算：

$$q_{vs} = \frac{\pi}{4}d^2 v \times 60 \times 10^{-3} = 0.047 d^2 v \tag{5-50}$$

③ 高温、大湿度管道等速采样计算。为使计算简化，假定在整个采样系统内的变化规

律符合理想气体状态方程,且整个系统无漏气。进入采样嘴的气体流量 q_{vs} 仍按式(5-50)计算;若流量计前装有干燥器,则当气体流量 q_{vs} 经干燥器除去其水分 X_{sw}(%)后,到达流量计前的气体流量 q_{vf} 为:

$$q_{vf} = q_{vs}(1 - X_{sw}) \frac{P_s T_f}{T_s P_f} \tag{5-51}$$

式中: T_f, P_f 为流量计前的气体绝对温度和压力; T_s, p_s 为管道内的气体绝对温度和压力。

由于流量计是气体状态为温度 T_c,压力 p_c,密度 ρ_c 下标定的,因此在流量计上的读数 q_{vf}' 与进入流量计的气体量 q_{vf} 和密度 ρ_f 之间的关系为:

$$q_{vf}' = q_{vf} \sqrt{\frac{\rho_f}{\rho_c}} \tag{5-52}$$

在标准状态(T_0, p_0)下,气体密度为 ρ_0,则:

$$\rho_f = \rho_0 \frac{T_0 p_f}{T_f p_0} \tag{5-53}$$

将式(5-50)、式(5-51)和式(5-53)代入式(5-52),整理后:

$$q_{vf}' = 0.047 d^2 v \frac{T_f p_s}{T_s p_f} \sqrt{\frac{\rho_f}{\rho_c}} (1 - X_{sw}) \tag{5-54}$$

当 $T_c = 293$ K, $p_c = 101\,325$ Pa 时,取 $\rho_c = 1.206$ kg/m³,又 $\rho_f = p_f/(T_f R_f)$,将 ρ_c 及 ρ_f 代入上式得:

$$q_{vf}' = 0.43 d^2 v \frac{p_s}{T_s} \sqrt{\frac{T_f}{R_f p_f}} (1 - X_{sw}) \tag{5-55}$$

式中: R_f 为通过流量计气体的气体常数。

式(5-55)为高温烟气等速采样基本方程。若已知管道内气体流速 v、将测得的参数 p_s、T_s、p_f、T_f、ρ_0、ρ_c、X_{sw} 代入式中,就可以求出为保持等速采样时流量计读数 q_{vf}' 和采样嘴内径 d 之间的关系。流量计读数 q_{vf}' 一般控制在 $15\sim40$ L/min,由此可在已知流速 v 时选择相应采样嘴内径 d ,或根据采用的采样嘴内径 d ,计算流量计读数。

(2)皮托管平行采样法。这种采样法实质是预测流速法,不同的是气体流速测定与粉尘采样几乎是同时进行的,方法是将 S 形皮托管与采样管平行固定在一起,当已知皮托管指示的动压及管道和流量计处温度、压力时,利用预先绘制成的在等速条件下 S 形皮托管的动压和流量计读数关系的线算图或快速标尺,即可查出应取的流量计读数,立即调整流量进行采样。这种方法弥补了预测流速法测速与采样不同时的缺点,使等速更接近于实际情况。

(3)压力平衡法。该法使用特制的平衡型等速采样管采样,必须预先测量气体的流速、状态参数和计算等速采样流量等。将采样管置于采样点处,调节采样流量,使采样嘴内外静压相等或使采样管孔板的差压与采样点处皮托管测得的气体动压相等来达到等速。压力平衡法操作简单,并能跟踪气体速度变化而随时保持等速条件。

(4)自动等速采样法。随着微型计算机技术和各种压力传感器的开发应用,近年来国内外已开始使用各种类型的自动等速粉尘采样装置。如有的根据压力平衡原理制成的平衡型自动粉尘等速采样器;有的根据平行采样法制成自动等速粉尘采样器。这类仪器的工作原理是将气体温度、动压等信号自动输入到微型计算机,经过运算处理,及时发出指令性讯号,自动控制等速采样流量,并把运算结果和有关数值显示出来,使粉尘采样实现自动化。

4)采样嘴位置、形状、大小及采样方法

测尘采样时,采样嘴必须对准气流的方向。否则采样浓度将低于实际浓度,而且随着偏差角度和粒径的增大而增大,一般要求采样嘴和气流方向的偏差角度不得超过±5°。

采样嘴形状和结构原则上以不扰动吸气口内外气流为准,其尖端应做成小于 30°的锐角(图 5-31),嘴边缘的壁厚不能超过 0.2 mm,太厚易使其前方形成堤坝效应使颗粒偏离。连接采样管一端的内径与采样管内径要吻合。采样嘴内径不宜小于 5 mm,否则大的尘粒易被排斥在外,引起误差。为了适应等速采样的需要,采样嘴通常做成内径为 6 mm、8 mm、10 mm、12 mm 数种,供采样时选用。

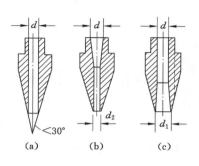

图 5-31 采样嘴

采样方法分为移动采样和定点采样。为了较快地测得管道断面的粉尘平均浓度,可用一个捕尘装置,在已定的各采样点上移动采样,各点的采样时间相等;为了了解管道内粉尘浓度分布情况及计算平均浓度,分别在已定的各采样点上采样,每点采集一个样品,即定点采样。

5.5.2 管道粉尘浓度测定

用过滤法测管道粉尘浓度的仪表按控制等速方式通常分为以下几种。

1)普通型采样管测尘装置

这种测尘装置用预测流速法进行采样,整个仪器由采样管、捕尘滤筒、流量计量箱和抽气泵等几部分组成,见图 5-32。

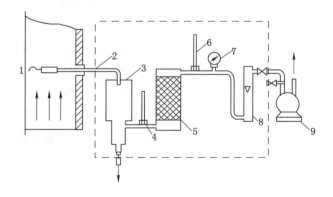

1—烟道;2—采样管;3—冷凝管;4—温度计;5—干燥器;

6—温度计;7—压力计;8—转子流量计;9—抽气泵。

图 5-32 普通型采样管测尘系统

(1)采样管。根据采样点温度不同采用玻璃纤维滤筒采样管或钢玉滤筒采样管两种。

图 5-33 所示为滤筒采样管示意图。

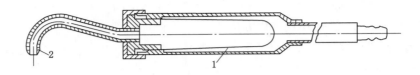

1—滤筒;2—采样嘴

图 5-33　滤筒采样管

　　(2) 捕尘滤筒。这是一种捕集效率高、阻力小,并便于制成管道内部采样的捕集装置,目前广泛应用的有玻璃纤维滤筒和钢玉滤筒。

　　玻璃纤维滤筒用无碱超细玻璃纤维制成,对油雾的捕集效率达 99.98% 以上,适用于 400 ℃ 以下的气体采样。由于滤筒在使用中有失重,所以使用前应放在 400 ℃ 高温炉内烧灼 1 h,将其中的有机物去掉,以减少失重。由于 SO_2 能同玻璃纤维发生化学反应生成硫酸盐使滤筒增重,影响测试精度,所以玻璃纤维滤筒不宜用于含 SO_2 的气体采样。

　　钢玉滤筒由氧化铝粉加有机填料烧结而成,对 0.5 μm 尘粒的捕集效率为 99.5%。钢玉滤筒可用在 850 ℃ 以下气体采样。钢玉滤筒失重较小,在 400 ℃ 高温下烧灼 1 h 后,再在 800 ℃ 以下采样 1 h 失重在 2 mg 以下。钢玉滤筒阻力较大,对接口气密性要求较高。

　　(3) 流量计量箱。由冷凝水收集器、干燥器、温度计、压力计和流量计组成,冷凝水收集器用来收集可能冷凝于采样管中的冷凝水。干燥器内装硅胶用以干燥采样气体,以保证流量计正常工作和使进入流量计气体呈干燥状态。温度计和压力计则用来测量转子流量计前的温度和压力,以便将测量状态下的采气体积换算到标准状态下的采气体积。

　　(4) 抽气泵。应具有克服管道负压和测量管线各部分阻力的能力,并应有足够的抽气量。流量在 60 L/min 以上的旋片式抽气泵,比较适合现场应用。

　　2) 动压平衡型采样装置

　　本装置采样利用采样管上的孔板差压与采样管平行放置的皮托管指示的气体动压相平衡实现等速。用皮托管测定气体流速时,其 v_s 按下式计算:

$$v_s = k_m \sqrt{\frac{2}{\rho} p_m'} \tag{5-56}$$

　　如果在采样管上装有孔板(或文丘里管)等节流装置,则其采样速度 v_n 为:

$$v_n = \frac{q_V}{A} = \beta \xi \sqrt{\frac{2}{\rho_n} \Delta p_r} \tag{5-57}$$

式中:ρ_n 为采样抽取气体的密度。

　　如果滤筒阻力不大,可以认为管道内的气体和采样抽取气体的密度相同,即 $\rho = \rho_n$。比较式(5-56)和式(5-57)可以看出,如能使孔板系数 $\beta \xi$ 等于皮托管校正系数 k_m,则实现等速($v_s = v_n$)的条件是:

$$p_m' = \Delta p_r \tag{5-58}$$

图 5-34 所示为动压平衡型等速采样系统。此测试系统的等速采样管由带有孔板的滤筒采样管和与之平行的 S 形皮托管组成。它使用一台双联倾斜微压计指示皮托管的动压和孔板的差压,用以测定管道内气体速度及控制等速采样流量。采样流量由累积流量计测出,转子流量计只用作监控流量大小。

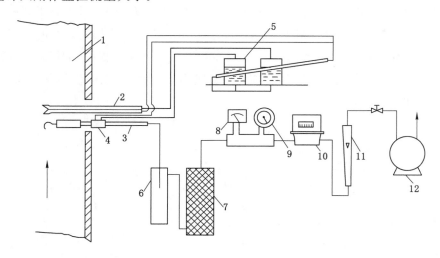

1—烟道;2—S 形皮托管;3—采样管;4—孔板;5—双联微压计;6—冷凝器;

7—干燥器;8—温度计;9—压力计;10—累积流量计;11—转子流量计;12—抽气泵。

图 5-34 动压平衡型采样系统

3)静压平衡型采样装置

该装置利用采样嘴内外静压相平衡的原理实现等速采样,如图 5-35 所示。根据流体力学原理,对于管道内气体由断面 1—1 至断面 2—2 时,气体流动的能量方程可表示为:

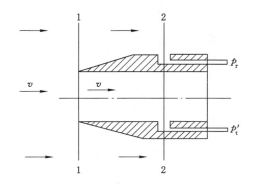

$$\frac{p_{r1}}{\rho} + \frac{v_s^2}{2} = \frac{p_{r2}}{\rho} + \frac{v_s^2}{2} + \Delta p_{1-2} \quad (5-59)$$

对于采样嘴,则有:

$$\frac{p_{r1}{}'}{\rho} + \frac{v_n^2}{2} = \frac{p_{r2}{}'}{\rho} + \frac{v_s^2}{2} + \Delta p_{1-2}{}' \quad (5-60)$$

图 5-35 静压平衡型采样嘴

式中:p_{r1}、p_{r2} 为 1、2 断面管道气体静压,Pa;$p_{r1}{}'$、$p_{r2}{}'$ 为 1、2 断面采样嘴气体静压,Pa;v_s 为管道气体速度,m/s;v_n 为采样嘴气体速度,m/s;ρ 为气体密度,kg/m³;Δp_{1-2} 为气体流过管道断面 1—2 处的压力损失,Pa;$\Delta p'_{1-2}$ 为气体流过采样嘴断面 1—2 处的压力损失,Pa。

在断面 1—1 处,管道和采样嘴处的气流能量相等,即:

$$\frac{p_{r1}}{\rho} + \frac{v_s^2}{2} = \frac{p_{r1}{}'}{\rho} + \frac{v_n^2}{2} \quad (5-61)$$

所以

$$\frac{p_{r2}}{\rho} + \frac{v_s^2}{2} + \Delta p_{1-2} = \frac{p_{r2}'}{\rho} + \frac{v_n^2}{2} + \Delta p_{1-2}' \qquad (5-62)$$

由上述可知,如能使断面1—1至断面2—2管道和采样嘴的气流压力损失相等,即 $\Delta p_{1-2} = \Delta p_{1-2}'$,则当 $p_{r2} = p_{r2}'$ 时,有 $v_s = v_n$,即达到等速。实际上,气体进入采样嘴后,由于入口局部压力损失和嘴内管道摩擦压力损失总大于管道压力损失,因此静压相等时流速并不相等。为此,大都通过改进采样嘴结构的办法来补偿这一压力损失。有的改变管嘴外形结构,在采样嘴外部静压孔前设阻流圈,来提高管道气流的压力损失,如图 5-36 所示;有的则改变管嘴内部结构,将管嘴内静压孔部位的管嘴内径扩大,使该部位的气流速度降低,以达到静压相等时速度相等。

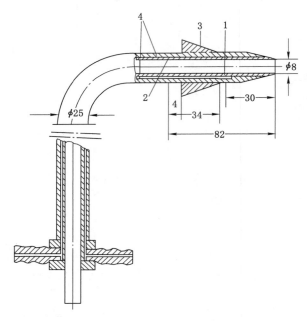

1—内部静压孔;2—外部静压孔;
3—阻流圈;4—压力引出管。
图 5-36　带阻流圈的静压平衡管

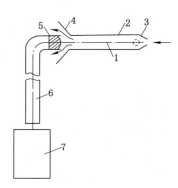

1—电晕极;2—沉降极;3—管嘴;4—流量调节装置;
5—电晕极支座;6—支架;7—电源。
图 5-37　无动力等速采样器结构

4) 无动力等速粉尘采样器

无动力等速粉尘采样器是一种直接测量烟囱或一般含尘管道粉尘排放量的仪器,它利用采样器的特殊结构和气流本身提供的动力实现等速采样。从图 5-37 可以看出,当采样器对准气流时,一方面气流的动能迫使气体通过管嘴进入采样器,另一方面气流在流经采样器锥形尾翼时,产生一定的抽力,以克服气流通过采样器的阻力,在两种力的联合作用下达到等速采样的要求。粉尘捕集采用静电沉降办法,当含尘气流进入管内后,粉尘即荷电,并沉降在作为收集板的管壁上,根据收集的尘量、采样时间、采样嘴直径和测点断面管道直径,即可计算粉尘排放量。

整个采样器由采样头和电源两部分组成。采样头由管嘴、电晕放电极、粉尘沉降极、流量调节装置等部件组成。

（1）管嘴。管嘴直径分 5 mm 和 6 mm 两种，5 mm 管嘴适用于风速大于 10 m/s 的管道，6 mm 管嘴适用于风速大于 15 m/s 的管道。

（2）电晕放电极。位于沉降极中心，在直径 4 mm 的圆柱顶端有一长约 10 mm 细针，当接通电源后，即在针上形成电晕放电，使进入采样器的粉尘荷电。

（3）粉尘沉降极。这是长 150 mm，内径 26 mm 的不锈钢管，其作用是收集进入采样器的粉尘。为了便于取出粉尘，通常用铝箔卷成圆筒预先放入管内。

（4）流量控制装置。指装在收集管后的锥形尾翼和多孔排气管，当气流流过尾翼时即在其后部产生一定的抽力，排气孔孔径起调节气流流量的作用。

（5）电源箱。供给采样器高压电源。

5）管道粉尘排放量计算

管道粉尘排放量 m_t 按下式计算：

$$m_t = \frac{mA}{tA'} \times 60 \times 10^{-3} \tag{5-63}$$

式中：m 为采取的粉尘质量，g；t 为采样时间，min；A 为采样点处管道断面积，m²；A' 为采样嘴面积，m²。

如果在采样同时测定气体速度及其状态参数，即可计算出粉尘浓度。

第6章 噪声监测

　　人们在生活中离不开声音,声音作为信息,传递着人们的思维和感情,并进行工作和社会活动。虽然声音在生活中起着非常重要的作用,但有些声音却干扰人们的工作、学习、休息,影响人们的身心健康,如各种车辆嘈杂的交通声音以及压缩机的进、排气声音等。这些声音人们是不需要的,甚至是厌恶的,影响人们生产和生活的消极的声音均可视为噪声。

6.1　噪声物理量度

　　从物理学上看,无规律、不协调的声音,即频率和声强都不相同的声波无规律的杂乱组合就称其为噪声。噪声不单纯根据声音的客观物理性质来定义,还应根据人们的主观感觉、当时的心理状态和生活环境等因素来决定。从声理学上讲,凡是使人烦恼、讨厌、刺激的声音,即人们不需要的声音就称其为噪声。按照这一定义,噪声的范围更为广泛,除机器和街道上的吵闹声属于当然的噪声外,凡是我们所不想听的声音或对我们的生活和工作有干扰的声音,不论是语言声,还是音乐声都称为噪声。例如:音乐之声对正在欣赏音乐的人来说,是一种美的享受,是需要的声音,而对正在思考或睡眠的人来说,则是不需要的声音,即噪声。《工业企业设计卫生标准》(GBZ 1—2010)定义噪声为"一切有损听力、有害健康和有其他危害的声响"。

　　噪声对人体的危害是全身性的,既可以引起听觉系统的变化,也可以对非听觉系统产生影响。这些影响的早期主要是生理性改变,长期接触比较强烈的噪声,可以引起病理性改变。此外,作业场所中的噪声还可以干扰语言交流,影响工作效率,甚至引起意外事故。

　　长期接触噪声后,听觉器官首先受损害。短时间暴露在强噪声环境中,会出现耳鸣、听力下降等不适感;长时间停留在强烈噪声环境后,听力明显下降,甚至达到脱离噪声环境听力也不能恢复;在听觉疲劳的基础上,继续接触强噪声,则造成内耳感音器官发生器质性退行性病变,表现为永久性听阈位移,进展到噪声性耳聋。噪声通过听觉器官传入大脑皮质和植物神经中枢,引起头痛、头晕、心悸、睡眠障碍等神经衰弱症状。在强噪声作用下,表现为心率加快、血压不稳、心电图呈缺血型改变。在噪声的影响下,会造成人体胃功能紊乱、食欲不振、消瘦、胃液分泌减少、胃蠕动减慢以及肾上腺皮质功能减弱等现象。

6.1.1 噪声的量度参数

噪声是一种声波,虽然可以用声波的物理特性来描述它,但是为便于评价和控制噪声,人们还特地引入一些专用量来表示它。声音和噪声都采用声压级、声强级和声功率级来描述其强弱,用频率或频谱来描述其高低。

1)声压、声强和声功率

(1)声压。由于噪声能引起空气质点的振动,使周围空气质点发生疏密交替变化而产生的压强变化称为声压,亦即噪声场中单位面积上由声波引起的压力增量为声压,用 p 表示,单位为 Pa。我们通常生活的环境压强是一个大气压 p_0,当噪声这个疏密波传来时,环境压强就会发生改变,疏部的压强稍稍低于 p_0,密部的压强稍稍高于 p_0,这种在大气压上起伏的部分就是声压。压强的波动情况如图 6-1 所示,亦即声压的变化。

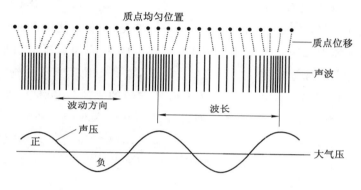

图 6-1　声压的波动情况

以敲锣为例,锣面敲的越重,锣面上下振动越剧烈声压就越大,听起来噪声就越响。反之,振动小,声压小,听起来噪声就弱。这就是说声压的大小反映了噪声的强弱,所以通常都用声压来衡量噪声的强弱。声压分为瞬时声压和有效声压。

声波在空气中传播时形成压缩和疏密交替变化,所以压力的增减都是正负交替的。噪声场中某一瞬时的声压值称为瞬时声压。瞬时声压随时间而变化,而人耳感觉到的是瞬时声压在某一时间的平均结果,叫作有效声压。有效声压是瞬时声压对时间取的均方根值,故实际上总是正值。声压是常用噪声测量仪器测量的一个基础物理量度,一般仪器测得的往往就是有效声压量,在没有注明的情况下,声压均指的是有效声压。正常人耳刚能听到的最微弱的声音的声压是 2×10^{-5} Pa,称为人耳听阈声压,如人耳刚刚听到的蚊子飞过的声音的声压;使人耳产生疼痛感觉的声压是 20 Pa,称为人耳痛阈声压,如电机发动机噪声的声压。通常吸声测量仪器所指示的数值就是声压值。

(2)声强。声波作为一种波动形式,将噪声源的能量向空间辐射,人们可用能量来表示它的强弱。在单位时间内(每秒),通过垂直声波传播方向的单位面积上的声能,叫作声强。用 I 表示,单位为 W/m^2。声强的大小与离噪声源的距离远近有关,离噪声源的距离越远,噪声能量分布的面积就越宽,通过单位面积的噪声能量就越小,声强就越小。

在自由声场中(离声源很远且没有任何反射的声场),声压与声强有密切的关系:

$$I = p^2/(\rho c) \tag{6-1}$$

式中：p 为声压，Pa；ρ 为空气的密度，kg/m³；c 为声速，m/s。

（3）声功率。噪声源在单位时间内向外辐射的总声能叫声功率，通常用 W 表示，单位是 W，1 W＝1 N·m/s。在自由声场中，若有一个向四周均匀辐射噪声的点噪声源，则在 r 处的声功率与声强有如下关系：

$$I = W/(4\pi r^2) \tag{6-2}$$

式中：I 为离噪声源 r 处的声强，W/m²；W 为声源辐射的声功率，W；r 为离声源的距离，m。

声压、声强和声功率三个物理量中，声强和声功率是不容易直接测定的，所以在噪声监测中一般都是测定声压，只要测出声压，就可算出声强，并进而算得声功率。

2）声压级、声强级、声功率级及其分贝

（1）声压级。能够引起人们听觉的噪声不仅要有一定的频率范围（20～20 000 Hz），而且还要有一定的声压范围（2×10^{-5}～20 Pa）。声压太小，不能引起听觉，声压太大，只能引起痛觉，而不能引起听觉。从听阈声压 2×10^{-5} Pa 到痛阈声压 20 Pa，声压的绝对值数量级相差 100 万，声强之比则达 1 万亿倍。因此，实践中使用声压的绝对值描述噪声的强弱是很不方便的。另外，人的听觉对噪声信号强弱的刺激反应不是线性的，而是与噪声的强度成对数比例关系的。为了准确而又方便地反映人对噪声听觉的感受，人们引用了声压比或声能量比的对数成倍关系——"级"来表示噪声强度的大小，当用"级"来衡量声压大小时，就称为是声压级。这与人们常用"级"来表示风力大小、地震强度的意义是一样的。

声压级的单位是分贝（dB），分贝是一个相对单位。声压与基准声压之比，取以 10 为底的对数，再乘以 20 就是声压级的分贝数。声压级实际上是声压分贝标度的一种形式，其数学表示式为：

$$L_p = 20\lg(p/p_0) \tag{6-3}$$

式中：L_p 为声压级，dB；p 为声压，单位为 Pa；p_0 为基准声压，$p_0=2\times10^{-5}$ Pa。

表 6-1 给出几种常见噪声源的声压和声压级。

表 6-1 几种常见噪声源的声压和声压级

声压/Pa	声压级/dB	噪声源及环境	声压/Pa	声压级/dB	噪声源及环境
2×10^{-5}	0	刚刚能听到的声音	2×10^{-1}	80	公共汽车内
6.3×10^{-5}	10	寂静的夜晚	6.3×10^{-1}	90	水泵房
2×10^{-4}	20	微风轻轻吹动树叶	2	100	轧钢机附近
6.3×10^{-4}	30	轻声耳语	6.3	110	织布机旁
2×10^{-3}	40	疗养院房间	2×10	120	大型球磨机附近
6.3×10^{-3}	50	机关办公室	6.3×10	130	锻锤工人操作附近
2×10^{-2}	60	普通讲话	2×10^2	140	飞机强力发动机旁
6.3×10^{-2}	70	繁华街道			

分贝标度法不仅用于声压,同样也能用于声强和声功率的标度,当用分贝标度声强或声功率的大小时,就是声强级或声功率级。

(2)声强级。声强级按式(6-4)计算:

$$L_I = 10\lg(I/I_0) \tag{6-4}$$

式中:L_I 为声强级,dB;I 为声强,W/m²;I_0 为基准声强,$I_0 = 10^{-12}$ W/m²。

(3)声功率级。声功率级按式(6-5)计算:

$$L_W = 10\lg\frac{W}{W_0} \tag{6-5}$$

式中:L_W 为声功率级,dB;W 为声功率,W;W_0 为基准声功率,$W_0 = 10^{-12}$ W。

利用以上公式,我们就可以把人耳能听到的各种噪声的声压、声强和声功率转化为声压级、声强级和声功率级,从而很方便地判断其危害程度。

显然,采用分贝标度的声压级后,把动态范围$(2 \times 10^{-5} \sim 20)$Pa 声压转变为动态范围为 $0 \sim 120$ dB 的声压级,因而使用方便,也符合人的听觉的实际情况。

为了直观,将声压、声强和声功率与它对应的级的换算列出,如图 6-2 所示。

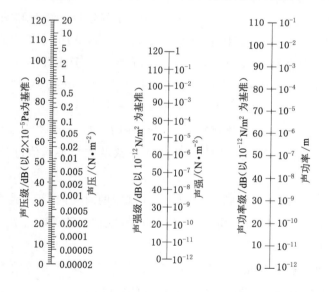

图 6-2 声压、声强和声功率对应级的换算列线图

3)噪声的频谱

声音的高低主要与频率有关。如音乐中的音调,分为 C、D、E、F、G、A、B,其中 C 调最低,频率为 250 Hz,B 调最高,其频率为 480 Hz。而噪声的频率成分比这些单一频率的乐音的频率成分要复杂得多。因声音有不同的频率,所以有低沉的声音和高亢的声音,频率低的声音的音调低,频率高的声音音调高。研究噪声时,必须研究它的频率。人耳可以听到的声音频率为 $20 \sim 20\,000$ Hz,达 1 000 倍的变化范围,如果逐个进行分析是不现实的,也是不需要的。为方便起见将这么大的频率范围划分为若干个小段,每一小段就叫作频程或频带。频程上限频率用 $f_上$ 表示,下限频率用 $f_下$ 表示,当频程上限频率与下限

频率之比为 2 时的频程就叫倍频程;上限频率与下限频率之比为 $2^{1/3}$ 的频程叫作 1/3 倍频程。在实际应用时每个频程都是用它的中心频率($f_{中}$)来表示的,中心频率与上、下限频率的关系是:

$$f_{中} = \sqrt{f_{上} \cdot f_{下}} \qquad (6\text{-}6)$$

在测量和研究噪声时,常常采用的是倍频程,其频率范围见表 6-2。

表 6-2　倍频程中心及频率范围

下限频率/Hz	22	44	88	177	355	710	1 240	2 840	5 680	11 360
中心频率/Hz	31.5	63	125	250	500	1 000	2 000	4 000	8 000	16 000
上限频率/Hz	44	88	177	355	710	1 240	2 840	5 640	11 360	22 720

4)噪声危害量度指标

《声环境质量标准》(GB 3096—2008)规定了声环境功能区的环境噪声限值及测量方法。《噪声职业病危害风险管理指南》(AQ/T 4276—2016)定义生产性噪声(industrial noise)为在生产过程中产生的噪声。按噪声的时间分布分为连续声和间断声;声级波动小于 3 dB(A)的噪声为稳态噪声,声级波动大于或等于 3 dB(A)的噪声为非稳态噪声;持续时间小于或等于 0.5 s,间隔时间大于 1 s,声压有效值变化大于或等于 40 dB(A)的噪声为脉冲噪声。存在有损听力、有害健康或有其他危害的声音,且 8 h/d 或 40 h/w 噪声暴露等效声级大于或等于 80 dB(A)的作业,称为噪声作业。

(1)等效声级。用 A 计权网络测得的声压级,用 L_A 表示,单位为 dB(A)。等效连续 A 声级的简称等效声级,指在规定测量时间 T 内 A 声级的能量平均值,用 $L_{Aeq,T}$ 表示(简写为 L_{eq}),单位为 dB(A)。

(2)等效连续 A 计权声压级(等效声级)。在规定的时间内,某一连续稳态噪声的 A 计权声压,具有与时变的噪声相同的均方 A 计权声压,则这一连续稳态声的声级就是此时变噪声的等效声级,单位为 dB(A)。

(3)按额定 8 h 工作日规格化的等效连续 A 计权声压级(8 h 等效声级)。将一天实际工作时间内暴露的噪声强度等效为工作 8 h 的等效声级。

(4)按额定每周工作 40 h 规格化的等效连续 A 计权声压级(每周 40 h 等效声级)。非每周 5 d 工作制的特殊工作场所暴露的噪声声级等效为每周工作 40 h 的等效声级。

(5)昼间等效声级与夜间等效声级。在昼间时段内测得的等效连续 A 声级称为昼间等效声级,用 L_d 表示;在夜间时段内测得的等效连续 A 声级称为夜间等效声级,用 L_n 表示,单位 dB(A)。根据《中华人民共和国环境噪声污染防治法》,"昼间"是指 6:00 至 22:00 之间的时段;"夜间"是指 22:00 至次日 6:00 之间的时段。县级以上人民政府为环境噪声污染防治的需要(如考虑时差、作息习惯差异等)而对昼间、夜间的划分另有规定的,应按其规定执行。

(6)最大声级。在规定的测量时间段内或对某一独立噪声事件,测得的 A 声级最大值,

用 $L_{\max}$ 表示,单位为 dB(A)。

（7）累积百分声级。用于评价测量时间段内噪声强度时间统计分布特征的指标,指占测量时间段一定比例的累积时间内 A 声级的最小值,用 L_N 表示,单位为 dB(A)。最常用的是 L_{10}、L_{50} 和 L_{90},其含义如下:

L_{10}——在测量时间内有 10% 的时间 A 声级超过的值,相当于噪声的平均峰值;

L_{50}——在测量时间内有 50% 的时间 A 声级超过的值,相当于噪声的平均中值;

L_{90}——在测量时间内有 90% 的时间 A 声级超过的值,相当于噪声的平均本底值。

如果数据采集是按等间隔时间进行的,则 L_N 也表示有 N(%)的数据超过的噪声级。

6.1.2　噪声的叠加

前述的声压级、声强级、声功率级都是单一噪声源的表示式。在实际工作中,常遇到某些场所有几个噪声源同时存在,人们可以单独测量每一个噪声源的声压级,那么,当多个噪声源同时向外辐射噪声时,则区域内总噪声对应的物理量度又是多少呢? 在说明总噪声物理量度前,必须明确这样两点:一是声能量是可以进行代数相加的物理量度,设两个声源的声功率分别是 W_1 和 W_2,那么总声功率 $W_总 = W_1 + W_2$,同样两个声源在同一点的声强为 I_1 和 I_2,则它的总声强 $I_总 = I_1 + I_2$;二是声压是不能直接进行代数相加的物理量度,根据前面公式可以推导总声压与各声压的关系式如下:

$$I_1 = p_1^2/(\rho c) \tag{6-7}$$

$$I_2 = p_2^2/(\rho c) \tag{6-8}$$

由 $I_总 = p_总^2/(\rho c)$ 知,得总声压:

$$p_总^2 = p_1^2 + p_1^2 \tag{6-9}$$

1) 相同噪声级的叠加

噪声级是噪声物理量度的统称,它可代表的是噪声的声压级、声强级或声功率级。如果某场所有 N 个噪声级相同的噪声源叠加到一起,那么它们所产生的总的噪声级可用下式表示:

$$L_c = L + 10\lg N \tag{6-10}$$

式中:L_c 为总噪声级,dB;L 为一个噪声源的噪声级,dB;N 为噪声源的数目。

有时人们把 $10\lg N$ 叫作噪声级增值,若 L 分别用 L_p、L_I、L_W 表示时,则 L_c 分别代表的是总声压级,总声功率级,总声强级。由于每个噪声源的噪声级多数以该噪声源的声压级来表示,因此,在噪声合成中总噪声级多以总声压级来表示。

2) 不同噪声级的叠加

如果有两个噪声级不同的噪声源(如 L_1 和 L_2,且 $L_1 > L_2$)叠加在一起,这时它们产生的总噪声级可按下式计算:

$$L_c = L_1 + \Delta L \tag{6-11}$$

式中:L_c 为总噪声级,单位为 dB;L_1 为两个相叠加的噪声级中数值较大的一个,dB;ΔL 为增加值,dB,见表 6-3。

表6-3　分贝和的增加值表

声压级差	0	1	2	3	4	5	6	7	8	9	10	11	12	13	14	15
增值	3	2.5	2.1	1.8	1.5	1.2	1	0.8	0.6	0.5	0.4	0.3	0.3	0.2	0.2	0.1

由表6-3看出,当噪声级相同时,叠加后总噪声级增加3 dB,当噪声级相差15 dB时,叠加后的总噪声级增加0.1 dB。因此,两个噪声级叠加,若二者相差15 dB以上,其中较小的噪声级对总噪声级的影响可以忽略。同样,当L_1分别用声压级、声强级、声功率级表示时,则L_c分别代表的是总声压级、总声强级、总声功率级。

对于多个不同声压级的噪声源,依然仿照上述方法,依次计算出差值,再两个两个的相叠加,最后求出总的噪声级。多个噪声源的叠加与叠加次序无关,叠加时,一般选择两个噪声级相近的依次进行,因为两个噪声级数值相差较大,则增加值ΔL很小(有时忽略),影响准确性;当两个噪声级相差很大时,即$L_1-L_2>15$ dB,总的噪声级的增加值ΔL可以忽略。因此,在噪声控制中,抓住噪声源中主要的有影响的,将这些主要噪声源降下来,才能取得良好的降噪效果。

3)噪声的相减

在实际工作中,常遇到从总的被测噪声级中减去背景或环境噪声级,来确定由单独噪声源产生的噪声级。例如:某加工车间内的一台机床,在它启动时,辐射的噪声级是不能单独测量的,但机床未启动前的背景或环境噪声是可以测量的,机床启动后的噪声与背景或环境噪声的总噪声级也是可以测量的,那么计算机

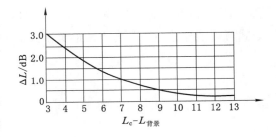

图6-3　声压级分贝差值图

床本身的噪声级就必须采用噪声级的减法。其推导与上面叠加计算一样,可用下式表示:

$$L_1 = L_c - \Delta L \tag{6-12}$$

式中:L_1为机器本身的噪声级,单位为dB;L_c为总噪声级,单位为dB;ΔL为增加值,dB,其数值可由图6-3查出。

6.2　噪声测量仪表

为了测量噪声的强度、大小是否超过标准,了解噪声对人体健康的危害,研究或降低噪声等,都需要噪声测量仪器。噪声测量技术的一个重要组成部分就是对测量仪器的操作使用。了解噪声测量仪器的基本结构和工作原理,掌握仪器的功能和适用场合,学会仪器的正确使用方法,并能判别和排除仪器的常见故障,应是监测人员所具备的最基本技能。随着现代电子技术的飞速发展,噪声测量仪器发展也很快。在噪声测量中,人们可根据不同的测量与分析目的,选用不同的仪器,采用相应的测量方法。常用的测量仪器有声级计、声级频谱议等。

1）声级计

声级计也称噪声计，它是用来测量噪声的声乐级和计权声级的最基本的测量仪器，适用于环境噪声和各种机器（如风机、空压机、内燃机、电动机）噪声的测量，也可用于建筑声学、电声学的测量。

声级计按其用途可分为一般声级计、车辆声级计、脉冲声级计、积分声级计和噪声剂量计等。按其精度可分为四种类型：0 型声级计，是实验用的标准声级计；Ⅰ型声级计，相当于精密声级计；Ⅱ型声级计和Ⅲ型声级计作为一般用途的普通声级计。按其体积大小可分便携式声级计和袖珍式声级计。国产声级计有 ND-2 型精密声级计和 PSJ-2 普通声级计。国际标准化组织（ISO）及国际电工委员会（IEC）规定普通声级计的频率范围是 20～8 000 Hz，精密声级计的频率范围为 20～12 500 Hz。

声级计主要由传声器、放大器、衰减器、计权网络、电表电路及电源等部分组成（图 6-4）。

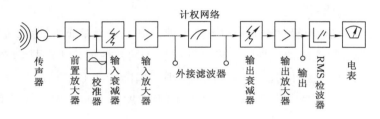

图 6-4　声级计工作示意图

声级计的工作原理是：声压大小经传声器后转换成电压信号，此信号经前置放大器放大后，最后从显示仪表指示出声压级的分贝数值。

传声器也称为话筒或麦克风，它是将声能转换成电能的元件。声压由传声器膜片接受后，将声压信号转换成电信号。传声器的质量是影响声级计性能和测量准确度的关键部位。优质的传声器应满足以下要求：灵敏度高、工作稳定；频率范围宽、频率响应特性平直、失真小；受外界环境（如温度、湿度、振动、电磁波等）影响小；动态范围大。在噪声测量中，根据换能原理和结构的不同，常用的传声器分为晶体传声器、电动式传声器、电容传声器和驻极体传声器。晶体和电动式传声器一般是用于普通声级计；电容和驻极体传声器多用于精密声级计。电容传声器灵敏度高，一般为 10～50 mV/Pa；在很宽的频率范围内（10～20 000 Hz）频率响应平直；稳定性良好，可在 50～150 ℃、相对湿度为 0～100% 的范围内使用。所以，电容传声器是目前较理想的传声器。传声器对整个声级计的稳定性和灵敏度影响很大。因此，使用声级计要合理选择传声器。

放大器和衰减器是声级计和频谱分析仪内部放大和衰减电信号的电子线路。因为传声器把声音信号变成电信号，此电信号一般很微弱，既达不到计权网络分离信号所需的能量，也不能在电表上直接显示，所以需要将信号加以放大，这个工作有前置放大器来完成；当输入信号较强时，为避免表头过载，应对信号加以衰减，这就需要用输入衰减器进行衰减。经过前边处理后的信号必须再由输入放大器进行定量的放大才能进入计权网络。用于声级测量的放大器和衰减器应满足下面几个条件：要有足够大的增益而且稳定；频率响应特性要平直;在声频范围(20～20 000 Hz)内要有足够的动态范围;放大器和衰减器的固有噪声要低;耗电量小。

计权网络是由电阻和电容组成的、具有特定频率响应的滤波器,它能使欲测定的频带顺利地通过,而把其他频率的波尽可能地除去。为了使声级计测出的声压级的大小接近人耳对声音的响应,用于声级计的计权网络是根据等响曲线设计的,即 A、B、C 三种计权网络。

经过计权网络后的信号由输出衰减器衰减到额定值,随即送到输出放大器放大,使信号达到相应的功率输出,输出的信号被送到电表电路进行有效值检波(RMS 检波),送出有效电压,推动电表,显示所测得声压级分贝值。声级计上有阻尼开关能反映人耳听觉动态特性,"F"表示表头为"快"的阻尼状态,它表示信号输入 0.2 s 后,表头上就迅速达到其最大读数,一般用于测量起伏不大的稳定噪声。如果噪声起伏变化超过 4 dB,应使用慢挡"S",它表示信号输入 0.5 s 后,表头指针就达到它的最大读数。

2) PSJ-2 型声级计

为了适用野外测量,声级计电源一般要求电池供电。为了保证测量精度,仪器应进行校准。图 6-5 是一种普通声级计的外形。声级计类型不同其性能也不一样,普通声级计的测量误差为±3 dB,精密声级计的误差为±1 dB。根据国际标准 IEC 61672—2002,声级计分为 1 级和 2 级两种。在参考条件下,1 型声级计的准确度为±0.7 dB,2 型声级计的准确度为±1 dB(不考虑测量不确定度)。

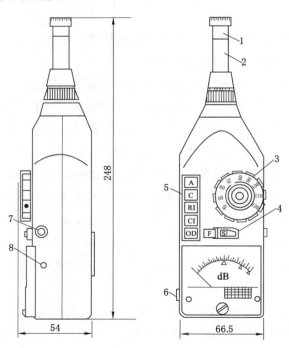

1—测试传声器;2—前置级;3—分贝拨盘;4—快慢(F、S)开关

5—按键;6—输出插孔;7—+10 dB 按钮;8—灵敏度调节孔。

图 6-5 PSJ—2 型声级计

PSJ-2 型声级计使用方法：

（1）按下电源按键（ON），接通电源，预热 30 s，使整机进入稳定的工作状态。

（2）电池校准：分贝拨盘可在任意位置，按下电池按键（BAT），当表针指示超过表面所标的"BAT"刻度时，表示机内电池电能充足，整机可正常工作，否则需要更换电池。

（3）整机灵敏度校准：先将分贝拨盘于 90 dB 位置，然后按下校准"CAL"和"A"（或"C"）按键，这时指针应有指示，用螺丝刀放入灵敏度校准孔进行调节，使表针指在"CAL"刻度上，此时整机灵敏度正常，可进行测量使用。

（4）分贝（dB）拨盘的使用与读数法：转动分贝拨盘选择测量量程，读数时应将量程数加上表针指示数，如当分贝拨盘选择在"90"挡，而表针指示为"4 dB"时，则实际读数为 90＋4＝94（dB）；若指针指示为"－5 dB"时，则读数应为 90－5＝85（dB）。

（5）按钮"＋10 dB"的使用：在测试中当有瞬时大信号出现时，为了能快速正确地进行读数，可按下按钮"＋10 dB"，此时应按分贝拨盘和表针指示的读数再加上 10 dB 作为读数。如果再按按钮"＋10 dB"后，表针指示仍超过满刻度，则应将分贝拨盘转动至更高一挡再进行读数。

（6）表面刻度：有 0.5 dB 与 1 dB 两种分度刻度。0 刻度以上指示值为正值，长刻度为 1 dB 的分度，短刻度为 0.5 dB 的分度；0 刻度以下为负值，长刻度为 5 dB 的分度，短刻度为 1 dB 的分度。

（7）计权网络：本机的计权网络有 A 和 C 两挡，当按下"A"或"C"按键时，则表示测量的计权网络为 A 或 C。当不按按键时，整机不反应测试结果。

（8）表头阻尼开关：当开关处于"F"位置时，表示表头为"快"的阻尼状态；当开关在"S"位置时，表示表头为"慢"的阻尼状态。

（9）输出插口：可将测出的电信号送至示波器，记录仪等仪器。

3）积分平均声级计和积分声级计（噪声暴露计）

积分平均声级计是一种直接显示某一测量时间内被测噪声等效连续声级（L_{eq}）的仪器，通常由声级计及内置的单片计算机组成。单片机是一种大规模集成电路，可以按照事先编制的程序对数据进行运算、处理，进一步在显示器上显示。积分平均声级计的性能应符合国际标准《积分平均声级计》（IEC 804）和国家标准《电声学　声级计　第 1 部分：规范》（GB/T 3785.1－2010）的要求。

积分平均声级计通常具有自动量程衰减器，使量程的动态范围扩大到 80～100 dB，在测量过程中不需要人工调节量程衰减器。积分平均声级计可以预置时间，可设为 10 s、1 min、5 min、10 min、1 h、4 h、8 h 等，当到达预置时间时，测量会自动中断。积分平均声级计除显示 L_{eq} 外，还能显示声暴露级 L_{AE} 和测量经历时间，当然它还可显示瞬时声级。声暴露级 L_{AE} 是在 1 s 期间保持恒定的声级，它与实际变化的噪声在此期间内具有相同的能量。声暴露级用来评价单发噪声事件，如飞机飞越以及轿车和卡车开过时的噪声。知道了测量经历时间和此时间内的等效连续声级，就可以计算出声暴露级。

积分平均声级计不仅测量出噪声随时间的平均值，即等效连续声级，而且可以测出噪声在空间分布不均匀的平均值。只要在需要测量的空间移动积分平均声级计，就可测量出随地点变动的噪声的空间平均值。

积分平均声级计主要用于环境噪声的测量和工厂噪声测量,尤其适宜作为环境噪声超标排污收费使用。典型产品有 AWA5610B 型和 AWA5671 型积分平均声级计。它们还具有测量噪声暴露量或噪声剂量的功能,并可外接滤波器进行频谱分析。

作为个人使用的测量噪声暴露量的仪器叫作个人声暴露计。另一种测量并指示噪声剂量的仪器叫噪声剂量计。噪声剂量以规定的允许噪声暴露量作为 100%,如规定每天工作 8 h,噪声标准为 85 dB,也就是噪声暴露量为 1 Pa^2·h,则以此为 100%。对于其他噪声暴露量,可以计算相应的噪声剂量值。世界各国的噪声允许标准不同,而且还会修改,如美国、加拿大等国暴露时间减半,允许噪声声级增加 5 dB,而我国及其他大多数国家仅允许增加 3 dB。因此,不同国家、不同时期所指的噪声剂量不能互相比较。个人声暴露计主要用在劳动卫生、职业病防治所和工厂、企业对职工作业场所的噪声进行监测。典型产品是 AWA5911 型个人声暴露计,它的体积仅为一支钢笔大小,可插在上衣口袋内进行测量,可以直接显示声暴露量、噪声剂量以及瞬时声级、等效声级和暴露时间等。

4) 声级频谱仪

频谱仪是测量噪声频谱的仪器,它的基本组成大致与声级计相似。但是频谱分析仪中,设置了完整的计权网络(滤波器)。借助于滤波器的作用,可以将声频范围内的频率分成不同的频带进行测量。例如:作为倍频程划分时,滤波器置于中心频率 500 Hz,通过频谱分析仪的则是 355~710 Hz 的噪声,其他频率就不能通过,因此在频谱分析仪上所显示的就是频率为 355~710 Hz 噪声的声压级,其他类推。由于频谱分析仪能分别测量噪声中所包含的各种频带的声压级。所以,它是进行噪声频谱分析不可缺少的仪器。一般情况下,进行频谱分析时,都采用倍频程划分频带。如果对噪声要进行更详细的频谱分析,就要用窄频带分析仪,如用 1/3 频程划分频带。在没有专用的频谱分析仪时,也可以把适当的滤波器接在声级计上进行频谱测定。

6.3 噪声监测

人类的听觉是很复杂的,具有多种属性,其中包括区分声音的高低和强弱两种属性。听觉区分声音的高低,用音调来表示,它主要依赖于声音的频率,但也与声压和波形有关;听觉判别声音的强弱用响度来表示,它主要靠声压,但也和频率及波形有关。在噪声测量中多采用声级,特别是用 A 声级来表示噪声的强弱。这种测量方法在比较具有相似频谱的噪声时颇为有效。在考察噪声对人们的危害程度时,除了要分析噪声的强度和频率外,还要注意噪声的作用时间,因为噪声对人的危害程度与这三个因素均有关。

6.3.1 声环境功能区噪声监测

1) 声环境功能区划分与噪声限值

声环境功能区监测是为评价不同声环境功能区昼间、夜间的声环境质量,了解功能区环境噪声时空分布特征。《声环境功能区划分技术规范》(GB/T 15190—2014)和《声环境质量标准》(GB 3096—2008)均规定了按区域的使用功能特点和环境质量要求,声环境功能区分为以下五种类型:0 类声环境功能是指康复疗养区等特别需要安静的区域;1 类声环境功能区是指以居民住宅、医疗卫生、文化教育、科研设计、行政办公为主要功能,需要保持安静的区域;2 类声环境功能区是指以商业金融、集市贸易为主要功能,或者居住、商业、工业混杂,需要维护住宅安静的区域;3 类声环境功能是指以工业生产、仓储物流为主要功能,需要防止工业噪声对周围环境产生严重影响的区域;4 类声环境功能区是指交通干线两侧一定距离之内,需要防止交通噪声对周围环境产生严重影响的区域,包括 4a 类和 4b 类两种类型。4a 类为高速公路、一级公路、二级公路、城市快速路、城市主干路、城市次干路、城市轨道交通(地面段)、内河航道两侧区域;4b 类为铁路干线两侧区域。

各类声环境功能区适用表 6-4 规定的环境噪声等效声级限值,并要求各类声环境功能区夜间突发噪声,其最大声级超过环境噪声限值的幅度不得高于 15 dB(A)。

表 6-4 环境噪声限值

声环境功能区类别	时段		昼间/dB(A)	夜间/dB(A)
0 类			50	40
1 类			55	45
2 类			60	50
3 类			65	55
4 类	4a 类		70	55
	4b 类		70	60

2)噪声测量仪器要求

测量仪器精度为 2 型及 2 型以上的积分平均声级计或环境噪声自动监测仪器,其性能需符合《电声学 声级计 第 1 部分:规范》(GB/T 3785.1—2010)的规定,并定期校验。测量前后使用声校准器校准测量仪器的示值偏差不得大于 0.5 dB,否则测量无效。声校准器应满足《电声学 声校准器》(GB/T 15173—2010)对 1 级或 2 级声校准器的要求。测量时传声器应加防风罩。

3)测点选择的一般要求

根据监测对象和目的,可选择以下三种测点条件(指传声器所置位置)进行环境噪声的测量:

(1)一般户外。距离任何反射物(地面除外)至少 3.5 m 外测量,距地面高度 1.2 m 以上。必要时可置于高层建筑上,以扩大监测受声范围。使用监测车辆测量,传声器应固定在车顶部 1.2 m 高度处。

(2)噪声敏感建筑物户外。噪声敏感建筑物指医院、学校、机关、科研单位、住宅等需要保持安静的建筑物。在噪声敏感建筑物外,距墙壁或窗户 1 m 处,距地面高度 1.2 m 以上。

（3）噪声敏感建筑物室内。距离墙面和其他反射面至少 1 m,距窗约 1.5 m 处,距地面 1.2～1.5 m 高。

4）声环境功能区监测

（1）定点监测法。选择能反映各类功能区声环境质量特征的监测点 1 至若干个,进行长期定点监测,每次测量的位置、高度应保持不变。对于 0、1、2、3 类声环境功能区,该监测点应为户外长期稳定、距地面高度为声场空间垂直分布的可能最大值处,其位置应能避开反射面和附近的固定噪声源;4 类声环境功能区监测点设于 4 类区内第一排噪声敏感建筑物户外交通噪声空间垂直分布的可能最大值处。声环境功能区监测每次至少进行一昼夜 24 小时的连续监测,得出每小时及昼间、夜间的等效声级 L_{eq}、L_d、L_n 和最大声级 L_{max}。用于噪声分析目的,可适当增加监测项目,如累积百分声级 L_{10}、L_{50}、L_{90} 等。监测应避开节假日和非正常工作日。

各监测点位测量结果独立评价,以昼间等效声级 L_d 和夜间等效声级 L_n 作为评价各监测点位声环境质量是否达标的基本依据。一个功能区设有多个测点的,应按点次分别统计昼间、夜间的达标率。

全国重点环保城市以及其他有条件的城市和地区宜设置环境噪声自动监测系统,进行不同声环境功能区监测点的连续自动监测。环境噪声自动监测系统主要由自动监测子站和中心站及通信系统组成,其中自动监测子站由全天候户外传声器、智能噪声自动监测仪器、数据传输设备等构成。

（2）0 至 3 类声环境功能区普查监测。将要普查监测的某一声环境功能区划分成多个等大的正方格,网格要完全覆盖住被普查的区域,且有效网格总数应多于 100 个。测点应设在每一个网格的中心,测点条件为一般户外条件。监测分别在昼间工作时间和夜间 22:00 至 24:00（时间不足可顺延）进行。在前述测量时间内,每次每个测点测量 10 min 的等效声级 L_{eq},同时记录噪声主要来源。监测应避开节假日和非正常工作日。

将全部网格中心测点测得的 10 min 的等效声级 L_{eq} 做算术平均运算,所得到的平均值代表某一声环境功能区的总体环境噪声水平,并计算标准偏差。根据每个网格中心的噪声值及对应的网格面积,统计不同噪声影响水平下的面积百分比,以及昼间、夜间的达标面积比例。有条件可估算受影响人口。

（3）4 类声环境功能区普查监测。以自然路段、站场、河段等为基础,考虑交通运行特征和两侧噪声敏感建筑物分布情况,划分典型路段（包括河段）。在每个典型路段对应的 4 类区边界上（指 4 类区内无噪声敏感建筑物存在时）或第一排噪声敏感建筑物户外（指 4 类区内有噪声敏感建筑物存在时）选择 1 个测点进行噪声监测。这些测点应与站、场、码头、岔路口、河流汇入口等相隔一定的距离,避开这些地点的噪声干扰。监测分昼、夜两个时段进行。分别测量如下规定时间内的等效声级 L_{eq} 和交通流量,对铁路、城市轨道交通线路（地面段）,应同时测量最大声级 L_{max},对道路交通噪声应同时测量累积百分声级 L_{10}、L_{50}、L_{90}。

根据交通类型的差异,规定的测量时间为:铁路、城市轨道交通（地面段）、内河航道两侧,昼、夜各测量不低于平均运行密度的 1 h 值,若城市轨道交通(地面段)的运行车次密集,测量时间可缩短至 20 min;高速公路、一级公路、二级公路、城市快速路、城市主干路、城市次干路两侧,昼、夜各测量不低于平均运行密度的 20 min 值。监测应避开节假日和非正常工作日。

将某条交通干线各典型路段测得的噪声值,按路段长度进行加权算术平均,以此得出某条交通干线两侧 4 类声环境功能区的环境噪声平均值。也可对某一区域内的所有铁路、确定为交通干线的道路、城市轨道交通(地面段)、内河航道按前述方法进行长度加权统计,得出针对某一区域某一交通类型的环境噪声平均值。根据每个典型路段的噪声值及对应的路段长度,统计不同噪声影响水平下的路段百分比,以及昼间、夜间的达标路段比例。有条件可估算受影响人口。对某条交通干线或某一区域某一交通类型采取抽样测量的,应统计抽样路段比例。

5)噪声敏感建筑物监测

噪声敏感建筑物监测的目的是了解噪声敏感建筑物户外(或室内)的环境噪声水平,评价是否符合所处声环境功能区的环境质量要求。

监测点一般设于噪声敏感建筑物户外。不得不在噪声敏感建筑物室内监测时,应在门窗全打开状况下进行室内噪声测量,并采用较该噪声敏感建筑物所在声环境功能区对应环境噪声限值低 10 dB(A)的值作为评价依据。

对敏感建筑物的环境噪声监测应在周围环境噪声源正常工作条件下测量,视噪声源的运行工况,分昼、夜两个时段连续进行。根据环境噪声源的特征,可优化测量时间。受固定噪声源的噪声影响时,对稳态噪声测量 1 min 的等效声级 L_{eq},对非稳态噪声测量整个正常工作时间(或代表性时段)的等效声级 L_{eq}。受交通噪声源的噪声影响,对于铁路、城市轨道交通(地面段)、内河航道,昼、夜各测量不低于平均运行密度的 1 h 等效声级 L_{eq},若城市轨道交通(地面段)的运行车次密集,测量时间可缩短至 20 min;对于道路交通,昼、夜各测量不低于平均运行密度的 20 min 等效声级 L_{eq}。以上监测对象夜间存在突发噪声的,应同时监测测量时段内的最大声级 L_{max}。稳态噪声是指在测量时间内,被测声源的声级起伏不大于 3 dB(A)的噪声,非稳态噪声是指在测量时间内,被测声源的声级起伏大于 3 dB(A)的噪声。

以昼间、夜间环境噪声源正常工作时段的 L_{eq} 和夜间突发噪声 L_{max} 作为评价噪声敏感建筑物户外(或室内)环境噪声水平,是否符合所处声环境功能区的环境质量要求的依据。

6)其他注意事项

测量应在无雨雪、无雷电天气,风速 5 m/s 以下时进行。

测量记录应包括以下事项:日期、时间、地点及测定人员;使用仪器型号、编号及其校准记录;测定时间内的气象条件(如风向、风速、雨雪等天气状况);测量项目及测定结果;测量依据的标准;测点示意图;声源及运行工况说明(如交通噪声测量的交通流量等);其他应记录的事项。

6.3.2 工业企业厂界环境噪声测量

1)工业企业厂界噪声排放限值

工业企业厂界环境噪声指在工业生产活动中使用固定设备等产生的、在厂界处进行测量和控制的干扰周围生活环境的声音。《工业企业设计卫生标准》(GBZ 1—2010)要求工业企业噪声控制设计时"对生产工艺、操作维修、降噪效果进行综合分析,采用行之有效的新技术、新材料、新工艺、新方法,对生产过程和设备产生的噪声,应首先从声源上进行控制"。《工业企业厂界环境噪声排放标准》(GB 12348—2008)规定了工业企业厂界环境噪声不得超过表 6-5 规定的排放限值。夜间频发噪声的最大声级超过限值的幅度不得高于10 dB(A)。夜间偶发噪声的最大声级超过限值的幅度不得高于 15 dB(A)。工业企业若位于未划分声环境功能区的区域,当厂界外有噪声敏感建筑物时,由当地县级以上人民政府参照《声环境质量标准》(GB 3096—2008)和《声环境功能区划分技术规范》(GB/T 15190—2014)的规定确定厂界外区域的声环境质量要求,并执行相应的厂界环境噪声排放限值。当厂界与噪声敏感建筑物距离小于 1 m 时,厂界环境噪声应在噪声敏感建筑物的室内测量,并将表 6-5 中相应的限值减 10 dB(A)作为评价依据。

表 6-5　工业企业厂界环境噪声排放限值

厂界外声环境功能区类别	昼间/dB(A)	夜间/dB(A)
0	50	40
1	55	45
2	60	50
3	65	55
4	70	55

2) 测量的一般要求

测量仪器为积分平均声级计或环境噪声自动监测仪,其性能应不低于《电声学 声级计第 1 部分:规范》(GB/T 3785.1—2010)对 2 型仪器的要求。测量 35 dB 以下的噪声应使用1 型声级计,且测量范围应满足所测量噪声的需要。校准所用仪器应符合《电声学 声校准器》(GB/T 15173—2010)对 1 级或 2 级声校准器的要求。当需要进行噪声的频谱分析时,仪器性能应符合《电声学 倍频程和分数倍频程滤波器》(GB/T 3241—2010)中对滤波器的要求。

测量仪器和校准仪器应定期检定合格,并在有效使用期限内使用;每次测量前、后必须在测量现场进行声学校准,其前、后校准示值偏差不得大于 0.5 dB,否则测量结果无效。测量时传声器加防风罩。测量仪器时间计权特性设为"F"挡,采样时间间隔不大于 1 s。

测量应在无雨雪、无雷电天气,风速为 5 m/s 以下时进行。不得不在特殊气象条件下测量时,应采取必要措施保证测量准确性,同时注明当时所采取的措施及气象情况。测量应在被测声源正常工作时间进行,同时注明当时的工况。

3) 测点位置要求

根据工业企业声源、周围噪声敏感建筑物的布局以及毗邻的区域类别,在工业企业厂界布设多个测点,其中包括距噪声敏感建筑物较近以及受被测声源影响大的位置。

一般情况下,测点选在工业企业厂界外 1 m、高度 1.2 m 以上。当厂界有围墙且周围有受影响的噪声敏感建筑物时,测点应选在厂界外 1 m、高于围墙 0.5 m 以上的位置。当厂界无法测量到声源的实际排放状况时(如声源位于高空、厂界设有声屏障等),在受影响的噪声敏感建筑物户外 1 m 处增设测点。室内噪声测量时,室内测量点位设在距任一反射面至少 0.5 m 以上、距地面 1.2 m 高度处,在受噪声影响方向的窗户开启状态下测量。固定设备结构传声至噪声敏感建筑物室内,在噪声敏感建筑物室内测量时,测点应距任一反射面至少 0.5 m 以上、距地面 1.2 m、距外窗 1 m 以上,窗户关闭状态下测量。被测房间内的其他可能干扰测量的声源(如电视机、空调机、排气扇以及镇流器较响的日光灯、运转时出声的时钟等)应关闭。

4)测量时段

分别在昼间、夜间两个时段测量。夜间有频发、偶发噪声影响时同时测量最大声级。被测声源是稳态噪声,采用 1 min 的等效声级。被测声源是非稳态噪声,测量被测声源有代表性时段的等效声级,必要时测量被测声源整个正常工作时段的等效声级。

5)测量记录

噪声测量时需做测量记录。记录内容应主要包括:被测量单位名称、地址、厂界所处声环境功能区类别、测量时气象条件、测量仪器、校准仪器、测点位置、测量时间、测量时段、仪器校准值(测前、测后)、主要声源、测量工况、示意图(厂界、声源、噪声敏感建筑物、测点等位置)、噪声测量值、背景值、测量人员、校对人、审核人等相关信息。

噪声测量值与背景噪声值相差大于 10 dB(A)时,噪声测量值不做修正。噪声测量值与背景噪声值相差在 3~10 dB(A)时,噪声测量值与背景噪声值的差值取整后,按表 6-6 进行修正。

表 6-6　测量结果修正表

单位:db(A)

差值	3	4~5	6~10
修正值	-3	-2	-1

噪声测量值与背景噪声值相差小于 3 dB(A)时,应采取措施降低背景噪声后,视情况执行;仍无法满足前两款要求的,应按《环境噪声监测技术规范　噪声测量值修正》(HJ 706—2014)的有关规定执行。

各个测点的测量结果应单独评价。同一测点每天的测量结果按昼间、夜间进行评价。取最大声级 L_{max} 直接评价。

6.3.3　工作场所噪声测量

工业企业生产所产生的噪声不仅对生活环境造成危害,更直接严重危害工作场所的劳动者。工作场所的噪声测量、分析和评价对于评估噪声对工作者健康、舒适、安全和工作效率的潜在影响十分重要。工作场所噪声是物理性危害因素,《工作场所有害因素职业接触限值　第 2 部分:物理因素》(GBZ 2.2—2007)、《工作场所物理因素测量　第 8 部分:噪声》(GBZ/T 189.8—2007)、《工作场所职业病危害作业分级　第 4 部分:噪声》(GBZ/T 229.4—2012)、《工业企业噪声控制设计规范》(GB/T 50087—2013)、《声学　职业噪声暴露的测定　工程法》(GB/T 21230—2014)等国家标准对工作场所的噪声测量与控制均提出了相关规定。《噪声职业病危害风险管理指南》(AQ/T 4276—2016)规定劳动者职业暴露的噪声强度等效声级大于或等于 80 dB(A)且小于 90 dB(A)的岗位,用人单位应每年对该岗位工作场所噪声及劳动者噪声暴露情况至少进行一次测量,劳动者职业暴露的噪声强度等效声级大于或等于 90 dB(A)的岗位,用人单位应每半年对该岗位工作场所噪声及劳动者噪声暴露情况进行一次测量;如果设备、生产工艺、岗位人员或者维护程序发生变化影响了噪声暴露水平时,测量应在发生变化的 3 个月内重复进行。

1) 工业企业噪声控制设计限值

生产车间的噪声限值为噪声职业接触限值,噪声职业接触限值指劳动者在职业活动过程中长期反复接触,对绝大多数接触者的健康不引起有害作用的噪声容许接触水平。工业企业内各类工作场所噪声限值应符合表 6-7 的规定。生产车间噪声限值为每周工作 5 d,每天工作 8 h 等效声级;对于每周工作 5 d,每天工作时间不是 8 h,需计算 8 h 等效声级;对于每周工作日不是 5 d,需计算 40 h 等效声级;室内背景噪声级指室外传入室内的噪声级。

表 6-7　各类工作场所噪声限值

工作场所	噪声限值/dB(A)
生产车间	85
车间内值班室、观察室、休息室、办公室、实验室、设计室室内背景噪声级	70
正常工作状态、精密装配线、精密加工车间、计算机房	70
主控室、集中控制室、通信室、电话总机室、消防值班室,一般办公室、会议室、设计室、实验室室内背景噪声级	60
医务室、教室、值班宿舍室内背景噪声级	55

工业企业脉冲噪声 C 声级峰值不得超过 140 dB。工业企业厂界噪声限值应符合现行国家标准《工业企业厂界环境噪声排放标准》(GB 12348—2008)的有关规定。

实际工作中,对于每天接触噪声不足 8 h 的工作场所,也可根据实际接触噪声的时间和测量(或计算)的等效声级,按照接触时间减半噪声接触限值增加 3 dB(A)的原则,根据表 6-8 确定噪声接触限值。

表 6-8　工作场所噪声等效声级接触限值

日接触时间/h	接触限值/dB(A)	日接触时间/h	接触限值/dB(A)
8	85	4	88
2	91	1	94
0.5	97		

2) 工作场所噪声测量

工作场所的噪声测量须依照《工作场所物理因素测量 第 8 部分:噪声》(GBZ/T 189.

8—2007)、《工作场所职业病危害作业分级 第4部分:噪声》(GBZ/T 229.4—2012)、《工作场所有害因素职业接触限值 第2部分:物理因素》(GBZ 2.2—2007)等标准进行。

为正确选择测量点、测量方法和测量时间等,必须在测量前对工作场所进行现场调查。调查内容主要包括:工作场所的面积、空间、工艺区划、噪声设备布局等,绘制略图;工作流程的划分、各生产程序的噪声特征、噪声变化规律等;预测量,判定噪声是否稳态、分布是否均匀;工作人员的数量、工作路线、工作方式、停留时间等。

测量仪器可用声级计、积分声级计或个人噪声剂量计。固定的工作岗位选用声级计;流动的工作岗位优先选用个人噪声剂量计,或对不同的工作地点使用声级计分别测量,并计算等效声级。测量前应根据仪器校正要求对测量仪器校正。

工作场所声场分布均匀[测量范围内A声级差别<3 dB(A)],选择3个测点,取平均值。工作场所声场分布不均匀时,应将其划分若干声级区,同一声级区内声级差<3 dB(A)。每个区域内,选择2个测点,取平均值。劳动者工作是流动的,在流动范围内,对工作地点分别进行测量,计算等效声级。

传声器应放置在劳动者工作时耳部的高度,站姿为1.50 m,坐姿为1.10 m。传声器的指向为声源的方向。测量仪器固定在三脚架上,置于测点;若现场不适于放置三脚架,可手持声级计,但应保持测试者与传声器的间距>0.5 m。稳态噪声的工作场所,每个测点测量3次,取平均值。非稳态噪声的工作场所,根据声级变化(声级波动≥3 dB)确定时间段,测量各时间段的等效声级,并记录各时间段的持续时间。脉冲噪声测量时,应测量脉冲噪声的峰值和工作日内脉冲次数。

测量应在正常生产情况下进行。工作场所风速超过3 m/s时,传声器应戴风罩。应尽量避免电磁场干扰。在进行现场测量时,测量人员应注意个体防护。

测量记录应该包括:测量日期、测量时间、气象条件(温度、相对湿度)、测量地点(单位、厂矿名称、车间和具体测量位置)、被测仪器设备型号和参数、测量仪器型号、测量数据、测量人员及工时记录等。

3) 使用个人噪声剂量计的抽样方法

使用个人噪声剂量计的抽样原则是在现场调查的基础上,根据检测的目的和要求,选择抽样调查对象。在工作过程中,凡接触噪声危害的劳动者都列为抽样对象范围。抽样对象中应包括不同工作岗位的、接触噪声危害最高和接触时间最长的劳动者,其余的抽样对象随机选择。每种工作岗位劳动者数不足3名时,全部选为抽样对象,劳动者多于3名时,按表6-9选择,测量结果取平均值。

表6-9 抽样对象及数量

劳动者数	采样对象数
3~5	2
6~10	3
>10	4

4）工业企业噪声控制一般规定

随着我国经济、科技的发展，工业企业数量越来越多，噪声源不断增多，这使得工业、企业引起的噪声问题日益突出，要求降低噪声、改善工业企业内外声环境的呼声日益强烈。《工业企业噪声控制设计规范》(GB/T 50087—2013)从防止工业企业噪声的危害、保障职工的身体健康、保证安全生产与正常工作、保护环境等角度出发，对工业企业的新建、改建、扩建与技术改造工程提出了噪声控制设计的若干规定，涵盖工业企业噪声控制设计限值、工业企业总体设计中的噪声控制、隔声设计、消声设计、吸声设计、隔振降噪设计等内容。

（1）工业企业的新建、改建和扩建工程的噪声控制设计应与工程设计同时进行。

（2）工业企业噪声控制设计，应对生产工艺、操作维修、降噪效果、技术经济性进行综合分析。

（3）对于生产过程和设备产生的噪声，应首先从声源上进行控制，以低噪声的工艺和设备代替高噪声的工艺和设备；如仍达不到要求，则应采用隔声、消声、吸声、隔振以及综合控制等噪声控制措施。

（4）对于采取相应噪声控制措施后其噪声级仍不能达到噪声控制设计限值的车间及作业场所，应采取个人防护措施。

第7章 工业通风参数检测

在工业生产过程中,通常会存在各种污染物(粉尘、有毒有害气体)以及余热和余湿,会使工作场所环境空气受到污染和破坏,危害人类的健康,影响生产过程中的正常运行。工业通风的主要作用在于排出工作场所污染的或余湿、过热或过冷的空气,送入外界清洁空气,以改善作业场所空气环境。因此,对工业通风参数如通风压力、风速、温度以及空气成分等均应进行有效检测,保证空气质量。本章主要介绍通风压力、风速和温度等检测原理与仪表。

7.1 通风压力测量

根据使用的不同要求,通风压力测量仪表可以有指示、记录和带有远传变送、报警和调节装置等多种形式。压力的显示通常采用机械指针位移式和数字显示式两种方式。通风压力测量仪表按其转换原理不同,可分为三类:平衡式通风测压仪表、弹性式通风测压仪表及电气压力传感器。前两类属机械压力传感器仪表,而电气压力传感器按原理又可划分为电位器式、应变式、电感式、霍尔式、振频式、压阻式、压电式、电容式等。

7.1.1 通风压力基本知识

1) 压力的概念

工程上把垂直均匀作用在单位面积上的力称为压力,即物理学中定义的压强。压力在国际单位制中的单位是 N/m^2,通常称为帕斯卡或简称帕(Pa)。由于帕的单位很小,工业上一般采用千帕(kPa)或兆帕(MPa)作为压力的单位。在工程上还有一些习惯使用的压力单位,如我国在实行法定计量单位前使用的工程大气压(kgf/cm^2),它是指每平方厘米的面积上垂直作用 1 千克力(kgf)的压力;标准大气压(760 mmHg)是指 0 ℃时水银密度为 13.595 1 g/cm^3,在标准重力加速度 9.806 65 m/s^2 下高 760 mm 水银柱对底面的压力;毫米水柱(mmH_2O)是指标准状态下高 1 mm 的水柱对底面的压力;毫米汞柱(mmHg)指标准状态下高 1 mm 的水银柱对底面的压力等。压力有多种不同的描述方法。

(1)绝对压力:作用于物体表面上的全部压力,其零点以绝对真空为基准,又称总压力或全压力,一般用大写字母 P 表示。

(2)大气压力:地球表面上的空气柱重量所产生的压力,以 P_0 表示。

（3）相对压力：绝对压力与大气压力之差，一般用 P 表示。当绝对压力大于大气压力时，称为正压力，简称压力，又称表压力；当绝对压力小于大气压力时，称为负压，负压又可用真空度表示，负压的绝对值称为真空度。

（4）压差：任意两个压力之差称为压差，压差是工程上的习惯用语。

2）压力范围的划分

为了测量方便，根据所测压力高低不同，习惯上把压力划分成不同的区间。在各区间内，压力的发生和测量都有较大差别。压力范围的划分对测压仪表的分类也有较大影响。

（1）微压压力在 0～0.1 MPa。

（2）低压压力在 0.1～10 MPa。

（3）高压压力在 10～600 MPa。

（4）超高压压力高于 600 MPa。

（5）真空（以绝对压力表示）：

① 粗真空：$1.333\ 2\times10^3$～$1.013\ 3\times10^5$ Pa；

② 低真空：$0.133\ 32$～$1.333\ 2\times10^3$ Pa；

③ 高真空：$1.333\ 2\times10^{-6}$～$0.133\ 32$ Pa；

④ 超高真空：$1.333\ 2\times10^{-10}$～$1.333\ 2\times10^{-6}$ Pa；

⑤ 极高真空：$<1.333\ 2\times10^{-10}$ Pa。

3）压力仪表的分类

（1）按敏感元件和转换原理的特性不同分类。

① 液柱式压力计。根据液体静力学原理，把被测压力转换为液柱的高度来实现测量，如 U 形管压力计、单管压力计和斜管压力计等。

② 弹性式压力计。根据弹性元件受力变形的原理，把被测压力转换为位移来实现测量，如弹簧管压力计、膜片压力计和波纹管压力计等。

③ 负荷式压力计。基于静力平衡原理测量，如活塞式压力计、浮球式压力计等。

④ 电测式压力仪表。利用敏感元件将被测压力转换为各种电量，根据电量的大小间接进行检测。电阻、电感、感应式压力计是把弹性元件的变形转换成相应的电阻、电感或者感应电势的变化，再通过对电阻、电感或电势的测量来测量压力；霍尔式压力计是弹性元件的变形经霍尔元件的变换，变成霍尔电势输出，再根据电势大小测量压力；应变式压力计是应用应变片（丝）直接测量弹性元件的应变来测量压力；电容式压力计是把弹性膜片作为测量电容的一个极，当压力变化时使极向电容发生变化，根据电容变化测量压力；振弦式压力计是用测量弹性元件位移的方法通过测量一端固定在膜片（弹性元件）中心的钢弦频率，从而测量出压力；压电式压力计是利用压电晶体的压电效应测量压力。

（2）按测量压力的种类分类，可分为压力表、真空表、绝对压力表和差压压力表。

（3）按仪表的精确度等级分类：

① 一般压力表精确度等级有 1 级、1.5 级、2.5 级和 4 级；

② 精密压力表精确度等级有 0.4 级、0.25 级、0.16 级、0.1 级和 0.05 级数字压力表；

③ 活塞式压力计 0.2 级（三等）、0.05 级（二等）、0.02 级（一等）。

除上述一些分类方法外，还有根据使用用途划分的，如标准压力计、实验室压力计、工业用压力计等。

7.1.2 平衡式通风压力检测仪表

平衡式测压是通过仪表使液柱高差的重力或砝码的重量与被测通风压力相平衡的原理来测量通风压力，后者往往被用作检验通风压力仪表的方法。液柱式压力计是安全工程中常用的通风压力检测仪表。

1）液柱式压力计

液柱式压力计以液体静力学原理为理论基础。其结构简单，使用方便，尤其在低静压下，这些优点更显突出。因此，在现场和实验室中广泛用来测量小于 0.13 MPa 的低压、负压和压力差。它也常作为校验低压和微压仪表的标准仪器。液柱式压力计的缺点是体积大，读数不方便及玻璃管易破损等。液柱式压力计采用水银、水或酒精作为工作液。

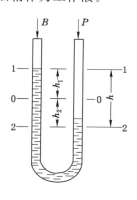

（1）U 形压力计。U 形压力计是 U 形玻璃管内充填工作液制成，如图 7-1 所示。U 形管的一端接受被测压力 P，另一端接受大气压力 B。当 $P > B$ 时，P 侧液柱下降，B 侧液柱升高，直至两侧液柱高差的重力与 P、B 的压差平衡。反之，当 $B > P$ 时，P 侧液柱上升，B 侧液柱下降。根据静力学原理分析，图 7-1 中，在压力 P 的作用下，当达到压力平衡时，管内在水平面 2—2 处的压力相同。即作用在右侧液面上的被测压力 P，与左侧高度为 h 的液柱之重力 $\rho g h$、大气压力 B 之和相平衡，因此压力平衡方程为：

$$P = \rho g h + B \qquad (7\text{-}1)$$

P—被测压力；B—大气压力

图 7-1 U 形压力计

式中：ρ 为工作液密度，kg/m³；g 为重力加速度，m/s²；h 为液柱高差，m。

被测的工作压力 p 为：

$$p = P - B = \rho g h \qquad (7\text{-}2)$$

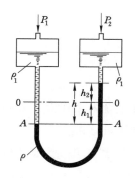

图 7-2 用 U 形压力计实现微压测量

由式(7-1)和式(7-2)可知，当 U 形管内工作液选定后，被测工作压力 p 与液柱高差 h 成正比，这就是液柱压力平衡式测量压力原理。对于 U 形管，重要的是保持管内径在直管部分的均匀一致，否则液柱高差 h 将会因此受到影响而产生误差。管径越小，这种误差越大，因此，一般不采用很小的管径。安放 U 形压力计应注意保持其垂直位置，以免因倾斜而产生附加误差。

由式(7-2)还可看出，对于同一个被测压力 p，工作液的密度 ρ 越小，则液柱高差 h 越大，即精密度越高。所以，为了提高测量精度，宜选用密度小的工作液，如酒精（$\rho = 0.81$ g/cm³）。

可用 U 形压力计实现微压测量（图 7-2）。即在 U 形管两侧上端各加接一个杯形容器,且都倒进密度为 ρ_1 的另一种工作液,选取工作液应与 U 形管内原有的工作液(密度为 ρ)不发生物理和化学变化,不会互相混溶,二者之间有清晰的分界面,$\rho > \rho_1$。压力计两侧各接受压力 P_1 和 P_2。

测量前,$P_1 = P_2$,保持原工作液在 U 形管两侧平衡于 0—0 水平面。

测量微小压差 $P_1 - P_2$,若 $P_1 > P_2$,则原工作液在 P_1 侧下降,P_2 侧上升。当达到压力平衡时,工作液在两侧产生高差 h,于是有:

$$P_1 - P_2 \approx (\rho - \rho_1)gh \tag{7-3}$$

即使 $P_1 - P_2$ 很小,但只要选取工作液使 ρ_1 和 ρ 接近,$\rho - \rho_1$ 很小,h 值就会较大,这就保证了微压的测量。

使用 U 形压力计,一次测量,需在两侧管上同时读取两个读数 h_1 和 h_2,给使用带来不便,特别是当通风的压力波动较大时,尤其如此。另一方面,因其受到读数精度和毛细现象的影响,使测量结果带来误差,两次读数则更增加这些误差。当标尺最小分格为 1 mm 时,估计两次读数总误差为 2 mm。U 形管内径一般为 5~20 mm,为了减少毛细现象带来的误差,内径最好不小于 10 mm。

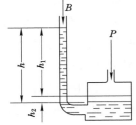

图 7-3 杯形压力计

(2) 杯形压力计(单管式压力计)。为了克服 U 形压力计的上述缺点,将 U 形管的一侧管子改为大直径的杯形容器,这就是杯形压力计,如图 7-3 所示。

其中杯形容器内径 D 远大于细管内径 d。尽管杯形压力计的形状不同于 U 形压力计,但测量通风压力的原理并无差异,式(7-2)在此仍然适用。由于是连通管,杯内液体的下降量应等于细管内液体上升量,即:

$$\frac{\pi}{4}D^2 h_2 = \frac{\pi}{4}d^2 h_1 \tag{7-4}$$

于是:

$$h_2 = \frac{d^2}{D^2}h_1 \tag{7-5}$$

将上式代入式(7-2),得:

$$p = \rho g h = \rho g (h_1 + h_2) = \rho g h_1 \left(1 + \frac{d^2}{D^2}\right) \tag{7-6}$$

由于 $D \gg d$,故 d^2/D^2 可以忽略,式(7-6)可简化为:

$$p = \rho g h_1 \tag{7-7}$$

由式(7-6)或式(7-7)可以看出,当选定密度为 ρ 的工作液后,测量管内工作液上升高度 h_1 就可得到被测压力 p 的大小,即杯形压力计只须一次读数可得到测量结果。

式(7-7)因略去 d^2/D^2 项,它比式(7-6)的测量误差较大。当 $d^2/D^2 \leqslant 0.01$ 时,其所致误差 $\leqslant 1\%$。为了使这种误差更小,须使比值 d^2/D^2 更小,例如 $d = 5$ mm,$D = 150$ mm,则 $d^2/D^2 = 1/900$,此项所致误差可略。

杯形压力计因其只有一根细管,故亦称作单管式压力计。若将数根细管连至同一个大型杯形容器,则成为多管式压力计,它常用来同时测量风道内各处负压。杯形容器与大气相通,各细管分别连至风道各段测点,此时各细管中的液柱高度即表示各处负压。

水银管式气压计也是杯形压力计,它常用来测量空气的绝对静压。如图 7-4 所示,水银管式气压计由一个水银盛杯和一个玻璃管构成。玻璃管下端插入水银盛杯中,上端密闭,其内形成绝对真空。由于盛杯水银表面受到空气压力,玻璃管内的水银上升一定高度,管中水银面与盛杯水银面的高差就是所测空气的绝对静压。

水银管式气压计属固定式装置,一般置于实验室、测量室、机房或硐室壁上以测量大气压力或用以校对其他压力计。

（3）斜管压力计。斜管压力计的作用原理与杯形压力计完全相同,只是其测量管倾斜放置,如图 7-5 所示,这样放置可以提高测量精度。

斜管压力计完全可以类比杯形压力计的分析,其不同之处在于:

$$h_1 = l\sin\alpha \tag{7-8}$$

$$h = h_1 + h_2 = l\left(\sin\alpha + \frac{d^2}{D^2}\right) \tag{7-9}$$

式中:α 为测量管的倾斜角度,(°)。

将上式代入式(7-2),得到:

$$p = \rho gh = \rho gl\left(\sin\alpha + \frac{d^2}{D^2}\right) \tag{7-10}$$

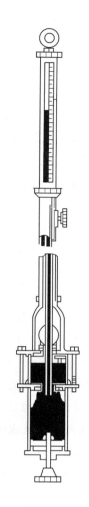

图 7-4　水银管式气压计

当 $D \gg d$ 时,同样可忽略 d^2/D^2 ,于是式(7-10)可以简化为:

$$p = \rho gl\sin\alpha \tag{7-11}$$

令

$$k_a = \left(\sin\alpha + \frac{d^2}{D^2}\right)\rho g \tag{7-12}$$

则式(7-10)变为:

$$p = k_a l \tag{7-13}$$

对于不同倾斜度时的 k_a 值(0.2、0.3、0.4、0.6、0.8 等)标定在仪器支架上,该 k_a 值不仅考虑了倾斜角 α,而且还包括工作液体的密度 ρ 及断面比(d^2/D^2)的影响。

由式(7-10)可以看出,对于同样一个工作压力 p 的测量,斜管压力计比直管(U 形、杯形)压力计液柱伸长的数值较大,即精度较高。而且随 α 角的减少,

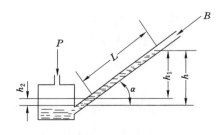

图 7-5　斜管压力计

精度更加提高,但是量程却变小了。α 角不能无限减少(一般不小于 15°),因为当 $\sin \alpha <$ 0.05时,由于工作液弯月面拉长,且易冲散,其精度反而降低。

斜管压力计的量程一般为 0～2 000 Pa,最小分度值为 2 Pa。斜管压力计通常采用密度较小的酒精作为工作液,以提高测量精度。

由式(7-1)可以看出,液柱式压力计除输入压力外,还有很多因素影响其测量精度,如大气压力、重力加速度、工作液的密度标尺分度和温度等。其中任何一个因素发生变化,都会造成测量误差。

(4) 补偿式压力计。补偿式压力计与以上各种液柱式压力计一样,其原理也是连通器的液柱压力平衡式压力测量。由于其设计独特、结构精细,并借助光学原理指示,用补偿方法来测量压力,因而较一般液柱式压力计的精度要高得多。补偿式压力计一般精度为0.2～0.5 Pa,更高可达 0.1 Pa。精度为 0.1 Pa 的补偿式压力计因其反应速度较慢,一般只用作校准仪器用。

如图 7-6 所示,补偿式压力计由橡皮管 3 将水匣 1 和 2 连接起来。水匣 1 较大,具有螺旋沟槽,与中央螺杆 4 配合。螺杆下端用铰链与仪器底座相连,上端连于旋鼓 9 上。借助旋鼓 9 上的柱销 5 使其左右旋转,从而带动水匣 1 上下移动,由于水匣 1 的位置变化,使水匣 2 内的水位亦变化,直到设于水匣 2 中三角指示顶针 7 的针尖与水表面接触为止。

为了更准确地调整零位,水匣 2 也设有螺纹,旋转轮盘 6,也可以使水匣 2 垂直上下移动 4～5 mm。螺杆 4 的旋转转数以两个刻度计算:垂直刻度 8 及设于旋鼓 9 上的水平刻度,两个刻度相加就表示水匣 1 的垂直位置。垂直刻度的最小分度为 2 mm,而水平刻度按旋鼓 9 的圆周分为 200 个刻度。旋鼓 9 每旋转一圈,水匣 1 上升一个分度。例如,在垂直刻度上的读数为 12,而水平刻度盘上的读数为 120,则总的读数为 12＋120/100＝13.20 (mm),读数精度可达 1‰mm。

仪器的初始位置是水匣 1、2 均与大气相通,三角顶针 7 的针尖与水匣 2 中的水面接触。仪器底座用水准器 10 找准。测压时,短管 11、12 与测压点相连,压力大的点与短管 11 相接。此时水匣 2 中的水被压入水匣 1 中,水匣 2 的水面下降。顺时针旋转旋鼓 9 以提高水匣 1 的位置,用水柱高度来平衡压力差造成水匣 2 水面的下降,使水匣 2 中的水面仍保持在初始位置。此时,水匣 1 的上升高度就是被测的压力差。

使用补偿式压力计应注意以下几点,否则其测量精度难以保证:① 调节底盘水准气泡居中,以保持水平;② 零位和测量调节,应使镜中顶针尖与倒影针尖恰好相对如图 7-7(a)所示,针尖与倒影重叠或离开均不正确,调节成像这一点最重要;③ 操作必须缓慢谨慎,以适应该仪器惰性大、反应缓慢的性质;④ 注意大小两个压力与两个短管不得错接。

补偿式压力计一般用于测量微压,或者用于压力比较稳定的场所。

2) 活塞式压力计

活塞式压力计是利用砝码压力平衡原理制成,用直接作用在已知活塞面积上的砝码重力来平衡被测压力,以求得被测压力值,如图 7-8 所示。在测量活塞 2 上端放有托盘与砝码 1,活塞插入活塞缸 3 内。工作活塞 6 向左挤压工作液体 5(通常采用变压器油或蓖麻油),

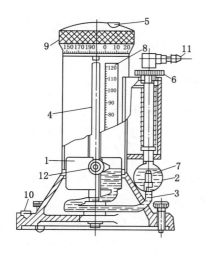

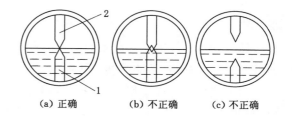

1,2—水匣；3—橡皮管；4—螺杆；5—柱销
6—轮盘；7—指示顶针；8—垂直刻度
9—旋鼓；10—水准器；11,12—短管。

图 7-6　补偿式压力计

1—顶针；2—倒影。

图 7-7　补偿式压力计的成像调节

此时,螺旋压力发生器产生压力为 p。当活塞下端面受力 $A \times p$ 作用与活塞、托盘及砝码的总重力 G 相平衡时,则活塞被顶起并稳定在某一平衡位置上,此时力的平衡关系为:

$$p = \frac{G}{A} \tag{7-14}$$

式中:A 为工作液体压力有效作用面积。

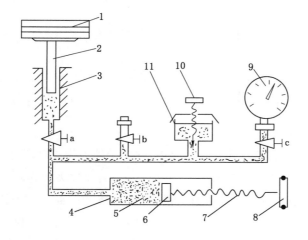

1—托盘与砝码；2—测量活塞；3—活塞缸；4—螺旋压力发生器；
5—工作液；6—工作活塞；7—丝杠；8—手轮；9—被校压力表；
10—进油阀；11—油杯；a,b,c—切断阀。

图 7-8　活塞式压力计

由于活塞与活塞缸之间有一定的间隙(约几微米),活塞缸内的油在压力作用下将进入间隙给活塞一个向上的作用力。即工作液体压力,不仅作用于活塞底面,而且作用于活塞与活塞缸之间的间隙。因此,在计算 A 时,要考虑以上两个因素。即:

$$A = \pi r^2 + \pi rh \tag{7-15}$$

式中:r 为活塞半径;h 为活塞与活塞缸之间的间隙长度。

在有效面积不变的情况下,不同的砝码总重量 G 对应不同的压力 p。通常情况下,取 $A=1\ cm^2$ 或 $0.1\ cm^2$,故可由测量平衡时所加砝码和活塞本身的总重量 G 直接知道被测压力的大小。

活塞式压力计的活塞有效面积在铭牌或检定证书上给出。活塞与活塞缸、承重盘和砝码等必须配套使用,不能与其他活塞压力计的相应附件互换。

活塞式压力计在使用前,调整仪器使水准泡处于中心位置,以保持活塞始终垂直。此时,加于活塞的重力与活塞缸壁平行,因此不会发生活塞和缸体间的直接摩擦。在测量时,应使活塞以 $30\sim120\ r/min$ 的角速度连续转动,目的是保持活塞和活塞缸之间的油膜,防止二者之间静摩擦力的影响。

由于活塞底面的有效面积和砝码的重量可以准确确定,故这种测压方法是相当准确的。因此,这种活塞式压力计通常用来校准工程用压力表或一般标准压力表,又称为活塞压力校验台。因为它使用比较麻烦,所以使校验工作效率较低。为提高效率和减轻劳动强度,人们研制了半自动化和自动化活塞式压力计。

因为砝码重量与重力加速度有关,所以在进行精确测量或当地重力加速度与标准重力加速度相差较大时,要对读数进行修正。修正公式如下:

$$p' = \frac{g'}{g}p \tag{7-16}$$

式中:g'、g 分别为测量时重力加速度和标准重力加速度;p'、p 分别为在重力加速度 g' 和 g 下测量的压力值。

对于 0.05 级仪表,在当地重力加速度与标准重力加速度的相差值不大于 $0.000\ 5\ m/s^2$ 时,及对于 0.2 级仪表,其相差值不大于 $0.02\ m/s^2$ 时,读数可以不必修正。

7.1.3 弹性式通风压力检测仪表

根据物理学的虎克定律,在弹性极限以内,固体受外力作用能产生弹性变形。弹性变形的物体力图恢复原状,产生反抗外力作用的弹性力。当弹性力与作用力平衡时,变形停止。由于弹性变形与作用力具有一定的函数关系,弹性元件可将压力信号转换成弹性元件自由端的位移信号,这就是弹性式仪表测量通风压力的原理。按此原理制成的弹性式通风压力仪表由两部分组成,其基本环节是弹性压力传感器,即弹性元件;第二个环节是显示变形的位移交换器,它的输出是机械指针位移或气、电信号,以指示被测压力数值或将信号远传。弹性式压力检测仪表适用的压力范围广($10^{-3}\sim10^9\ Pa$),结构简单,故获得了广泛应用。

因测压范围的不同,选用弹性元件各不相同。常用的弹性元件有:波纹膜片、膜盒和波纹管,多作微压和低压测量;单圈弹簧管(又称为波程管)和多圈弹簧管,可作高、中、低压直至真空度的测量。各种弹性元件的结构如图 7-9 所示,图中 X 表示受压后弹性元件的位移和方向。

　　弹性式压力检测仪表的弹性元件应保证在弹性变形的安全区域内工作,这时被测压力 p 与输出位移 X 之间一般具有近似线性关系。这类压力表的性能主要与弹性元件的特性有关。下面以膜式微压计为例,说明弹性压力表的结构和测量过程。

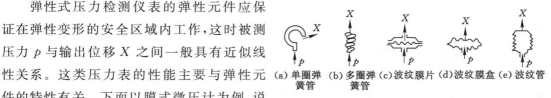

(a) 单圈弹　(b) 多圈弹　(c) 波纹膜片 (d) 波纹膜盒 (e) 波纹管
簧管　　簧管

图 7-9　各种弹性元件结构

　　膜式微压计可测量 10 kPa 以下的正压或负压。它的结构和工作原理如图 7-10 所示。膜式微压计采用金属膜盒作为压力-位移传感器。被测压力 p 对膜盒的作用由膜盒的弹性变形的反作用力所平衡。膜盒 1 的弹性形变位移由连杆 2 输出,使铰链 3 作顺时针偏转,经拉杆 4 和曲柄 5 拖动转轴 6 及指针 7 作逆时针偏转,在刻度板 8 的刻度标尺上指示出被测压力的大小。游丝 10 可以消除传动间隙的影响。由于膜盒变形位移与被测压力成正比,因此,仪表具有线性刻度。这种微压计的精度为 2.5 级。

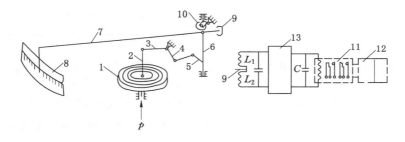

1—膜盒;2—连杆;3—铰链块;4—拉杆;5—曲柄;6—转轴;

7—指针;8—刻度板;9—金属片;10—游丝;11—继电器;

12—声光报警或控制装置;13—晶体管高频振荡器。

图 7-10　膜式微压计

　　此外,这类微压计还附有被测压力上、下限给定值的声光报警或控制装置,它实质上是一个晶体管高频振荡器,通过压力指示针 7 尾部的金属片 9 出入振荡线圈 L_1 和 L_2 之间,可使振荡器停振或起振,从而控制下限(或上限)继电器动作,断开或接通声光报警或控制电路,实现报警或控制作用。

　　大气压力计也是采用膜盒作为压力—位移传感器,它是用来测量大气压力变化的一种仪表。常用的 DYJ-1(DYJ1-1)型空盒气压计是利用一组真空膜盒随大气压力的波动而变化的原理制造的。当大气压力变化时引起膜盒组变形,并在杠杆的作用下使记录仪的笔尖沿着记录纸上下移动,连续记录大气压力值。这种空盒气压计在使用中应保持仪器干燥、严防振动,不可用手触摸真空膜盒,而且使用前宜送当地气象部门校正。

　　另外,携带式空盒气压计、水银管式气压计等,也都是常用的气压计。

7.1.4　电气压力传感器

1) 压阻式压力传感器

压阻式压力传感器是利用单晶硅的压阻效应制成的器件。这种压力传感器精度高、工作可靠、容易实现数字化,比应变式压力传感器体积小而输出信号大。因此,它是目前压力测量中使用最多的一种传感器。

压阻式压力传感器的工作原理是用集成电路工艺技术,在硅片上制造出4个等值的薄膜电阻,并组成电桥电路,当不受压力作用时,电桥处于平衡状态,无电压输出;当受到压力作用时,电桥失去平衡,电桥输出电压。电桥输出的电压与压力成比例。其工作原理图见图7-11所示。

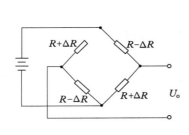 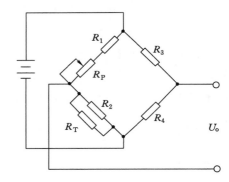

图 7-11　压阻式压力传感器工作原理图　　　　图 7-12　温度补偿电路

压阻式压力传感器的主要特点:① 压阻式压力传感器的灵敏系数比金属应变式压力传感器的灵敏度系数要大 50～100 倍。有时压阻式压力传感器的输出不需要放大器就可直接进行测量。② 由于它采用集成电路工艺加工,因而结构尺寸小,重量轻。③ 压力分辨率高,它可以检测像血压那么小的微压。④ 频率响应好,可以测量几十千赫的脉动压力。⑤ 由于传感器的力敏元件及检测元件制在同一块硅片上,所以它的工作可靠,综合精度高,且使用寿命长。⑥ 由于它采用半导体材料硅制成,对温度较敏感,再加上不采用温度补偿,因而温度误差较大。

为了解决压阻式压力传感器温度漂移问题,可采用在电桥电路中串联、并联补偿电阻的方法来解决,如图7-12所示。其中R_T为负温度系数的热敏电阻,主要用来补偿零位温度漂移;R_P用来调节零位输出。随着半导体技术的发展,目前已出现集成化压阻式压力传感器,它是将 4 个检测电阻组成的桥路、电压放大器和温度补偿电路集成在一起的单块集成化压力传感器。图7-13是它的电路框图和电路原理图。

集成压力传感器由于采用了温补电路和差动放大电路,它的灵敏度温度系数几乎为零。

2) 膜式应变传感器

膜式应变传感器是把被测压力转换成集中力以后,再用应变测力计的原理测出压力的大小。图7-14是一种最简单的平膜压力传感器。由膜片直接感受被测压力而产生的变形,应变片贴在膜片的内表面,在膜片产生应变时,使应变片有一定的电阻变化输出。

对于边缘固定的圆形膜片,在受到均匀分布的压力 p 后,膜片中一方面要产生径向应力,同时还有切向应力,由此引起的径向应变 ε_r 和切向应变 ε_t 分别为:

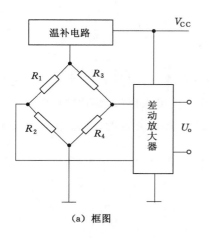

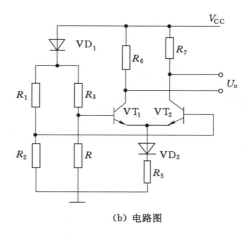

(a) 框图　　　　　　　　　　　(b) 电路图

图 7-13　压阻式集成压力传感器电路结构

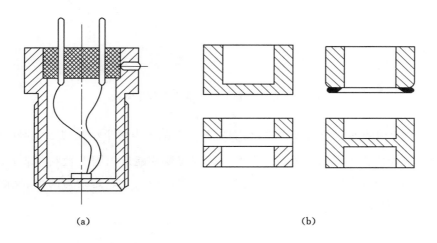

　　(a)　　　　　　　　　　　　　　(b)

图 7-14　平膜式压力传感器

$$\varepsilon_r = \frac{3p}{8h^3 E}(1-\mu^2)(R^2 - 3x^2) \times 10^{-4} \tag{7-17}$$

$$\varepsilon_\tau = \frac{3p}{8h^3 E}(1-\mu^2)(R^2 - x^2) \times 10^{-4} \tag{7-18}$$

式中：R,h 为平膜片工作部分半径和厚度；E,μ 为膜片的弹性模量和材料泊松比；x 为任意点与圆心的径向距离。

　　由式(7-17)和式(7-18)可知,在膜片中心处,即 $x=0$,ε_r 和 ε_τ 均达到正的最大值：

$$\varepsilon_{r,\max} = \varepsilon_{\tau,\max} = \frac{3p}{8h^3 E}(1-\mu^2)R^2 \tag{7-19}$$

　　而在膜的边缘,即 $x=R$ 处,$\varepsilon_r=0$,而 ε_τ 达到负的最小值：

$$\varepsilon_{r,\min} = \frac{-3p}{4h^3 E}(1-\mu^2)R^2 \tag{7-20}$$

在 $x = R/\sqrt{3}$, $\varepsilon_r = 0$,则：

$$\varepsilon_\tau = \frac{p}{4h^3 E}(1 - \mu^2)R^2 \tag{7-21}$$

由式(7-17)和式(7-18)可画出在均匀载荷下应变分布曲线,如图 7-15 所示。为充分利用膜片的工作压限,可以把两片应变片中的一片贴在正应变最大区(即膜片中心附近),另一片贴在负应变最大区(靠近边缘附近),这时可得到最大差动灵敏度,并且具有温度补偿特性。

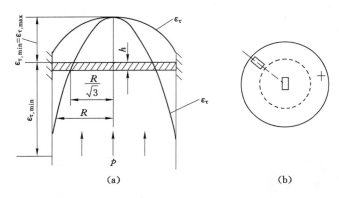

图 7-15　平膜式压力传感器应变分布曲线

图 7-16 是专用圆形的箔式应变片,在膜片 $R/\sqrt{3}$ 范围内两个承受切力处均加粗以减小变形的影响,引线位置在 $R/\sqrt{3}$ 处。这种圆形箔式应变片能最大限度地利用膜片的应变形态,使传感器得到很大的输出信号。平膜式压力传感器最大优点是结构简单、灵敏度高,但它不适于测量高温介质,输出线性差。

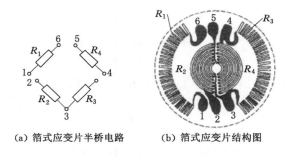

(a) 箔式应变片半桥电路　　　(b) 箔式应变片结构图

图 7-16　专用圆形的箔式应变片

3）电容式压力计

电容式压力计不但应用于压力、差压力、液压、料位、成分含量等热工参数测量,也广泛用于位移、振动、加速度、荷重等机械量的测量。

（1）电容式差压计。电容式差压计的核心部分,如图 7-17 所示。将左右对称的不锈钢基座的外侧加工成环状波纹沟槽,并焊上波纹隔离膜片。基座内侧有玻璃层,基座和玻璃层中央都有孔。玻璃层内表面磨成凹球面,球面除边缘部分外镀以金属膜,此金属膜层为电容的定极板并有导线通往外部。左右对称的上述结构中央夹入并焊接弹性平膜片,即测量膜片,为电容的中央动极板。测量膜片左右空间被分隔成两个室,故有两室结构之称。

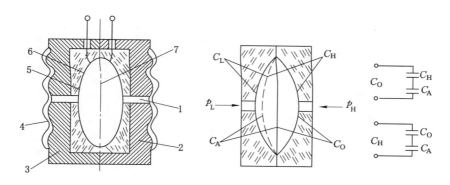

1,4—隔离膜片;2,3—不锈钢基座;5—玻璃层;6—金属膜;7—测量膜片。

图 7-17　两室结构的电容差压计

在测量膜片左右两室中充满硅油,当左右隔离膜片分别承受高压 P_H 和低压 P_L 时,硅油的不可压缩性和流动性便能将差压 $\Delta P = P_H - P_L$ 传递到测量膜片的左右面上。因为测量膜片在焊接前加有预张力,所以当 $\Delta P = 0$ 时处于中间平衡位置并十分平整,此时定极板左右两电容的电容值完全相等,即 $C_H = C_L$,电容量的差值等于 0。当有差压作用时,测量膜片发生变形,也就是动极板向低压侧定极板靠近,同时远离高压侧定极板,使得电容 $C_L > C_H$。这就是差动电容压力计对压力或差压的测量工作过程。

电容式差压计的特点是灵敏度高、线性好,并减少了由于介电常数受温度影响引起的不稳定性。能实现高可靠性的简单盒式结构,测量范围为 $(-1 \sim 5) \times 10^7$ Pa,可在 $-40 \sim 100$ ℃的环境温度下工作。

(2) 变面积式压力计。这种传感器的结构原理如图 7-18(a)所示。被测压力作用在金属膜片上,通过中心柱、支撑簧片,使可动电极随膜片中心位移而动作。可动电极与固定电极都是由金属材质切削成的同心环形槽构成的,有套筒状突起,断面呈梳齿形,两电极交错重叠部分的面积决定电容量。固定电极的中心柱与外壳间有绝缘支架,可动电极则与外壳连通。压力引起的极间电容变化由中心柱引至电子线路,变为直流信号 4~20 mA 输出。电子线路与上述可变电容安装在同一外壳中,整体小巧紧凑。

此种压力计可利用软导线悬挂在被测介质中,如图 7-18(b)所示,也可用螺纹或法兰安装在容器壁上,如图 7-18(c)所示。金属膜片为不锈钢材质或加镀金层,使其具有一定的防腐蚀能力,外壳为塑料或不锈钢。为保护膜片在过大压力下不致损坏,在其背面有带波纹表面的挡块,压力过高时膜片与挡块贴紧可避免变形过大。

这种压力计的测量范围是固定的,不能随意迁移,且只限于测量压力,不能测差压。膜片中心位移不超过 0.3 mm,其背面无硅油,可视为恒定的大气压力。采用两线制连接方式,由直流 12~36 V 供电,精度为 0.25~0.5 级,允许在 $-10 \sim 150$ ℃环境中工作。

4) BJ-1 型矿用精密数字气压计

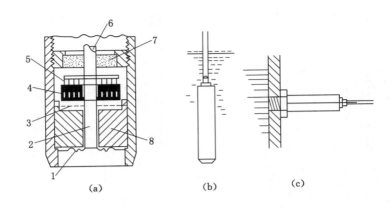

1—金属膜片;2—中心柱;3—支撑簧片;4—可动电极;

5—固定电极;6—固定电极中心柱;7—绝缘支架;8—外壳。

图 7-18　变面积式电容压力计

该仪器是一种便携式本质安全型气压计。它既可测定矿井的绝对压力,也可测定相对压力或压差。测量标高范围为 $-1\,500 \sim 2\,500$ m,量程为基准气压 $p_0 \pm 20\,000$ hPa,相对压力或压差为 $\pm 2\,000$ Pa(可扩量程 $\pm 3\,000$ Pa),绝对压力分辨率为 10 Pa,相对压力分辨率为 0.98 Pa。

仪器由气压探头组件、面板组件、电源和机壳、机箱等组成,其工作原理如图 7-19(a)所示。其中气压感受装置是由真空波纹管和弹性元件构成,气压探头感受的气压及其变化量经机/电转换、放大和调节,最终以数字显示出来。面板组件包括信号调节、面板表等,如图 7-19(b)所示。电源采用充电电池,符合本质安全要求,可在地面充电。

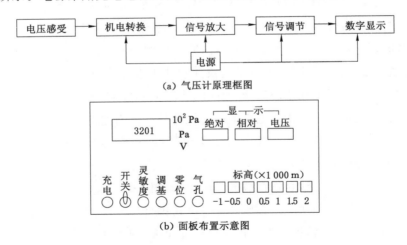

(a) 气压计原理框图

(b) 面板布置示意图

图 7-19　BJ-1 型精密气压计原理框图

仪器使用方法:

(1) 打开总开关,按下"电压"按键,显示 7~11 V 可正常工作,否则应充电。

(2) 测定之前,要先开机预热 30 min。

（3）绝对压力测定，进入测点，按下面板上的"绝对"压力键，标高键置于"0"挡，显示值稳定后，方可读数，绝对压力按式（7-17）计算：

$$p = p_0 \pm B \tag{7-22}$$

式中：p_0 为仪器的基准气压值，由厂方调定，一般为 100 000 Pa；B 为仪器显示数值，10^2 Pa；加或减由显示符号而定。

（4）压差测量：首先在测段始点按（3）所述方法测定当地大气压值；然后按下"相对"键，再根据现场标高按下相应的标高键，调"调基"电位器，使显示数字为零（当测段两点压差不超过量程时，也可记下显示数值）。将仪器移至测段终点，其显示值（与前一点的示值之差）即为测段的压差，单位为 Pa。

使用注意事项：① 仪器闲置不用时，一定要关闭电源，且应定期充电；② 仪器的进气口避免迎着风流，要放置平稳，待稳定一段时间后再读数；③ 选两台温度特性相近的仪器配对使用为宜。

5）矿用压差传感器

矿用负压（压差）传感器，是应用了差动变压器原理。其探头是由差压膜盒和差动变压器组成的差压变换器，并将差压膜盒和差动变压器封装在一个容器内，容器上留有两个压力输入孔以传递压力，其工作原理如图 7-20 所示。

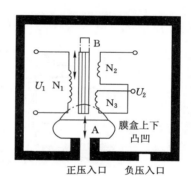

图 7-20　差压变换器工作原理

差动变压器是由一个可移动的铁芯 B，一个初级线圈 N_1 和两个次线圈 N_2 和 N_3 组成。差动变压器的活动铁芯是串联在膜盒 A 中心的硬芯部分，当压力发生变化，压差膜盒产生轴向位移，其位移量的大小正比于外加压力。这样，膜盒 A 便带动了铁芯 B 上、下移动，引起差动变压器的次级电压的变化，从而实现了压力/电量的转换。

这类传感器有 KG4003 等，其测量范围有 $0 \sim \pm 500$ Pa；$0 \sim \pm 5$ kPa；$0 \sim \pm 20$ kPa。信号输出形式有 DC0～5 mA；200～1 000 Hz；5～155 Hz。

7.2　风速测量

风流速度的检测比较经典的方法有动力测压法、散热率法和机械法，随着现代科学技术的发展，激光、超声波等先进测速技术已开始得到广泛的应用。

7.2.1　动力测压法

动力测压法测量风流速度是基于气体的流速与其动压存在一定的函数关系进行的。当测得气体的压力和温度参数后，再根据有关公式计算即可得知风流的速度。由于这种方法设备简单，使用方便，而且理论完善，因此在巷道、管道内的气体流速测量应用很广。

1) 皮托管

动力法测量压力的感受元件就是测压管,亦称作风流测针或探针,习称皮托管。它的表面根据测量需要开设若干小孔以感受风流的压力。因测量压力的不同可分为全压管、静压管和动压管。因用途和使用场合的不同,皮托管的几何形状差别较大,如 L 形和 S 形、笛形管、梳状管、耙状管等,可以因需要设计各种非标准皮托管,但是它们的传感原理完全一样。全部测压系统由皮托管、连接管和显示或记录仪表组成。

皮托管结构如图 7-21 所示。如图 7-21(a)所示,标准皮托管是一个弯成 90°的双层同心圆管,有时称作 L 形皮托管,其开口端同内管相通,用于测量全压。在靠近管头的外管管壁适当位置开有一圈小孔,用于测量静压。按标准尺寸制作的皮托管有足够的精度,其校正系数 k_m 值约为 1.00 ± 0.01,不需要另做校正。标准皮托管测孔很小,当风流中尘粒浓度较大时,测孔易被堵塞,因此标准皮托管只适用于较清洁的风流中,或用以校正非标准型的皮托管。

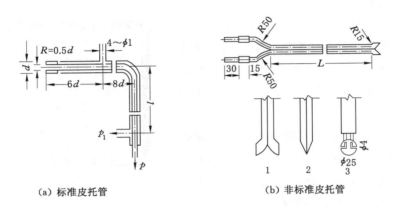

（a）标准皮托管　　　　（b）非标准皮托管

p—全压;p_r—静压;

1—面状;2—锥状;3—球状。

图 7-21　皮托管

对于含尘浓度高的风流压力测量宜用 S 形皮托管,如图 7-21(b)所示,它是由两根同样的金属管组成,测端是方向相反的两个相互平行的开口,测端或是锥状或是球状、面状,但是两个开口总是反向。正对风流方向的开口为全压孔,背向风流的开口为静压孔。由于 S 形皮托管不像标准皮托管呈 90°弯角,可以在厚壁管道中使用。而且由于其开口较大,减少了被尘粒堵塞的可能性。在低流速的情况下,因其断面积较大,测量容易受到涡流和风流不均匀性的影响,灵敏度将下降,故一般不宜用以测量小于 3 m/s 的流速。

如果需要对风道、管道内风流流速进行连续监测,可以采用笛形管,笛形管是一种 S 形管,它不是在其一端开孔,而是在管身按一定距离排列规则开孔,作为测量孔,如图 7-22。笛形管插入管道中或置入风道中,其不同测孔可安排在不同直径的地方,因此它可以一次测出同一断面的平均流速。其优点是:免去在同一断面测量很多点的流速取平均值的过程。要注意在连续监测时测孔易被堵塞,造成读数误差。笛形管上开孔的位置和个数,应视流速分布情况和要求的测量精度决定。

非标准型皮托管在使用前必须用标准皮托管进行校正,求出它的校正系数。校正方法是在风洞中以不同的速度分别用标准皮托管和被校皮托管对比测定,二者测量的动压之比的平方根就是被校皮托管的校正系数,即:

$$k_{\mathrm{m}} = \sqrt{\frac{p_{\mathrm{m}}}{p_{\mathrm{m}}'}} \qquad (7\text{-}23)$$

式中:p_{m} 和 p_{m}' 分别为标准皮托管和被校皮托管的测量动压。

必须指出,不同的流速范围,校正系数并不相同。因此要选择合适的流速范围进行校正,才能使得到的校正系数满足实际测量条件。对于一般 S 形皮托管 k_{m} 值约为 0.85±0.01。各种皮托管根据工况条件,选用铜管或不锈钢管制作。

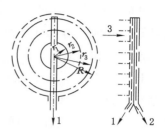

1—全压;2—静压;3—风向。

图 7-22　笛形管

2）动力测压原理

下面简述其动力测压法的理论依据。

对于不可压缩风流,动压 p_{m} 可用下式表示:

$$p_{\mathrm{m}} = \frac{1}{2}\rho v^2 \qquad (7\text{-}24)$$

可推导出:

$$p = p_{\mathrm{r}} + p_{\mathrm{m}} = p_{\mathrm{r}} + \frac{1}{2}\rho v^2 \qquad (7\text{-}25)$$

式(7-25)就是不可压缩风流动力测压法的理论基础。

对于可压缩风流,用 $\rho v^2/2$ 来表示动压就存在一定的误差,全压的正确表达式应该是:

$$p = p_{\mathrm{r}} + \frac{1}{2}\rho v^2(1+\varepsilon) = p_{\mathrm{r}} + \frac{1}{2}\rho v^2\left(1 + \frac{Ma}{4} + \frac{2-k}{24}Ma + \cdots\right) \qquad (7\text{-}26)$$

式中:ε 为气体压缩性修正系数;Ma 为马赫数;k 为气体的绝热指数。

马赫数 Ma 表征了风流的可压缩性,在通风工程中风流速度一般在 40 m/s 以下,当温度为 20 ℃时,音速 $c = \sqrt{kRT} = 343\,\mathrm{m/s}$,$v=40$ m/s 的马赫数 $Ma=(v/c)=0.12$,压缩修正系数 $\varepsilon=0.003\,4$ 甚小。因此,对于一般测量可以不考虑风流的可压缩性影响。国际标准化组织 ISO 规定测压管的使用范围上限不超过相当于马赫数 0.25 时的流速(约为 85 m/s)。

另外,用测压管测量低速时其灵敏度很低,如在标准状态下,空气的密度 $\rho_{\mathrm{c}} = 1.293$ kg/m³,取皮托管最大校正系数 $k_{\mathrm{m}}=1$,当斜管压力计的最小分度为 1.962 Pa 时,所能测出的最小流速是:

$$v = \sqrt{\frac{2 \times 1.962}{1.293}} = 1.75(\mathrm{m/s})$$

因此,ISO 对用测压管测量流速的下限亦有规定,即要求被测量的流速在全压孔的直径上的雷诺数需超过 200,以免造成过大的测量误差。一般取下限大约是 5 m/s。

7.2.2 散热率法

发热的测速传感器置于被测风流中,其散热速率与风流速度是增函数关系,因此测量传感器的散热率即可得知气体流速的大小,这就是散热率法的流速测量原理。这种方法一般用于低流速的测量,最小能测到 0.05~0.5 m/s。以下介绍散热率法的三种测速仪表。

1) 卡他温度计

卡他温度计是一种测定低风流速度的仪器,也是一支酒精温度计,如图 7-23 所示。其酒精温包为圆柱形,长 4 cm,直径为 1.6 cm,其中充有带色的酒精,温包上部为一毛细管,它的顶部扩大成瓶状,毛细管旁的刻度仅有 35 ℃ 与 38 ℃ 两点指示值。这种温度计的温包被加热后放置在被测点,然后根据测量其在测定地点热量散失所需要的时间,来确定风流流速。因为卡他温度计由 38 ℃ 下降到 35 ℃,其所散失的热量是不变的,但冷却的时间,则根据周围空气的温度、湿度和空气流动速度而不同。当温度由 38 ℃ 下降到 35 ℃ 时,酒精温包上每平方厘米表面积所散失的热量称为卡他温度计的冷却系数 F(mcal/cm² · 3 ℃)。空气的冷却能力 H 称为卡他度:

$$H = \frac{F}{\tau} \tag{7-27}$$

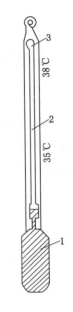

1—温包;2—毛细管;3—瓶状泡。

图 7-23 卡他温度计

式中:τ 为温度由 38 ℃ 降低到 35 ℃ 所需要的时间,s。

空气的流速可根据下述经验公式求出:

当 $v \leqslant 0.1$ m/s 时,

$$v = \left(\frac{H/\Delta t - 0.2}{0.4} \right)^2 \tag{7-28}$$

当 $v \geqslant 0.1$ m/s 时,

$$v = \left(\frac{H/\Delta t - 0.13}{0.47} \right)^2 \tag{7-29}$$

式中:Δt 为卡他温度计的平均温度(36.5 ℃)与周围空气温度的差值。

卡他温度计的测量过程,是在测量以前将其温包放在不高于 70 ℃ 的热水中加热(如水温过高将导致酒精沸腾),一直加热到酒精充满毛细管后膨胀到上部的瓶状部分,然后,将温度计擦干,放在被测量的风流中,再用秒表测定酒精柱由 38 ℃ 下降到 35 ℃ 所需要的时间,即可根据式(7-28)或式(7-29)计算出风流速度。

在工矿企业中,气候条件的舒适性是温度、湿度和风速三者的综合作用,单独用某一因素来评价气候条件的好坏是不够的。一般评价劳动条件舒适程度的综合指数,多采用卡他度 H,这是卡他温度计的又一作用。

卡他度分为湿卡他度与干卡他度两种,湿卡他度包括对流、辐射和蒸发三者综合的散热效果。干卡他度仅包括对流和辐射的散热效果。一般卡他度越大,散热条件越好,根据现场观察,不同劳动条件对卡他度的要求见表 7-1。

表 7-1　各种劳动条件对卡他度的要求

劳动状况	轻微劳动	一般劳动	繁重劳动
干卡他度	>6	>8	>10
湿卡他度	>18	>25	>30

2) 热线风速仪

风流通过加热的金属丝或薄膜时带走热量,于是金属丝的温度降低,或者由自动调节系统加大电流自动维持金属丝的温度不变。无论是金属丝温度降低的程度,或是加大电流的数值,都与风流速度有一定的函数关系。这就是热线风速仪的工作原理。具体分析如下:热线风速仪以直径为 0.025~0.15 mm 的铂或镍铬细丝加热置于风流中,当气体密度、比热容、导热系数一定时,气体流速 v 与热线散热量 Q 之间的关系为:

$$Q = A\sqrt{v} + B \tag{7-30}$$

式中:A,B 均为常数。

如加热丝的电阻值为 R,通过的电流为 I,热功当量为 J,则:

$$Q = \frac{I^2 R}{J} = A\sqrt{v} + B \tag{7-31}$$

在测量中,若保持热线电阻值一定,也就是保持热线温度恒定,则上式变为:

$$I^2 = A'\sqrt{v} + B' \tag{7-32}$$

式中:A',B' 常数与工质性质、状态参数等有关,由实验求得。

由测量加热电流来测定流速,这就是所谓恒电阻法,即恒温法;还可以保持电流恒定,通过测量热线温度的高低,即热线电阻的阻值变化来测定流速,就是所谓恒电流法。

恒电流热线风速仪的电路简单,如图 7-24 所示。风速仪测速探头由加热金属铂丝和测温度的铜—康铜热电偶组成。铂丝靠电池通电流加热,电流大小由可变电阻调节。热电偶的工作端固定在铂丝的中间,测量其温度。因加热铂丝的温度与风流速度成函数关系,故显示仪表刻度可直接显示风流速度。

恒电流热线风速仪的测速探头在变温变阻状态下工作,容易使敏感元件老化,稳定性差。恒温热线风速仪,为了维持其测速探头的温度,须增大通过的电流,周围风流速度越高,增加的电流越大,由电流增加的数值即可知流速的大小。

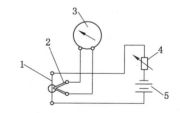

1—加热铂丝;2—铜—康铜热电偶;
3—显示仪表;4—电流调节电阻;
5—电池。

图 7-24　恒电流热线风速仪

恒温热线风速仪传感器工作在恒温状态,稳定性好,克服了温度变化的惰性,所以对变化的风速反应良好。而且其信号电平较高容易实现线性指示和风流温度的自动补偿,测速范围广,故恒电流热线风速仪将逐渐为恒温式热线风速仪所取代。

热线风速仪灵敏度很高,当用半导体热敏电阻作加热体时将具有更高的灵敏度。热线温度越高,仪表的灵敏度越高,流体温度变化所产生的影响越小,但热线温度的提高受到材料性质的限制。

3) 热敏电阻恒温风速仪

热敏电阻恒温风速仪是利用恒温度原理制作的一种风速仪,它的测速探头装在一根测杆(图 7-25)的顶端,其中装有风速测头与风温自动补偿热敏电阻,它们各用两根铂丝导线引出。风速测头采用珠状热敏电阻,直径约 0.5 mm,因其体积小,对风流阻挡作用小;热惯性小,反应快;另外,热敏电阻灵敏度高,当探头工作在 130 ℃时,阻值约 300 Ω,阻值变化约为 5 Ω/℃,比一般热线风速仪高几十倍。然而,采用热敏电阻作测头的缺点是分散性大、测头互换性不好。

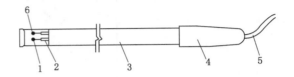

1—风速测头(热敏电阻);2—铂丝引线;3—测杆;4—手柄;

5—导线;6—风温补偿热敏电阻。

图 7-25　热敏电阻恒温风速仪测杆

热敏电阻恒温风速仪用一个比例式温度调节器控制测速探头的温度,使其恒定不变,实现风温自动补偿。

这种仪器用来测量常温、常湿条件下的风流速度。由于采用恒温度原理,操作简单,读数精确,探头体积小,时间常数小,灵敏度高,低风速下限可至 0.04 m/s。当风温在 5~40 ℃范围内变化时,风温自动补偿的精度为满刻度的 ±1%。由于恒温风速仪具有上述优点,所以它在通风、空调工程中得到普遍应用。

7.2.3　机械法

机械式风表是利用流动气体的动压推动机械装置以显示气体流速的仪表。它一般用于流速较低的气体(或空气)流速测量。利用该风速仪可以确定仪表所在位置的风流速度,也可以确定大型管道中风流的速度场。风表的传感器是一个轻型叶轮,一般采用铝质金属制成。带有径向装置的叶轮形状分为翼形与杯形。翼形叶轮的叶片是几片扭转成一定角度的薄铝片,而杯形叶轮的叶片是铝制的半球形叶片。常用的机械风表分翼式与杯式两种,如图 7-26 所示。由于风流流动的动压力作用于叶片使叶轮旋转,其转速与气流速度成正比,叶轮的转速通过机械传动装置连接到指示或计数设备,以显示所测风速。

两种风表内部结构相似,都是由一套特殊的钟表传动机构、指针和叶轮组成。风表上有一个启动和停止指针转动的小杆,打开时指针随叶轮转动,关闭时叶轮虽转动但指针不动。现在生产的机械式风表都有回零装置,以便可从零开始计量风速。

测定时,先回零,待叶轮转动稳定后打开开关,则指针随着转动,同时记录时间。测定的延续时间在 0.5～1 min 范围内选择,所测得数值是测量时间内的流速平均值。

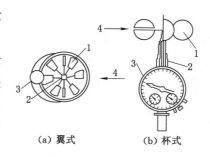

一般翼式风表的灵敏度比杯式较高,杯式因其叶轮机械强度较高,所以风速测量上限比翼式大。杯式风表用在测定大于 10 m/s 的高风速,翼式风表测定 0.5～10 m/s 的中等风速,具有高度灵敏的翼式风表可以测定 0.1～0.5 m/s 的微风速。

　(a) 翼式　　　　(b) 杯式

1—叶轮;2—轴;3—计数机构;4—风流方向。

图 7-26　机械式风表

使用翼式风表测定流速时应该注意,叶轮叶片的旋转轴线与风流方向的夹角不宜过大,如在 ±10° 角的范围内,其读数误差不大于 1%;如偏离角度再增加,则测量误差剧增。

应该注意的是,翼式风表不适用于脉动风流测定,也不能测定流速的瞬时值。

7.2.4　超声波法

1)时差测速

超声波在流体中传播,由于叠加了流体流速,因而其向上游和向下游的传播速度不相同。于是,可以根据超声波向上、下游传播时间之差测得流体流速。测定传播速度之差的方法很多,主要有测量超声波发送器上、下游等距离处接收到的超声波信号的时间差、相位差或频率差等方法。

设静止流体中的声速为 c,流体流速为 v,发送器与接收器之间距离为 l,则上、下游传播的时间差 Δt 为:

$$\Delta t = \frac{l}{c-v} - \frac{l}{c+v} = \frac{2lv}{c^2-v^2} \tag{7-33}$$

当 $c \gg v$ 时

$$\Delta t \approx \frac{2lv}{c^2} \tag{7-34}$$

如发生器发出的是连续正弦波,则上、下游接收到的波的相位差 $\Delta\Phi$ 为:

$$\Delta\Phi = \omega\Delta t = \frac{2\omega lv}{c^2} \tag{7-35}$$

式中:ω 为超声波的角频率。

由式(7-34)和式(7-35)看出,测得 Δt 或 $\Delta\Phi$ 就能求得流速 v。但是,流体中声速 c 是随流体温度而变的,这势必造成测量误差,一般采用流体温度补偿装置。

相距 l 的上、下游接收到超声波的频率之差 Δf:

$$\Delta f = \frac{c+v}{l} - \frac{c-v}{l} = \frac{2v}{l} \tag{7-36}$$

可见,频率差与声速 c 无关,工业上常用频率法,以消除声速 c 的影响。

2) 旋涡测速工作原理

利用旋涡测速的原理源远流长。早在 1911 年,匈牙利人卡曼就在德国专门研究了流体绕圆柱背后的涡流运动规律,利用平面流势的方法经过数学推导,提出了著名的涡街理论,即通常所说的卡曼涡街。卡曼涡街原理应用到流量测量领域之后,人们在如何检测涡街频率问题上,进行了各种尝试。直到 20 世纪 70 年代,声学的方法用于涡街的检测之后,才使涡街原理在应用于检测技术上取得了新的突破。

设在无限界流场中,垂直流向插入一根无限长的非流线型阻力体,则在一定的雷诺数范围内,阻力体下游会产生两排内旋的、互相交替的,且频率正比于流速的旋涡列,即,卡曼涡街,如图 7-27 所示。而插入流体中产生涡街的物体人们常称为旋涡发生体。

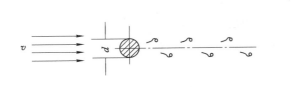 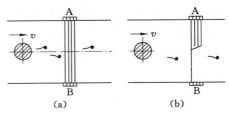

图 7-27　卡曼涡街原理　　　　　　　图 7-28　旋涡频率测定原理

研究结果证明:当流体绕流单独一根圆柱体时,在雷诺数 Re_d＝200～50 000 范围内,由旋涡发生体产生的旋涡频率与流速 v 成正比,与圆柱直径 d 成反比,可用下式表示:

$$f = St \frac{v}{d} \tag{7-37}$$

式中:f 为卡曼旋涡频率,Hz;St 为斯特拉哈尔常数,当 $200 < Re_d \leqslant 2 \times 10^5$ 时,S_t＝0.21。

从式(7-37)可知,旋涡频率 f 与风速 v 成正比。如果我们能测定频率 f,则风速也就可以得知。这样,测风速的问题就归结为测定旋涡频率的问题。

图 7-28 所示为超声波旋涡频率测定原理图。图中 A 和 B 分别为一对谐振频率相同(或相近)的超声波换能器,A 为发射换能器,发射超声波;B 为接收换能器,接收被旋涡调制的超声波。换能器 A 和 B 与旋涡发生杆相垂直,安装在测头框架的两侧。工作时发射换能器 A 发射一束连续的等幅超声波。超声波束穿过空气到达对面,被换能器 B 接收。当没有旋涡通过超声束时[图 7-23(a)],接收换能器 B 收到一束未调制连续等幅的微弱超声波信号。当旋涡与超声束相遇时,由于旋涡内部的压力梯度和旋涡的旋转运动,使通过旋涡的声能部分地折射和反射,结果到达接收换能器 B 的声能减少[图 7-28(b)]。在旋涡流过超声束后,下一个旋涡到来之前,超声束立即恢复原来状态,接收换能器又收到原来的幅值。因此,只要有一个旋涡通过超声束,超声束就被调制一次。通过的旋涡有多少个,超声束就被调制多少次。所以,超声束的调制频率就是相应的旋涡频率。接收换能器收到的瞬时信号为:

$$P = P_0 [1 + M\sin(\omega t)] \cdot \sin(\omega_0 t) \tag{7-38}$$

式中:P 为换能器收到的瞬时信号幅度;P_0 为超声波的载波幅度;M 为超声波的调制度;$\omega = 2\pi f$ 为旋涡角频率,f 为旋涡频率;$\omega_0 = 2\pi f_0$ 为超声波角频率,f_0 为超声波频率。

旋涡对超声束的调制度描述调制程度的大小,调制度的大小取决于旋涡的特征。旋涡越强烈调制度越大。不同的旋涡发生体产生的旋涡强度是不同的。对同一旋涡发生体,旋涡强度则随流速的高低而变化。一般来讲,高流速时的旋涡强度比低流速时产生的旋涡强度大得多。

由于低风速时旋涡强度很低,使调制度也很低,从而给低风速的测量带来很大困难,这也是该类仪器的关键所在。为了提高调制度,应从两方面努力:一是选择合适的旋涡发生杆,二是选择合适的换能器。这两个条件合适时,可以解决 0.3 m/s 以上的低风速测量问题。

为了获得较理想的旋涡,还必须要求获得的旋涡比较强烈,且在一个较宽的流速范围内获得稳定的旋涡。这两个条件不但与发生杆的形状有关,而且还与它的尺寸有关。旋涡发生杆的几何形状繁多,但其基本形状为圆柱形、方柱形、三角柱形以及上述形状的复合形。这方面的理论计算较复杂,一般采用试验方法来确定它的形状和尺寸。

试验证明,圆柱形旋涡发生杆具有较高的斯特哈尔数,旋涡比较稳定,形状简单,易于加工,但旋涡强度偏弱。方柱形旋涡发生杆产生的旋涡比较强烈,形状也比较简单,但旋涡的稳定性差。三角柱形的旋涡发生杆产生的旋涡较强,也较稳定,其缺点是加工比较麻烦。在不同的场合可结合具体要求选用不同的旋涡发生杆。

3）超声波旋涡风速传感器

用超声波旋涡原理制成的传感器,其代表性有 FC-1 型风速传感器。该传感器在工作温度为 0～40 ℃时,可测风速范围是:0.4～15 m/s,精度可达±0.1＋2％×风速值。

FC-1 型风速传感器探头外壳用 4 mm 厚的 ABS 塑料注塑成矩形筒,内腔尺寸为 40 mm×50 mm×120 mm,其圆柱形旋涡发生杆、发射换能器、接收换能器都牢固地固定在框架上。发射和接收换能器位于发生杆的下游,换能器轴线、流体流动方向和发生杆的轴线都是互相垂直的。

为了保证旋涡频率与风速之比在整个测量范围内为一常数,并使该常数等于 10 的整数倍,以便于数码显示,仪器选定发生杆为 ϕ3 mm 的圆柱杆。当风速为 1 m/s 时,由式(7-37)知,$f=70$ Hz,即每 1 m/s 风速可产生 70 个旋涡。

为了提高调制度,要求超声束与发生杆的尺寸相适应。为此,仪器选定 ϕ10×10 mm 的圆柱形压电陶瓷元件作为超声波换能器,超声波频率为(141.5±1.50) kHz。

FC-1 型超声波旋涡风速传感器的工作原理如图 7-29 所示。

发射换能器产生的等幅连续超声波束穿过流体被旋涡调制,到达接收换能器。接收换能器把已调制的超声波信号转换成电信号,送到选频放大(中频放大),再经检波检出旋涡信号,经低频放大和整形电路后得到矩形波信号。矩形波信号分成两路:一路经简单运算后送到数码显示器显示风速;另一路经过频率电压转换后成为模拟信号。

7.2.5 电子翼轮法

普通机械风表将风速转换成机械钟表式指示或机械计数显示,不能将其转换为电信号。但是,如果把随风旋转的翼轮作为一个斩波器,构成电子翼轮式测头,就可以获得一个与风速相关的电信号。下面以 MSF 型电子翼轮式风表为例,说明这种类型测风仪器的工作

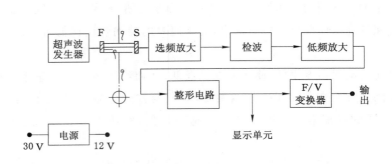

图 7-29　FC-1 型传感器工作原理框图

原理。

MSF 型电子翼轮式风表是一种自动定时 1 min 的低、中速风表。它由测头、转换单元、时间单元、门电路、计数单元及开机置零单元组成。其工作原理如图 7-30 所示,转换单元电路如图 7-31 所示。

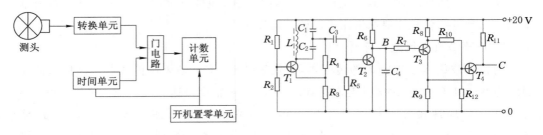

图 7-30　工作原理图　　　　　　　　　　图 7-31　转换单元电路图

测定时,测头及转换单元将风轮转动次数不断地变换成脉冲信号送到门电路。时间单元产生 1 min 定时信号控制门电路开闭,使在 1 min 内与风轮转数成正比的脉冲信号进入计数电路。从而自动记下 1 min 内的平均数值,查风表校正曲线,即可读出实际风速。

仪器的测头为电子翼轮式结构。翼轮是由八个翼片组成的风轮,风轮轴两端配置宝石轴承,构成风表的转动部分。在风轮翼片上对称地装有两块接近铁片,随翼轮一起转动。翼轮的框架上安装着线圈 L,转换单元的作用是把翼轮转动的转数正比地变换成脉冲个数,当晶体管 T_1 集电极回路中的振荡线圈 L 附近没有铁片接近时,L 和 C_1、C_2 谐振,经电阻 R_4 的正反馈作用,形成 235 kHz 自激正弦波振荡。调整电阻 R_4 可以改变维持振荡的反馈量。

235 kHz 振荡信号由电容 C_3 耦合到 T_2 的基极进行检波放大,此时 T_2 导通,输出低电平,再经电阻 R_7 直接耦合到 T_3、T_4 组成的射极耦合触发器进行整形,输出脉冲方波低电平。当铆有铁片的风翼接近 L 时,铁片中产生感应电流形成的涡流,使振荡能量大量损失,反馈能量减少,振荡停止。T_2 基极因没有信号输入而截止,输出高电平,射极耦合触发器也输出脉冲方波高电平(脉冲方波低电平为 7 V,高电平约 20 V)。脉冲信号就这样随翼轮转动而正比地产生。转换单元各级工作波形见图 7-32。

时间单元由多谐振荡器、施密特触发器和 3 个二-十进制 MOS 计数器组成。自激多谐振器产生一个稳定的 13.3 Hz 的多谐振荡信号。经施密特触发器整形后,送入 3 个十分频器组成的 1 000 次分频器延时分频,得到一个周期为 75 s 的脉冲信号。用其中 60 s 高电平去和转动信号一起打开"与"门,进行测风计数,15 s 低电平关闭"与"门,显示测量值。

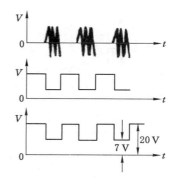

图 7-32　工作波形图

门电路是受时间单元产生的时间信号与转动脉冲信号控制的一个"与"门,使在 1 min 内产生的翼轮转动脉冲信号计数单元计数,能在 1 min 后稳定地显示测量值。

计数单元把通过门电路的脉冲信号接二-十进制计数,输出信号由荧光数码管显示出来。

时间单元和计数单元都受开机自动置零信号的控制,保证每次开机时,上述两部分都从零开始工作,计数 1 min。此外,仪器还设有手动置零按钮,使用较为方便。

7.2.6　激光测速

激光的应用和电子技术的发展,使多种形式的激光测速仪应运而生。激光多普勒流速计就是其中的一种。其工作原理是:当激光照射到跟随流体一起运动的微粒上时,激光被运动着的微粒所散射,散射光的频率和入射光相比较有正比于流体速度的频率偏移,如果设法能把散射光的频率偏移测量出来,就可以测得流体的速度。多普勒激光测速仪包括光学系统和多普勒信号处理装置两大部分。由于该方法是非接触测量,测量精度高,从而引起各学科的密切重视,成了目前测速仪器发展的一个新方法。然而,激光测速仪是一个比较庞大的测量系统,用起来也比其他方法复杂得多,价格就更悬殊了;另外,信号质量受散射颗粒的限制,它要求颗粒完全跟随流体运动,否则就要在流体中加入适当直径的颗粒;再则,信号频率高造成信号难处理,流速高要求激光管的输出功率增大等实际问题,致使其使用范围目前只能限制在实验室内。

7.2.7　风表校正

每种风表出厂前都进行过校正,附有该风表的校正曲线。由于在使用过程中机件不断磨损,以及生锈和粉尘进入风表等原因,使风表测定精度降低。因此,每台风表使用半年或一年后必须重新校正,即重新作风表测定值和真速之间的关系曲线——风表校正曲线。风表校正方法很多,现以风洞式风表校正仪加以说明。风洞式风表校正仪的构造及装置,如图 7-33 所示。

风洞式风表校正仪由稳定段、收缩段、实验段、扩散段和动力系统 5 部分组成。

稳定段包括蜂窝器 8 及阻尼网 7。其作用是使风流平直且速度分布均匀。

收缩段的作用是将稳定段流过来的风流加速,使实验段获得实验所需的速度。因此,该

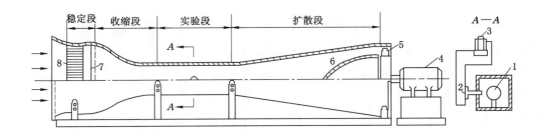

1—风表；2—皮托管；3—微压计；4—电动机；5—通风机；6—整流罩；7—阻尼网；8—蜂窝器。

图 7-33　风洞式风表校正仪

段断面由大逐渐变小，一般要求其大小断面积之比（收缩比）不小于 4。

实验段是整个风洞的中心，风表在此段做校正试验。对实验段的要求如下：风流速度在此段内的任一截面应尽可能达到均匀分布，并且不随时间变化而变化；各点的风流方向应一致，并与风洞轴线平行；装卸风表及测量数据时操作方便。实验段安设待校正的风表 1 和皮托管 2，皮托管与微压计 3 连接。

扩散段的作用是减少通风机的出口速压，以降低能量损失。

动力系统由通风机 5、电动机 4、机械传动装置和整流罩 6 等五部分组成。通风机利用直流电动机带动，通风机排风量的大小可借改变电动机的转数获得。

风洞式风表校正仪的风速范围为 0.5～30 m/s，目前只能用于校正高速、中速风表。

校正风表时，启动电动机，待电压稳定，运转正常后，同时读取风表的表速 $v_{表1}$ 及微压计的速压 $h_{速1}$，并由速压公式求得实验段的真风速 $v_{真1}$，即

$$v_{真1} = \sqrt{\frac{2h_{速1}}{\rho}} \qquad (7\text{-}39)$$

式中：ρ 为空气密度。

然后利用调压变压器变更电压，则电动机转数作相应的变动，风速也随之改变。按上述同样方法分别测出 $v_{表2}$，$v_{表3}$，…；同时读得 $h_{速2}$，$h_{速3}$，…，并算得相应的 $v_{真2}$，$v_{真3}$，…。

最后用上述几组对应值，以表速为横坐标，真风速为纵坐标绘出风表校正曲线。

7.3　温度测量

温度是一个基本物理量，在解决许多工程问题时，都会遇到温度检测的问题。工矿企业温度检测也因不同场合、条件而需要采用不同的方法。本节主要介绍一些测量温度的基本方法、原理及其常用检测仪表。

7.3.1　温度检测基本原理

温度不能进行直接测量，温度测量是基于以下两点实现的：① 借助热交换使被测介质

与温度传感器达到热平衡,温度传感器的温度与被测介质的温度完全相同;② 根据物体的某些随温度变化的物理属性制作的温度传感器,将温度量转换成某种物理属性的变化,测量该种物理属性的变化便反映了被测介质的温度高低。

理论上,凡是随温度变化的物理属性都可用来制作温度传感器,但实际上并非所有的物质以及所有这类属性均可用来测温,必须适当地加以选择。经常用到的测温原理与方法可归纳为 3 类:① 利用物体的电气参数如电势、电阻等随温度而变化的特性,如热电偶和热电阻温度计等;② 利用物体热胀冷缩的特性,如水银温度计,压力表式温度计等;③ 利用物体表面光热辐射能与温度的关系,如辐射温度计、光学高温计、光电高温计及比色高温计等。

根据温度传感器与被测对象接触与否,温度检测仪表又可分为接触式和非接触式,见表 7-2。

表 7-2　温度计的分类

温度计的分类		工作原理	常用测量范围/℃	主要特点
接触式	膨胀式温度计: 1. 液体膨胀式 2. 固体膨胀式	利用液体(水银、酒精等)或固体(金属片)受热膨胀的特性	$-200\sim700$	结构简单、价格低廉,一般只用作就地测量
	压力表式温度计: 1. 气体式 2. 液体式 3. 蒸汽式	利用封闭在一定容积中的气体、液体或某些液体的饱和蒸汽受热时其体积或压力变化的性质	$0\sim300$	结构简单、具有防爆性,不怕震动,可作近距离传示,准确度低,滞后性较大
	热电阻温度计	利用导体或半导体受热后电阻值变化的性质	$-200\sim650$	准确度高,能远距离传送,适于低、中温测量;体积较大,测点温较困难
	热电偶温度计	利用物体的热电性质	$0\sim1\,600$	测温范围广,能远距离传送,适于中、高温测量;需有参比端温度补偿,在低温段测量准确度较低
非接触式	辐射式温度计: 1. 光学式 2. 比色式 3. 红外式	利用物体辐射能随温度变化的性质	$600\sim2\,000$	运用于不能直接测温的场合,测温范围广,多用于高温测量;测量准确度受环境条件的影响,需对测量值修正

7.3.2　膨胀式温度计

膨胀式温度计按充填工作物质不同分为液体膨胀式和固体膨胀式。

(1) 液体膨胀式温度计。液体膨胀式温度计是利用液体热膨胀性质制成的。所用的充填介质有水银、酒精、甲苯等。常见的有玻璃水银温度计。液体玻璃温度计根据其充填的工作介质不同测温范围在－200～500 ℃。这类温度计结构简单、价格便宜、使用方便,但不能进行远距离测量、有热惰性且易破碎。

(2)固体膨胀式温度计。固体膨胀式温度计是选用两种线膨胀系数差异较大的材料制成的,常见有杆式和双金属片式。

杆式温度计如图 7-34 所示。测温管 1 是感温元件,采用线膨胀系数大的金属做成,其上端固定。杆 2 用线膨胀系数很小的材料(如玻璃、石英等)做成,杆 2 借弹簧 4 压在管 1 的下端底面上。当被测温度变化时,由于管 1 和杆 2 的线膨胀系数不同,使杆 2 相对于管 1 移动,带动摇板 6 使指针 7 偏转,指示出被测温度值。

双金属温度计其感温元件是叠焊在一起的两片线膨胀系数不同的金属片。当其感受到被测温度变化后,由于两金属片的伸长不同而使金属片弯曲。温度变化越大,金属片弯曲的角度变化越大。双金属温度计结构简单、指示清晰、坚固耐震。

7.3.3 压力表式温度计

压力表式温度计是利用密闭容器内的工作介质(如液体、气体或低沸点液体及其饱和蒸汽)的压力随温度变化的性质而制作,并通过对工作介质压力的测定来判断温度的一种机械式仪表。此类压力表式温度计,其构造都大体一致,均由感温元件(温包和接头管)、毛细管和弹簧管压力计构成,如图 7-35 所示。测量温度时,温包内的工作物质感受被测介质的温度变化,并转变成温包内的压力变化,此压力变化经毛细管传送给弹簧管压力计,压力计的指示就是被测温度的数值。

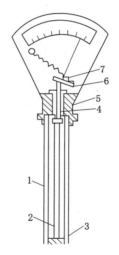

1—测温管;2—传递杆;3—管 1 的下端;
4—弹簧;5—外壳;6—摇板;7—指针。

图 7-34 杆式温度计

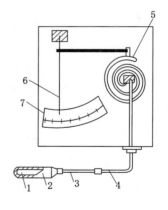

1—工作介质;2—温包;3—接头管;4—毛细管;
5—弹簧管;6—指针;7—标尺。

图 7-35 压力表式温度计原理

7.3.4 热电偶温度计

1) 热电传感器

把两种不同的导体或半导体焊接成闭合回路,如图 7-36 所示,若将两个接点分别置于

温度为 T_0 及 T 的热源中,则在两个接点间会产生电动势,称为热电势,这种现象称热电效应。热电势是由接触电势和温差电势两部分组成的。热电偶的两个连接点,与被测介质接触的一端称为工作端,另一端则称为参比端。

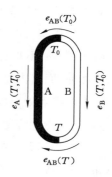

图 7-36　热电偶和热电势

(1) 接触电势。当两种不同性质的导体或半导体相互接触时,由于它们各自内部的自由电子密度不同,在连接点处将产生电子扩散,电子由密度大的导体 A 跑到密度小的导体 B,于是 A 带正电,B 带负电,在连接处形成一个由 A 指向 B 的静电场,它将阻止电子由 A 向 B 的继续扩散。当扩散与电场的作用平衡时,导体 A 和 B 在连接处便形成固定的接触电势,其大小主要决定于触点的温度 T 和 A、B 材料的性质。接触电势 $e_{AB}(T)$ 用下式表示:

$$e_{AB}(T) = \frac{kT}{e}\ln\frac{N_{AT}}{N_{BT}} \tag{7-40}$$

式中:N_{AT},N_{BT} 分别为导体 A、B 在接点温度为 T 时的自由电子密度;e 为电子电量,$e = 1.602\times10^{-19}$C;k 为波尔兹曼常数,$k = 1.38\times10^{-23}$J/K。

(2) 温差电势。当同一导体两端温度不同时,高温 T 端的自由电子能量大于低温 T_0 端自由电子的能量,从总的趋势看,若干电子从高温端迁移到低温端。与接触电势相同的道理,在导体上将产生电势,称为温差电势。导体 A 上产生的温差电势 $e_A(T,T_0)$ 可表示为:

$$e_A(T,T_0) = \frac{k}{e}\int_{T_0}^{T}\frac{1}{N_A}d(N_A t) \tag{7-41}$$

式中:N_A 为导体 A 的电子密度,与温度有关;t 为导体各断面的温度。

综上所述,不同材料 A、B 两导体组成的热电偶回路中产生的总电势 $e_{AB}(T,T_0)$ 可写成:

$$e_{AB}(T,T_0) = e_{AB}(T) - e_{AB}(T_0) + e_B(T,T_0) - e_A(T,T_0)$$

$$= \frac{kT}{e}\ln\frac{N_{AT}}{N_{BT}} - \frac{kT}{e}\ln\frac{N_{AT_0}}{N_{BT_0}} + \frac{k}{e}\int_{T_0}^{T}\frac{1}{N_B}d(N_B t) - \frac{k}{e}\int_{T_0}^{T}\frac{1}{N_A}d(N_A t) \tag{7-42}$$

上式经推导整理后可得:

$$e_{AB}(T,T_0) = \frac{k}{e}\int_{T_0}^{T}\ln\frac{N_A}{N_B}dt \tag{7-43}$$

由式(7-43)可知,总电势与电子密度 N_A 和 N_B 及两接点温度 T、T_0 有关。电子密度不仅取决于两种材料的特性,且随温度变化而变化。而当两种材料成分一定时,它们的电子密度是温度的单值函数,故式(7-43)可表示为:

$$e_{AB}(T,T_0) = f(T)_{AB} - f(T_0)_{AB} \tag{7-44}$$

2) 热电偶回路性质

热电偶回路热电势的大小只与组成热电偶的材料及两端温度有关,与热电偶的长短、粗细无关。如果使参比端温度 T_0 保持不变,即式(7-44)中 $f(T_0)_{AB}$ 为常数,此时回路热电势 $e_{AB}(T,T_0)$ 只是 T 的单值函数,这就是热电偶的测温原理。

对于式(7-44),要求出温度与热电势的函数关系的数学表达式 $f(T)_{AB}$ 比较困难,在工程应用中常用实验的方法求得温度与热电势的关系,并列出表格备查。

由式(7-43)不难看出,如果组成热电偶的两种材料性质相同,即 $N_A = N_B$,则无论两接点温度如何,回路内总热电势为零,这就是均质导体的定律。

如果两接点处温度相同,即 $T = T_0$,式(7-43)的积分上下限相同,尽管两种导体材料性质不同,回路总电势也必然为零。

在热电偶回路中插入第三种导体,只要该导体两端温度相同,则对整个回路的热电势的大小和方向不产生影响。这就是中间金属定律。该定律可以类推到回路串入多种导体。若第三种导体 C 两端的温度均为 T_0,则回路热电势 $e_{ABC}(T, T_0, T_0)$ 为:

$$e_{ABC}(T, T_0, T_0) = e_{AB}(T) + e_{BC}(T_0) + e_{CA}(T_0) + e_A(T_0, T) + e_B(T, T_0) + e_C(T_0, T_0)$$

$$(7-45)$$

因为

$$e_{BC}(T_0) + e_{CA}(T_0) = \frac{kT_0}{e}\ln\frac{N_{BT_0}}{N_{CT_0}} + \frac{kT_0}{e}\ln\frac{N_{CT_0}}{N_{AT_0}}$$

$$= \frac{kT_0}{e}\ln\frac{N_{BT_0}}{N_{AT_0}} = e_{BA}(T_0) = -e_{AB}(T_0) \quad (7-46)$$

又因为

$$e_C(T_0, T_0) = 0, e_A(T_0, T) = -e_A(T, T_0) \quad (7-47)$$

所以

$$e_{ABC}(T, T_0, T_0) = e_{AB}(T) - e_{AB}(T_0) + e_B(T, T_0) - e_A(T, T_0) = e_{AB}(T, T_0) \quad (7-48)$$

中间金属定律在热电偶的实际应用上很重要,使得可以在热电偶回路中接入各种仪表、导线,而且可以焊制热电偶,甚至可以使热电偶的工作端开路,只要都与被测介质接触即可。以上种种办法的采用,不必担心对测量结果带来附加误差。

在热电偶回路中如果导体 A 和 B 分别连接导线 a 和 b,其接点温度分别为 T、T_n 和 T_0,则回路的总热电势 $e_{ABab}(T, T_n, T_0)$ 等于热电偶的热电势 $e_{AB}(T, T_n)$ 与连接导线的热电势 $e_{ab}(T_n, T_0)$ 的代数和,此即为连接导体定律,可用下式表示:

$$e_{ABab}(T, T_n, T_0) = e_{AB}(T, T_n) + e_{ab}(T_n, T_0) \quad (7-49)$$

当材料 A 与 a、B 与 b 分别相同时,运用式(7-41)可将式(7-49)变化为下列形式:

$$e_{AB}(T, T_n, T_0) = e_{AB}(T, T_n) + e_{AB}(T_n, T_0) = e_{AB}(T, T_0) \quad (7-50)$$

这就是中间温度定律。这个定律为热电偶使用带来两方面好处:一方面,在使用热电偶时,只需考虑两端温度值,而不必顾及其中间段的温度;另一方面,贵重金属热电偶可采用补偿导线连接,只需在 T_n 到 T_0 的温度范围内,补偿导线 a、b 与贵重金属 A、B 的热电特性分别相同即可。

3)热电偶结构

普通热电偶一般做成棒状,结构如图 7-37 所示,它由热电偶丝、绝缘套管、保护套管和接线盒组成。实验室用可不加保护套管,以减少热惯性。

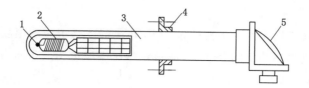

1—热段;2—热电偶丝;3—保护套管;4—安装固定件;5—接线盒。

图 7-37　热电偶结构

为了适应测温的特殊需要,热电偶的结构还有其他形式:

(1) 快速微型热电偶。它是一种用于测量熔融金属温度的消耗式热电偶,其结构如图 7-38 所示,在 U 形石英管中穿入 $\phi 0.05$ mm $\sim \phi 0.1$ mm 的双铂铑热电偶而制成。测量时,外保护帽迅速熔化,石英管和热电偶暴露于熔体中,因其热容量小,几秒钟内可反映出熔体温度,然后即全部烧毁。

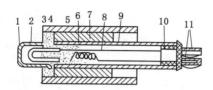

1—钢帽;2—石英管;3—纸环;4—绝热水泥;5—冷端;6—棉花;

7—绝缘纸管;8—补偿导线;9—套管;10—塑料插座;11—簧片与引出线。

图 7-38　快速微型热电偶

(2) 铠装热电偶。由热电极、绝缘材料(氧化镁或氧化铝粉等)和金属套管三者组合拉制而成,如图 7-39 所示。套管直径 0.25～12 mm;长度可从 0.1 mm 至 100 mm 以上,其优点是:小型化、热容量小、热惯性小,可用于快速或热容量很小物体的温度测量;套管可弯曲,适应于复杂结构的安装要求,可耐强烈的振动和冲击。

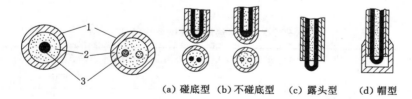

(a) 碰底型　(b) 不碰底型　(c) 露头型　(d) 帽型

1—金属套管;2—绝缘材料;3—热电极。

图 7-39　铠装热电偶断面结构

(3) 表面热电偶。随着被测表面的形状和尺寸不同,表面热电偶被设计成多种结构形式和安装方式。其中有一种薄膜热电偶,采用真空镀膜、化学涂层或电泳等方法将两种热电极材料积镀在绝缘基板上,形成薄膜。因其热惯性极小,适用于微小面积快速测量,反应时间快至微秒级。

4) 热电偶参比端的温度补偿

热电偶只有在其参比端温度不变的条件下,热电势才与工作端温度呈单值函数关系,各种热电偶的温度与热电势关系的分度表,都是在参比端温度为 0 ℃时做出的。而在测温实践中,参比端温度常常发生变动,为了保证准确测量,必须采取措施,或者使参比端温度恒定,或者消除参比端温度变化的影响,这就是热电偶参比端的温度补偿。常用补偿方法如下:

(1) 计算校正法。当热电偶工作端温度为 t,参比端温度 t_0 不为 0 ℃时,可按下式予以修正:

$$e_{AB}(t,0) = e_{AB}(t,t_0) + e_{AB}(t_0,0) \tag{7-51}$$

式中:$e_{AB}(t,0)$ 为工作端温度为 t 时,参比端为 0 ℃时的热电势;$e_{AB}(t,t_0)$ 为工作端温度为 t 时,参比端为 t_0($\neq 0$ ℃)时实测热电势;$e_{AB}(t_0,0)$ 为工作端温度为 t_0 ℃时,参比端为 0 ℃时的热电势,即参比端不为 0 ℃时的修正值。

(2) 参比端恒温法。即热电偶参比端置于电热恒温器或冰点槽等恒温装置中,保持参比端温度恒定。如果恒温点不是 0 ℃,则应按式(7-51)修正。在式(7-50)中,令 $T=t$,$T_n = t_0$,$T_0 = 0$ ℃,就可得到式(7-51)。

(3) 补偿导线法。由于热电偶多由贵重金属构成,一般做得比较短。当参比端与工作端相距不远易受被测介质温度影响时,或在采用恒温法或电桥补偿法补偿时,需要采用补偿导线把参比端延长,补偿导线补偿原理参阅式(7-50)中所述连接导体定律。补偿导线有下列作用:节约贵重金属;使参比端远离被测对象至环境温度较恒定的地方,利于参比端温度的修正并减少误差;采用粗直径和导电系数大的补偿导线可减少热电偶回路电阻,利于动圈显示仪表工作。

在选用补偿导线时,应注意到各种补偿导线只能与相应型号热电偶配用,见表7-3。使用时必须相同电极相连,且只能在规定温度范围内使用,否则将使测温误差加大;补偿导线与热电偶连接处两接点温度必须相同,不然会产生附加误差。

表 7-3 常用热电偶补偿导线特性

配用热电偶 正—负	补偿导线 正—负	导线外皮颜色 正	导线外皮颜色 负	补偿温度范围 /℃	100 ℃热电势 /mV	150 ℃热电势 /mV
铂铑$_{10}$-铂	铜-铜镍①	红	绿	0～150	0.643±0.023	1.025±0.031
镍铬-镍硅铝	铜-康铜 (铁-康铜)	红	蓝	−20～100 (−20～150)	4.10±0.15	6.13±0.20
镍铬-考铜	镍铬-考铜	红	蓝	—	6.95±0.30	10.69±0.38
铜-康铜	铜-康铜	红	蓝	—	4.10±0.15	6.13±0.20
钨铼$_5$-钨铼	钢-铜镍②	红	蓝	0～100	1.337±0.045	
铂铑$_{30}$-铂铑$_6$	铜-铜			0～150	±0.034	±0.092

注:① 99.4%Cu,0.6%Ni;② 98.2～98.3%Cu,1.7～1.8%Ni。

（4）电桥补偿法。在热电偶测温系统中串联一个不平衡电桥,利用电桥随热电偶参比端温度变化而产生的输出电压变化,对热电偶参比端由于温度变化而引起的热电势变化予以补偿,如图 7-40 所示。

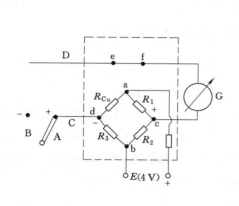

图 7-40　补给电桥连接图

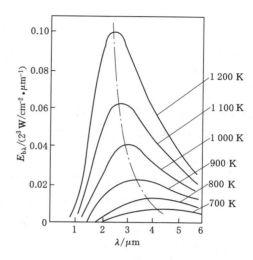

图 7-41　黑体辐射的光谱分布

电桥由直流稳压电源供电,热电偶经过补偿导线 C、D 与测量仪表 G 和补偿电桥相连。补偿电桥的一个臂是铜电阻 R_{Cu},R_{Cu} 与热电偶参比端放在一起以感受同样的温度环境。当热电偶参比端温度为 t_0 时,桥路处于平衡状态,输出电压 $U_{cd} = 0$;当参比端温度由 t_0 升到 t_0' 时,热电偶的输出变化 Δe,按式（7-50）得:

$$\Delta e = e_{AB}(t, t_0) - e_{AB}(t, t_0') = e_{AB}(t_0', t_0) \tag{7-52}$$

与此同时,铜电阻 R_{Cu} 阻值发生变化,从而使电桥产生不平衡电压输出 U_{cd},只要恰当设计,就可以做到 $\Delta e = U_{cd}$,即热电势的变化由电桥不平衡输出电压完全补偿。

7.3.5　辐射式温度计

辐射式测温方法基于物体的热辐射能量随其温度的变化而变化的特性,这是非接触式测温方法,它具有如下特点:检测仪表和被测对象不接触,不会破坏被测对象的温度场,故既可测量运动物体,又可进行远距遥测;温度传感器的反应速度高、响应快。而且其灵敏度、精确度均好。

1）辐射测温的理论基础

处于热平衡状态的绝对黑体在热力学温度 T 时,在波长为 λ 附近的单位波长间隔内,在半球面方向上,自单位面积辐射出的功率即光谱强度 $E_{b\lambda}$［$W/(cm^2 \cdot \mu m)$］由普朗克定律给出:

$$E_{b\lambda} = 2\pi c^2 h \lambda^{-5} (e^{\frac{hc}{\lambda k T}} - 1)^{-1} = c_1 \lambda^{-5} (e^{\frac{c_2}{\lambda T}} - 1)^{-1} \tag{7-53}$$

式中:c_1 为第一辐射常数,$c_1 = 2\pi hc^2 = 3.741\ 83 \times 10^{-12}\ W \cdot cm^2$;$c_2$ 为第二辐射常数,$c_2 = hc/k = 1.438\ 8\ cm \cdot K$;$h$ 为普朗克常数,$h = 6.626\ 2 \times 10^{-34}\ J \cdot s$;$k$ 为波尔茨曼常数,$k =$

$1.380\ 66\times10^{-23}$ J/K；c 为光速，$c=2.997\ 92\times10^{10}$ cm/s。

黑体辐射的光谱分布如图 7-41 所示。当 $\lambda T<3\ 000\ \mu m \cdot K$ 时，普朗克公式可用维恩公式近似：

$$E_{b\lambda} = c_1\lambda^{-5}\exp\left(\frac{-c_2}{\lambda T}\right) \tag{7-54}$$

将普朗克公式在波长 $0\sim\infty$ 范围积分可得到斯蒂芬-波尔茨曼公式：

$$E_b = \int_0^\infty E_{b\lambda}d\lambda = \sigma T^4 \tag{7-55}$$

式中：σ 为斯蒂芬-波尔茨曼常数，$\sigma=5.670\ 32\times10^{-12}$ W/(cm$^2 \cdot$ K^4)。

上式表明，温度为 T 的黑体，单位面积向半球方面的全波长辐射功率与物体绝对温度的四次方成正比。

由于实际物体都不是绝对黑体，它的单色辐射强度 E_λ 和全辐射强度 E 都比绝对黑体小。为了描述实际物体的辐射特性，引进单色发射率或黑度系数 ε_λ 的概念：

$$\varepsilon_\lambda = E_\lambda/E_{b\lambda} \tag{7-56}$$

物体全波长发射率 ε 由下式定义：

$$\varepsilon = \frac{E}{E_b} = \frac{\displaystyle\int_0^\infty \varepsilon_\lambda E_{B\lambda}d\lambda}{\displaystyle\int_0^\infty E_{b\lambda}d\lambda} = \frac{1}{\sigma T^4}\int_0^\infty \varepsilon_\lambda E_{b\lambda}d\lambda \tag{7-57}$$

物体的发射率（ε_λ 和 ε）与物体的材料、表面光洁度及温度有关，光谱发射率还和波长 λ 有关。

2）全辐射温度计

根据黑体的全辐射定律和全辐射率的定义，可以得到物体在半球面的方向上单位面积所发射的全辐射能量为：

$$E = \varepsilon\sigma T^4 \tag{7-58}$$

因此，当测出物体全辐射能 E 以及全辐射率 ε 时，则可据上式求出物体的温度 T，这就是全辐射测温方法。

图 7-42 所示为全辐射温度计原理图，全辐射能量由物镜 1 聚焦经光栏 2 投射到热接受器 5 上，这种热接受器多为热电堆结构。热电堆是由 4~8 支微型热电偶串联而成，为的是得到较大的热电势。热电偶的测量端贴在类似十字形的锡箔上，锡箔涂成黑色以增加热吸收系数。热电堆的输出热电势接到显示仪表或记录仪表上。热电偶的参比端贴夹在热接收器周围的云母片中。在瞄准物体的过程中可以通过目镜 8 进行观察，目镜前有灰色玻璃 7 用来削弱光强，保护观察者的眼睛。整个高温计机壳内壁面涂成黑色以便减少杂光干扰，并能造成黑体条件。

全辐射高温计是按绝对黑体对象进行分度的。用它测量辐射率为 ε 的实际物体温度时，其示值并非真实温度，而是被测物体的"辐射温度"。所以，测到的辐射温度总是低于实际物体的真实温度。

全辐射高温计一般用于 100~2 000 ℃ 的温度测量。它的结构简单，使用方便，性能稳

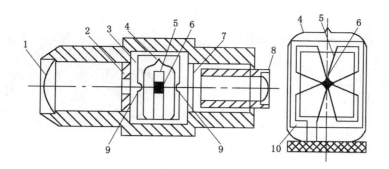

1—物镜；2—补偿光栏；3—铜壳；4—玻璃泡；5—热电堆；

6—铂黑片；7—吸收玻璃；8—目镜；9—小孔；10—云母片。

图 7-42　全辐射式高温计原理示意图

定,价格低廉,其时间常数为 $4\sim20$ s。广泛用于生产工艺过程的温度测量。

3）光学高温计

根据式（7-56）可以得到实际物体的光谱辐射亮度 B_λ 为：

$$B_\lambda = \varepsilon_\lambda B_{b\lambda} = \frac{1}{\pi}\varepsilon_\lambda E_{b\lambda} = \frac{1}{\pi}c_1\varepsilon_\lambda\lambda^{-5}\left[\exp\left(\frac{c_2}{\lambda T}\right)-1\right] \tag{7-59}$$

或记为：

$$B_\lambda = f(\lambda,T,\varepsilon_\lambda) = f(T)\big|_{\lambda,\varepsilon_\lambda} \tag{7-60}$$

上式表明,当物体辐射波长 λ 及发射率 ε_λ 一定时,物体的光谱辐射亮度 B_λ 与其温度 T 有单值函数关系,即测定物体的光谱辐射亮度 B_λ,便可求得其温度。

直接测定物体的光谱辐射亮度是困难的,故实测时采取将被测物体的亮度与已知温度的标准参考辐射源（参考灯）的亮度相比较的亮度平衡测温法,这就是比较被测物体与参考源在同一波长下的光谱亮度,并使二者亮度相等。定义在同一波长下温度为 T 的被测物体的光谱亮度 B_λ 与温度为 T_0 的黑体的光谱亮度 $B_{b\lambda}$ 相等时,黑体的温度 T_0 就称为被测物体的亮度温度。

图 7-43 所示为光学高温计原理图。图中标准的参考辐射源灯 3,其灯丝的电参数与温度的关系由黑体辐射源分度,并由电测仪表直接测量和显示。物镜 1、目镜 4 可沿镜筒前后运动以调节它们的焦距,通过调节焦距使被测物体聚焦到比较灯 3 上。红色滤光片 5 位于目镜一侧光路上,保证只能观测波长限制在 0.66 μm 附近的红光,灰色吸收玻璃 2 位于光路的物镜一侧,以减弱被测物体的光谱亮度,扩大仪器量程。

测量时,观察者可在被测物体像所形成的发光背景上,看到参考灯丝,并对二者亮度进行比较。调节仪表中可调电阻以改变灯丝电流,使其亮度变化。如果灯丝亮度低于被测物体亮度,那么在亮的背景上会出现暗的灯丝线,如图 7-44(a)所示;如果灯丝亮度高于物体的亮度,那么在暗的背景中就会出现亮的灯丝线,如图 7-44(b)所示;当二者亮度一致时,灯丝就会隐没在物体的背景中,如图 7-44(c)所示,这时按黑体分度的参考灯丝的温度 T_2 就是被测体的亮度温度（实际温度为 T_1）,于是：

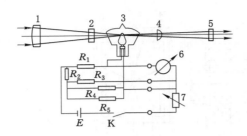

1—物镜；2—吸收玻璃；3—高温计灯泡；4—目镜；

5—红色滤光片；6—测量电表；7—滑线电阻。

图 7-43　光学高温计原理图

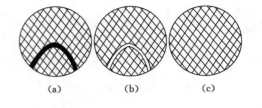

图 7-44　光学高温计的亮度调整

$$B_\lambda(T_1) = B_{b\lambda}(T_2) \tag{7-61}$$

依据式(7-59)，式(7-61)即可变换为：

$$\varepsilon_\lambda \frac{1}{\pi} c_1 \lambda^{-5} \exp\left(\frac{-c_2}{\lambda T_1}\right) = \frac{1}{\pi} c_1 \lambda^{-5} \exp\left(\frac{-c_2}{\lambda T_2}\right)$$

整理后可得：

$$\frac{1}{T_1} - \frac{1}{T_2} = \frac{\lambda}{c_2} \ln \varepsilon_\lambda \tag{7-62}$$

上式表明，亮度平衡时，被测物体的温度 T_1 与参考灯的温度 T_2 的关系，而 T_2 也就是被测物体的亮度温度，故式(7-62)称为亮度温度修正公式。

光学高温计是一种闭环式仪表，由于物质的光谱亮度随温度的变化响应较快，仪器灵敏度很高，所以它既可做成工业仪表亦可做成标准仪表，其测温范围一般为 800～2 000 ℃。该仪表缺点在于测温精度受中间介质如烟雾、灰尘等影响，且随距离增大使误差增大。

第8章 入侵报警系统

安全防范是以人力防范（人防）为基础、以技术防范（技防）和实体防范（物防）为手段所建立的一种具有探测、延迟、反应有序结合的安全防范服务保障体系。实体防范是用于安全防范的、能延迟风险事件发生的各种实体防护手段，包括建（构）筑物、屏障、器具、设备、系统等。技术防范是利用各种电子信息设备组成系统和/或网络以提高探测、延迟、反应能力和防护功能的安全防范手段。入侵报警系统（intruder alarm system，IAS）利用传感器技术和电子信息技术探测并指示非法进入或试图非法进入设防区域（包括主观判断面临被劫持或遭抢劫或其他紧急情况时，故意触发紧急报警装置）的行为、处理报警信息、发出报警信息的电子系统或网络。

8.1 入侵报警系统的基本组成

8.1.1 安全防范系统概述

安全防范系统（security and protection system，SPS）是以维护社会公共安全为目的，运用安全防范产品和其他相关产品所构成的入侵报警系统、视频安防监控系统、出入口控制系统、防爆安全检查系统等；或由这些系统为子系统组合或集成的电子系统或网络。公共安全防范系统是综合运用现代科学技术，以应对危害社会安全的各类突发事件而构建的技术防范系统或保障体系，如图 8-1 所示。入侵报警系统是公共安全系统的重要组成部分。

安全技术防范系统的结构模式经历了一个由简单到复杂、由分散到组合再到集成的发展变化过程。从早期单一分散的电子防盗报警器或者是由多个报警器组成的防盗报警系统，到后来的报警联网系统、报警-监控系统，发展到防盗报警-视频监控-出入口控制等综合防范系统。近年来，在智能建筑和社区安全防范中，又形成了融防盗报警、视频监控、出入口控制、访客查询、保安巡更、汽车库（场）管理等系统综合监控与管理的系统结构模式。

中国的安防产业是从 20 世纪 80 年代开始起步的，比西方经济发达国家大约晚 20 年。改革开放以前，由于受经济发展的限制，中国的安防主要以人防为主，安全技术防范还只是一个概念，技术防范产品几乎还是空白。20 世纪 80 年代初，安防作为一个行业在上海、北京、广州等经济发达城市和地区悄然兴起，尤其是处在改革开放前沿的深圳，依托本地先进

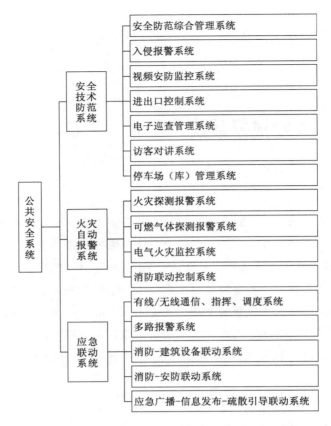

图 8-1　公共安全系统的组成

的电子科技优势和得天独厚的地理位置,逐渐发展成为全国安防产业的重要基地。进入 21 世纪,安全技术防范产品行业又有了进一步的发展,智能建筑、智能小区建设异军突起,以及高科技电子产品、全数字网络产品的大量涌现,都极大促进了技防产品市场蓬勃发展。

入侵报警系统工程是根据各类建筑中的公共安全防范管理的要求和防范区域及部位的具体现状条件,安装设置红外或微波等各种类型的报警探测器和系统报警控制设备,对设防区域的非法入侵异常情况实现及时、准确、可靠的探测、报警、指示与记录等功能。入侵报警系统在安全技术防范工作中的主要作用是:入侵报警系统协助人防担任警戒和报警任务,提高了报警探测的能力和效率;入侵报警系统通过及时探测和明确的反应指示,提高了保卫力量的快速反应能力,可及时发现警情,迅速有力地制止侵害;入侵报警系统具有威慑作用,犯罪分子不敢轻易作案或被迫采取规避措施,可提高作案成本进而减少发案率。

入侵报警系统代表了"探测—反应"主动防范的思想,本质上它是通过提高人防能力或弥补人防的不足来增强安全防范的效果,因此入侵报警系统是人防的有力辅助和补充。

8.1.2　入侵报警系统的组成

入侵防范是指用来探测非法入侵者的移动或其他行动的报警系统。当系统运行时,只要有非法入侵行为的出现,就能发出报警信号。入侵报警系统通常由前端设备(包括探测器和紧急报警装置)、传输设备、处理/控制/管理设备和显示/记录设备 4 个部分构成,典型入侵报警系统的组成如图 8-2 所示。

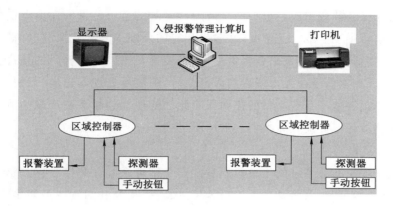

图 8-2　入侵报警系统组成

1) 入侵探测器

现场探测器和执行设备为底层设备,负责探测非法入侵人员,有异常情况时发出声光报警,同时向区域控制器发送信息。《入侵探测器 第 1 部分:通用要求》(GB 10408.1—2000)定义入侵探测器为"对入侵或企图入侵或用户的故意操作作出响应以产生报警状态的装置"。探测器是用来探测非法入侵者移动或其他动作的电子和机械部件所组成的装置。监测器通常由传感器和信号处理器组成。有的监测器只有传感器而没有信号处理器。在入侵监测器中,传感器通常把压力、振动、声响、光强等物理量,转换成易于处理的电量(电压、电流、电阻等)。信号处理器的作用是把传感器转化成的电量进行放大、滤波、整形处理,使它成为一种合适的信号,能在系统的传输信道中顺利地传送,通常我们把这种信号称为探测电信号。

探测器可以是一个单独的集成单元,也可以由一个或多个传感器与信号处理单元相连而组成。探测功能包括系统中所有能确定报警状态是否存在的那些部分。监测器应有防拆、防破坏等保护功能。当入侵者企图拆开外壳或使信号传输线断路、短路或接其他负载时,监测器应能发出报警信号。监测器还要有较强的抗干扰能力。在探测范围内,如有长度150 mm,直径为 30 mm 的具有与小动物类似的红外辐射特性的圆筒大小物体都不应使探测器产生报警;监测器对于与射束轴线成 15°或更大一点的任何外界光源的辐射干扰信号应不产生误报和漏报。监测器应能承受常温气流和电铃的干扰,不产生误报。监测器还应能承受电火花的干扰。

2) 信道

信道是探测电信号传送的通道。信道的种类较多,通常分有线信道和无线信道。

有线信道是指探测电信号通过双绞线、电话线、电缆或光缆向控制器或控制中心传输。

无线信道则是对探测电信号先调制到专用的无线电频道由发送天线发出,控制器或控制中心的无线接收机将空中的无线电波接收下来后,解调还原出控制报警信号。

3) 控制器

区域控制器负责对下层探测设备的管理,同时向控制中心传送区域报警情况。控制器由信号处理器和报警装置组成。报警信号处理器是对信道中传来的探测电信号进行处理,判断出探测电信号中"有"或"无"情况,并输出相应的判断信号。若探测电信号中含有入侵者入侵信号时,则信号处理器发出告警信号,报警装置发出声光报警,引起防范工作人员的警觉。反之,若探测电信号中无入侵者的入侵信号,则信号处理器送出"无情况"的信号,报警器不发出声光报警信号。智能型的控制器除此之外还能判断系统出现的故障,如系统短路、开路、监测器故障等并能及时报告故障性质、位置等。

4) 控制中心(报警中心)

监控中心是安全防范系统的中央控制室。安全管理系统在此接收、处理各子系统发来的报警信息、状态信息等,并将处理后的报警信息、监控指令分别发往报警接收中心和相关子系统。

为了实现区域性防范的要求,可把几个需要防范的区域,联网到一个警戒中心,一旦出现危险情况,可以集中力量及时应对。把各个区域的报警控制器的输出电信号,通过电话线、电缆、光缆或用无线电波传送到控制中心,同样控制中心的命令或指令也能回送到各区域的报警值班室,以加强防范的力度。控制中心通常设在大型社区、企业、大型楼宇、高等院校的保卫部门或区、市的公安保卫部门。

8.2　入侵监测器

根据不同的防范场所,应选用不同的信号传感器,如气压、温度、振动、幅度传感器等,以此来探测和预报各种危险情况。如红外监测器中的红外传感器能探测出被测物体表面的热变化率,从而判断被测物体的运动情况而引起报警;振动电磁传感器能探测出物体的振动,把它固定在地面上,保险柜上,就能探测出入侵者走动或撬挖保险柜的动作。

8.2.1　入侵监测器的分类

用于安全防范技术的产品多种多样,各种不同类型传感器组成的监测器,应用在不同的地点、场合,取得了良好的效果。入侵报警器材名目繁多,对报警器材进行分类,有利于掌握它的工作原理、构造和适用的场合。通常情况下,按其传感器种类、工作方式、警戒范围等来区分。

1) 按传感器种类分类

入侵监测器的分类可按其所用传感器的特点分为开关型入侵监测器、振动型入侵监测器、声音监测器、超声波入侵监测器、次声入侵监测器、主动与被动红外入侵监测器、微波入侵监测器、激光入侵监测器、视频运动入侵监测器和多种技术复合入侵监测器。

2) 按工作方式来分类

按工作方式可分为主动和被动探测报警器。被动探测报警器,在工作时不需向探测现场发出信号,而对被测物体自身存在的能量进行检测。平时在接收传感器上输出一个稳定的信号,当出现情况时,稳定信号被破坏,经处理发出报警信号。

主动探测报警器工作时,监测器要向探测现场发出某种形式的能量,经反向或直射在传感器上形成一个稳定信号,当出现异常情况时,稳定信号被破坏,信号处理后,产生报警信号。

3）按警戒范围分类

按防范警戒区域可分为点型入侵监测器、直线型入侵监测器、面型入侵监测器和空间型入侵监测器。

点型入侵监测器警戒的仅是某一点,如门窗、柜台、保险柜,当这一监控点出现危险情况时,即发出报警信号,通常由微动开关方式或磁控开关方式报警控制。

直线型入侵监测器警戒的是一条线,当这条警戒线上出现危险情况时,发出报警信号。如光电报警器或激光报警器,先由光源或激光器发出一束光或激光,被接收器接收,当光和激光被遮断,报警器即发出报警信号。

面型入侵监测器警戒范围为一个面,当警戒面上出现危害时,即发出报警信号。如振动报警器装在一面墙上,当墙面上任何一点受到振动时即发出报警信号。

空间型入侵监测器警戒的范围是一个空间的任意处出现入侵危害时,即发出报警信号。如在微波多普勒报警器所警戒的空间内,入侵者从门窗、天花板或地板的任何一处进入都会产生报警信号。

4）按报警信号传输方式分类

按报警信号传输方式可分为有线型和无线型。监测器在检测到非法入侵者后,以导线或无线电两种方式将报警信号传输给报警控制主机。有线型与无线型的选取由报警系统或应用环境决定。所有无线监测器无任何外接连线,内置电池均可正常连续工作 2～4 年。

5）按使用环境分类

按使用环境分类可分为室内型和室外型。室外型产品主要防范露天空间或平面周界,室内型产品主要防范室内空间区域或平面周界。

6）按探测模式分类

按探测模式外为空间型和幕帘型。空间型防范整个立体空间,幕帘型防范一个如同幕帘的平面周界。幕帘型分为单幕帘、双幕帘和四幕帘 3 种。单幕帘监测器只是在透镜片上与空间型探侧器有所区别,单幕帘监测器所防范的幕帘周界不能识别入侵方向且较容易误报,在以往安装单幕帘或空间型监测器的情况下,居住者的活动范围是受到限制的,因为人们不得不避开受保护的区域,以避免触发报警。而双幕帘监测器使用了全新的方向识别技术,可以准确辨别出被保护区域内人体的运动方向,从而区分出是居住者还是入侵者。因此,居住者在布防情况下可以在防范区域内自由活动,不会触发警报,入侵者一旦从门窗、阳台进入,双幕帘监测器会立即报警。四幕帘监测器则比双幕帘监测器有更精确的识别功能与更强的抗误报能力。

还有一些其他的分类方法,市场销售上、工程应用上的分类方法也很多,不再详细叙述。下面主要以按警戒范围分类的方式对入侵监测器进行介绍。

8.2.2　点型入侵监测器

点型入侵监测器是指警戒范围仅是一个点的监测器,如门、窗、柜台、保险柜等这些警戒的范围仅是某一特定部位,当这些警戒部位的状态被破坏,即能发出报警信号。点型入侵监测器通常有开关型和振动型两种。

1) 开关入侵监测器

开关入侵监测器是由开关型传感器与相关的电路组成的,可以是微动开关、干簧继电器、易断金属导线或压力垫等。不论是常开型或是常闭型,当其状态改变时均可直接向报警控制器发出报警信号,由报警控制器发出声光警报信号。通常安装在门柜和窗框上,就能探测出入侵者的入侵行为。

干簧继电器是门、窗等点型入侵监测器用得最多的控制元件。干簧继电器由干簧管和磁铁组成,干簧管外壳用玻璃制成,容易碎,一般将它安装在固定不动的门框或窗框上,磁铁则可安装在活动的门扇和窗扇上。在实际安装中,要注意磁铁和干簧管之间的距离,一般二者之间的距离在 8～10 mm 范围之内就能可靠释放和吸合。二者之间的距离越近,释放和吸合的可靠性越高,因此应尽可能地调整好二者之间的距离。通常选择释放、吸合可靠,而控制距离又较大的开关组件。

常开式干簧继电器,无外磁场作用时,二触点断开。在外磁场的作用下,二触点闭合,通常组成断路开关报警器。当门窗处于关闭状态时,磁铁和干簧管放置距离最近,一个在门框上,另一个在门扇上。常开式干簧继电器在外磁场作用下触点闭合,与外电路相连,报警器不报警;当入侵者入侵后,门窗被打开时,磁铁和干簧管分离,距离拉大,使得磁场减弱,则干簧管的触点断开,即向外电路输出报警信号,如图 8-3 所示。

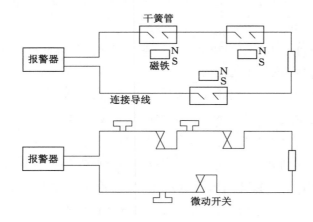

图 8-3　开路开关控制器连接示意图

短路开关报警器则相反,电路平时呈断路状态,电路无电流流过。一旦有入侵行为,干簧管触点闭合,电路短路发出报警信号,如图 8-4 所示。

选用短路报警还是断路报警主要视报警器的触发形式。《磁开关入侵探测器》(GB 15209—2006)对磁开关入侵探测器的技术要求、试验方法、检验规则、标志、包装和储存要求

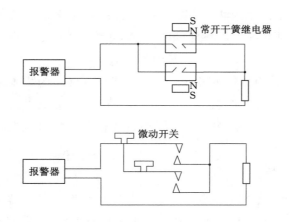

图 8-4　短路开关控制器连接示意图

做了规定,是设计、制造和检验磁开关入侵探测器的基本依据。

2) 振动入侵监测器

当入侵者进入设防区域,引起地面、门窗的振动,或入侵者撞击门、窗、保险柜,引起振动,发出报警信号的监测器称为振动入侵监测器。按其探测对象可分为地音振动入侵探测器、建筑物振动入侵探测器、保险柜振动入侵探测器和 ATM 机振动入侵探测器等。按工作原理可分为压电式振动入侵监测器和电动式振动入侵监测器等。《振动入侵探测器》(GB/T 10408.8—2008)规定了振动入侵探测器的分类、技术要求、检验方法等,是振动入侵探测器设计、制造和验收的技术依据。

(1) 压电式振动入侵监测器。压电式传感器是利用压电材料的压电效应制成的,当压电材料受到某方向的压力时,在特定方向两个相对电极上分别感应出电荷,电荷量的大小与压力成正比。使用压电式传感器组成的压电式振动入侵监测器可以利用非法入侵引起的振动,来探测入侵者的行为与入侵地点。

半导体压力传感器利用硅晶体的压电电阻效应,当半导体材料硅受外力作用时,晶体处于扭曲状态,载流子的迁移率随之发生变化;迁移率的改变致使结晶电阻阻抗发生变化;而硅膜片上结晶电阻变化使得输出电压随之变化。此输出电压加到烧结在一片硅膜片上的三极管的输入极上,经放大、整形、输出,送到信号处理电路,随之发出报警信号。因此,用半导体压力传感器制作的振动入侵监测器能把干扰信号控制在最小限度内。如用硅晶体压电材料制成的玻璃破碎振动监测器,把压电材料贴在玻璃或玻璃附近的地方,当入侵者要打碎玻璃进入现场或进入玻璃厨柜,玻璃破碎前的振幅增大,压电材料相应的两电极上感应出电荷,形成一微弱的电位差,将此信号放大处理后,推动声光报警器。如果入侵者用玻璃刀刻划玻璃,玻璃振动振幅小,但刻划时频率高,而且固定,通常将此高频声音信号经高通放大器放大后送到信号处理电路,经处理后也能发出报警信号。

(2) 电动式振动入侵监测器。电动式振动入侵监测器是利用电磁感应的原理,将振动转换成线圈两端的感应电动势输出。

将电动传感器和保险柜、贵重物体固定在一起,当入侵者去搬动或触动保险柜时,柜体发生振动,电动传感器也随之振动。线圈与电动传感器是固定在一起的,而磁铁是通过弹簧与壳体软接在一起的,壳体振动后,磁铁随之运动,在线圈上感应出电动势,其大小为:

$$E = nBLv \tag{8-1}$$

式中:B 为磁感应强度,L 为每匝线圈的长度,n 为绕组匝数,v 为物体的振动速度。

感应电动势 E 经放大、整形、输出,送到信号处理电路,随之发出报警信号。电动传感器具有较高的灵敏度,输出电动势较高,不需要高增益放大器,而且电动传感器输出阻抗低,噪声干扰小,工作稳定可靠。

8.2.3 直线型入侵监测器

直线型入侵监测器是指警戒范围是一条线束的监测器,当在这条警戒线上的警戒状态被破坏时,能发出报警信号。最常见的直线型报警监测器为红外入侵监测器、激光入侵监测器。

1) 红外入侵监测器

红外入侵监测器分为被动红外监测器和主动红外监测器两种形式。《入侵探测器 第 4 部分:主动红外入侵探测器》(GB 10408.4—2000)、《入侵探测器 第 5 部分:室内用被动红外探测器》(GB 10408.5—2000)等红外入侵探测器的特殊要求和试验方法等均做了相应规定。

(1) 被动红外监测器。被动红外监测器本身不发射能量,它是依靠接受安全防范现场的能量变化来进行探测工作的,是由于人在探测器覆盖区域内移动引起接收到的红外辐射电平变化而产生报警状态的一种探测器。

在正常情况下,安全防范现场的所有物体都会产生一个相对恒定的能量辐射。被动红外监测器会在现场接受到一个相对稳定的辐射信号。当被防范范围内有目标入侵并移动时,将引起该区域内红外辐射的变化,而红外监测器能探测出这种红外辐射的变化并发出报警信号。实际上除入侵物体发出红外辐射外,被探测范围内的其他物体如室外的建筑物、地形、树木、山和室内的墙壁、课桌、家具等都会发生热辐射,但因这些物体是固定不变的,其热辐射也是稳定的。当入侵物体进入被监控区域后,稳定不变的热辐射被破坏,产生了一个变化的热辐射,而红外监测器中的红外传感器就能收到这个变化的辐射,经放大处理后报警。在使用中,把监测器放置在所要防范的区域里,那些固定的景物就成为不动的背景,背景辐射的微小信号变化为噪声信号,由于监测器的抗噪能力较强,噪声信号不会引起误报,红外监测器一般均在背景不动或防范区域内无活动物体的场合。

现在实际应用的被动红外监测器,多数做成把几个红外接收单元集成在一个监测器中,称为多元被动红外监测器。这样的监测器由于具有几个接收单元,不仅能检测出其防范区域有入侵者时的红外变化,还可以因各个单元安装方向的不同而接收信号的大小不同,检测出入侵者走动时产生的单元信号差值的变化,从而达到双重检测的目的,大大提高了报警精度,减少了误报率。

(2) 主动红外监测器。主动红外监测器由主动红外光发射器和接收器两个部件构成。主动红外发射器发出一束经调制的红外光束,投向红外接收器,形成一条警戒线。当目标侵入该警戒线时,红外光束被部分或全部遮挡,接收机接收信号发生变化而报警。主动红外监测器的原理方框图如图 8-5 所示。

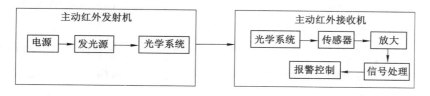

图 8-5　主动红外监测器的原理方框图

主动红外监测器的发射光源通常为红外发光二极管。其特点是体积小、重量轻、寿命长、功耗小,交直流供电都能工作,晶体管、集成电路都能直接驱动。主动红外监测器的光源通常为脉冲调制的脉冲波形,发射机采用自激多谐振荡器作为调制电源,产生很高占空比的脉冲波形,去调制红外发光二极管发光,发射出红外脉冲调制光谱。这样大大降低了电源的功耗,又增加了系统抗杂散光干扰的能力。

对光束遮挡型的监测器,要适当选取有效的报警最短遮光时间。遮光时间选得太短,会引起不必要的噪声干扰,如小鸟飞过、小动物穿过都会引起报警;而遮光时间太长,则可能导致漏报。通常以 10 m/s 速度通过镜头的遮光时间,来定最短遮光时间。若人的宽度为 20 cm,则最短遮光时间为 20 cm/(10 m/s)=20 ms。大于 20 ms,系统报警;小于 20 ms 则不报警。

主动红外监测器体积小、重量轻、便于隐蔽,采用双光路、甚至四光路的主动红外监测器可大大提高其抗噪防误报的能力以及加大防范的垂直面,另外主动红外监测器价格低、易调整,因此被广泛使用在安全防范工程中。

然而,当主动红外监测器用在室外自然环境时,比如无星光和月亮的夜晚,以及夏日中午太阳光背景辐射的强度比超过 100 dB 时,会使接收机的光电传感器工作环境相差太大。通常采用截止滤光片,滤去背景光中的极大部分能量(主要为可见光的能量),使接收机的光电传感器在各种户外光照条件下的使用条件基本相似。

另外,室外的大雾会引起传输中红外光的散射,大大缩短主动红外监测器的有效探测距离。虽然大部分应用在室外的主动红外监测器在出厂时已考虑到了上述因素,但在使用中还是应该充分注意到大雾天气造成的影响。

2)激光入侵监测器

激光入侵监测器同样分发射端和接收端。当被探测目标侵入所防范的警戒线时,遮挡了激光发射端和接收端之间的激光光束,能响应被遮挡激光光束,接收机接收到光信号发生变化,变化的信号经放大、处理后进入报警状态的电子装置称为主动激光监测器。其工作原理与主动红外监测器的工作原理相似。

激光与一般光源相比,其方向性好,亮度高。一束激光的发散角可能很小,即使在几千米以外激光光束的直径也仅扩展到几毫米或几厘米。由于激光光束发散角小,几乎是一束平行光束,光束能聚集在一个很小的平面上,产生很大的光功率密度,其亮度很高。同时,激光的单色性和相干性好。激光监测器与主动红外监测器有些相似,也是由发射器与接收器两部分构成。发射器发射激光束照射在接收器上,当有入侵目标出现在警戒线上时,激光束被遮挡,接收机接收状态发生变化,从而产生报警信号。

由于激光具有高亮度、高方向性,所以激光监测器十分适合于远距离的线控报警装置。由于能量集中,可以在光路上加反射镜反射激光,围成光墙。从而用一套激光监测器可以封锁一个场地的四周,或封锁几个主要通道路口。

激光监测器采用半导体激光器的波长在红外线波段,处于不可见范围,便于隐蔽,不易被入侵者发现。激光监测器采用脉冲调制,抗干扰能力较强,其稳定性能好,一般不会有因机器本身产生的误报警,如果采用双光路、四光路系统,可靠性更会大大提高。

8.2.4 面型入侵监测器

面型报警监测器警戒范围为一个面。当警戒面上出现入侵行为时,即能产生报警信号。振动式或感应式的报警监测器常被用作面型报警监测器。例如,把用作点报警监测器的振动监测器安装在墙面上或玻璃上,也可安装在某一要求保护的铁丝网或隔离网上,当入侵者触及墙面、玻璃、铁丝网或隔离网发生振动,监测器即能发出报警信号。

主动红外入侵监测器、激光入侵监测器也能用作面报警监测器。用几组红外或激光收、发装置相对安装,一对收、发装置之间形成一道警戒线,几对收、发装置相隔安装,形成多道警戒线,适当调整收、发装置的间距,就能保护整个平面。激光光线具有高能量、直射而不散射的特点,所以经常可以采用反射镜的反射组成面入侵报警系统,如图8-6所示。玻璃破碎监测器保护的也是整个窗户、橱窗、柜台的平面,入侵者无论从平面的任何地方入侵,监测器均能报警。另外,用光纤传感器、振动电缆传感器、电场感应传感器都能组成面入侵报警系统。

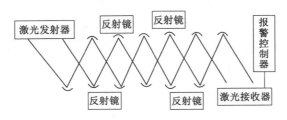

图 8-6 激光监测器组成面入侵报警系统示意图

1) 光纤平面监测器

光纤平面监测器对平面保护的原理很简单,用单模或多模光纤敷设在要保护的墙面、墙纸、墙面的装饰层或门板内。光线的两端分别连接光发射器和光接收器。红外发射器内的发光二极管发射脉冲调制的红外光,此红外光沿光纤向前传播,最后到达光接收器,如图8-7所示。由于光纤极细,所以可以很方便地进行隐蔽安装。当入侵者凿墙打洞、破门而入时,会破坏光纤,使其断裂,这时就会因光信号的中断而触发报警。

2) 平行线电场畸变入侵监测器

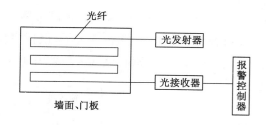

图 8-7　光纤平面监测器

　　电场畸变入侵监测器是一种电磁感应监测器。当目标侵入防范区域时,引起传感器线路周围电磁场分布的变化,人们把能响应这畸变并进入报警状态的装置称为电场畸变入侵监测器。这种电场畸变入侵监测器有平行线电场畸变入侵监测器、泄漏电缆电场畸变入侵监测器。

　　平行线电场畸变入侵监测器是由传感器线支撑杆、跨接件和传感器电场信号发生接收装置构成,如图 8-8 所示。传感器由一组平行线(2～10 条)构成,在这些导线中一部分是场线,它们与振荡频率为 1～40 kHz 的信号发生器相连接,工作时场线向周围空间辐射电磁场能量。另一部分线为感应线,场线辐射的电磁场在感应线上产生感应电流。当入侵者靠近或穿越平行导线时,就会改变周围电磁场的分布状态,使感应线中的感应电流发生变化,由接收信号处理器分析后发出报警信号。

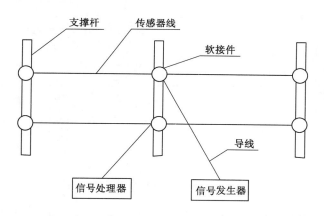

图 8-8　平行线电场畸变入侵监测器

　　平行线电场畸变入侵监测器主要用于户外周界报警。通常沿着防范周界安装数套电场监测器,组成周界防范系统。信号分析处理器常采用微处理器,信号分析处理程序可以分析出入侵者和小动物引起的场变化的不同,从而将误报率降到最低。

　　3) 振动传感电缆型入侵监测器

　　振动传感电缆型入侵监测器是在一根塑料护套内装有三芯导线的电缆两端,分别接上发送装置与接收装置,并将电缆做成波浪状或呈其他曲折形状固定在网状的围墙上,如图 8-9所示。一定长度的电缆构成一个防区,每 2 个或 4 个、6 个防区共用一个控制器(称为多通道控制器),由控制器将各防区的报警信号传送至控制中心,当入侵者有触动网状或破坏网状围墙等行为使其振动并达到一定强度时(安装时强度可调,以确定其报警灵敏度),就会产生报警信号。这种入侵监测器精度极高,漏报率为零,误报率几乎为零,且可全天候使用(不受气候的影响)。它特别适合围网状的周界围墙(即采用铁网构成的围墙)使用。

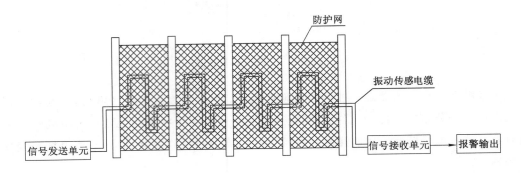

图 8-9　振动传感电缆型入侵监测器示意图

4) 电子围栏式入侵监测器

电子围栏式入侵监测器也是一种用于周界防范的监测器。它由三大部分组成,即脉冲电压发生器、报警信号检测器以及前端的电围栏,如图 8-10 所示。

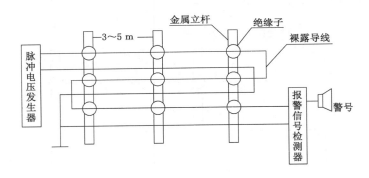

图 8-10　电子围栏式入侵监测器

当入侵者入侵时触碰到前端的电子围栏或试图剪断前端的电子围栏,都会发出报警信号。这种监测器的电子围栏上的裸露导线,接通由脉冲电压发生器发出的高达 1×10^4 V 的脉冲电压(但能量很小,一般在 4 J 以下,对人体不会构成生命危害)时,即使入侵者戴上绝缘手套,也会产生脉冲感应信号,使其报警。这种电子围栏如果使用在市区或来往人群多的场合时,安装前应事先征得当地公安等部门的同意。

8.2.5　空间入侵监测器

空间报警监测器是指警戒范围是一个空间的报警器。当这个警戒空间任意处的警戒状态被破坏,即发生报警信号。如在充满超声的防范区域空间,当有被探测目标入侵,并在该空间移动时,监测器就能发出报警信号。声入侵监测器和微波入侵监测器等都属于空间入侵监测器。

1）声入侵监测器

声入侵监测器是常用作空间防范监测器。通常将探测说话、走路等声响的装置称为声控入侵监测器。当探测物体被破坏(如打碎玻璃、凿墙、锯钢筋)时,发生固有声响的装置称为声发射入侵监测器。

(1)声控入侵监测器。声控入侵监测器是用声传感器把声响信号变换成电信号,经前置音频放大,送到报警控制器,经功放、处理后发出报警信号。也可将报警控制器输出的报警信号经放大推动喇叭和录音机,以便监听和录音。

驻极体传感器被广泛地应用在声控监测器中。在声控监测器中使用的驻极体送话器具有频带宽、体积小、重量轻、寿命长的优点。其原理是由一个金属极板蒙上机械张紧的驻极体箔(约 10 μm),驻极体箔与金属板之间构成一只电容。根据静电感应的原理,与驻极体相对应的金属板上就会感应出大小相等、极性相反的电荷。驻极体电荷在空隙中形成静电场。在声波的作用下,驻极体箔发生运动,产生位移,在电容极板上感应出电压。驻极体送话器的频率响应范围主要决定于送话器的结构。在此频率范围内,驻极体箔的位移与所加的声强成正比。送话器的输出电压仅与声强有关,而与频率无关,音频驻极体送话器在 20 Hz～15 kHz 的频率范围内有恒定的灵敏度。

(2)声发射入侵监测器。声发射入侵监测器是监控某一频带的声音发出报警信号,而对其他频带的声音信号不予响应。主要监控玻璃破碎声、凿墙声、锯钢筋声等入侵时的破坏行为所发出的声音,通常也用驻极体送话器作声电传感器。声发射监测器的声电传感器将声响信号变换成电信号,经带通放大器,使要探测的某一频带的声音信号获得更大的增益,然后再经过处理,控制发出报警信号。《入侵探测器 第 9 部分:室内用被动式玻璃破碎探测器》(GB 10408.9—2001)规定了用于建筑物内入侵报警系统中使用压电传感器的被动式玻璃破碎探测器的特殊要求和试验方法。

当玻璃敲碎时,发出的破碎声由多种频率和声响组成。据测定,主要频率为 10～15 kHz 高频声响信号。因此,玻璃破碎声发射监测器选用 10～15 kHz 的高通放大器,即对 10 kHz 以下的声音信号(如说话、走路声)有较强的抑制作用,且将破碎声音放大,经处理后去控制报警。

当锤子打击墙壁、天花板的砖、混凝土或锯钢筋时,都会产生声音。据分析,凿墙时产生一个衰减的正弦信号,频率为 1 000 Hz 左右,持续时间约 5 ms;锯钢筋产生声音信号的频率约为 3 500 Hz,持续时间约 15 ms。在这类声发射监测器中常用 1 000 Hz 或 3 500 Hz 的带通滤波器,滤去高于或低于被测信号的干扰信号,通过的被监测信号经放大后去控制报警信号。

2）次声入侵监测器

监测器的工作原理与声发射入侵监测器相同,不同的是,次声是频率很低的音频。声电传感器接收到的低频次声,变换成低频电信号,而低通滤波器滤去高频、中频音频信号后,仅放大低频,即由次声转化而来的电信号,再经处理后,控制发出报警信号。

次声监测器通常只用来作为室内的空间防范。房屋通常由墙、天花板、门、窗、地板同外界隔离。由于房屋里外环境不同,强度、气压等均有一定差异,一个人想闯入就要破坏这空间屏障,如打开门窗、打碎玻璃、凿墙开洞等由于室内外的气压差,在缺口处产生气流扰动,发出一个次声;另外,由于开门、碎窗、破墙产生加速度,则内表面空气被压缩产生另一次声,而这一次声频率大约为 1 Hz。两种次声波在室内向四周扩散,先后传入次声监测器,只有当这二次声强度达到一定阈值后才能报警,所以只要外部屏障不被破坏,在覆盖区域内部开关门窗、移动家具、人员走动,都低于阈值不会报警。但是,这种特定环境下如果采用其他超声、微波或红外监测器都会导致误报。

3)超声波入侵监测器

超声波是指频率在 20 kHz 以上的信号,这种信号人的耳朵听不到。超声波入侵监测器是利用超声波技术构造的监测器,通常分为多普勒式超声波监测器和超声波声场型监测器两种。《入侵探测器 第 2 部分:室内用超声波多普勒探测器》(GB 10408.2—2000)规定了入侵报警系统中安装于室内的超声波多普勒探测器的特殊要求和试验方法。

(1)多普勒式超声波监测器。多普勒超声波监测器是利用超声对运动目标产生的多普勒效应构成的报警装置。当被测目标侵入,并在防范区域空间移动时,移动人体反射的超声波将引起监测器报警,称此监测器为多普勒式超声波监测器。

由多普勒效应可知,当频率为 f_0 的波以一定速度 v 向前传播,遇到固定物体产生反射,反射波频率仍为 f_0;若反射物体是运动的,反射频率就会发生变化,$f=f_0\pm f_d$,变化频率 f_d 称为多普勒频移。而多普勒频移的大小与传播速度 v,反射物体径向速度 u_r,发射频率 f_0 有关。

$$f_d = \frac{2u_r}{v}f_0 \qquad (8\text{-}2)$$

式中:f_d 为多普勒频移;v 为多普勒频移传播速度;u_r 为反射物体径向速度;f_0 为发射频率。

振荡频率为 f_0 的电子振荡器发出振荡信号,经超声换能器变换成频率为 f_0 的超声波,向防范区域的空间发射。当防范区内没有移动目标时,接收传感器输出电压频率仍为 f_0。当有移动目标时,移动人体反射超声波,产生多普勒频移,比较这两种频率,放大 Δf,处理后,控制报警信号。超声波监测器的原理框图如图 8-11 所示。

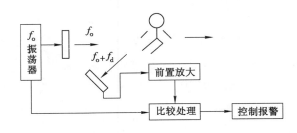

图 8-11　超声波监测器

通常,多普勒式超声波监测器是将超声波发射器与接收器装在一个装置内。如果在辐射源(超声波发生器)与探测目标之间有相对运动时,接收的回波信号频率会发生变化,即产生多普勒效应。如超声波发射器发射 25～40 kHz 的超声波充满室内空间,超声波接收器接收从墙壁、天花板、地板及室内其他物体反射回来的超声能量,并不断地与发射波的频率加以比较。当室内没有移动物体时,反射波与发射波的频率相同,不报警;当入侵者在探测区内移动时,超声反射波会产生大约±100 Hz 多普勒频移,接收机检测出发射波与反射波之间的频率差异后,即发出报警信号。

(2) 超声波声场型监测器。超声波声场型监测器是将接收、发射的超声换能器安装在一个机壳内,以控制较小空间;也可以将发射、接收单元分别安装在适当的位置。在密闭的房间内,超声波经固定物体(如墙、地板、天花板家具)多次反射,布满各个角落。由于多次反射,室内的超声波形成复杂的驻波状态,有许多波腹点和波节点。波腹点能量密度大,波节点能量密度低,造成室内超声能量分布不均匀。当没有移动物体时,超声波能量处于一种稳定状态;当改变室内固定物体分布时,超声能量的分布将发生改变。而当室内有一移动物体时,室内超声能量发生连续的变化,而超声接收机接收到这连续变化的信号后,就能探测出移动物体的存在,变化信号的幅度与超声频率和物体移动的速度成正比。

4) 微波入侵监测器

微波是一种频率很高的无线电波,波长一般在 1～1 000 mm,由于微波的波长与一般物体的几何尺寸相当,所以很容易被物体所反射。利用这一原理,根据入射波和反射波的频率漂移,就可以探测出入侵物体的运动。按工作原理,微波入侵监测器可分为移动型微波监测器和阻挡型微波监测器。

(1) 移动型微波监测器。在一个充满微波场的防范空间里,当入侵物体进入这一防范区域并发生移动时,移动的入侵目标反射微波,产生多普勒频率偏移。能够对此频率偏移产生反应,并进入报警状态的装置,又称多普勒式微波入侵监测器。其工作原理与多普勒式超声波监测器相同,只不过监测器发射和接收的是微波而不是超声波。《入侵探测器 第 3 部分:室内用微波多普勒探测器》(GB 10408.3—2000)规定了室内用入侵报警系统的微波多普勒探测器的特殊要求和试验方法。

(2) 阻挡型微波监测器。多普勒式微波入侵监测器一般用于室内,而室外微波监测器通常采用微波发射机和接收机分置两处的形式,在它们之间形成稳定的微波场来警戒所要防范的场所,又称为阻挡型微波监测器,由发射器、接收器和信号处理器组成。使用时将发射天线和接收天线相对放置在监控场地的两端,发射天线发射的微波束直接送达接收天线。当没有运动目标遮断微波束时,微波能量被接收天线接收,发出正常工作信号;当有运动目标阻挡微波束时,天线接收到的微波能量减弱或消失,此时产生报警信号。天线接收到的微波信号强度的变化直接与移动物体的体积、密度有关。《遮挡式微波入侵探测器技术要求》(GB 15407—2010)规定了遮挡式微波入侵探测器的技术要求、试验方法、检测项目和检验规则等。

5) 双鉴监测器

上述的各类监测器均为单技术的报警器,即用单一技术制成的监测器。由于其结构简单、价格低廉,通常用在一些防范要求较低的地方。单技术入侵监测器由于采用单一技术制成,所以在不同的环境、不同的干扰源干扰的情况下,会增加监测器的误报率。

在一些防范要求较高的地方,为了降低误报率:一方面,应合理选用各种类型入侵监测器,严格按照工艺要求安装各种类型入侵监测器;另一方面,提高产品的稳定性和可靠性。因此,采用多技术复合入侵监测器是解决误报率较好的办法。例如,《微波和被动红外复合入侵探测器》(GB 10408.6—2009)规定了入侵报警系统中微波和被动红外复合入侵探测器的技术要求和试验方法等。

采用两种技术复合的监测器称为双鉴监测器。它将两种探测技术结合在一起,只有两种技术同时或者在短暂的时间间隔内探测到入侵电信号时,监测器才发出报警信号。而只有一种监测器探测到入侵电信号时,监测器不报警。如采用红外、微波技术的微波-被动红外双鉴监测器,采用超声、红外技术的超声-被动红外双鉴监测器,采用超声、微波技术的超声-微波双鉴监测器等。对几种不同的探测技术进行多种不同组合方式的试验,发现以微波-被动红外双鉴器的误报率为最低,如单技术的监测器误报率为1,微波-被动红外双鉴器的误报率可降低到0.002。其他类型的双鉴监测器误报率为1,微波-被动红外双鉴器的误报率可降低到0.004。因此,微波-被动红外双鉴器得到了广泛的应用。智能型微波/红外双鉴监测器采用被动红外加微波移动探测,内置微处理器。只有同时感应到入侵者的体温(红外热辐射)及移动时,才可发出报警。

智能型双鉴监测器采用了移动识别微处理器,它能根据现场温度、噪声、移动目标的轮廓、移动速度、信号强度等通过一个模糊逻辑系统,评估所有这些参数之间存在的关联。所以,智能型双鉴监测器不再以报警阈值为唯一依据,它能区分误报和真实入侵。智能型的双鉴监测器中,采用了温度自动补偿电路、抗射频干扰电路,大大提高了监测器的稳定性和可靠性,同时降低了普通双技术监测器漏报的可能性。

另外一些采用多种技术的三鉴监测器、四鉴监测器相继推出,监测器的性能得到了更大的提高。多种技术的监测器虽然价格比单技术的监测器要高,但其高性能、高稳定性换来了系统的可靠性。

6)视频运动监测器

用摄像机作为监测器,监视所防范的空间,在摄像机监视防范的空间内如有物体运动,被监视空间视频信号的亮度将发生改变,亮度的变化被转换成变化的电信号,经放大、处理后发出报警信号,称为视频运动监测器。

视频运动监测器以事发前的图像作为标准,与随后一段时间的图像进行分析对比,并对图像的变化做出迅速反应,系统图像即使只有0.01%改变,系统仍可判断出来,而且测量速度快,能在100 ms内做出反应。视频运动监测器可选择测量时间段(40 ms~10 s),有效地区分缓慢运动和快速运动的入侵物体。视频运动监测器可以设定多达64个独立的探测区域,可以调整每个探测区的大小、形状位置和灵敏度,还可定义目标与背景之间的亮度差,以满足不同区域、环境的防范要求。视频运动监测器的每个探测区域可单独地做"布防"或"撤防"设置,以适应各出入口、大厅、停车场等检测区域特殊时间段的作业要求。视频运动监测器对探测到的运动物体能自动记录、存储,并可在探测到运动信号后40 ms内,启动相应的联动设备,如现场的灯光、声光报警器等。视频运动监测器有多种触发报警方式。

(1)运动触发报警。防范区域内任何图像的变化均可触发报警。如监测区域内,探测图像发生移动,监测器报警。

(2)运动区域报警。防范区域内有两个或几个形状、大小相同或不同的防范区,运动物体在任何一个区域内移动,监测器不报警。只有当运动物体运动在两个不同的防范区时监测器报警。

(3)运动方向报警。防范区域内运动物体从 A 区域进入 B 区域,监测器报警。从 B 区域进入 A 区域,监测器不报警。

(4)运动速度报警。防范区域内两个相邻的防范区,当运动物体从一个防范区在设定时间内(0.1~10 s 可调)进入另一个防范区,监测器不报警。超过设定时间还未进入另一个防范区,监测器报警。

(5)运动方向、速度报警。防范区域内运动物体在规定移动方向、移动速度从 A 区域进入 B 区域,监测器不报警,否则监测器报警。

8.2.6 入侵探测器的选择

入侵探测器的选型和布设是入侵报警系统设计的关键,要根据报警设备的原理、特点、适用范围、局限性、现场环境状况、气候情况、电磁场强度及光线照射变化等来选择合适的探测器,设计合适的安装位置、安装角度以及系统布线。还要根据使用的具体情况来选型,如用途或使用场所不同、探测的原理不同、探测器的工作方式不同、探测器输出的开关信号不同、探测器与报警控制设备各防区的连接方式不同等。

入侵报警系统中使用的设备必须符合国家法律法规和现行强制性标准的要求,并经法定机构检验或认证合格。应根据防护要求和设防特点选择不同探测原理、不同技术性能的探测器。多技术复合探测器应视为一种技术的探测器,所选用的探测器应能避免各种可能的干扰,减少误报,杜绝漏报,并且其灵敏度、作用距离、覆盖面积应能满足使用要求。

(1)对于周界入侵探测,规则外周界可选用主动红式外入侵探测器、遮挡式微波入侵探测器、振动入侵探测器、激光式探测器、光纤式周界探测器、振动电缆探测器、泄漏电缆探测器、电场感应式探测器、高压电子脉冲式探测器等。不规则的外周界可选用振动入侵探测器、室外用被动红外探测器、室外用双技术探测器、光纤式周界探测器、振动电缆探测器、泄漏电缆探测器、电场感应式探测器、高压电子脉冲式探测器等。无围墙/栏的外周界可选用主动式红外入侵探测器、遮挡式微波入侵探测器、激光式探测器、泄漏电缆探测器、电场感应式探测器、高压电子脉冲式探测器等。内周界可选用室内用超声波多普勒探测器、被动红外探测器、振动入侵探测器、室内用被动式玻璃破碎探测器、声控振动双技术玻璃破碎探测器等。

(2)出入口部位用入侵探测器的选型应符合下列规定:外周界出入口可选用主动式红外入侵探测器、遮挡式微波入侵探测器、激光式探测器、泄漏电缆探测器等。建筑物内对人员、车辆等有通行时间界定的正常出入口(如大厅、车库出入口等)可选用室内用多普勒微波探测器、室内用被动红外探测器、微波和被动红外复合入侵探测器、磁开关入侵探测器等。

建筑物内非正常出入口(如窗户、天窗等)可选用室内用多普勒微波探测器、室内用被动红外探测器、室内用超声波多普勒探测器、微波和被动红外复合入侵探测器、磁开关入侵探测器、室内用被动式玻璃破碎探测器、振动入侵探测器等。

(3)室内用入侵探测器的选型应符合下列规定:室内通道可选用室内用多普勒微波探测器、室内用被动红外探测器、室内用超声波多普勒探测器、微波和被动红外复合入侵探测器等;室内公共区域可选用室内用多普勒微波探测器、室内用被动红外探测器、室内用超声被多普勒探测器、微波和被动红外复合入侵探测器、室内用被动式玻璃破碎探测器、振动入侵探测器、紧急报警装置等,宜设置两种以上不同探测原理的探测器;室内重要部位可选用室内用多普勒微波探测器、室内用被动红外探测器、室内用超声被多普勒探测器、微波-被动红外复合入侵探测器、磁开关入侵探测器、室内用被动式玻璃破碎探测器、振动入侵探测器、紧急报警装置等,宜设置两种以上不同探测原理的探测器。

(4)探测器的设置应符合下列规定:每个/对探测器应设为一个独立防区;周界的每一个独立防区长度不宜大于 200 m;需设置紧急报警装置的部位宜不少于 2 个独立防区,每一个独立防区的紧急、报警装置数量不应大于 4 个,且不同单元空间不得作为一个独立防区;防护对象应在入侵探测器的有效探测范围内,入侵探测器覆盖范围内应无盲区,覆盖范围边缘与防护对象间的距离宜大于 5 m;当多个探测器的探测范围有交叉覆盖时,应避免相互干扰。

8.3　入侵报警控制器

《防盗报警控制器通用技术条件》(GB 12663—2001)定义入侵报警控制器为:在入侵报警系统中,实施设置警戒、解除警戒、判断、测试、指示、传送报警信息以及完成某些控制功能的设备。入侵探测报警控制器置于用户端的值班中心,是报警系统的主控部分,它可向报警监测器提供电源,接收报警监测器送出的报警电信号,并对此电信号进行进一步的处理。报警控制器通常又可称为报警控制/通信主机,是入侵报警控制系统的核心。入侵报警控制器性能的稳定、可靠确定了系统性能的优劣。

8.3.1　入侵报警控制器的基本功能

入侵报警控制器直接或间接接收来自入侵监测器发出的报警信号,经分析判断,确定报警电信号的性质,能及时发出性质不同的声光信号。入侵报警控制器应有防破坏功能,当连接入侵监测器和控制器的传输线发生断路、短路、缺电等系统故障,应能发出显示系统故障的声、光报警信号,告知系统管理人员进行检查、维护。若确定是报警电信号,应能指示入侵发生的地点、时间,及时通知保卫人员采取相应措施,避免产生更大的损失。声光报警信号应能保持到手动复位,复位后,如果再有入侵报警信号输入时,应能重新发出声光报警信号。报警信号应能保持到引起报警的原因排除后,才能实现复位;而在该报警信号存在期间,如有其他入侵信号输入,仍能发出相应的报警信号。

　　将探测器与报警控制器相连并接通电源,就组成了报警系统。在用户已完成对报警控制器编程的情况下,操作人员即可在键盘上按规定的操作码进行操作。只要输入不同的操作码,就可通过报警控制器对探测器的工作状态进行控制。系统主要有以下 5 种工作状态:布防,撤防,旁路,24 h 监控,系统自检、测试。布防状态又称为设防状态,是指操作人员执行了布防指令后,该系统的探测器开始工作(开机),并进入正常警戒状态。撤防状态是指操作人员执行了撤防指令后,该系统的探测器不能进入正常警戒工作状态,或从警戒状态下退出,使探测器无效。

　　入侵报警控制器的功能包括可驱动外围设备、系统自检功能、故障报警功能、对系统的编程等,主要功能如图 8-12 所示。入侵报警控制器能接受的报警输入有:

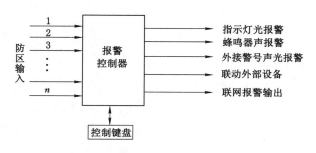

图 8-12　报警控制器的主要功能

　　(1) 瞬时入侵:为入侵探测器提供瞬时入侵报警。

　　(2) 紧急报警:接入按钮可提供 24 h 的紧急呼救,不受电源开关影响,能保证昼夜工作。

　　(3) 防拆报警:提供 24 h 防拆保护,不受电源开关影响,能保证昼夜工作。

　　(4) 延时报警:实现 0~40 s 可调进入延迟和 100 s 固定外出延迟。

　　凡 4 路以上的入侵报警器必须有(1)(2)(3)三种报警输入。由于入侵探测器有时会产生误报,通常控制器对某些重要部位的监控,采用声控和电视监控复核。

　　小型的控制器一般功能包括:能提供 4~8 路报警信号、4~8 路声控复核信号,扩展后能接收无线传输的报警信号;能在任何一路信号报警时,发出声光报警信号,并能显示报警部位、时间;有自动/手动声音复核和电视、录像复核;对系统有自查能力;正常供电时能对备用电源充电,断电时能自动切换到备用电源上,保证系统正常工作;具有 5~10 min 延迟报警功能;能向区域报警中心发出报警信号;能存入 2~4 个紧急报警电话号码,发生情况时,能自动依次向紧急报警电话发出报警。

　　对于一些相对较大的工程系统,要求防范的区域较大,防范的点也较多,此时可选用区域性的入侵报警控制器。区域报警控制器具有小型控制器的所有功能,而且有更多的输入端,如有 16 路、24 路及 32 路的报警输入、24 路的声控复核输入、8~16 路电视摄像复核输入,并具有良好的并网能力。区域报警控制器的输入信号使用总线制,探测器根据安置的地点,统一编码,探测器的地址码、信号及供电由总线完成,每路输入总线上可挂接探测器,总线上有短路保护,当某路电路发生故障时,控制中心能自动判断故障部位,而不影响其他各路的工作状态。当任何部位发出报警信号后,能直接送到控制中心,在报警显示板上,发光二极管显示报警部位;同时驱动声光报警电路,及时把报警信号送到外设通信接口,按原先存储的报警电话,向更高一级的集中报警控制器、报警中心或有关主管单位报警。在接收信号的同时,控制器可以向声音复查电路和电视复核电路发出选通信号,通过声音和图像进行核查。

在大型和特大型的报警系统中,由集中报警控制器把多个区域报警控制器联系在一起。集中报警控制器能接收各个区域报警控制器送来的信息,同时也能向各区域报警控制器送去控制指令,直接监控各区域报警控制器监控的防范区域。集中报警控制器又能直接切换出任何一个区域报警控制器送来的声音和图像复核信号,并根据需要,用录像记录下来。集中报警控制器能和多个区域报警控制器联网,具有更大的存储容量和联网功能。

8.3.2　入侵报警控制器的选择

根据用户的管理机制以及对报警的要求,警戒可组成独立的小系统、区域互联互防的区域报警系统和大规模的集中报警系统。入侵报警控制设备应根据系统规模、系统功能、信号传输方式及安全管理要求等选择报警控制设备的类型。宜具有可编程和联网功能。接入公共网络的报警控制设备应满足相应网络的入网接口要求。应具有与其他系统联动或集成的输入/输出接口。

现场报警控制设备和传输设备应采取防拆、防破坏措施,并应设置在安全可靠的场所。不需要人员操作的现场报警控制设备和传输设备宜采取电子/实体防护措施。壁挂式报警控制设备在墙上的安装位置,其底边距地面的高度不应小于 1.5 m。当靠门安装时,宜安装在门轴的另一侧;当靠近门轴安装时,靠近其门轴的侧面距离不应小于 0.5 m。台式报警控制设备的操作、显示面板和管理计算机的显示器屏幕应避开阳光直射。

第9章 火灾自动报警系统

物质燃烧是可燃物与氧化剂激烈的放热化学反应过程,同时伴随有火焰、发光和发烟现象。火灾自动报警系统(automatic fire alarm system)是探测火灾早期特征、发出火灾报警信号,为人员疏散、防止火灾蔓延和启动自动灭火设备提供控制与指示的消防系统,是一种以传感器技术、计算机技术、电子通信技术等为基础自动消防设施,具有能在火灾初期,将燃烧产生的烟雾、热量、火焰等物理量,通过火灾探测器变成电信号,传输到火灾报警控制器,并同时显示出火灾发生的部位、时间等,使人们能够及时发现火灾,并及时采取有效措施,扑灭初期火灾,最大限度地减少因火灾造成的生命和财产的损失。

9.1 火灾自动报警系统原理

9.1.1 物质的燃烧现象

物质燃烧是一种物质能量转化的化学和物理过程,伴随着这个转化过程,同时产生燃烧气体、烟雾、热(温度)和光(火焰)等现象。其中燃烧气体和烟雾具有很大的流动性,能潜入建筑物的任何空间。这些气体和烟雾往往具有毒性,因而对人的生命有特别大的危险。据统计,在火灾中约有 70% 的死亡是由于燃烧气体或烟雾造成的。

对于普通可燃物质燃烧的表现形式,首先是产生燃烧气体,然后是烟雾,在氧气供应充分的条件下,才能达到全部燃烧,产生火焰,并散发出大量的热量,使环境温度急剧升高。物质燃烧起火过程曲线如图 9-1 所示。

普通可燃物在火灾初起和阴燃阶段产生了烟雾可燃气体混合物,但环境温度不高,火势尚未达到蔓延发展的程度。如果在此阶段能将重要的火灾信息——烟雾浓度有效的测量出来,就可以将火灾损失控制在最低限度。在火焰燃烧阶段火势开始蔓延,环境温度不断升高,燃烧不断扩大,形成火灾,此时通过探测环境温度来判断火情,能较及时地控制火灾。物质全燃烧阶段会产生各种波长的火焰光,使火焰热辐射含有大量的红外线和紫外线,因此对火灾形成的红外和紫外光辐射进行有效探测也是实现火灾探测的基本方法。

(1) 燃烧气体。物质燃烧的开始阶段,首先释放出来的是燃烧气体,一般包括:一氧化碳(CO)、二氧化碳(CO_2)、氢气(H_2)、碳氢化合物(C_xH_y)、水蒸气(H_2O)及烃类、氰化物类、

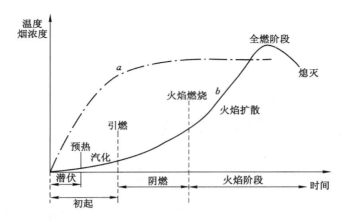

a—烟雾气胶浓度与时间的关系；*b*—热气流温度与时间的关系。

图 9-1　普通可燃物质典型起火过程

盐酸蒸气或其他特殊材料产生的分子化合物。悬浮在空气中的较大的分子团、灰烬和末燃烧的物质颗粒等不可见的悬浮物，通称为气溶胶粒子，其粒径在 $0.001\sim0.05~\mu m$。

（2）烟雾。由于燃烧和热解作用，所产生的人肉眼可见和不可见的液体或固体微小颗粒，称为烟粒子或烟雾气溶胶粒子，其中主要包括：焦油粒子、高沸点物质的凝缩液滴、炭黑固体粒子等，其粒径在 $0.01\sim10~\mu m$。

（3）热（温度）。在物质燃烧过程中，由于物质内能的转化，必然有热量的释放，使环境温度升高。但在燃烧速度非常缓慢的情况下，这种热（温）度不容易鉴别出来。

（4）光（火焰）。火焰是物质着火时产生的灼热发光的气体部分，火焰的光辐射除了可见光部分外，还有大量的红外辐射和紫外辐射。

9.1.2　火灾自动报警控制基本原理

火灾自动报警系统的组成设施多种多样，具体组成部分的名称也有所不同。但是无论怎么划分，火灾自动报警系统基本可概括为有触发器件、火灾报警装置、火灾警报装置和电源 4 部分组成，如图 9-2 所示。对于复杂火灾报警系统，则包括火灾探测报警、消防联动控制、消火栓、自动灭火、防烟排烟、通风空调、防火门及防火卷帘、消防应急照明和疏散指示、消防应急广播、消防设备电源、消防电话、电梯、可燃气体探测报警、电气火灾监控等系统或设备（设施）。火灾自动报警控制系统原理如图 9-3 所示。

火灾探测部分主要由监测器组成，是火灾自动报警系统的检测元件，它将火灾发生初期所产生的烟、热、光转变成电信号，然后送入报警系统。火灾监测器根据对不同火灾参量的响应及不同的响应方法，可分为感烟式、感温式、感光式、复合式和可燃气体监测器。不同类型的监测器适用于不同的场合和不同的环境条件。火灾监测器通过对火灾现场发出燃烧气体、烟雾粒子、温升、火焰的探测，将探测到的火情信号转化为火警电信号。在现场的人员若发现火情后，也可立即按动手动报警按钮，发出火警电信号。

报警控制有各种类型报警器组成，它主要将收到的报警电信号加以显示和传递，并对自

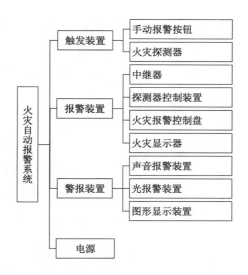

图 9-2　火灾自动报警系统的基本组成

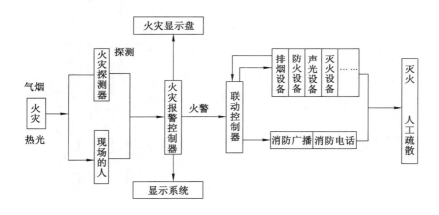

图 9-3　火灾自动报警控制系统原理框图

动消防装置发出控制信号。这两个部分可构成独立的火灾自动报警系统。根据来自火灾自动报警系统的火警数据，经过分析处理后，控制联动器输出，去控制灭火设备、防排烟设备、非消防电源和空调通风设备等。火灾报警控制器接收到火警电信号，经确认后，一方面发出预警-火警声光报警信号，同时显示并记录火警地址和时间，告诉消防控制室(中心)的值班人员；另一方面将火警电信号传送至各楼层(防火分区)所设置的火灾显示盘，火灾显示盘经信号处理，发出预警-火警声光报警信号，并显示火警发生的地址，通知楼层(防火分区)值班人员，立即查看火情并采取相应的扑灭措施。在消防控制室(中心)还可能通过火灾报警控制器的 RS-232 通信接口，将火警信号在显示屏上直观地显示出来。

联动控制器则从火灾报警控制器读取火警数据，经预先编程设置好的控制逻辑("或"、"与"、"片"、"总报"等控制逻辑)处理后，向相应的控制点发出联动控制信号，并发出提示声光信号，经过执行器去控制相应的外控消防设备，如排烟阀、排烟风机等防烟排烟设备；防火阀、防火卷帘门等防火设备；警钟、警笛、声光报警器等警报设备；关闭空调、非消防电源，将电梯迫降,打开人员疏散指示灯等,启动消防泵、喷淋泵等消防灭火设备等。外控消防设备的启/停状态应反馈给联动控制器主机并以光信号形式显示出来,使消防控制室(中心)值班人员了解外控设备的实际运行情况,消防内部电话、消防内部广播起到通信、联络和对人员疏散、防火灭火的调度指挥作用。

9.1.3 火灾自动报警系统构成

1)火灾自动报警系统的一般构成

火灾自动报警系统一般由火灾探测报警系统、消防联动控制系统、可燃气体探测系统与电气火灾监控系统等构成,如图9-4所示。

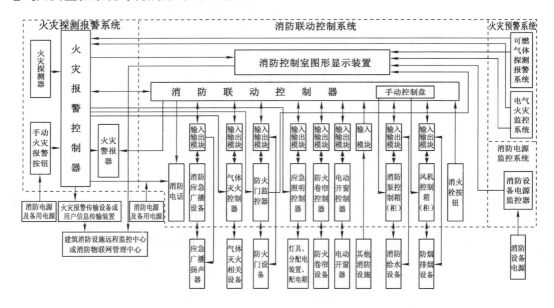

图9-4 火灾自动报警系统框图

(1)住宅建筑火灾自动报警系统。系统主要由火灾报警控制器、火灾探测器、手动火灾报警按钮、火灾显示盘、消防控制室图形显示装置、火灾声和(或)光警报器等构成,主要功能是火灾自动报警。针对不同的建筑管理等情况,将住宅建筑火灾自动报警系统分为4种类型。住宅建筑在火灾自动报警系统设计中,应结合建筑管理和消防设施设置情况,选择合适的系统构成。

(2)消防联动控制系统。系统主要由消防联动控制器、模块、消防电气控制装置、消防电动装置等消防设备构成,主要功能是消防联动控制。消防联动控制主要有自动喷水灭火系统的联动控制、消火栓系统的联动控制、气体灭火系统的联动控制、泡沫灭火系统的联动控制、防烟排烟系统的联动控制、防火门及防火卷帘系统的联动控制、电梯的联动控制、火灾警报和消防应急广播系统的联动控制、消防应急照明和疏散指示系统的联动控制以及其他相关联动控制等。

(3)可燃气体探测报警系统。系统主要由可燃气体报警控制器、可燃气体探测器和火灾声光警报器等组成,主要功能是探测可燃气体火灾。可燃气体探测报警系统保护区域内有联动和警报要求时,应由可燃气体报警控制器或消防联动控制器联动实现。

（4）电气火灾监控系统。系统主要由电气火灾监控器、剩余电流式电气火灾监控探测器、测温式电气火灾监控探测器等构成,主要监测电气线路火情。

2）火灾自动报警系统基本形式

火灾自动报警系统的形式和设计要求与保护对象及消防安全目标的设立直接相关。火灾自动报警系统的组成形式多种多样,特别是近年来,科研、设计单位与制造厂家联合开发了一些新型的火灾自动报警系统,如智能型、全总线型等。在工程应用中,主要采用以下 3 种基本形式。

（1）区域报警系统。系统应由火灾探测器、手动火灾报警按钮、火灾声光警报器及火灾报警控制器等组成,系统中可包括消防控制室图形显示装置和指示楼层的区域显示器,是功能简单的火灾自动报警系统,系统构成如图 9-5 所示。

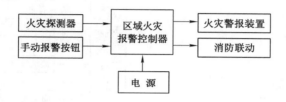

图 9-5　区域火灾报警系统组成

（2）集中报警系统。系统应由火灾探测器、手动火灾报警按钮、火灾声光警报器、消防应急广播、消防专用电话、消防控制室图形显示装置、火灾报警控制器、消防联动控制器等组成,是功能较复杂的火灾自动报警系统。集中报警系统宜用于一级和二级保护对象,系统组成如图 9-6 所示。

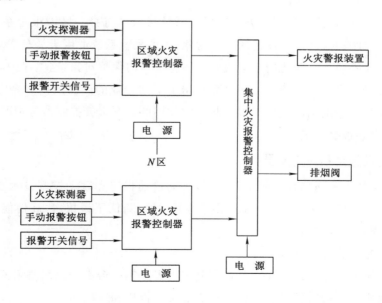

图 9-6　集中报警系统组成

（3）控制中心报警系统。由消防控制室的消防控制设备、集中火灾报警控制器、区域火灾报警控制器和火灾探测器等组成，或由消防控制室的消防控制设备、火灾报警控制器、区域显示器和火灾探测器等组成，功能复杂的火灾自动报警系统。工程建筑规模大、保护对象重要、设有消防控制设备和专用消防控制室时，采用控制中心报警系统，该系统宜用于特级和一级保护对象，系统组成如图 9-7 所示。

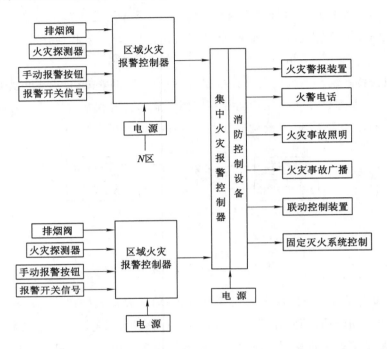

图 9-7　控制中心报警系统组成

设定的安全目标直接关系到火灾自动报警系统形式的选择。区域报警系统，适用于仅需要报警，不需要联动自动消防设备的保护对象；集中报警系统适用于具有联动要求的保护对象；控制中心报警系统一般适用于建筑群或体量很大的保护对象，这些保护对象中可能设置几个消防控制室，也可能由于分期建设而采用了不同企业的产品或同一企业不同系列的产品，或由于系统容量限制而设置了多个起集中作用的火灾报警控制器等情况，这些情况下均应选择控制中心报警系统。

9.1.4　火灾自动报警系统的发展

随着计算机技术和通信技术的不断发展，火灾自动报警和联动控制技术也相应得到飞速发展，智能监测器的推出，大大提高了系统的可靠性，降低了误报率，高性能、大容量的控制系统满足了现代建筑的需要。

1）传统火灾自动报警系统

20 世纪 40 年代，瑞士 Cerberus 公司研制出世界上第一台离子感烟监测器，实现了火灾的早期报警，火灾自动报警技术才开始真正有意义的推广和发展。

自瑞士 Cerberus 公司的世界上第一只离子感烟监测器的出现，以简单的机电式为主体的传统火灾自动报警系统对于火灾的探测和报警发挥了积极的作用,极大地降低了因火灾事故所带来的损失。但随着社会的进步,城市、工业等领域的复杂化程度越来越高,对火灾自动报警的要求也越来越高。随着微处理技术的日益成熟,具有智能化的现代火灾自动报警系统得到了极大的发展。

传统火灾自动报警系统的优点:不要很复杂的火灾信号探测装置便可完成一定的火情探测;能对火灾进行早期探测和报警;系统性能简单便于了解;成本费用低廉;系统可靠性令人满意;误报率可做到 1%/次·年。

传统火灾自动报警系统的缺点:① 传统开关量火灾监测器报警判断方式缺乏科学性。它仅仅依据探测的某个火灾现象参数是否超过其自身设定值(阈值),来确定是否报警,所以无法排除环境和其他的干扰因素。也就是说,以一个不变的灵敏度来面对不同使用场所、不同使用环境的变化,显然是不科学的;② 传统火灾自动报警系统的功能少、性能差,不能满足发展的需要。比如,多线制报警系统费线费工,电源功耗大,缺乏故障自诊断、自排除能力,不能自动探测系统重要组件的真实状态;不能自动补偿监测器灵敏度的漂移;当线路短路或开路时,系统不能采用隔离器切断有故障的部分等。

2)现代火灾自动报警系统

随着火灾自动探测报警技术的不断发展,从简单的机电式发展到用微处理技术的智能化系统,而且智能化系统也由初级向高级发展。现代火灾自动报警系统有以下几种主要形式,即"可寻址开关量报警系统"、"模拟量探测报警系统"和"多功能火灾智能报警系统"等。

(1)可寻址开关量报警系统。可寻址开关量报警系统是智能型火灾报警系统的一种。它的每一个监测器有单独的地址码,并且采用总线制线路,在控制器上能读出每个监测器的输出状态。目前,可寻址系统在一条回路上可连接 1~256 个监测器,能在几秒内查询一次所有监测器的状态。

可寻址开关量报警系统比传统火灾自动报警系统更准确地确定火情部位,增强了火灾探测或判断火灾发生的能力,比传统的多线制系统省线省工。这类系统在控制技术上有了较大的改进,在系统总线上,可连接报警探头、手动报警按钮、水流指示器及其他输出中继器等;增设可现场编程的键盘,完善了系统自检和复位功能、火警发生地址和时间的记忆与显示功能、系统故障显示功能、总线短路时隔离功能、探测点开路时隔离功能等。其缺点是对监测器的工作状况几乎没有改变,对火灾的判断和发送仍由监测器决定。

(2)模拟量探测报警系统。模拟量探测报警系统不仅可以查询每个监测器的地址,而且可以报告传感器的输出量值,并逐一进行监视和分级报警,明显地改进了系统性能。

模拟量探测报警系统是一种较先进的火灾报警系统,通常包括可寻址模拟量火灾监测器、系统软件和算法。其最主要的特点是在探测信号处理方法上做了彻底改进,即把监测器中的模拟信号不断地送到控制器去评估或判断,控制器用适当的算法辨别虚假或真实火灾及其发展程度,或监测器受污染的状态。可以把模拟量监测器看作一个传感器,通过一个串联通信装置,不仅能提供装置的位置信号,同时还将火灾敏感现象参数(如烟浓度、温度等)用一个真实的模拟信号或者等效的数字编码信号进行模拟,将火灾敏感现象参数以模拟值传送给控制器,由控制器完成对火警情况的判断。报警决定有分级报警、响应阈值自动浮动和多火灾参数复合等多种方式。采用模拟量探测(报警)技术可降低误报率,提高系统的可靠性。

(3) 智能火灾报警系统。智能火灾报警系统是现代火灾自动报警系统中较高级的报警系统,探测、控制装置多由微处理器组成。系统采用集散控制技术,将集中的控制技术分解为分散的控制子系统。各种控制子系统完成其设定的工作,主站进行数据交换和协调工作。

智能火灾报警系统的系统规模大,目前有的火灾报警控制装量的最大地址数(回路数)达到上万个;探测对象多样化,除了火灾报警功能外,还能防盗报警、燃气泄漏报警等;功能模块化,系统设置采用不同的功能模块,对制造、设计、维修有很大方便,便于系统功能设置与扩展;系统集散化,一旦某一部分发生故障,不会对其他部分造成影响,并且联网功能强,应用网络技术,不但火灾自动报警控制装置可以相互连接,而且可以和其他自动控制系统联网,增强了综合防灾能力;功能智能化,系统装置中采用模拟火灾监测器,具有灵敏度高和累积时间设定功能,监测器内置有微处理器,具有了信号处理能力,可形成分布式智能系统,降低了误报的可能性。

在智能火灾报警系统中采用人工智能、火灾数据库、知识发现技术、模糊逻辑理论、人工神经网络等技术。

9.1.5　火灾监测器概述

在火灾自动报警系统中,火灾监测器是火灾自动报警和自动灭火系统最基本和最关键的部件之一,它犹如系统的"感觉器官",能不断地监视和探测被保护区域火灾的早期信号,是整个火灾报警控制系统警惕火灾的"眼睛"。火灾自动报警系统设计的最基本和最关键工作之一就是正确地选择火灾监测器的类型和布置火灾监测器的位置,以及确定火灾监测器数量等。

1) 火灾监测器的构造

火灾监测器本质上是感知其装置区域范围内火灾形成过程中的物理和化学现象的部件。原则上讲,火灾监测器既可以是人工的,也可以是自动的。由于人工很难做到 24 h 全天候看守,因此一般讲火灾监测器均是指自动火灾监测器。

无论何种火灾监测器,其基本功能要求是:① 信号传感要及时,具有相当精度;② 传感器本身应能给出信号指示;③ 通过报警控制器,能分辨火灾发生具体位置或区域;④ 监测器应具有相当稳定性,应尽可能地防止干扰。因此,火灾监测器通常由敏感元件、电路、固定部件和外壳 3 部分组成。

(1) 敏感元件。它的作用是感知火灾形成过程中的物理或化学量,如烟雾、温度、辐射光、气体浓度等,并将其转换成电信号。凡是对烟雾、温度、辐射光和气体浓度等敏感的传感元件都可以使用,它是监测器的核心部分。

(2) 电路。它的作用是将敏感元件转换成的模拟电信号进行放大并处理成火灾报警控制器所需的信号。通常由转换电路、保护电路、抗干扰电路、指示电路和接口电路等组成,其电路框图如图 9-8 所示。

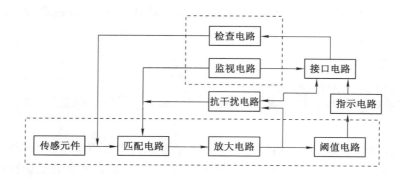

图 9-8　火灾监测器电路框图

转换电路的作用是将敏感元件输出的电信号进行放大和处理,使之满足火灾报警系统所需的模拟载频信号或数码信号。它通常由匹配电路、放大电路和阈值电路(有的安全报警系统产品其监测器的阈值比较电路被取消,其功能由报警控制器取代)等部分组成。保护电路用于监视监测器和传输线路故障的电路,它由监视电路和检查电路两部分组成。为了提高火灾监测器信号感知的可靠性,防止或减少误报,监测器必须具有一定的抗干扰功能,如采用滤波、延时、补偿和积分电路等。指示电路显示监测器是否动作,给出动作信号,一般在监测器上都设置动作信号灯。接口电路用以实现火灾监测器之间、火灾监测器和火灾报警器之间的信号连接。

(3) 固定部件和外壳。它是监测器的机械结构。其作用是将传感元件、印刷电路板、接插件、确认灯和紧固件等部件有机地连成一体,保证一定的机械强度,达到规定的电气性能,以防止其所处环境如光源、灰尘、气流、高频电磁波等干扰和机械力的破坏。

2) 火灾监测器的分类

常用的方法是按监测器的结构造型、探测的火灾参数、输出信号的形式和使用环境等进行分类。

(1) 按火灾监测器的结构造型分类,可分成点型和线型两大类。点型监测器是探测元件集中在一个特定点上,响应该点周围空间的火灾参数的火灾监测器。民用建筑中基本上都使用点型监测器。线型火灾监测器是一种响应某一连续线路周围的火灾参数的火灾监测器。线型监测器多用于工业设备及民用建筑中一些特定场合。

(2) 根据探测火灾参数的不同,可以划分为感烟、感温、感光、可燃气体和复合式等几大类。

(3) 按照安装场所的环境条件分类,主要有陆用型(主要用于陆地、无腐蚀性气体、温度范围为 $-10 \sim +50\ ℃$、相对湿度在 85% 以下的场合中)、船用型(其特点是耐温和耐湿,也可用于其他高温、高湿的场所)、耐酸型、耐碱型、防爆型等。

(4) 按探测到火灾信号后的动作是否延时向火灾报警控制器送出火警信号,可分为延时型和非延时型两种。按输出信号的形式分类,可分为模拟型监测器和开关型监测器。按安装方式分类,可分为露出型和埋入型。

可燃气体的探测在第 3 章已经做了介绍,本章分别对感烟式、感温式、感光式监测器进行介绍。

9.2 感烟式火灾监测器

除了易燃易爆物质遇火立即爆炸起火外,一般物质的火灾发展过程通常都要经过初始、发展和熄灭 3 个阶段。在火灾的初期,特点是温度低,产生大量烟雾,即物质的阴燃阶段,很少或者没有火焰辐射,基本上未造成很大的物质损失。如果此时能感知火灾信号,将给及时灭火创造极为有利的条件,火灾造成的损失也最小。感烟式火灾监测器是对警戒范围中火灾烟雾浓度参量做出响应,并自动向火灾报警控制器发出报警信号的一种监测器。感烟式火灾监测器主要用于探测火灾过程的早期和阴燃阶段的烟雾,所以是实现早期报警的主要手段。而根据感烟式火灾监测器不同的警戒范围,感烟式火灾监测器又分为几种类型,见表 9-1。

表 9-1　感烟式火灾监测器类型

警戒范围	名　称	技　术		
点型	离子感烟火灾监测器	双源		单源
	光电感烟火灾监测器	遮光型		闪光型
	电容感烟火灾监测器	电量技术		
线型	红外光束型	红外光线发射、接收		
	激光光束型	激光光线发射、接收		
区域	空气管吸气型	光散射	云室	颗粒计算

9.2.1　点型感烟火灾监测器

国家标准《点型感烟火灾探测器》(GB 4715—2005)、《独立式感烟火灾探测报警器》(GB 20517—2006)等对于一般工业与民用建筑中安装的使用散射光、透射光工作原理的点型光电感烟火灾探测器和电离原理的点型离子感烟火灾探测器的一般要求、要求和试验方法、检验规则和标志均做了具体规定。

1)离子感烟式火灾监测器

离子感烟火灾监测器是利用内装有放射源镅$^{-241}$的电离室作为传感器件,双源双室结构,再配上相应的电子电路所构成的监测器。电离产生的正、负离子在电场的作用下分别向正负电极移动。在正常的情况下,内外电离室的电流、电压都是稳定的。一旦有烟雾进入至电离室,干扰了带电粒子的正常运动,使电流、电压有所改变,破坏了内外电离室之间的平衡,监测器就发出警报信号。可对火灾早期阶段和阴燃阶段所产生的烟雾(包括气溶胶粒子)做出有效的响应。

(1)放射源。^{241}Am 离子式感烟监测器是利用放射源镅$^{-241}$(^{241}Am)原子核的自发衰变产生的。射线粒子是带正电的氦离子(氦原子核)$_2^4$He，^{241}Am 的衰变过程如下：

$$^{241}\text{Am} \longrightarrow {}^{237}\text{Np} + {}_2^4\text{He}$$

由于 α 粒子比电子重得多，且带两个单位正电量，其穿透能力很弱。能量为 5MeV 的 α 粒子在空气中的射程为 3.5 cm，在金属铝中射程仅为 2.06×10^{-3} cm，所以屏蔽 α 射线非常容易。但是另一方面 α 粒子的电离能力很强，当它穿过物质时，每次与物质分子或原子碰撞打出一个电子，约损失 33 eV 能量。一个能量为 5 MeV 的 α 粒子，在它完全静止前，大约可以电离 15 万多个分子或原子。采用 ^{241}Am 放射源的优点，除了电离能力强、射程短以外，^{241}Am 半衰期长(433 年)且成本低。

(2) 电离室。在电离室有一对相对的电极间，放置有 α 射线放射源 ^{241}Am，放射源持续不断地放射出 α 粒子，α 粒子不断撞击空气分子，引起电离，产生大量带正、负电荷的离子，从而使极间空气具有导电性。

当在电离室两电极间施加一电压时，使原来作无序运动的正负离子在电场作用下作有规则的定向运动。正离子向负极运动，负离子向正极运动，从而形成电离电流。电离电流的大小与电离室的几何尺寸，放射源的性质，施加电压的大小，以及空气的密度、温度、湿度和气流等因素有关。施加的电压越高，电离电流越大，电离强度和所加的电压成正比，遵循欧姆定律，称为"欧姆定律区"。在离子感烟监测器中，主要利用电离室的"欧姆定律区"。但当电离电流达到一定值时，施加电压再高，电离电流也不再会增加，此电流称为饱和电流。

如图 9-9 所示，当火灾发生，烟雾粒子进入电离室时，部分正、负离子会被吸附到比离子重千百倍的烟雾粒子上。因此，一方面使离子在电场中的运动速度降低了，另一方面增加了正、负离子互相复合的概率，其结果是使电离电流减小了，相当于电离室内的空气等效阻抗增加了。

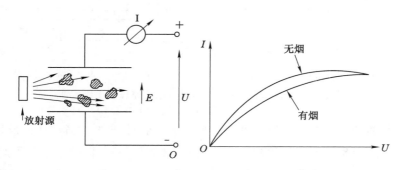

图 9-9　烟进入电离室后的情况

(3) 双源双室结构。双源双室由开室结构的检测电离室和闭室结构的补偿电离室反向串联组成，如图 9-10 所示。无烟雾时，两个电离室电压分压 U_1、U_2 都等于 12 V，$U_1 + U_2 = 24$ V。当火灾烟雾进入检测电离室，使检测电离室的电离电流减小时，相当于该室电极等效阻抗加大，而补偿电离室的电极间等效阻抗不变，则施加在两电离室上的电压分压 U_1 和 U_2 发生变化，见图 9-6。U_1 减小为 U_1'，U_2 增加为 U_2'，但 $U_1' + U_2' = 24$ V 不变。电路检测 U_1' 或 U_2' 电压，当 U_1' 或 U_2' 电压变化到某一定值时，控制电路动作，发出报警电信号，此信号传输给报警器,实现了火灾自动报警。因为两个电离室各有一个 α 离子发射源,称为双源双室式离子感烟监测器。

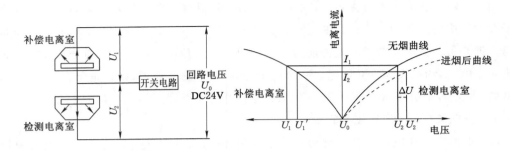

图 9-10   双源双室式感烟监测器电路原理和工作特性

(4) 单源双室结构。一种单源双室式离子感烟监测器正在逐渐取代双源双室式感烟监测器。单源式离子感烟监测器的工作原理与双源式基本相同,但结构形式不同。图 9-11 所示为单源双室离子感烟监测器结构示意和工作特性图。单源双室感烟监测器的检测电离室与参考电离室比例相差较大,参考电离室小,检测电离室大。两室基本是敞开的,气流互通。检测室与大气相通,而补偿室则通过检测室间接与大气相通,两室共用一个放射源。

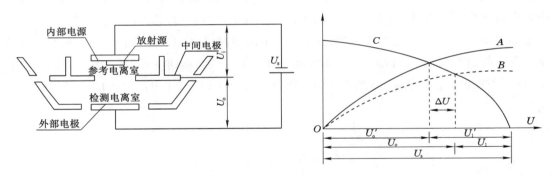

A—无烟时检测电离室特性;B—有烟时检测电离室特性;C—参考电室特性。
图 9-11   单源双室离子感烟监测器电路原理与工作特性

单源双室结构由于两个电离室同处在一个相通的空间,只要二者的比例设计合理,既能保证在火灾发生时烟雾顺利进入检测室迅速报警,又能保证在环境变化时两室同时变化而避免参数的不一致。它的工作稳定性好,环境适应能力强,不仅对环境因素(温度、湿度、气压和气流)的缓慢变化有较好的适应性,对变化快的适应性则更好,提高了抗湿、抗温性能。增强了抗灰尘、抗污染的能力。当灰尘轻微地沉积在放射源的有效发射面上,导致放射源发射的 α 粒子的能量强度明显变化时,会引起工作电流变化,补偿室和检测室的电流均会变化,从而检测室的分压变化不明显。一般双源双室离子感烟监测器是通过调整电阻的方式实现灵敏度调节的,而单源双室离子感烟监测器则是通过改变放射源的位置来改变电离室的空间电荷分布,即源电极和中间电极的距离连续可调,这就可以比较方便地改变检测室的静态分压,实现灵敏度调节。这种灵敏度调节连续而且简单,有利于监测器响应阈值的一致性。单源双室只需一个更弱的放射源,比双源双室的电离室放射源强度减少 1/2,而且也克服了双源双室两个放射源难以匹配的缺点。

　　2)光电感烟式火灾监测器

　　光电感烟监测器是利用火灾时产生的烟雾粒子对光线产生遮挡、散射或吸收的原理并通过光电效应而制成的一种火灾监测器。光电感应监测器有一个发光元件和一个光敏元件,平常光源发出的光,通过透镜射到光敏元件上,电路维持正常。如果有烟雾从中阻隔,到达光敏元件上的光就显著减弱,光敏元件就把光强的变化变成电的变化,通过放大电路报警。光电感烟监测器可分为遮光型和散射型两种,主要由检测室、电路、固定支架和外壳等组成,其中检测室是其关键部件。

　　(1)遮光型光电感烟监测器。检测室由光束发射器、光电接收器和暗室等组成,光束发射器由光源和透镜组成。目前通常用红外发光二极管作为光源,它具有可靠性高、功耗低、寿命长的特点,光源受脉冲发生器产生的电流调制,用球面式凸透镜将光源发出的光线变成平行光束。光电接收器由光敏二极管和透镜组成,光敏二极管将接收到的光能转换成电信号,光敏二极管的选择原则是红外发光二极管发射光的峰值波长通常应与光敏二极管的相适应。透镜的作用是将被烟粒子散射的光线聚焦后,准确、集中地被光敏二极管接收,并转换成相应的电信号。暗室的功能在于既要使烟雾粒子能畅通进入,又不能使外部光线射入,通常制成多孔形状,内壁涂黑。遮光型光电感烟监测器原理如图 9-12 所示。

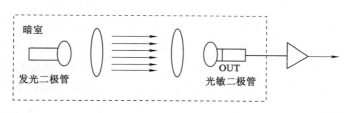

图 9-12　遮光型光电感烟监测器原理示意图

　　当火灾发生,有烟雾进入检测室时,烟粒子将光源发出的光遮挡(吸收),到达光敏元件的光能将减弱,其减弱程度与进入检测室的烟雾含量有关。当烟雾达到一定浓度,光敏元件接受的光强度下降到预定值时,通过光敏元件起动开关电路并经电路鉴别确认,监测器即动作,向火灾报警控制器送出报警信号。

　　(2)散射型光电感烟监测器。散射型光电感烟监测器是应用烟雾粒子对光的散射作用并通过光电效应而制作的一种火灾监测器,如图 9-13 所示。它和遮光型光电感烟监测器的主要区别在暗室结构上,而电路组成、抗干扰方法等基本相同。实现散射型的暗室各有不同,由于是利用烟雾对光线的散射作用,因此暗室的结构就要求光源(红外发光二极管)发出的红外光线在无烟时不能直接射到光敏元件(光敏二极管)上。

　　无烟雾时,红外光无散射作用,也无光线射在光敏二极管上,二极管不导通,无信号输出,监测器不动作。当烟雾粒子进入暗室时,由于烟粒子对光的散(乱)射作用,光敏二极管会接收到一定数量的散射光,接收散射光的数量与烟雾浓度有关,当烟的浓度达到一定程度

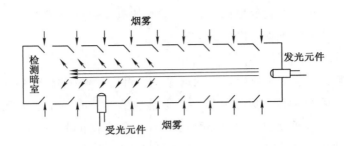

图 9-13　散射型光电感烟监测器结构示意图

时,光敏二极管导通,电路开始工作。由抗干扰电路确认是有两次(或两次以上)超过规定水平的信号时,监测器动作,向报警器发出报警信号。

　　散射型光电感烟监测器与遮光型感烟监测器的电路组成、抗干扰方法基本相同,光源均为脉冲光源,由脉冲发光电路驱动,每隔 3～4 s 发光一次,每次发光时间约 100 μs,以提高监测器抗干扰能力。

　　光电式感烟监测器在一定程度上可克服离子感烟监测器的缺点,除了可在建筑物内部使用,更适用于电气火灾危险较大的场所,如计算机房、电缆沟等处,但它的光敏元件寿命不如离子器件长。使用中应注意,当附近有过强的红外光源时,可导致监测器工作不稳定。

9.2.2　线型感烟火灾监测器

　　线型感烟监测器是一种能探测到被保护范围中某一线路周围烟雾的火灾监测器。监测器由光束发射器和光电接收器两部分组成。它们分别安装在被保护区域的两端,中间用光束连接(软连接),其间不能有任何可能遮断光束的障碍物存在,否则监测器将不能工作。常用的有红外光束型、紫外光束型和激光型感烟监测器三种,故而又称为线型感烟监测器为光电式分离型感烟监测器。《线型光束感烟火灾探测器》(GB 14003—2005)对于一般工业与民用建筑中安装使用的利用减光原理探测烟雾的相对部件间光路长度为 1～100 m,且最小光路长度不大于 10 m 的线型光束感烟火灾探测器及带有探测热扰动功能的线型光束感烟火灾探测器,规定了其术语和定义、一般要求、要求和试验方法、检验规则和标志。

　　线型感烟监测器与光电感烟监测器原理相似,都是利用烟雾粒子对光线传播发生遮挡的原理制成的。不同的是光电式感烟监测器的光源与光电接收器放在同一装置内,而线型感烟监测器的发射光源与光电接收器是安装在保护区的相应位置,其工作原理如图 9-14 所示。

图 9-14　线型感烟火灾监测器工作原理图

在无烟情况下,光束发射器发出的光束射到光电接收器上,转换成电信号,经电路鉴别后,报警器不报警。当火灾发生并有烟雾进入被保护空间,部分光线束将被烟雾遮挡(吸收),则光电接收器接收到的光能将减弱,当减弱到预定值时,通过其电路鉴定,光电接收器便向报警器送出报警信号。

为降低功耗,提高监测器抗干扰能力,发射器同样采用脉冲方式工作,脉冲周期为 ms级,脉宽为 100 μs,接收器同样装有抗干扰电路,当光束被动物或人为遮挡时,报警器能发出故障信号,同样如因发射器损坏或丢失、安装位置变动而接收器不能接收到光束等原因时,故障报警电路要锁住火警信号通道,向报警器送出故障报警信号。接收器一旦发出火警信号便自保持确认灯亮。

激光感烟火灾监测器的激光是由单一波长组成的光束,这类监测器的光源有多种,由于半导体激光器激发电压低、脉冲功率大、效率高、体积小、寿命长、方向性强、亮度高、单色性和相干性能好,尽管它问世不久,但在各领域得到了广泛重视和应用。在无烟情况下,脉冲激光束射到光电接收器上,转换成电信号,报警器不发出报警。一旦激光束在发射过程中有烟雾遮挡而减小到一定程度,使光电接收器信号显著减弱,报警器便自动发出报警信号。

红外光和紫外光感烟监测器是利用烟雾能吸收或散射红外光束或紫外光束原理制成的感烟监测器,具有技术成熟、性能稳定可靠、探测方位准确、灵敏度高等优点。

线型感烟监测器具有监视范围广、保护面积大、使用环境条件要求不高等特点,通常适用于初始火灾有烟雾形成的大空间、大范围的防范,如大仓库、电缆沟、易燃货垛的防范。

9.2.3　区域型感烟火灾监测器

吸气式感烟监测器是区域型感烟火灾监测器的类型,它是利用吸气扇通过空气取样管道和取样孔从保护区域提取空气样品,空气样品通过高灵敏度的精确感烟监测器对其进行分析,当烟雾值超过阈值时,发出报警信号。吸气式感烟监测器与安装在保护现场的空气取样管道、取样孔和"毛细"管组成了空气取样探测系统。吸气式感烟监测器通常使用以下 3种类型的技术。

(1)光散射技术。采样的空气持续流入一个装有高能光源的探测室,这一光源会被样品中的任何烟雾颗粒散射,散射光由一个固态光接收器进行分析。散射光的量与烟浓度成正比。光散射系统对阴燃火和电线过载造成的烟雾颗粒很敏感,对于要求早期报警的地方非常有效。由于这种监测器会受灰尘干扰,因此多数监测器会安装复杂的过滤网或电子除尘装置。此技术对空气采样均匀性和流速稳定要求低。

(2)云室技术。采样的空气持续地流入装有水蒸气的探测室。任何很小的颗粒都会使水蒸气在其周围凝结形成相同大小的水滴。这些水滴的数量由一个脉冲 LED 均匀地测量。由于云室使用水,因此需要定期维护。云室监测器可抗灰尘。在比较场试验中,发现云室监测器对火焰燃烧产生的颗粒响应良好,但对阴燃火产生的颗粒响应效果不好,因此对其在需要早期报警的应用场合应有所限制。

(3)颗粒计算技术。采样的空气持续地通过聚焦的激光光束,测量每一个颗粒的光散射。这就提供了相对于穿过激光光束的颗粒数量的输出颗粒计数,系统对阴燃火电线过载敏感,但需要空气主动地均匀通过,因为输出与流速成正比。颗粒计算系统可抗灰尘,但正对激光光束的纤维或灰尘可能会导致误报警。

空气取样管道内径应取 20~22 mm,采用缓和拐弯,以使空气流动尽量顺畅。从管道端部到监测器限制传输时间 120 s,为保证采样空气在规定时间到达监测器,采样管最大长度为 100 m。远离取样管的采样点,可用外径为 10 mm 的软"毛细"管连接到取样主管,"毛细"管距主管路距离最长为 6 m。

吸气式监测器吸气式系统采用人工智能(AI)技术,通过改变监测器的灵敏度来适应现场条件的改变,以保持一个已知的报警可能性。这种类型的系统还能自动补偿部件漂移或监测器污染,以便保持最佳性能。吸气式感烟监测器与普通点式烟感监测器的比较见表 9-2。

表 9-2　吸气式感烟监测器与普通点式烟感监测器比较

序号	项目	吸气式感烟监测器	普通点式烟感监测器	
			离子	光电
1	感烟方式	主动抽取保护区内的空气进行采样分析	被动地等待烟雾自然扩散到探头处	
2	探测原理	激光散射	电离方式	红外散射方式
3	探测范围	各种材料产生的各种大小的烟雾,探测范围很宽,粒子直径 0.003~10 μm	天然物质产生的烟雾,粒子直径 0.01~0.1 μm	合成材料产生的烟雾,粒子直径 1~10 μm
4	灵敏度	0.0015%~25% obs/m,连续可调	5%~9% obs/m,不可调	6%~12% obs/m,不可调
5	探测部件	高稳定、高强度激光源;2 个光接收器,三维立体图像分析	^{241}Am α 放射源,1 个收集极	红外发光管,1 个光接收管
6	测量方式	绝对测量,即对环境烟雾量的实时测量	相对测量	
7	显示单元	20 段光栅图及 2 位数码管,实时显示环境状况,即环境监测	只显示达到阈值的报警信息,不显示未达报警阈值的状态	
8	报警方式	可设定 4 级报警阈值	一般只设定一个报警阈值,个别设有预警	
9	报警时间	火灾形成前 4~11 h,早期报警	火灾形成前几分钟,无预警	
10	事件记录	18 000 个事件,时间、地点、报警、故障原因等内容详细	没有记录,火警、故障信息由控制器存储	
11	安装方式	标准、回风口、毛细管等多种采样方式,可横向、纵向布管	仅能顶棚下安装,水平安装不超过 45°,没有回风口和毛细管采样方式,不能靠近回风口、送风口安装	
12	维护	一次工厂校准,10 年免维护	每两年要清洗、校准 1 次	
13	适用场所	电信机房、电脑室、医院、变电站、厂房、仓库、冷藏室、演播厅、室内运动场、剧院、洁净室、矿山、隧道、海上石油平台、生产车间、古典建筑、教堂、博物馆、美术馆	办公室、客房	

表 9-2(续)

序号	项目	吸气式感烟监测器	普通点式烟感监测器	
			离子	光电
14	应用环境	各种环境:高大空间;强气流 ;潮湿、粉尘、多变化;电磁干扰;外观要求高;不可带电运行的场所……	不适合潮湿、粉尘、多变化及长期有烟雾滞留的环境	
			不适合风速大于 5 m/s 的场所	不适合黑烟及存在高频电磁干扰的场所
15	其他功能	自学功能,可根据环境状况自动设置灵敏度、报警阈值,具备激光灰尘鉴别技术(LDD)等	无	
		可形成专网(485 方式),还可与传统火灾自动报警系统联网	一般独立网结构	

备注:obs/m ,即每米遮光率。

9.3　感温式火灾监测器

感温式火灾监测器是对警戒范围中火灾热量(温度),即环境气流的异常高温或(和)升温速率做出响应的监测器。它是一种动作于阴燃阶段后期的"早中期发现"型监测器。感温火灾监测器的特点:结构简单,电路少,与感烟监测器相比可靠性高、误报率低,且可以做成密封结构,防潮防水防腐蚀性好,可在恶劣环境(风速大、多灰尘、潮湿等)中使用。但是感温式火灾监测器灵敏度较低,报警时间迟。感温火灾监测器也是工程上常见的火灾监测器种类之一,它主要作用于不适合或不完全适合感烟火灾监测器的一些场合;并与感烟监测器联合使用组成与逻辑关系,为火灾报警控制器提供复合报警信号。由于感温监测器有很多优点,它是使用范围仅次于感烟监测器的一种早中期报警监测器。《点型感温火灾探测器》(GB 4716—2005)对于一般工业与民用建筑中安装使用的点型感温火灾探测器的一般要求与试验方法、检验规则和标志等做出了相关规定。

感温火灾监测器的种类极多,主要是根据其敏感元件的不同而产生各种形式的感温火灾监测器。常用的热敏元件有双金属片、易熔合金、低熔点塑料、水银、酒精、热敏绝缘材料、半导体热敏电阻、膜盒机构等。根据监测温度参数的不同,感温火灾监测器有定温、差温和差定温 3 种类别。定温火灾监测器用于响应的温度达到或超过某一预定值的场合,差温监测器是检测"温升"为目的,而差定温火灾监测器则兼顾"温度"和"温升"两种功能。感温监测器是以对温度的响应方式分类,每类中又以敏感元件不同而分为若干种,感温火灾监测器的类型见表 9-3。

9.3.1　定温式感温火灾监测器

定温火灾监测器是指在规定时间内,火灾温度参量达到或超过其动作温度值时,监测器动作向报警控制器送出报警信号。定温监测器的动作温度应按其所在的环境温度进行选择。

表 9-3　感温式火灾监测器类型

警戒范围	温度变化	技术						
点型	定温式	双金属型	易熔合金型	酒精玻璃球型	热电耦型	水银接点型	热敏电阻型	半导体型
	差温式	膜盒型		热敏电阻型		双金属型		
	差定温式	膜盒型		热敏电阻				
线型	定温式	缆式线型			半导体线型			
	差定温式	膜盒型		热敏电阻型		双金属型		
区型	差温式	空气管线型等		云室		颗粒计算		

1）双金属型定温火灾监测器

双金属型定温火灾监测器是利用不同热膨胀系数的金属受热膨胀变化的原理制成的监测器，它是一种点型定温监测器，对警戒范围中某一点周围温度达到或超过规定值时响应的火灾监测器。主要有双金属定温火灾监测器，翻转式碟形双金属定温火灾监测器和圆筒状双金属定温火灾监测器，其结构如图 9-15 所示。

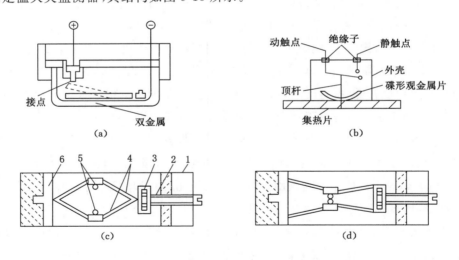

1—不锈钢臂；2—调节螺栓；3,6—固定块；4—铜合金片；5—电接点。

图 9-15　双金属型定温火灾监测器结构

图 9-15(a)为利用双金属片受热时，膨胀系数大的金属就要向膨胀系数小的金属弯曲，如图 9-15(a)中虚线所示，使接点闭合，将信号输出。

图 9-15(b)为采用翻转式碟形双金属片结构形式，凹面选用膨胀系数大的材料制成，凸面选用膨胀系数小的材料制成，随着环境温度升高，碟形双金属片逐渐展平，当达到临界点（即定温值时）碟形双金属片突然翻转，凸形向上，通过顶杆推动触点，造成电气触点闭合，再

通过后续电子电路发出火灾报警电信号。当环境温度逐渐恢复至原来温度时,碟形双金属片的变化过程恰好与升温时相反,恢复到凹面向上,电气触点脱开,使监测器回复到正常监控状态。

图 9-15(c)、(d)为圆筒结构的双金属定温火灾监测器。它是将两块磷铜合金片通过固定块固定在一个不锈钢的圆筒形外壳内,在铜合金片的中段部位各安装一个金属触头作为电接点。由于不锈钢的热膨胀系数大于磷铜合金的热膨胀系数,当监测器检测到的温度升高时,不锈钢外筒的伸长大于磷铜合金片,两块合金片被拉伸而使两个触头靠拢(或离开)。当温度上升到规定值时,触头闭合(或打开),监测器即动作,送出一个开关信号使报警器报警。当监测器检测到的温度低于规定值时,经过一段时间,两触头又分开,监测器又重新自动回复到监视状态。

2）易熔金属型定温火灾监测器

易熔金属型定温火灾监测器是一种能在规定温度值时迅速熔化的易熔合金作为热敏元件的定温火灾监测器,它是一种点型定温监测器,如图 9-16 所示。

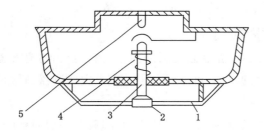

1—吸热片;2—易熔合金;3—顶杆;4—弹簧;5—电接点。

图 9-16　易熔合金定温火灾监测器的结构示意图

监测器下方吸热片的中心处和顶杆的端面用低熔点合金焊接,弹簧处于压紧状态,在顶杆的上方有一对电接点。无火灾时,电接点处于断开状态,使监测器处于监视状态。火灾发生后,只要它探测到的温度升到动作温度值,低熔点合金迅速熔化,释放顶杆,顶杆借助弹簧弹力立即被弹起,使电接点闭合,监测器动作。

3）缆式线型定温火灾监测器

《线型感温火灾探测器》(GB 16280—2014)对于工业与民用建筑中安装使用的缆式线型感温火灾探测器、空气管式结型感温火灾探测器、分布式光纤线型感温火灾探测器、光纤光栅线型感温火灾探测器、线式多点型感温火灾探测器等的技术要求、试验方法、检验规则和标志均做了相应规定。

缆式线型定温火灾监测器通常将定温电缆截成 20～30 m 一小段,每段配接输入模块一只,作为火灾报警控制器输入回路中的一个探测点,又可称为缆式线型定温电缆,是一种线型感温火灾监测器,能对保护区中某一线路周围温度升高敏感响应,其工作原理与点型相同。其中热敏电缆是感热元件,可对额定的动作温度值做出有效响应。由于其特有的柔韧性和防震动、耐污染的性能,在电线电缆隧道、高架仓库、野外原材料堆垛、重要设施的隐蔽处等环境较恶劣的场所,进行早期火灾报警非常有用。热敏定温电缆由两根弹性钢线、热敏绝缘材料、塑料包带及塑料外护套组成,如图 9-17 所示。

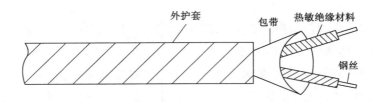

图 9-17　线型热敏定温电缆结构示意图

外护套两根弹性钢线上包热敏绝缘材料,然后绞对成型。当热敏电缆某一部位温度上升(可以是电缆周围空气或它所直接接触的物体表面温度),达到额定动作值时,受热部位热敏绝缘材料熔化,绝缘性能被破坏,两根钢丝互相接触发生短路,以指示火警的发生。该开关量信号经输入模块转换成串行码火警电信号(带报警编码地址),传到火灾报警控制器。这种热敏电缆动作温度值稳定,响应时间适当,一致性好。

9.3.2　差温式感温火灾监测器

差温式感温火灾监测器是指在规定时间内,环境温度升温速率达到或超过预定值时响应的监测器。根据工作原理不同,可分为电子差温火灾监测器、膜盒差温监测器等。

1)电子差温火灾监测器

图 9-18 所示为一种电子差温火灾监测器的原理图。利用两个热时间常数不等的热敏电阻 R_{11} 和 R_{12},R_{11} 的热时间常数小于 R_{12} 的热时间常数,在相同温升环境下,R_{11} 下降比 R_{12} 快,当 $U_a > U_b$ 时,比较器输入 U_c 为高电平,点亮报警灯,并且输出报警信号。

2)膜盒差温监测器

膜盒型差温监测器是一种常见的差温火灾监测器。监测器是利用装有金属波纹膜片的膜盒作为感热元件,再配上相应的后续电子电路所构成的监测器,可对火灾引起的异常升温速率做出有效响应。其结构简单、可靠、稳定性好,密封性好,可用于离子感烟火灾监测器不宜使用的场所。

图 9-19 所示为一种膜盒型差温火灾监测器内部结构示意图。利用金属膜盒做感热元件,气室内的空气只能通过呼吸机构气塞螺钉的小孔与大气相连,一般情况下(环境升温速率≤3 ℃/min),感热室受热时,室内膨胀的气体可以通过气塞小孔泄漏到大气中去。当发生火灾时,环境升温速率急剧增加,探头周围的热气流使气室内的空气受热迅速膨胀,气压增大,使弹性敏感元件—波纹膜片向上鼓起,造成电气触点闭合,通过后续电子电路发出火灾报警电信号。

根据查理定律,当气体质量 M 为一常数,体积 V 也为常数时,压力 p 为:

$$p = p_0(1 + 1/273t) \tag{9-1}$$

当监测器设计成型后,气室内气体体积 V 即为常数,由查理定律可知,气室内的气压 P 只与环境温度有关。所以监测器的形状和大小均可根据需要进行设计而不影响其基本工作

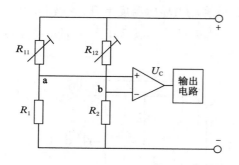

图 9-18 电子差温火灾监测器的原理图

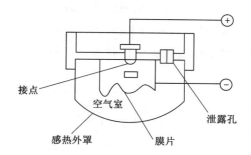

图 9-19 膜盒型差温火灾监测器内部结构

原理。

当环境温度缓慢变化时,气室内空气虽然也受热膨胀,但均由呼吸机构泄出进入大气,敏感元件膜片不会产生位移,故不会发生误报警。

3) 空气管线型差温监测器

线型感温火灾监测器也可用空气管作为敏感元件制成差温工作方式,称为空气管线型差温火灾监测器。利用点型膜盒差温火灾监测器气室的工作特点,将一根用铜或不锈钢制成的细管(空气管)与膜盒相接构成气室。当环境温度上升较慢时,空气管内受热膨胀的空气可从泄漏孔排出,不会推动膜片,电接点不闭合;火灾时,若环境温度上升很快,空气管内急剧膨胀的空气来不及从泄漏孔排出,空气室中压强增大到足以推动膜片位移,使电接点闭合,即监测器动作,报警器发出报警信号。

线型感温火灾监测器通常用于在电缆托架、电缆隧道、电缆夹层、电缆沟、电缆竖井等一些特定场合。

9.3.3 差定温式感温火灾监测器

差定温火灾监测器兼有差温和定温两种功能,既能响应预定温度报警,又能响应预定温升速率报警的火灾监测器,因而扩大了它的使用范围。

1) 膜盒型差定温火灾监测器

膜盒型差定温火灾监测器是指在一个壳体内兼有差温、定温两种功能,图 9-19 中只要另用一个弹簧片,并用易熔合金将此弹簧片的一端焊在吸热外罩上,就使膜盒差温火灾监测器改成了差定温火灾监测器。在上述监测器中气室为差温敏感元件,环境温度迅速变化时,差温部分起动;易熔元件是定温敏感元件,当环境温度升高到易熔合金的熔化温度(70 ± 5)℃时,定温部分作用,易熔合金片熔化,弹簧片上弹,推动波纹膜片造成电气触点闭合,这时发出一个不可复位的火灾报警信号,可避免漏报警产生。此时监测器也就为膜盒-易熔合金型差定温复合式火灾监测器。

2) 电子式差定温火灾监测器

图 9-20 所示为一种电子式差定温火灾监测器的电气原理图。它有 3 个热敏电阻和 2 个电压比较器。当监测器警戒范围的环境温度缓慢变化,温度上升到预定报警温度时,由于热敏电阻 R_{t3} 的阻值下降较大,使 $U'_a > U'_b$,比较器 C' 翻转,$U_c > 0$,使 VT_2 导通,K_1 动作,点

亮报警灯 HB,输出报警信号为高电平。这是定温报警。当环境温度上升速率较大时,热敏电阻 R_{t1} 阻值比 R_{t2} 下降多,使 $U_a > U_b$ 时,比较器 C 翻转,$U_c > 0$,使 VT_2 导通,K_1 动作,点亮报警灯 HB,输出报警信号为高电平,这是差温报警。

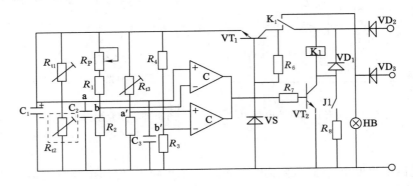

图 9-20　电子式差定温火灾监测器的电气原理

9.4　感光式火灾监测器

感光监测器又称火焰监测器,它是一种能对物质燃烧的光谱特性、光强度和火焰的闪烁频率敏感响应的火灾监测器,且都是点型火灾监测器。工程中主要用的有两种,见表 9-4。

表 9-4　感光式火灾监测器

警戒范围	名称	辐射波长/nm
点型	紫外火焰监测器	<400
	红外火焰监测器	>700

由于光辐射的传播速度快(3×10^8 m/s),和感烟、感温等火灾监测器相比,感光监测器的优点表现在响应速度快,响应时间几毫秒甚至几微秒内就能发出报警信号,特别适用于快速发生的火灾(特别是可燃液体火灾)或爆炸引起火灾的场合,它不受环境气流影响,是唯一能用在室外的火灾监测器,适用于突然起火而又无烟雾的易爆易燃场所,且性能稳定、可靠。

1) 紫外感光火灾监测器

紫外感光火灾监测器是一种对火焰辐射的紫外线敏感响应的火灾监测器,又称紫外火焰监测器,通常探测光波 $0.2 \sim 0.3$ μm 以下的火灾引起的紫外辐射。紫外感光火灾监测器由于使用了紫外光敏管为敏感元件,而紫外光敏管同时也具有光电管和充气闸流管的特性,所以它使紫外感光火灾监测器具有响应速度快,灵敏度高的特点,可以对易燃物火灾进行有效报警。

由于紫外光主要是由高温火焰发出的,温度较低的火焰产生的紫外光很少,而且紫外光的波长也较短,对烟雾穿透能力弱,所以它特别适用于有机化合物燃烧的场合。例如,油井、输油站、飞机库、可燃气罐、液化气罐、易燃易爆品仓库等,特别适用于火灾初期不产生烟雾的场所(如生产储存酒精、石油等场所)。火焰温度越高,火焰强度越大,紫外光辐射强度也越高。

图 9-21 所示为紫外感光火灾监测器结构示意图。火焰产生的紫外光辐射,从反光环和石英玻璃窗进入,被紫外光敏管接收,变成电信号(电离子)。石英玻璃窗有阻挡波长小于 185 nm 的紫外线通过的能力,而紫外光敏管接收紫外线上限波长的能力,取决于光敏管电极材质、温度、管内充气的成分、配比和压力等因素。紫外线试验灯发出紫外线,经反光环反射给紫外光敏管,用来进行监测器光学功能的自检。

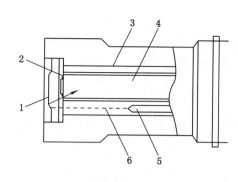

1—反光环;2—石英玻璃窗;3—光学遮护板;
4—紫外光敏管;5—紫外线实验灯;6—测试紫外线。
图 9-21　紫外感光火灾监测器结构示意图

紫外感光火灾监测器对强烈的紫外光辐射响应时间极短,25 ms 即可动作。它不受风、雨、高气温等影响,室内外均可使用。

2) 红外感光火灾监测器

红外感光火灾监测器又称红外火焰监测器,它是一种对火焰辐射的红外敏感响应的火灾监测器。红外线波长较长,烟粒对其吸收和衰减能力较弱,即使有大量烟雾存在的火场,在距火焰一定距离内,仍可使红外线敏感元件感应,发出报警信号。因此,这种监测器误报少,响应时间快,抗干扰能力强,工作可靠。如图 9-22 所示,它主要由外壳、红外滤光片、硫化铅红外敏感元件及相应电路组成。

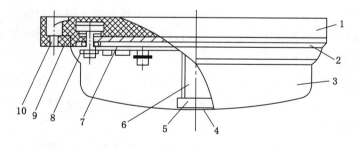

1—底座;2—上盖;3—罩壳;4—红外线滤光片;
5—硫化铅红外光敏元件;6—支架;7—印刷电路板;
8—柱脚;9—弹性接触片;10—确认灯。
图 9-22　红外火焰监测器结构示意图

滤光片兼作为敏感元件的保护层。由硫化铅组成的敏感元件前装有透镜,将通过红外滤光片分散的红外光聚集到敏感元件上,以增强敏感元件接收红外光辐射的强度,硫化铅经红外光照射后,析出正负离子,其在外电路作用下产生感应电势,其大小正比于光照强度。硅光电池、硅光电管也经常用来作为红外光敏感元件。火焰燃烧时会发出 5～30 Hz 的闪烁红外信号,能鉴别此闪烁信号是火焰燃烧监测器的主要特点。因此,它能对一些无变化的、恒定红外辐射进行鉴别,以免误报。

红外感光火灾监测器对恒定的红外辐射,如白炽灯、太阳光及瞬时的闪烁现象均不反应,能在有烟雾场所和户外工作的优点,其抗干扰能力强,响应快,通常用在电缆沟、地下隧道、库房,特别适用于无阴燃阶段的燃料火灾(如醇类、汽油等易燃液体)的早期报警。红外感光火灾监测器主要用来探测低温产生的红外辐射,光波范围大于 $0.76~\mu m$。

9.5 火灾监测器的选择与设置

9.5.1 火灾监测器的技术性能

无论何种火灾监测器,要正确的选用和布置必须要了解它们的主要技术性能参数。

(1)工作电压和允差。监测器的工作电压又称为额定电压,是监测器长期正常工作所需的电源电压,一般多为直流 24 V,也有 12 V 的产品。允差是指监测器长期正常工作允许的电压波动范围值,一般为额定电压的 $\pm15\%$。显然,允差值越大,监测器适应电压变化的能力就越强。由于各个监测器总是处于整个消防系统的不同位置,考虑线路电压降落后,各监测器实际的受电电压总是不同的。因此要求监测器具有较大的允差。

(2)灵敏度。监测器的灵敏度是指其响应火灾参数(烟、温度、辐射光、可燃气体等)的敏感程度。它是选择监测器的重要因素之一。感烟监测器的灵敏度是指其对烟雾浓度的敏感程度,用每米烟雾减光率 $\delta(\%)$ 表示。感温监测器的灵敏度是指其对温度或温升的敏感程度,它以感温监测器接受温度升讯号时起,到达到动作温度发出警报信号时止这一动作的时间,即响应时间(s)来表示。我国将定温、差定温监测器的灵敏度也标定为三级。无论何种监测器,其灵敏度的级别越小,灵敏度越高,动作时间最短,误报的可能性也会增加。所以,不能单纯地追求高灵敏度。

(3)监视电流。它是指火灾监测器处于警戒状态时正常工作的电流,又称警戒电流。由于监测器工作电压为定值。监视电流越小,则能耗越小。目前,产品的监视电流已由原来的毫安级降至微安级。

(4)报警电流和最大报警电流。报警电流是指监测器动作报警所需的工作电流(mA),最大报警电流是指监测器处于报警状态时允许的最大工作电流。显然,允差与报警电流限制了监测器距报警控制器的安装距离,以及报警控制器每个回路允许并接的最大监测器数量。

(5)保护范围。保护范围指一个监测器警戒(监视)的有效范围。它是确定火灾自动报警系统中监测器数量的基本依据。点型监测器的保护范围常用保护面积(m²)来表示保护范围。感光监测器则是采用保护视角和最大探测距离,综合确定其保护空间。显然,采用保护空间比保护面积能更有效地表征监测器的保护范围,然而目前国家对保护空间尚无统一规定及标准,仍采用保护面积来表征保护范围。

(6)工作环境。它是监测器能正常工作所需环境,如温度、湿度、气流速度等的限制性指标,也是选择监测器的重要依据之一。

9.5.2　报警区域与探测区域

为了加强自动报警控制系统的管理,确诊报警火灾部位,有序进行人员疏散,安全报警控制系统设计时应将建筑物(或防火报警区域)划分为若干报警区域(alarm zone)和探测区域(detection zone)。报警区域是将火灾自动报警系统的警戒范围按防火分区或楼层等划分的单元。探测区域是将报警区域按探测火灾的部位划分的单元。一个报警区域可以划分为一个或数个探测区域。

报警区域应根据防火分区或楼层划分;可将一个防火分区或一个楼层划分为一个报警区域,也可将发生火灾时需要同时联动消防设备的相邻几个防火分区或楼层划分为一个报警区域。电缆隧道的一个报警区域宜由一个封闭长度区间组成,一个报警区域不应超过相连的 3 个封闭长度区间;道路隧道的报警区域应根据排烟系统或灭火系统的联动需要确定,且不宜超过 150 m。甲、乙、丙类液体储罐区的报警区域应由一个储罐区组成,每个 50 000 m^3 及以上的外浮顶储罐应单独划分为一个报警区域。列车的报警区域应按车厢划分,每节车厢应划分为一个报警区域。

探测区域应按独立房(套)间划分。一个探测区域的面积不宜超过 500 m^2;从主要入口能看清其内部,且面积不超过 1 000 m^2 的房间,也可划为一个探测区域。红外光束感烟火灾探测器和缆式线型感温火灾探测器的探测区域的长度,不宜超过 100 m;空气管差温火灾探测器的探测区域长度宜为 20～100 m。下列场所应单独划分探测区域:敞开或封闭楼梯间、防烟楼梯间;防烟楼梯间前室、消防电梯前室、消防电梯与防烟楼梯间合用的前室、走道、坡道;电气管道井、通信管道井、电缆隧道;建筑物闷顶、夹层。

9.5.3　火灾监测器的选择

火灾监测器的选择显然首先应根据探测区域内可能发生的火灾及其形成过程来考虑,原则是正确地给出早期预报。在选择火灾监测器时,还应结合环境条件、房间高度以及可能引起误报的因素综合进行考虑。

1) 一般规定

火灾探测器的选择应符合下列规定:

(1) 对火灾初期有阴燃阶段,产生大量的烟和少量的热,很少或没有火焰辐射的场所,应选择感烟火灾探测器。

(2) 对火灾发展迅速,可产生大量热、烟和火焰辐射的场所,可选择感温火灾探测器、感烟火灾探测器、火焰探测器或其组合。

(3) 对火灾发展迅速,有强烈的火焰辐射和少量烟、热的场所,应选择火焰探测器。

(4) 对火灾初期有阴燃阶段,且需要早期探测的场所,宜增设一氧化碳火灾探测器。

(5) 对使用、生产可燃气体或可燃蒸气的场所,应选择可燃气体探测器。

(6) 应根据保护场所可能发生火灾的部位和燃烧材料的分析,以及火灾探测器的类型、灵敏度和响应时间等选择相应的火灾探测器,对火灾形成特征不可预料的场所,可根据模拟试验的结果选择火灾探测器。

（7）同一探测区域内设置多个火灾探测器时，可选择具有复合判断火灾功能的火灾探测器和火灾报警控制器。

2）点型火灾监测器的选择

（1）对不同高度的房间，可按表9-5选择点型火灾探测器。

表9-5　对不同高度的房间点型火灾探测器的选择

房间高度 /m	点型感烟 火灾探测器	点型感温火灾探测器			火焰 探测器
		A1，A2	B	C，D，E，F，G	
$12 < h \leqslant 20$	不适合	不适合	不适合	不适合	适合
$8 < h \leqslant 12$	适合	不适合	不适合	不适合	适合
$6 < h \leqslant 8$	适合	适合	不适合	不适合	适合
$4 < h \leqslant 6$	适合	适合	适合	不适合	适合
$h \leqslant 4$	适合	适合	适合	适合	适合

（2）下列场所宜选择点型感烟火灾探测器：饭店、藏馆、教学楼、办公楼的厅堂、卧室、办公室、商场、列车载客车厢等；计算机房、通信机房、电影或电视放映室等；楼梯、走道、电梯机房、车库等；书库、档案库等。

（3）符合下列条件之一的场所，不宜选择点型离子感烟火灾探测器：相对湿度度经常大于95％；气流速度大于5 m/s，有大量粉尘、水雾滞留；可能产生腐蚀性气体；在正常情况下有烟滞留；产生醇类、醚类、酮类类等有机物质；

（4）符合下列条件之一的场所，不宜选择点型光电感烟火灾探器：有大量粉尘、水雾滞留；可能产生蒸气和油雾；高海拔地区；在正常情况下有烟滞留。

（5）符合下列条件之一的场所，宜选择点型感温火灾探测器；且应根据使用场所的典型应用温度和最高应用温度选择适当类别的感温火灾探测器：相对湿度经常大于95％；可能发生无烟火灾；有大量粉尘；吸烟室等在正常情况下有烟或蒸气滞留的场所；厨房、锅炉房、发电机房、烘干车间等不宜安装感烟火灾探测器的场所；需要联动熄灭"安全出口"标志灯的安全出口内侧；其他无人滞留且不适合安装感烟火灾探测器，但发生火灾时需要及时报警的场所。

（6）可能产生阴燃火或发生火灾不及时报警将造成重大损失的场所，不宜选择点型感温火灾探测器；温度在0 ℃以下的场所，不宜选择定温探测器；温度变化较大的场所，不宜选择具有差温特性的探测器。

（7）符合下列条件之一的场所，宜选择点型火焰探测器或图像型火焰探测器：火灾时有强烈的火焰辐射；可能发生液体燃烧等无阴燃阶段的火灾；需要对火焰做出快速反应。

（8）符合下列条件之一的场所，不宜选择点型火焰探测器和图像型火焰探测器：在火焰出现前有浓烟扩散；探测器的镜头易被污染；探测器的"视线"易被油雾、烟雾、水雾和冰雪遮挡；探测区域内的可燃物是金属和无机物；探测器易受阳光、白炽灯等光源直接或间接照射。

（9）探测区域内正常情况下有高温物体的场所，不宜选择单波段红外火焰探测器。

（10）正常情况下有明火作业，探测器易受 X 射线、弧光和闪电等影响的场所，不宜选择紫外火焰探测器。

（11）下列场所宜选择可燃气体探测器：使用可燃气体的场所；燃气站和燃气表房以及存储液化石油气罐的场所；其他散发可燃气体和可燃蒸气的场所。

（12）在火灾初期产生一氧化碳的下列场所可选择点型一氧化碳火灾探测器：烟不容易对流或顶棚下方有热屏障的场所；在棚顶上无法安装其他点型火灾探测器的场所；需要多信号复合报警的场所。

（13）污物较多且必须安装感烟火灾探测器的场所，应选择间断吸气的点型采样吸气式感烟火灾探测器或具有过滤网和管路自清洗功能的管路采样吸气式感烟火灾探测器。

3）线型火灾监测器的选择

（1）无遮挡的大空间或有特殊要求的房间，宜选择线型光束感烟火灾探测器。

（2）符合下列条件之一的场所，不宜选择线型光束感烟火灾探测器：有大量粉尘、水雾滞留；可能产生蒸气和油雾；在正常情况下有烟滞留；固定探测器的建筑结构由于振动等原因会产生较大位移的场所。

（3）下列场所或部位，宜选择缆式线型感温火灾探测器：电缆隧道、电缆竖井、电缆夹层、电缆桥架；不易安装点型探测器的夹层、闷顶；各种皮带输送装置；其他环境恶劣不适合点型探测器安装的场所。

（4）下列场所或部位，宜选择线型光纤感温火灾探测器：除液化石油气外的石油储罐；需要设置线型感温火灾探测器的易燃易爆场所；需要监测环境温度的地下空间等场所宜设置具有实时温度监测功能的线型光纤感温火灾探测器；公路隧道、敷设动力电缆的铁路隧道和城市地铁隧道等。

（5）线型定温火灾探测器的选择，应保证其不动作温度符合设置场所的最高环境温度的要求。

4）吸气式感烟火灾监测器的选择

（1）下列场所宜选择吸气式感烟火灾探测器：具有高速气流的场所；点型感烟、感温火灾探测器不适宜的大空间、舞台上方、建筑高度超过 12 m 或有特殊要求的场所；低温场所；需要进行隐蔽探测的场所；需要进行火灾早期探测的重要场所；人员不宜进入的场所。

（2）灰尘比较大的场所，不应选择没有过滤网和管路自清洗功能的管路采样式吸气感烟火灾探测器。

9.5.4　火灾监测器的设置

一只火灾探测器能有效探测的面积称为保护面积（monitoring area）。一只火灾探测器能有效探测的单向最大水平距离称为保护半径。两只相邻火灾探测器之间的水平距离称为安装间距。由于一般情况下根据

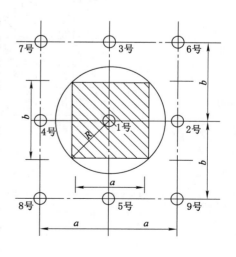

图 9-23　监测器的安装间距图例

建筑物平面形状很难做到监测器呈正方形布置,于是将监测器的安装间距又分为横向安装间距 a 和纵向安装间距 b,如图 9-23 所示。

感烟火灾探测器、感温火灾探测器的安装间距,应根据探测器的保护面积和保护半径确定,并符合《火灾自动报警系统设计规范》(GB 50116—2013)的有关规定。

按规定,一个监测器的保护面积 A 是以它的保护半径 R 为半径的圆内接正四边形的面积表示,因此:

$$A = 2R^2 \tag{9-2}$$

$$R = \sqrt{\left(\frac{a}{2}\right)^2 + \left(\frac{b}{2}\right)^2} \tag{9-3}$$

当监测器采用矩形平面布置时,由于一般情况下,其横向安装间距 a 与纵向安装间距 b 差异不大。所以,可以近似认为一个监测器的保护面积 $A=ab$。

工程设计中,为了既能保证每个监测器的保护范围能够得到充分利用,又能减少监测器布置的工作量,绘制出安装间距 a 和 b 的极限曲线(图 9-24)。该曲线以正方形布置为基准以监测器的保护面积 A 和保护直径 $D=2R$ 为参数,曲线标示出最佳 a 和 b 关联选值。根据此种关联选值,监测器的保护范围能得到充分利用。

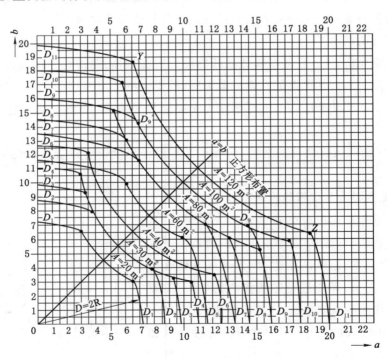

A—探测器的保护面积,m^2;a,b—探测器的安装间距,m;

$D_1 \sim D_{11}$(含 $D_9{}'$)—在不同保护面积 A 和保护半径下确定探测器安装间距 a 和 b 的极限曲线;

Y,Z—极限曲线的端点(在 Y 和 Z 两点间的曲线范围内,保护面积可得到充分利用)。

图 9-24 探测器安装间距的极限曲线

探测区域内所需的监测器数量,由下式计算:

$$N \geqslant \frac{S}{KA} \tag{9-4}$$

式中：N 为一个探测区域内所需设置的监测器数量，N 为整数；S 为一个探测区域的面积，m^2；A 为监测器的保护面积，m^2；K 为校正系数，容纳人数超过 10 000 人的公共场所宜取 0.7～0.8；容纳人数为 2 000～10 000 人的公共场所宜取 0.8～0.9；容纳人数为 500～2 000 人的公共场所宜取 0.9～1.0，其他场所可取 1.0。

　　《火灾自动报警系统设计规范》(GB 50116—2013)对于火灾监测器的选用和设置均做了较详细的规定，工程设计时必须严格遵循。值得指出的是，尽管如此，监测器的布置仍是一个值得重视的问题，不少工程设计过分偏重于美观、对称，而忽视了客观环境对监测器所需的信号收集浓度造成的影响。事实上即使像房间的轻质隔断、大型家具、书架、档案架、柜式设备等也会对烟雾、热气流造成影响，而成为影响监测器布置的不可忽视的因素。

第10章 安全监测监控数据管理

安全监测监控系统或安全监测行动均会收集大量监测数据，数据涵盖了安全生产历史的和当前的安全状态信息，由数据变化的趋势可以分析安全状态的改善与恶化。不同监测点、不同时间的安全监测数据中既包含了安全状态的好坏，又包括了地点、时间等因素，还包括了监测过程中不可避免的误差在内。通过本章的学习，认识和掌握误差产生的原因及其规律，排除误差的影响，找出安全状态的真实水平和变化规律，以便采取有效措施实现对安全状态的正确管理与控制。

10.1 污染物的时空分布

1）污染物时间分布

在安全监测中，会经常碰到在不同的时间，同一污染源所排出的污染物对同一地点所造成的污染物浓度可相差几倍甚至上百倍。这是由于污染源的排放情况不同，大气或水流对污染物的稀释、扩散和迁移输送能力随气象或水文条件不同而引起的，污染源的排放规律则随生产过程而变。气象或水文条件则随季节和昼夜的变化而异。因此，同一污染源对同一地点所造成的地面浓度就会产生很大的差别。污染物浓度的变化程度按时间尺度可做如下分类：

（1）以分钟计的变化。这主要是由于风向扰动及某些快速反应。例如，了解某些大气污染物对人体的急性危害时，要求每 2～3 min 测定一次；要了解光化学烟雾对呼吸道的危害时则要求每 10～15 min 测定一次。

（2）每天的循环变化。当污染物浓度在一天中以 1 h 平均浓度来计算时，往往会呈现出较明显的周期性变化。这主要受日出日落以及人们的活动规律等影响。

（3）大规模的气象扰动。在我国大陆地区，一般高、低气压的交换呈现出大致 3～5 天一个周期的变化规律；又如在东南沿海地区在夏秋季节还会受到热带风暴——台风的周期性侵扰。这些大规模的天气系统的变化，极大地影响着安全监测。

（4）每周排放循环。由于人类的生产，生活活动均以一星期为周期，因此许多污染物浓度也呈现出每星期的周期性变化。例如，星期六和星期日的污染物的排放较少，而且在这两天的一天中变化规律也不同,汽车在早晨高峰将推迟 1 h,车流量也比平日要少。

(5)每年的排放循环。在排放强度上,往往会表现出有年间的变化。另外,相应的一些气象因子也表现出有年间的循环,如我国华东地区冬天盛行西北风,夏天则盛行东南风。

(6)更长时期的排放趋势与气象趋势。许多安全监测计划往往延续 10 年甚至更长,这就有可能研究环境安全质量的变化趋向。例如,在水质污染监测中,污染物浓度同样也受污染源的排放情况、水体的流动状况以及四季的影响而变化。

总之,由于污染物有着时间上的分布,因此在条件许可之下应尽量采用连续自动监测系统。利用连续自动监测系统,不仅能得到污染物浓度随时间的变化情况,而且可以根据需要求得最高值、最低值、日平均、月平均和年平均浓度等。对于人工采样、实验室分析的监测方式,则要求合理的安排采样时间和采样频率,否则监测数据就可能失去可比性和代表性,这是监测工作中必须注意的重要问题之一。

2)污染物空间分布

在大气和水体中的污染物总是随空气和水流的运动而迁移和扩散。各种污染物的迁移和扩散速度又与气象条件,地理环境和污染物的性质有关。在迁移扩散的过程中,由于化学和物理的变化而使污染物浓度发生变化,因此污染物浓度就存在着空间上的分布。

在研究大气污染时,要考察大气污染物将如何由空气流动而扩散稀释。首先要了解污染源的状态,如污染物的排放强度、有效烟囱高度等,所排放的污染物在受该地区的地形与气象条件的影响而迁移扩散的同时,也会由于化学反应和凝聚等而变化。水蒸气在高空大气中凝结成小水滴时的云内洗净或在发生降水时的云下洗净都会除去一部分大气污染物,这就是同一污染源在不同地点产生不同浓度的原因。大气污染物在空间分布的尺度可以分:

(1)微小尺度(micro scale):0~100 m;

(2)街坊尺度(neighborhood scale):100~2 000 m;

(3)城市尺度(urban scale):5~50 km;

(4)中间尺度(meson scale):几十~几百千米;

(5)区域尺度(regional scale):100~1 000 km;

(6)巨大尺度(large scale):洲际以至全球规模。

一般在污染源附近由于污染物从污染源排放出来的时间很短,污染物质的化学和物理变化都可忽略不计,除了排放的一氧化氮(NO)能在短时间内变为二氧化氮(NO_2)外,其他的污染物都可只考虑扩散过程的稀释。因此,对于排放高度很低或特殊的点源应考虑微小尺度外,一般的点源则只需考虑街坊尺度与城市尺度。对于大规模的面源,则应考虑区域尺度,而巨大尺度则不大受到污染源的影响。

污染物在水体中的浓度分布与离污染源的距离,污染物排入水体的深度与方式和水流方向等因素有关。一般情况下,在水流的下游方向,离污染源或排污口近,则污染物浓度高;随后逐渐减小,减小的程度又取决于污染物的性质,分子量较小,水溶性强、化学稳定性好,不易被固体颗粒物吸附的物质,往往可以输送到较远的地方。反之,则会由于被分解或被吸附而沉降到底泥中而从水中逐渐减少。

正由于污染物质或污染指标存在着空间的分布,所以在进行安全监测时,除必须注意污染物浓度随时间不同而存在着分布之外,还要注意其在空间的分布。这两方面的因素是执行安全监测计划、确定采样时间、采样频率和布设采样点的主要根据,也是获得有代表性的监测数据的基础。

10.2 安全监测数据样本特征

10.2.1 有效数字及其一般运算规则

不管是用刻度表示的测量仪器,还是现代比较先进的数字显示仪表。其准确度都是有一定限度的,测量结果总有着"观测误差"。在对监测结果进行数值计算时也会存在"舍去"和"纳入"等误差。可以看出,我们在平时用数值来表示安全状态的结果并不是"准确"的,只是一些近似值而已,用多少位数字来表示测量或计算的结果,是安全监测中必须考虑的一个问题。

设 δ 表示真实值 R 的一个近似值,则:

$$\Delta\delta = R - \delta \tag{10-1}$$

表示近似值 δ 的误差,如果我们规定 $\varepsilon\delta$ 为近似值 δ 的误差限,则:

$$|R - \delta| = |\Delta\delta| \leqslant \varepsilon\delta \tag{10-2}$$

如果误差限 $\varepsilon\delta$ 已知,那么准确值 R 可用下式表示:

$$\delta - \varepsilon\delta \leqslant R \leqslant \delta + \varepsilon\delta \tag{10-3}$$

例如,当我们用最小刻度为 0.1 mL 的滴定管来测量滴定管由 0 刻度开始放出的溶液体积 V,规定取最终刻度读数 v 为 V 的近似值。这时,v 的误差限为最小刻度单位的 1/2,即 0.05 mL,如读得 $v=16.7$ mL,则准确值 V 应在[16.65,16.75]区间内。

现有某个近似值 δ,其误差限已知是 δ 值的某一位上的半个单位,若该位到 δ 的第一位非零数字共有 n 位,则称 δ 有 n 位有效数字。如上面的 16.7 mL,误差限是最后一位(数字7)上的半个单位(0.05 mL),从数字 7 起往前数,数到第一位非零数字 1 为止均为有效数字,即该数有三位有效数字。

在有效数字的计算中要特别注意对数字"0"的处理,因为有的场合中"0"应作为有效数字,有的场合"0"则不能作为有效数字。一般来说,非零数字之间的"0"均为有效数字。例如,2003 中的两个"0"都是有效数字;在第一位非零数字之前的"0"均不作为有效数字,如 16.7 mL 改写为 0.016 7 L,前面的两个"0"不算有效数字,这两种表示方法都是三位有效数字;在最后一位非零数字之后的"0"均作为有效数字,如将溶液体积记作 $V=$16.70 mL,这样的写法表示滴定管的最小刻度为 0.01 mL,误差限为 0.005 mL,准确值 V 在[16.695,16.705]区间内,因此 16.70 有四位有效数字。必须注意 16.7 和 16.70 这两种写法的区别,它们表示了两种不同精度的测量结果。小数点后面的"0"不能随便加上，也不能随便舍去。当不用小数点表示时，非零数字后面的"0"就比较含糊。例如，某个污染物的排放量为 2 700 g，此时有效数字可能只有两位，也可能有三位或四位。为了明确地表明有效数字的位数，最好用 10 的幂次前面的数字来表示有效数字的位数，上面的排放量可以用 2.7×10^3 g、2.70×10^3 g 和 2.700×10^3 g 分别表示，相应的有效数字位数分别为二、三和四位。

有效数字的位数应与测试样品时所用的仪器和方法的精度相一致，即只应保留一位不准确数字，其余数字都是准确的。例如，用分度值为 0.01 的分光光度计测量水溶液的光密度时只能读到 0.01 的精度。

在进行监测数据的整理之前，必须遵循有效数字的计算规则与数字修约规则。《数值修约规则与极限数值的表示》(GB/T 8170—2008)对于科学技术与生产活动中测试和计算的数值修约的规则、极限数值的表示和判定方法等做了具体规定。

(1) 在有效数字的位数确定之后，其后面的数字一律按照"四舍六入五单双"的原则来修约，即有效数字后面的数小于 5 则弃去，大于 5 则进一，如恰逢 5 就应采取奇进偶弃的原则，下面的例子将能说明上述的规则：

$$14.924\ 9 \rightarrow 14.92 \quad 14.926\ 0 \rightarrow 14.93 \quad 14.925\ 0 \rightarrow 14.92 \quad 14.925\ 1 \rightarrow 14.93$$

(2) 在加减计算中，其结果的误差限应与各数中误差限最大的那一个相同。在小数运算中，加减计算的结果其小数点后应保留的位数应与各数中小数点后位数最少者，亦即误差限最大者相同。在实际计算中，可将各数先修约成比小数点后位数最少的数多保留一位小数进行计算，计算的最后结果再按上述修约规则修约。例如：

$$561.32 + 491.6 + 86.954 + 3.946\ 2 \approx 561.32 + 491.6 + 86.95 + 3.95 = 1\ 143.82$$
$$\rightarrow 1\ 143.8$$

当两个数值相近的近似值相减时，其差的有效数字位数将比原数值减少很多，例如：

$$24.327\ 1 - 24.326\ 9 = 0.000\ 2$$

原数值有六位有效数字，相减之后的差仅有一位有效数字，前面相同的有效数字都被消去。在这种情况下，如有可能尽量先做其他的计算，最后再相减或预先在原来的数值内尽可能多取几位有效数字。

(3) 在乘除计算中，其结果的有效数字位数应与各数中位数最少者相同。具体计算中可以先将有效数字位数多的数值先修约成比位数最少的数值多保留一位有效数字，然后进行乘除计算，所得结果再修约成与有效数字位数最少的位数相等的数。例如：

$$\frac{4.8251 \times 2.534}{2.1} \approx \frac{4.83 \times 2.53}{2.1} = 5.819 \rightarrow 5.8$$

(4) 近似值的平方、立方或多次方运算时，计算结果的有效数字位数与原数值位数相同，近似值的平方根、立方根或多次方根的有效数字位数也与原数值相同。

(5) 对有效数字的第一位等于或大于 8 的数值进行计算时，有效数字可以多算一位。如 0.089 4，十分接近于 0.100 0，因此可以把该数认为它有四位有效数字。

(6) 由于测定平均值的精度要优于个别测定值的精度，因此在计算准确度相同的 4 个或 4 个以上的测定值的平均值时,其结果的有效数字位数可以增加一位。

(7) 在计算式中常数 π,e 等以及乘除因子如 $\sqrt{3}$,1/6 之类的数值的有效数字位数可以认为是无限的,可根据计划需要来选取。

(8) 在对数计算时所取对数的位数(不包括首数)应与真数的有效数字位数一致。

(9) 对于标准偏差等表示测定精度数值的修约,一般情况下最多只取两位有效数字,测定次数大于 50 时可多取一位,但必须注意对标准偏差的修约不能用"四舍六入五单双",而是只进不舍。例如计算出的标准偏差为 0.213 时,则应修约为 0.22 而不是 0.21。因为标准偏差为 0.21 的精度高于 0.213 的精度,通过修约来提高精度显然是不合理的。

(10) 对于自由度则只取整数部分,舍弃小数部分,如 $\varphi=14.7$ 则应取 $\varphi=14$。

关于有效数字的计算法则还可参阅专门的文献。但必须强调,在进行统计分析计算时往往都是一系列的连续运算,在计算过程中可以多保留几位有效数字无须在计算的每一步上拘泥于上述修约规则。当然,这样会增加很多计算的工作量,但在计算工具已十分普及的今天已不成问题,只要注意在最终报告中出现的有效数字位数合理就可以了。

10.2.2 安全监测数据分析图表

通过一项监测计划的执行,往往会得到一大批原始数据。要找出这些看上去似乎杂乱无章的数据的规律,就必须对原始数据进行必要的整理。为了弄清这些变化规律,可以从以下几个方面来整理数据。首先可按时间的顺序或距离的远近,将监测数据依次排列成表进行分析;其次可用后面将要介绍的各种统计图,以利于更形象化地分析数据;最后,也可按测定数值的大小以分组或不分组的形式来排列画图,以了解数据的分布。上述数据整理的方法就是数据统计图表法。

1) 数据统计表

安全监测数据经必要的加工,计算后可用特定的表格列出,用统计表的形式可以将各个数据之间的差异或相似性比较突出地表示出来,尤其是在数据量比较大,而又需要从两三个方面甚至更多方面来比较数据时,往往不可能用冗长的文字来叙述出数据之间的特点,利用统计表格不仅可以省去烦琐的篇幅,同时还具有清楚明了,重点突出主次分明的优点。

统计表一般由标题、表格本体和表底注脚三部分组成,有时还在文章中对表中的内容加以必要的说明。

2) 数据统计图

将监测结果利用图形将其显示出来,成为安全资料统计图。统计图具有直观性强的特点,能形象地反映出数值的对比关系和变化特征,一些曲线图还可以较清晰地表明参数间的函数关系。统计图还可使人一目了然地了解数据的分布情况,它是一种研究、分析监测资料的重要方法。统计图的制作原则是简单明了、主题突出。因此,统计图的标题应简明扼要,一般均写在图的下面。对于直接反映安全监测结果的图,时间和地点是不可缺乏的。

(1) 线图。线图是表示安全因子或其他指标随时间与空间而变化的最常用图形。一般纵轴表示指标值,横轴表示时间或空间的变化。图上点出各点的位置后,连接这些点成为线图。同时要列出几种指标时,用不同形状的线条连接点或用不同的符号(如圆圈、三角形、正方形等等)来表示点,并以文字或图例说明。同一图中不宜同时绘上过多的线条,以免混淆。图 10-1是一个典型线图,表明 1988—2006 年全国煤矿事故死亡人数和百万吨死亡率的变化情况。

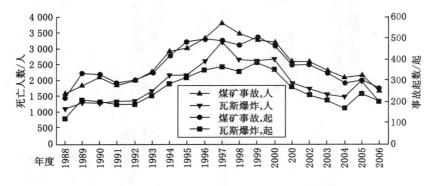

图 10-1　我国 1988—2006 年煤矿较大以上事故

(2) 条图。条图是利用相同宽度的直条或横条的长度来表示某项指标值大小的一种图形,对于内容独立的少数几类指标的比较,常常采用条图。离散型变量的频数或频率分布也可用条图表示。作图时为美观起见,长条的间距以小于长条宽度的 1/2 和不大于宽度为宜。个别数值特大而无法在图中表示时,可将长条用折断记号"≈"折断并加以注明。当比较几种指标时,可画复式条图,各个指标用不同的阴影线或不同的颜色区别,并附图例说明。简单条图只能用来表示单一指标的量,在安全监测中经常会遇到多组分的数据,当要求表示出其中各组分的相对含量时可用百分条图,即将每个长条的长度作为 100%,按各组成部分的百分构成将长条划分成几段,每一段表示一个组成,各段用不同的阴影或颜色区分,并以文字或图例加以说明。图 10-2 和图 10-3 是条图示例。

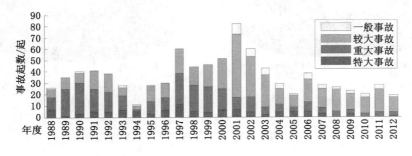

图 10-2　我国 1988—2012 年煤矿瓦斯爆炸事故起数

(3) 圆图。圆图主要用以表示某些多组成的事物中,各组成所占总量的百分构成,各扇形用不同阴影或颜色加以区分,在各扇形面上注明相应的百分构成数值,并写上文字说明或标以相应的图例。图 10-4 所示为圆图的示例。

10.2.3　安全监测数据样本特征

由安全监测中随机抽取的样本数据,可以代入一些函数式中,通过计算而得到一些计算

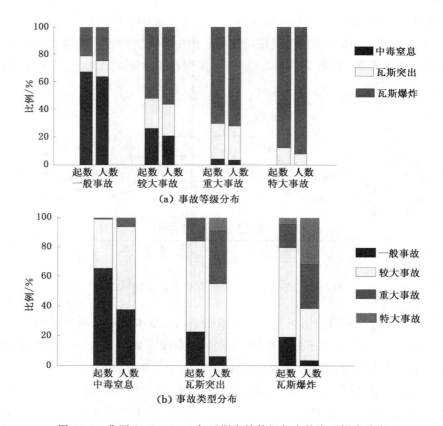

图 10-3　我国 2001—2010 年瓦斯事故等级与事故类型耦合分布

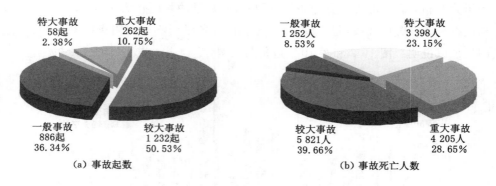

图 10-4　我国 2001—2013 年煤矿瓦斯事故等级分布

值来描述该样本的某些重要特性,这些计算值称为统计量,又称为样本特征数。这些统计量中一些是表明分布的集中位置,如样本平均值、中位数、众数等;另一些则表明分布的离散程度的,如极差、方差、标准偏差等;还有的用以表明分布的形状,如偏度、峰度等。

　　由于样本是随机抽取的,因此样本特征数随抽取样本不同也会不同,样本特征数本身也是随机变量。例如,在完全相同的条件下测得的样本容量为 n 的三批监测数据,第一批是 $(x_1', x_2', \cdots, x_n')$,由此可算出平均值 $\bar{x}'$,极差 R',标准偏差 S' 等;第二批是

$(x_1'', x_2'', \cdots, x_n'')$ 可算出 $\bar{x}'', R'', S''$；第三批是 $(x_1''', x_2''', \cdots, x_n''')$，又可算得 $\bar{x}''', R''',$ S'''，由于样本的各个数据的取值各不相同，故 $\bar{x}', \bar{x}''$ 和 $\bar{x}'''; R', R''$ 和 $R'''; S', S''$ 和 S''' 之间也各不相同，但总体均值 μ，总体方差 σ 却是个不变的常量。数据处理的任务之一就是由测得的样本去推断出总体真值。例如，可以以样本平均值 $\bar{x}$ 作为总体平均值 μ 的估计值。

1）数据的一般计算

（1）算术均数 $\bar{x}$。当样本容量为 n 时，变量值为 $x_1, x_2, \cdots, x_n$，则算术均数为：

$$\bar{x} = \frac{x_1 + x_2 + \cdots + x_n}{n} = \sum_{i=1}^{n} x_i / n \tag{10-4}$$

算术均数是最常用于表明数据集中位置的数，但算术均数易受数据中特大值或特小值的影响。因此，仅对于对称分布的数据算术均数才能反映其平均水平，对于偏态分布则不能适用。

（2）中位数 M_e。将变量值按大小顺序排列后，位居中间的变量值称为中位数。

当样本容量 n 为奇数时，样本为 $(x_1, x_2, \cdots, x_{\frac{n-1}{2}}, x_{\frac{n+1}{2}}, x_{\frac{n+3}{2}}, \cdots, x_n)$，则：

$$M_e = x_{\frac{n+1}{2}} \tag{10-5}$$

而当 n 为偶数时，样本为 $(x_1, x_2, \cdots, x_{\frac{n-1}{2}}, x_{\frac{n}{2}}, x_{\frac{n+1}{2}}, \cdots, x_n)$，则：

$$M_e = \frac{1}{2}(x_{\frac{n}{2}} + x_{\frac{n+1}{2}}) \tag{10-6}$$

由于中位数位于整批数据的中间，大于中位数的变量数与小于中位数的变量数相等，不受特大值或特小值的影响，在偏态分布中比算术均数更能代表数据的水平。

（3）众数 M_0。众数是数据中出现频数最多的变量值。

（4）几何均数 G。n 个变量值的几何均数等于这些数的乘积的 n 次方根，即：

$$G = \left\{ \prod_{i=1}^{n} x_i \right\}^{\frac{1}{n}} \quad (n = 1, 2, 3, \cdots) \tag{10-7}$$

有时也用对数式来计算几何均数：

$$G = \text{anti lg} \left\{ \frac{1}{n} \sum_{i=1}^{n} \lg x_i \right\} \quad (n = 1, 2, 3, \cdots) \tag{10-8}$$

由于不少安全环境因子的数据分布近似于对数正态分布，因此，几何均数的计算和应用有着十分重要的意义。

例如，某采样点上测得大气中二氧化硫（SO_2）浓度（$\mu g/m^3$）的 34 个监测数据，见表 10-1。现求其算术均数与几何均数并将结果与中位数进行比较。首先将变量值由小到大依次排列，然后将其对数值也一并列出，见表 10-2。

表 10-1　某采样点上测得的大气中二氧化硫（SO_2）浓度数据

No.	1	2	3	4	5	6	7	8	9	10	11	12	13	14	15	16	17
浓度	111	129	84	90	36	32	12	38	27	33	27	53	14	54	26	58	56
No.	18	19	20	21	22	23	24	25	26	27	28	29	30	31	32	33	34
浓度	48	20	30	85	74	208	25	67	122	190	11	157	14	19	35	50	3

表 10-2　某采样点上二氧化硫(SO_2)浓度数据的整理结果

大小次序	浓度	浓度的对数	大小次序	浓度	浓度的对数	大小次序	浓度	浓度的对数
1	3	0.477 1	13	32	1.505 1	25	74	1.869 2
2	11	1.041 4	14	33	1.518 5	26	84	1.924 3
3	12	1.079 2	15	36	1.544 1	27	85	1.929 4
4	14	1.146 1	16	38	1.556 3	28	90	1.954 2
5	14	1.146 1	17	39	1.591 1	29	111	2.045 3
6	19	1.278 8	18	48	1.681 2	30	122	2.086 4
7	20	1.301 0	19	50	1.699 0	31	129	2.110 6
8	25	1.397 9	20	53	1.724 3	32	157	2.195 9
9	28	1.415 0	21	54	1.732 4	33	190	2.278 8
10	27	1.431 4	22	56	1.748 2	34	208	2.318 1
11	27	1.431 4	23	58	1.763 4	$\sum$	2 039	55.224 4
12	30	1.477 1	24	67	1.826 1			

$$\lg G = \frac{55.224\ 4}{34} = 1.624\ 2$$

$$G = 42.1$$

而算术均数为：

$$\bar{x} = \frac{2\ 039}{34} = 59.97 \rightarrow 60.0$$

但中位数为第 17 个变量值与第 18 个变量值的平均值，即：

$$M_e = \frac{39 + 48}{2} = 43.5$$

结果表明，几何均数与中位数比较接近而算术均数与中位数之差则较大，在这种情况下几何均数比算术均数更能代表该组数据的水平。

（5）标准差和方差。在数理统计中常用标准偏差来表示样本数据的离散程度，在真值已知时，或对于大容量样本 $n \geqslant 30$ 时，标准差用 σ 代表，计算式为：

$$\sigma = \sqrt{\frac{\sum\limits_{i=1}^{n} (x_i - \mu)^2}{n}} \qquad (10-9)$$

其平方称为方差，用 σ^2 表示。对于有限容量的样本，$n < 30$ 时，标准差用 S 代表，计算式为：

$$S = \sqrt{\frac{\sum\limits_{i=1}^{n} (x_i - \bar{x})^2}{n-1}} \qquad (10-10)$$

样本方差则用 S^2 代表。

但是,在式(10-10)中,$\bar{x}$ 是由一组 x_i 相加求和后平均而得到的,绝大多数的 $\bar{x}$ 并不是有限小数而是经数字修约而得到的近似值,因此各 $(x_i - \bar{x})$ 值也是近似值。这些近似值先平方再加和无疑会使误差叠加起来,使求得的 S 或 S^2 引进不小的误差,为了克服此缺点,并为了便于计算机编程,常由样本变量按下式直接求标准差与方差:

$$S = \sqrt{\left[\sum x_i^2 - \frac{(2x_i)^2}{n} \right]/(n-1)}$$ 　　(10-11)

标准差恒取正值,其量纲与原变量相同。标准差和方差是数理统计分析中应用最广泛的统计量。

(6) 几何标准差 S_g。几何标准差的值等于各变量值取对数后的标准差,为 $S_{\lg x}$ 的反对数:

$$S_g = \mathrm{anti\ lg\ } S_{\lg x}$$ 　　(10-12)

$$S_{\lg x} = \sqrt{\left[\sum (\lg x)^2 - \frac{\left(\sum \lg x \right)^2}{n} \right]/(n-1)}$$ 　　(10-13)

几何标准差是无因次量。

(7) 极差 R。极差是数据中最大值与最小值之差,极差又称全距,表明数据的伸展情况。

$$R = x_{\max} - x_{\min}$$ 　　(10-14)

极差计算十分简便,但与极端数据有密切关系。因此,往往只由极差不大能描述数据的离散特性。对于小容量样本的数据分析,通常可用极差来分析数据。

(8) 变异系数 C. V.。有时为了比较两个数据跨度不同的样本的相对离散性常采用数据的相对标准偏差这个统计量,相对标准偏差就是标准差与算术均数之比,又称为变异系数。

$$\mathrm{C.\,V.} = \frac{S}{\bar{x}} \times 100\%$$ 　　(10-15)

2) 分组数据的运算

(1) 算术均数。计算已分组数据的算术均数时,可用各组段的组中值 x_i 代表归入各组的变量值,组段的频数则表示对应该组的变量出现的次数,按算术均数的定义,可用下式计算:

$$\bar{x} = \frac{\sum f_i x_i}{\sum f_i}$$ 　　(10-16)

式中:x_i 为第 i 组段的组中值;f_i 为第 i 组段的频数。

这里介绍一种简便的计算方法,即将组中值 x_i 变换成新变量 $x_i{}'$,

令

$$x_i{}' = \frac{x_i - x_0}{j}$$ 　　(10-17)

$$\bar{x} = x_0 + \frac{\sum f_i x_i'}{\sum f_i} \times j \tag{10-18}$$

式中：j 为等距分组的组距；x_0 为任一指定组段的组中值。

习惯上，常取频数最大一组的组中值，这样当取第 i 组的 x_i 为 x_0 时，$x_i' = 0$，$x_{i-1}' = -1$，$x_{i-2}' = -2$，$\cdots$，相反，$x_{i+1}' = 1$，$x_{i+2}' = 2$，$\cdots$。

（2）中位数 M_e 和百分位数 P_p。计算分组数据的中位数时，可用下列公式：

$$M_e = L_{M_e} + \left(\frac{n+1}{2} - m\right) \times \frac{j_{M_e}}{f_{M_e}} \tag{10-19}$$

式中：L_{M_e} 为中位数所在组段的下限值；m 为中位数所在组以前的累积频数；j_{M_e} 和 f_{M_e} 为中位数所在组的组距和频数。

在安全监测中经常还会用到表明分布位置的另一些数值——百分位数。以 P_p 表示分布的 p 位百分位数，p 百分位数就是说将数据由小到大排列起来后，整批数据中有 $p \times 100\%$ 的数其值小于 P_p，有 $(100-p) \times 100\%$ 的数其值大于 P_p，一般情况下用得较多的是 75 分位数 P_{75}，95 分位数 P_{95} 和 99 分位数 P_{99}。前面所讲的中位数实际上是 50 分位数 P_{50}，p 分位数的计算公式为：

$$P_p = L_{P_p} + \left[\frac{p(n+1)}{100} - m_{P_p}\right] \frac{j_{P_p}}{f_P} \tag{10-20}$$

式中：L_{P_p} 为 P_p 所在组段的下限值；m_{P_p} 为 P_p 所在组以前的累积频数；j_{P_p} 和 f_{P_p} 为 P_p 所在组的组距与频数。

（3）众数 M_0。分组数据有时也需要求其众数，但与未分组数据不同，这并不是事实上的出现频数最多的变量值。只是出现在某一组段内变量值频数最高的这一组段中的一个值来代表众数，因此其近似值的计算公式为：

$$M_0 = L_{M_0} + \left(\frac{d_1}{d_1 + d_2}\right)j \tag{10-21}$$

式中：L_{M_0} 为众数所在组段的下限值；d_1 为众数所在组的频数减去上一组频数之差；d_2 为众数所在组的频数减去下一组频数之差；j 为组距。

（4）几何均数 G。分组数据的几何均数可先将各变量的对数求出，然后用式（10-22）求出这些对数的算术均数，将算术均数求反对数则可得几何均数，即：

$$G = \text{anti lg}(\lg \bar{x}) = \text{anti lg}\left(\frac{\sum f_i \lg x_i}{\sum f_i}\right) \tag{10-22}$$

但是这样的计算未免过于烦琐，为简便起见，可按下列步骤编组和计算：① 先找出数据中的最大值与最小值，并求出其对数之差；② 由差值和拟分的组数求出对数分组的组距；③ 由各组的下限的反对数求出真数，为了便于将原变量值数据按其数的分组归纳，真数的位数应比原变量值的位数多取一位；④ 将原数据按真数的分组划记，得到的各组频数即为按对数分组的频数。

用这样的频数分布和对数分组的组中值求得的是原始数据对数的平均值 $\lg \bar{x}$，由 $\lg \bar{x}$

的反对数,则可求得几何均数 G 。

例如,某测站测得空气中 SO_2 浓度($\mu g/m^3$)的监测数据共 361 个,其中最小值为 12,最大值为 450,按上述的方法先求最大值与最小值的对数:

$$\lg C_{\max} = \lg 450 = 2.653\,2$$

$$\lg C_{\min} = \lg 12 = 1.079\,2$$

按全距为 1.05→2.70 分成 11 组,组距为 0.15,于是如表 10-3 那样将各对数分组下限的真数求出,然后统计其频数,并按组中值求出其几何均值。

表 10-3　几何均值的计算

对数分组	真数分组	对数组中值 $\lg x_i$	频数 f_i	$\lg x_i'$	$f_i \lg x_i'$	$f_i \lg (x_i)^{2'}$
1.05—	11.220 2	1.125	3	−5	−15	75
1.20—	15.849	1.275	11	−4	−44	176
1.35—	22.387	1.425	38	−3	−114	342
1.50—	31.623	1.575	29	−2	−58	116
1.65—	44.668	1.725	58	−1	−58	58
1.80—	63.096	1.875($\lg x_0$)	73	0	0	0
1.95—	89.125	2.025	70	1	70	70
2.10—	125.893	2.175	44	2	88	176
2.25—	177.828	2.325	23	3	69	207
2.40—	251.189	2.475	8	4	32	128
2.55—	354.813	2.625	4	5	20	100
2.70 以下	501.187 以下					
$\sum$			381		−10	1 448

因为　$\lg \overline{x} = \lg x_0 + \dfrac{\sum f_i \lg x_i'}{\sum f_i} \times j$　　　　　　　　　　(10-23)

所以　$\lg \overline{x} = 1.875 + \dfrac{(-10)}{361} \times 0.15 = 1.870\,84$

　　　$G = 74.27$

(5)标准差。对于已分组编制的数据进行标准差和几何标准差的计算时,亦可用各组段的组中值来代表归入各组的变量值,其计算公式为:

$$S = \sqrt{\left[\sum f_i x_i^2 - \dfrac{\left(\sum f_i x_i\right)^2}{\sum f_i}\right] \bigg/ \left(\sum f_i - 1\right)} \qquad (10\text{-}24)$$

如用式(10-18)进行变量转换,则:

$$S = j \times \sqrt{\left[\sum f_i x_i'^2 - \dfrac{\left(\sum f_i x_i'\right)^2}{\sum f_i}\right] \bigg/ \left(\sum f_i - 1\right)} \qquad (10\text{-}25)$$

$$S_{\lg x} = j \times \sqrt{\left[\sum f_i \left(\lg x_i{}'\right)^2 - \frac{\left(\sum f_i \lg x_i{}'\right)^2}{\sum f_i}\right] / \left(\sum f_i - 1\right)} \qquad (10\text{-}26)$$

$$S_g = \text{anti} \lg S_{\lg x} \qquad (10\text{-}27)$$

10.3　安全监测数据误差与离群值

10.3.1　误差及其分类

在安全监测实践中通常会碰到这样的情况:当选取同一个测试试样进行多次重复测定时,所得结果并不完全一致;当对已知含量的试样进行测定时,测定结果也不能恰好与已知值相吻合。这种彼此之间的差异或者与已知值的差异是经常存在的,人们把这种差异称为误差。可以说,误差存在于一切测量的全过程中。误差按其性质和产生的原因可分为三大类:系统误差、随机误差和过失误差。

1) 系统误差

系统误差又称可测误差或恒定误差,是指在一定试验条件下由某个或某些因素按一定的规律起作用而造成的误差。当测量条件一定时,系统误差会重复出现,即系统误差的大小及符号在同一试验中是相同的,重复多次测定并不能发现和减小系统误差,只有利用不同条件的测定才能发现系统误差,一旦发现系统误差产生的原因则可设法避免和校正,系统误差可分为:

(1) 仪器误差。当所使用的仪器未经校正,如砝码、容量瓶、滴定管、移液管等所示的量值与真实重量和容量不一致而引起的误差。

(2) 试剂误差。当所用的试剂(包括水)如含有杂质时会引起恒定的正或负的误差,但当更换一批试剂或水时,其误差值亦随之改变。

(3) 方法误差。当所采用的分析方法尚不够完善,如沉淀不完全、蒸馏吸收不完全以及反应不完全等引起的误差。

(4) 个人误差。当操作人员操作不当也会引起误差,如沉淀条件的控制。灼烧温度的掌握、滴定终点的观察等,往往与每个人的判断能力和习惯有关,这类误差往往是物理的而不是化学的,其数值大小因人而异,但对同一操作者则基本上是恒定的。

(5) 环境误差。当操作条件有固定的而且是明显的差异时产生的误差,如冬季室温与夏季不同以及北方的湿度与南方湿度不相同等因素的影响等。

2) 随机误差

随机误差又称偶然误差或不可测误差。由于在测定过程中有许多影响因素,这些因素的大大小小,有正有负的随机波动就会产生相应的大大小小,有正有负的误差,这种误差决定了测定的精密度,也就是测定结果的离散度。由于这种误差在一次测定中其大小和方向是无法预言的,具有随机性,因此称为随机误差。但在多次测定中,总的来看它具有统计规

律性,遵从正态分布。其特点如下:

(1) 单峰性。小误差出现的机会多,大误差出现的机会少,不论正负方向均如此。

(2) 对称性。当测定次数足够多时,绝对值相等的正负误差出现的机会是同样的。

(3) 有界性。在一定条件下的有限次测定中,误差的绝对值不会超过某一界限。

(4) 抵偿性。由于在多次测定中绝对值相等的正负误差出现的机会相等,因此随机误差的算术平均值将随测定次数的增加而趋于零。

如前所述,影响随机误差有众多的因素,这些因素往往是不可控制或未加控制的。因此,应对未加控制的因素加以严格控制,这样可以使随机误差的绝对值减小,而对一些不可控制的因素则可增加测定次数,利用抵偿性来减小随机误差。

3) 过失误差

过失误差是由于测定中犯了不应有的错误造成的,如器皿不清洁、砝码数值读错、样品取错、记录错误、计算错误等,这一类误差往往没有规律性。通常情况下,只要提高工作责任心,培养严格、细致的工作作风,加强科学管理,这类错误是完全可以避免的。一旦发现产生过失误差,则必须立即纠正,并将错误的测定数据一律舍去。但是,对于仅属怀疑又不能肯定是错误的数据,不能随意作为错误数据舍弃。

10.3.2　离群值检验

1) 离群值的概念

在一组安全监测数据中,往往会遇到有一、两个"越规"的数值,它比其他的测定数据明显小或大,称这种明显偏离的数据为"离群值"。

对于离群值的处理一定要采用科学而慎重的态度,因为离群值可能是测定过程中随机误差波动的偏大的表现,亦即虽然该值明显地偏离于其他数据,但仍然处在统计上所允许的合理误差范围以内,该值与其余数据仍属同一总体,这种情况就不能将离群值舍弃;当然离群值也可能就是与其他数据分属不同的总体,这时就应该将该值舍弃。因此,问题在于如何区分离群值与其他数据是否属同一总体。

对于离群值必须首先查明其全部测定过程,判断有无过失误差产生的可能,如果发现该离群值确系过失误差所引起,那么不必再经过其他的检验而加以舍弃。可是某些情况下由于种种原因而未能发现任何不正常的因素,此时就必须通过统计检验来加以判别。

2) $4d$ 检验法

$4d$ 检验法是一种较早的评价可疑数据的方法,其检验步骤为:

① 除可疑数据外,将其余数据求平均值($\bar{x}_{n-1}$);

② 除可疑数据外,将其余数据与平均值的偏差求平均值($\bar{d}_{n-1}$);

③ 求出可疑数据与其余数据平均值之差的绝对值($|x-\bar{x}_{n-1}|$);

④ 求($|x-\bar{x}_{n-1}|/\bar{d}_{n-1}$)的比值;

⑤ 判断:如比值($|x-\bar{x}_{n-1}|/\bar{d}_{n-1}$)$>4$ 则舍弃此可疑数据,如果比值$\leqslant 4$,则应保留此可疑数据。

例 测定某工业废水样品的 Cr(Ⅵ)(mg/l),共测定 6 个数据,其值为:20.06,20.00,20.09,20.10,20.08,20.09,试检验其中有无应舍去的数据?

解 先将数据按大小排列:20.00,20.06,20.08,20.09,20.09,20.10,其中第一个数据可疑,则将其除外后求其余数据的平均值:

$$\bar{x}_{n-1} = \frac{20.06 + 20.08 + 20.09 + 20.09 + 20.10}{5} = 20.084$$

$$\bar{d}_{n-1} = \frac{0.024 + 0.004 + 0.006 + 0.006 + 0.016}{5} = 0.011$$

$$\frac{|x - \bar{x}_{n-1}|}{\bar{d}_{n-1}} = \frac{|20.00 - 20.084|}{0.011} = 7.64 > 4$$

判断:20.00 应该舍弃。

用 $4d$ 法来检验可疑数据不用进行烦琐的计算,而且直观容易理解,但该法不够严格,首先,检验与测定次数之间没有联系,缺少测量精度与判断之间的约束规则,另外,其理论分布与概率的概念也很含糊,因此使 $4d$ 检验法的应用受到较大限制,当数据总数为 4~8 次时才比较准确。

3)3S 检验法

3S 检验法又称为拉依达检验法,在一般情况下,当误差具有正态分布规律,并且测定次数较多时可应用该法,其检验步骤为:先求出整个数据组的平均值 $\bar{x}$ 和标准偏差 S,然后再求出数据组平均值 $\bar{x}$ 与可疑值 x_d 之间的差,当平均值与可疑值之差的绝对值大于 3 倍标准差,即:

$$|x_d - \bar{x}| > 3S \qquad (10\text{-}28)$$

因此 x_d 为异常值,应将该值舍弃。

例 用 1-10-邻菲啰啉分光光度法测定某水样中的铁含量,14 次测定值分别为:2.60,2.47,2.61,2.62,2.60,2.59,2.61,2.60,2.58,2.59,2.57,2.60,2.58,2.59,试用 3S 检验法检验 2.47 这一测定值是否可舍去。

解 $\bar{x} = \frac{1}{n}\sum_{i=1}^{n} x = 2.586$

$S = 0.036, 3S = 0.108$

$|x_d - \bar{x}| = |2.47 - 2.588| = 0.116 > 0.108 = 3S$

因此,测定值 2.47 应予以去除。

此法不用查表,计算也比较简便,在测定数据较多或要求不高时可以应用,但当测定次数较少($n < 10$)时,就无法应用 3S 检验法。

4)Dixon 法

Dixon 检验法按不同的测定次数分成不同的范围采用不同的统计量,因此比较严密,其步骤为:

① 将测定数据从小到大排列为 $x_1, x_2, \cdots, x_{n-1}, x_n$,其中 x_1 或 x_n 为可疑值;

② 根据数据的数目 n,按表 10-4 中所列计算式计算统计量 γ_{ij};

表 10-4　Dixon 检验舍弃商 Q 值表

n	统计量	显著性水平 0.01	显著性水平 0.05	n	统计量	显著性水平 0.01	显著性水平 0.05
3		0.988	0.941	14		0.641	0.546
4	$\gamma_{10}=\dfrac{x_n-x_{n-1}}{x_n-x_1}$ （检验 x_n）	0.889	0.765	15		0.616	0.525
5		0.780	0.642	16		0.595	0.507
6	$\gamma_{10}=\dfrac{x_2-x_1}{x_n-x_1}$	0.698	0.560	17		0.577	0.490
7	（检验 x_1）	0.637	0.507	18		0.561	0.475
8		0.683	0.554	19	$\gamma_{22}=\dfrac{x_n-x_{n-2}}{x_n-x_3}$ （检验 x_n）	0.547	0.462
9	$\gamma_{11}=\dfrac{x_n-x_{n-1}}{x_n-x_2}$ （检验 x_n）	0.635	0.512	20		0.535	0.450
10	$\gamma_{11}=\dfrac{x_2-x_1}{x_{n-1}-x_1}$ （检验 x_1）	0.597	0.477	21	$\gamma_{22}=\dfrac{x_3-x_1}{x_{n-2}-x_1}$ （检验 x_1）	0.524	0.440
11		0.679	0.576	22		0.514	0.430
12	$\gamma_{21}=\dfrac{x_n-x_{n-2}}{x_n-x_2}$ （检验 x_n）	0.642	0.546	23		0.505	0.421
13	$\gamma_{21}=\dfrac{x_3-x_1}{x_{n-3}-x_1}$ （检验 x_1）	0.615	0.521	24		0.497	0.413

③ 选定显著性水平 α，由表 10-4 查出该数据数及选定显著性水平下的临界舍弃商 Q；

④ 比较统计量 γ_{ij} 与查出的临界 Q 值，若 $\gamma_{ij}>Q$，则 x_1 或 x_n 判断为异常，可舍弃；若 $\gamma_{ij}\leqslant Q$，则 x_1 或 x_n 不能舍弃。

例　测定某工业废水样品的 $Cr(VI)(mg/L)$，共测定 6 个数值，其值为：20.06，20.09，20.10，20.00，20.08，20.09，试用 Dixon 法检验离群值 20.00。

解　由于 $n=6$，故统计量计算式应为

$$\gamma_{16}=\frac{x_2-x_1}{x_n-x_1}=\frac{20.06-20.00}{20.10-20.00}=0.6$$

查表，$Q_{0.05,6}=0.560$，可见，$\gamma_{16}>Q_{0.05,6}$。故当显著性水平为 0.05 时，可以把 20.00 这个数据舍弃，结论与 $4d$ 法一致。但在显著性水平为 0.01 时，则不能舍弃。

应注意的是 Dixon 法计算比较简单，但是舍弃了一个可疑值后，如果再连续检验，则可能接连几次舍弃掉几个测定值，此时不能单用 Dixon 检验。Dixon 检验原则上只运用于仅有一个可疑值的情况。

Dixon 检验法的统计量计算既相近又不同，不便于记忆，容易搞错，对于 $n\leqslant10$ 的一组数据，可以把显著性水平固定为 0.10，或置信水平为 90%，并把统计量计算式简化为统一的

公式：

$$Q = \frac{x_n - x_{n-1}}{x_n - x_1} \text{ 或 } Q = \frac{x_2 - x_1}{x_n - x_1}$$

(10-29)

将计算所得的 Q 与置信水平为 90% 的 $Q_{0.9,n}$（表 10-5）进行比较，若 $Q > Q_{0.9,n}$ 则可认为该离群值可以舍弃。

表 10-5　90%置信水平的 Q 值表

n	3	4	5	6	7	8	9	10
$Q_{0.9,n}$	0.94	0.76	0.64	0.56	0.51	0.48	0.44	0.41

5）Grubbs 检验

在实际工作中还会遇到可疑数据不止一个而有两个或更多时，上面的几种方法都不能适用，而 Grubbs 检验法就有比较广泛的适用性。应用 Grubbs 法来检验可疑数据时，可分为了种不同情况分别处理。

（1）可疑数据只有一个时。现有几个测定数据，从小到大排列为 $x_1, x_2, \cdots, x_{n-1}, x_n$。当 x_1 或 x_n 为可疑数据时，统计量计算式分别为：

$$G_1 = \frac{\bar{x} - x_1}{S}$$

(10-30)

或

$$G_1 = \frac{x_n - \bar{x}}{S}$$

(10-31)

式中：S 为包括可疑数据在内的数据组的标准偏差。

如果 G 值大于表 10-6 所给出的舍弃临界值 T_a，则 x_1 或 x_n 可在显著性水平 a 下被舍弃。

例　同上例，试用 Grubbs 法检验离群值 20.00。

解　先计算 $\bar{x} = 20.07$，$S = 0.032\ 2$，由于 20.00 为最小值，故统计量计算式应为：

$$G_1 = \frac{20.07 - 20.00}{0.032\ 2} = 2.17$$

查表得 $T_{0.05,6} = 1.822$，$G_1 > T_{0.05,6}$，则 20.00 可在危险率为 5% 的水平下被舍弃，这一结论与上面的两种检验均一致。

（2）可疑数据有两个或两个以上，并且均分布在同一侧时。例如：x_1, x_2 均为可疑数据，那么，首先检验最靠近平均值的一个数据，即通过计算 G_2 来检验 x_2 是否应舍弃。如果 x_2 可以舍弃，则 x_1 当然可以舍弃。但需注意在检验 x_2 时，测定次数应为 $n-1$。

（3）可疑数据有两个或两个以上而又分布在平均值的两侧时。应先检验离开平均值较远的一个，如该数据应被舍去，那么再检验较近的另一个，但测定次数应少做一次，即按 $n-1$ 来处理，此时应选择显著性水平 $a = 0.01$。

表 10-6　Grubbs 检验临界值 T_a 表

l	显著性水平 a				l	显著性水平 a				l	显著性水平 a			
	0.05	0.025	0.01	0.005		0.05	0.025	0.01	0.005		0.05	0.025	0.01	0.005
3	1.153	1.155	1.155	1.155	21	2.580	2.733	2.912	3.031					
4	1.463	1.481	1.492	1.495	22	2.803	2.758	2.939	3.060	39	2.857	3.025	3.228	3.369
5	1.672	1.715	1.749	1.764	23	2.624	2.781	2.963	3.087	40	2.866	3.036	3.240	3.381
6	1.822	1.887	1.944	1.973	24	2.644	2.802	2.987	3.112	41	2.877	3.046	3.251	3.393
7	1.938	2.020	2.097	2.139	25	2.663	2.822	3.009	3.135	42	2.887	3.057	3.261	3.404
8	2.032	2.126	2.221	2.274	26	2.681	2.841	3.029	3.157	43	2.896	3.067	3.271	3.415
9	2.110	2.215	2.323	2.387	27	2.698	2.859	3.049	3.178	44	2.905	3.075	3.282	3.425
10	2.176	2.290	2.410	2.482	28	2.714	2.876	3.068	3.199	45	2.914	3.085	3.292	3.435
11	2.234	2.355	2.485	2.564	29	2.730	2.893	3.085	3.218	46	2.923	3.094	3.302	3.445
12	2.285	2.412	2.550	2.536	30	2.745	2.908	3.103	3.236	47	2.931	3.103	3.310	3.455
13	2.331	2.462	2.607	2.699	31	2.769	2.924	3.119	3.253	48	2.940	3.111	3.319	3.464
14	2.371	2.507	2.659	2.755	32	2.773	2.938	3.135	3.270	49	2.948	3.120	3.329	3.474
15	2.409	2.549	2.706	2.806	33	2.785	2.952	3.150	3.286	50	2.956	3.128	3.338	3.483
16	2.445	2.585	2.747	2.852	34	2.799	2.965	3.164	3.301	60	3.025	3.199	3.411	3.560
17	2.475	2.620	2.785	2.894	35	2.811	2.979	3.178	3.316	70	3.082	3.257	3.471	3.622
18	2.504	2.651	2.821	2.932	36	2.825	2.991	3.191	3.330	80	3.130	3.306	3.521	3.673
19	2.532	2.681	2.854	2.968	37	2.836	3.003	3.204	3.343	90	3.171	3.347	3.563	3.716
20	2.557	2.709	2.884	3.001	38	2.845	3.014	3.216	3.356	100	3.207	3.383	3.600	3.754

例　为了探讨溶氧电解法测定 BOD(biochemical oxygen demand)的可行性,将同一水样分发给 15 个实验室,进行协同实验,其结果为:51.20;53.12;53.40;53.52;53.56;53.74;53.90;54.12;54.20;54.36;54.40;54.78;54.96;55.26;56.02(mg/L)。其中 51.20 和 56.02 相对于其他值为可疑数据,是否可舍弃这两个数据?

解　先求出数据组的平均值,$\bar{x}=54.04$,和标准偏差 $S=1.10$。在 51.20 和 56.02 两个数据中,前者离开平均值较远,因此先检验 51.20。

$$G = \frac{54.04 - 51.20}{1.10} = 2.6$$

查表 10-6,得 $T_{0.05,n}=2.409$,因 $G > T_{0.05,n}$,所以 51.20 这个数据可以以 5% 的危险率舍弃之。

然后对剩下的 14 个数进行第二轮检验,此时 $x_n = 56.02$。

因为　　　$\bar{x} = \dfrac{\sum\limits_{i=1}^{n} x_i}{n-1} = 54.24 \quad S = 0.80$

所以　　　$G_{14} = \dfrac{56.02 - 54.24}{0.80} = 2.22$

查表 10-6,得 $T_{0.01,14}=2.659$,大于统计量 G_{14}。因此,56.02 这个数据不能舍弃。

10.4 安全监测数据的回归分析

在安全监测中经常会遇到处理变量之间关系的问题。例如，大气中氮氧化物（NO_x）浓度与汽车数量之间的关系，气相色谱分析中某待测物质的浓度与相应色谱峰高或面积之间的关系等，但由于安全监测过程比较复杂，影响测定结果的因素很多，再加上分析测试误差的影响，使得变量与变量之间的关系不可能像数学上的函数关系那样严格地按照确定的规律变化，只能表现为相关关系，亦即当自变量 x 变化时，因变量大体上按照某种规律变化，由一个确定的 x_i 值并不能精确地求出 y_i 值，而只能求出 y_i 的估计值 $\widehat{y}_i$。研究变量之间关系的统计方法称为回归分析和相关分析。回归分析就是研究变量间的相关关系，相关分析则用于度量变量间关系的密切程度。回归分析的主要用途为：

① 确定变量之间是否存在相关关系和是怎样的相关关系；

② 评价变量之间的意义；

③ 通过一个变量值去预测另一个变量值，并估计预测值的精度；

④ 评价检验回归方程参数。

在安全监测中，应用最广的是一元线性回归分析。它可以用于建立某种方法的工作曲线，研究不同污染指标之间的相互关系，比较不同方法之间的差别，评价不同实验室测定多种浓度水平样品的结果等等。

10.4.1 一元线性回归分析

在实际工作中，当自变量 x 取一系列值 $x_1, x_2, \cdots, x_n$ 时，测得因变量 y 的对应值为 $y_1, y_2, \cdots, y_n$。如果 x 与 y 之间具有直线趋势，则可用一直线方程来描述这两者的关系：

$$\widehat{y} = a + bx \tag{10-32}$$

下面我们讨论一下式中两个常数 a, b 的确定方法。

有了式（10-32），就可以选择一系列的 x_i，通过计算求出 y 的估计值 $\widehat{y}_i$，即：

$$\widehat{y}_1 = a + bx_1$$
$$\widehat{y}_2 = a + bx_2$$
$$\vdots$$
$$\widehat{y}_n = a + bx_n$$

但是，y 的估计值 $\widehat{y}_i$ 与实测值 y_i 之间总有差异，现把这个差异称为离差：

$$\delta_i = y_i - \widehat{y}_i = y_i - (a + bx_i) \tag{10-33}$$

为了便于处理和提高灵敏度，任一实测点与回归直线方程的差异均用离差的平方 δ_i^2，即 $[y_i - (a + bx_i)]^2$ 来表征。当有 n 个实测点时，所有点与回归直线的符合程度可用下式来描述：

$$Q(a,b) = \sum_{i=1}^{n} \left[y_i - (a + bx_i) \right]^2 \tag{10-34}$$

$Q(a,b)$ 随不同的直线,即不同的 a 和 b 值而变化,要使确立的回归方程最能反映实测点的分布,就要使方程与实测点的偏离最小,符合最好。可以根据最小二乘法的原则,即求出 $Q(a,b)$ 为最小值时的 a,b 值。

取 Q 关于 a,b 的偏导数,并令其等于零:

$$\left. \begin{aligned} \frac{\partial Q}{\partial a} &= -2\sum_{i=1}^{n} \left[y_i - (a + bx_i) \right] = 0 \\ \frac{\partial Q}{\partial b} &= 2\sum_{i=1}^{n} \left[y_i - (a + bx_i) \right] x_i = 0 \end{aligned} \right\} \tag{10-35}$$

得正规方程组:

$$\begin{cases} na + n\bar{x}b = n\bar{y} \\ n\bar{x}a + \sum_{i=1}^{n} x_i^2 b = \sum_{i=1}^{n} x_i y_i \end{cases} \tag{10-36}$$

并由此得解:

$$\begin{cases} b = \dfrac{S_{(xy)}}{S_{(xx)}} \\ a = \bar{y} - b\bar{x} \end{cases} \tag{10-37}$$

式中

$$\bar{x} = \frac{1}{n}\sum_{i=1}^{n} x_i, \quad \bar{y} = \frac{1}{n}\sum_{i=1}^{n} y_i \tag{10-38}$$

$$S_{(xx)} = \sum_{i=1}^{n} (x_i - \bar{x})^2 \tag{10-39}$$

$$S_{(xy)} = \sum_{i=1}^{n} (x_i - \bar{x})(y_i - \bar{y}) \tag{10-40}$$

在一元线性回归方程中,b 称为回归系数,a 称为截距。

有了回归直线方程就可以由一个变量去估计另一个变量,但需注意的是因变量的取值应在求取回归方程的点群范围之内,如无充分的依据,不可随意外推。

10.4.2　回归方程的检验

对于无论多么没有规律的一组 (x_i, y_i) 数据 $(i = 1, 2, \cdots, n)$,都可以根据最小二乘法的原则求出"回归方程",配成唯一的一条直线。如何判定所配出的直线方程是否具有实际意义,在统计中有多种检验方法,本节介绍相关系数检验法。

让我们再回到式(10-34),y 的实测值 y_i 与估计值 $\hat{y}_i$ 的离差平方和为 $Q(a,b)$,其大小反映了实测值与估计值的总的偏离程度,前面一节叙述了为求得最小的 $Q(a,b)$ 值而求取 a,b 的方法。当求出的 $Q(a,b)$ 比较小时,说明 y 与 x 之间的线性相关关系比较明显,相反,尽管已通过数学上的选择求出了最小的 $Q(a,b)$,但是 $Q(a,b)$ 仍比较大,则 y 与 x 之间的线性关系就不明显,此时,如用线性方程来表示 y 与 x 的关系就不准确,甚至是完全错误的。

将式(10-37)中的 $a = \bar{y} - b\bar{x}$ 代入式(10-34),可得:

$$Q(a,b) = \sum_{i=1}^{n} \left[y_i - (\bar{y} - b\bar{x}) - bx_i \right]^2 = \sum_{i=1}^{n} \left[(y_i - \bar{y}) \cdot b(x_i - \bar{x}) \right]^2$$

$$= \sum_{i=1}^{n} (y_i - \bar{y})^2 - 2b \sum_{i=1}^{n} (y_i - \bar{y})(x_i - \bar{x}) + b^2 \sum_{i=1}^{n} (x_i - \bar{x})^2$$

令

$$S_{(yy)} = \sum_{i=1}^{n} (y_i - \bar{y})^2 \tag{10-41}$$

并由式(10-37)得:

$$Q(a,b) = S_{(yy)} - 2 \frac{S_{(xy)}}{S_{(xx)}} \cdot S_{(xy)} + \left(\frac{S_{(xy)}}{S_{(xx)}} \right)^2 S_{(xx)}$$

$$= S_{(yy)} - \frac{S_{(xy)}^2}{S_{(xx)}} = S_{(yy)} \left(1 - \frac{S_{(xy)}^2}{S_{(yy)} S_{(xx)}} \right)$$

再令

$$\gamma = \frac{S_{(xy)}^2}{\sqrt{S_{(yy)} S_{(xx)}}} \tag{10-42}$$

则

$$Q(a,b) = S_{(yy)}(1 - \gamma^2) \tag{10-43}$$

在式(10-43)中,由于 Q 和 $S_{(yy)}$ 恒为正数,因而可得:$0 \leqslant |\gamma| \leqslant 1$。可以看出,当 $|\gamma|$ 趋近于 1 时,则 Q 趋近于 0,相反当 $|\gamma|$ 趋近于 0 时,Q 则趋近于 $S_{(yy)}$,即 $|\gamma|$ 越大,Q 越小,y 与 x 之间的线性关系越明显,$|\gamma|$ 越小,Q 越大,y 与 x 之间线性关系越不明显。由于 $|\gamma|$ 的大小可以反映 y 与 x 之间线性相关好坏的程度,因此可以用 $|\gamma|$ 作为判别线性相关的统计量,把 $|\gamma|$ 称为相关系数。

γ 的取值有 3 种情况,如图 10-5 所示。

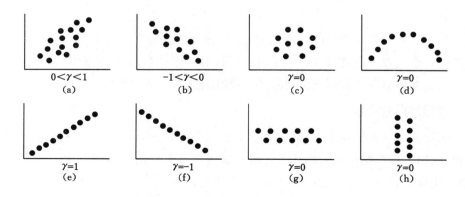

图 10-5　不同相关系数的散点示意图

(1) $|\gamma| = 1$,y 与 x 为完全线性相关,如图 10-5 中(e)、(f)所示,当 $\gamma = +1$ 时为完全正相关,$\gamma = -1$ 为完全负相关。

(2) $\gamma = 0$,y 与 x 毫无线性关系。①y 与 x 之间没有关系,如图 10-5(g)、(h)所示;②y 与

x 之间呈非线性关系,如图 10-5 中(c)、(d)所示。

(3) $0 < |\gamma| < 1$,y 与 x 之间为线性相关,$\gamma > 0$ 称为正相关[图 10-5(a)],$\gamma < 0$ 称负相关如图 10-5(b)所示。

表 10-7 给出了不同显著性水平 a 下的相关系数的显著性检验表,表中数值是相关系数临界值 $\gamma_{a(n-2)}$。其值与测定次数 n 和给定的显著性水平 a 有关。

表 10-7　相关系数临界值表

$n-2$	显著水平 a		$n-2$	显著水平 a		$n-2$	显著水平 a	
	0.05	0.01		0.05	0.01		0.05	0.01
1	0.997	1.000	11	0.553	0.684	21	0.413	0.526
2	0.950	0.990	12	0.532	0.661	22	0.404	0.515
3	0.878	0.959	13	0.517	0.641	23	0.398	0.505
4	0.811	0.917	14	0.497	0.623	24	0.388	0.496
5	0.754	0.874	15	0.482	0.608	25	0.381	0.487
6	0.707	0.834	16	0.468	0.590	26	0.374	0.478
7	0.668	0.798	17	0.456	0.575	27	0.367	0.470
8	0.632	0.765	18	0.444	0.561	28	0.361	0.463
9	0.602	0.735	19	0.433	0.549	29	0.355	0.456
10	0.576	0.708	20	0.423	0.537	30	0.349	0.449

由实测值 $(x_i, y_i)(i = 1, 2, \cdots, n)$ 可算出相关系数 γ。当 $|\gamma| \leqslant \gamma_{0.05(n-2)}$,则表明 y 与 x 之间的线性相关关系不显著;当 $\gamma_{0.05(n-2)} < |\gamma| \leqslant \gamma_{0.01(n-2)}$,则表明 y 与 x 之间线性相关关系显著;如果 $|\gamma| > \gamma_{0.01(n-2)}$,则可表明 y 与 x 之间的线性相关关系高度显著。

上面定义的 $S_{(xx)}$,$S_{(xy)}$,$S_{(yy)}$ 形式不便于计算,下面列出这几个量的另一种计算形式:

$$S_{(xx)} = \sum_{i=1}^{n} x_i^2 - \frac{1}{n} \left(\sum_{i=1}^{n} x_i \right)^2 \tag{10-44}$$

$$S_{(yy)} = \sum_{i=1}^{n} y_i^2 - \frac{1}{n} \left(\sum_{i=1}^{n} y_i \right)^2 \tag{10-45}$$

$$S_{(xy)} = \sum_{i=1}^{n} x_i y_i - \frac{1}{n} \left(\sum_{i=1}^{n} x_i \right) \left(\sum_{i=1}^{n} y_i \right) \tag{10-46}$$

例　某河流的径流量 Q 与该地区的降雨量 F 经不同时期实测得出下列数据,见表 10-8。

表 10-8　某河流的径流量 Q 与该地区的降雨量 F 观测数据

$Q/(\mathrm{m^3 \cdot s^{-1}})$	25	81	36	33	70	54	20	44	10	41	75
F/mm	110	184	145	122	165	143	78	129	62	130	168

试求其一元线性回归方程,并检验其相关性。

解　先将径流量设为 y,降雨量设为 x,则可将数据列表 10-9。

$$\bar{x} = \frac{\sum x_i}{11} = \frac{1\ 436}{11} = 130.5$$

$$\bar{y} = \frac{\sum y_i}{11} = \frac{480}{11} = 43.6$$

表 10-9 某河流的径流量 Q 与该地区的降雨量 F 观测数据计算表

径流量 y_i	降水量 x_i	y_i^2	x_i^2	$x_i y_i$
25	110	625	12 100	2 750
81	184	6 561	33 856	14 904
36	145	1 296	21 025	5 220
33	122	1 089	14 884	4 026
70	165	4 900	27 225	11 550
54	143	2 916	20 449	7 722
20	78	400	6 084	1 560
14	129	1 936	16 641	5 676
1.0	62	1.0	3 844	62
41	130	1681	16 900	5 330
75	168	5 625	28 224	12 600
$\sum$ 480	1 436	27 030	201 232	71 400

$$S_{(xx)} = \sum x_i^2 - \frac{1}{n}\left(\sum x_i\right)^2 = 13\ 768.7$$

$$S_{(yy)} = \sum y_i^2 - \frac{1}{n}\left(\sum y_i\right)^2 = 6\ 084.5$$

$$S_{(xy)} = \sum x_i y_i - \frac{1}{n}\left(\sum x_i\right)\left(\sum y_i\right) = 8\ 738.2$$

所以　　$b = \dfrac{S_{(xy)}}{S_{(xx)}} = \dfrac{6\ 084.5}{13\ 768.7} = 0.635$

$$a = \bar{y} - b\bar{x} = 43.6 - 0.635 \times 130.5 = -39.3$$

回归方程为：

$$Q = -39.3 + 0.635F$$

相关系数：

$$\gamma = \frac{S_{(xy)}^2}{\sqrt{S_{(yy)} S_{(xx)}}} = 0.955$$

由相关系数临界值表查得：

$$\gamma_{0.01(9)} = 0.735 < 0.955 = \gamma$$

因此,河流径流量与降雨量有非常显著的线性相关关系。

10.4.3　回归直线的精密度与置信区间

前面已经讨论过回归方程的建立,在已知自变量 x_i 时,可以通过回归方程估计因变量

$\widehat{y_i}$,但并不能准确地知道 y_i 的真实值,实测值 y_i 与估计值 $\widehat{y_i}$ 的差别反映了实验点围绕回归直线的离散程度。这种离散性是由 x 对 y 的非线性影响,实验误差等等而引起的,它可以用剩余标准差 S_E 来描述。

$$S_E = \sqrt{\dfrac{\sum_{i=1}^{n}(y_i - \widehat{y_i})^2}{n-2}} \qquad (10\text{-}47)$$

或

$$S_E = \sqrt{\dfrac{S_{(yy)} - bS_{(xy)}}{n-2}} = \sqrt{\dfrac{(1-\gamma^2)S_{(yy)}}{n-2}} \qquad (10\text{-}48)$$

对于给定的 x_i 值,y_i 值落在按回归方程式计算的 $\widehat{y_i}$ 值为中心的 $\pm 2S_E$ 区间的概率为 95.4%,也就是说,在全部测定值中,大约有 95.4% 的实验点落在两条直线

$$\begin{cases} y_1 = a - 2S_E + bx \\ y_2 = a + 2S_E + bx \end{cases} \qquad (10\text{-}49)$$

所夹的区间内。

这个区间称为回归直线的置信度为 95.4% 的置信区间（图 10-6）,同样,置信度为 99.7% 的置信区间为:

$$\begin{cases} y_1{}' = a - 3S_E + bx \\ y_2{}' = a + 3S_E + bx \end{cases} \qquad (10\text{-}50)$$

仍以上例为例,其 S_E 计算值为:

$$S_E = \sqrt{\dfrac{(1-\gamma^2)S_{(yy)}}{n-2}} = 59.5$$

估计有 95.4% 的点落在

$$\begin{cases} Q_1 = -158.3 + 0.635F \\ Q_2 = 79.7 + 0.635F \end{cases}$$

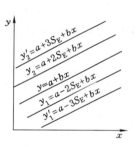

图 10-6　回归直线的置信区间

两条平行线之间,实际上例的全部点都落在此区间内。

10.4.4　回归直线的统计检验

回归直线的统计检验是安全监测中经常遇到的另一个重要问题。例如,用标准曲线法进行污染物测定时,需要定期对标准曲线是否通过原点,斜率有无变化等进行检验;在进行安全监测质量保证时,不同的监测人员即使采用同样的测试方法,分析相同的标准系列往往也会得到并不完全重合的回归直线,这些直线或者截距不同,或者斜率不同,或二者都不同,此时如何来判定它们的差异,是用一条共同的回归线或一个共同的回归方程来表示还是应该用两条不同的回归线或两个回归方程来表示等,都属于回归直线的统计检验问题。

1）回归直线与已知直线的截距与斜率的比较

（1）截距 $a = a_0$ 的统计检验。在检验 a 与 a_0 之间有无显著性差异时,使用统计量 t_a 检验:

① 计算统计量 t_a

$$t_a = \frac{a - a_0}{S_E \sqrt{\frac{1}{n} + \frac{x^2}{S_{(xx)}}}} \qquad (10\text{-}51)$$

S_E 见式(10-48)，$S_{(xx)}$ 见式(10-39)或式(10-44)。

② 确定显著性水平 a ；

③ 查 t 分布表得临界值 $t_{a(n-2)}$ ；

④ 若 $|t| \geqslant t_{a(n-2)}$ ，则表示 a 与 a_0 之间存在着显著性差异。如 $|t| < t_{a(n-2)}$ ，则 a 与 a_0 差异不显著。

(2) 回归系数 $b = b_0$ 的统计检验。在检验 b 与 b_0 之间有无显著性差异时，采用统计量 t_b ，但其计算方法不同于 t_a 。检验回归系数时的 t_b 计算采用式(10-52)，即：

$$t_b = \frac{b - b_0}{S_E \sqrt{\frac{1}{S_{(xx)}}}} \qquad (10\text{-}52)$$

式中符号意义同前，检验步骤与统计判断同截距 a 的检验相同。

例 某监测中心将 10 个不同 TOC 浓度的水样分发到两个下属监测站，分别进行测定，得出下列结果，见表 10-10。

表 10-10 某水样 TOC 浓度观测数据 单位：mg/L

N0.	1	2	3	4	5	6	7	8	9	10
A 站	92.8	85.2	64.0	170.2	79.2	51.4	49.2	75.4	118.4	58.2
B 站	94.6	83.2	71.2	159.6	80.6	54.8	52.6	78.8	110.4	62.8

试比较这两个监测站的测定结果。

解 现将 A 站的测定结果以横坐标表示，B 站的测定结果以纵坐标表示，如果两个站测定结果的随机误差和系统误差都很小，那么应得出一条通过原点且斜率为 1 的回归直线，如果得出的回归直线截距不为 0，斜率不等于 1，表明这两个站之间存在着系统误差。因此，本问题成为将实测回归直线与截距为 0，斜率为 1 的直线进行比较的问题。

设 A 站为 x ，B 站为 y ，则有回归方程：

$$\widehat{y} = 12.03 + 0.865x$$

且 $\bar{x} = 84.2, S_E = 2.16, S_{(xx)} = 11\,995.12, n = 10$

检验 $a = a_0 = 0$ ：

$$t_a = \frac{a - a_0}{S_E \sqrt{\frac{1}{n} + \frac{\bar{x}^2}{S_{(xx)}}}} = \frac{12.03 - 0}{2.16\sqrt{\frac{1}{10} + \frac{84.2^2}{11\,995.12}}} = 6.70$$

查 t 表，得 $t_{0.05(8)} = 2.306$ ，$|t| > t_{0.05(8)}$ ，回归直线截距与原点有显著性差异，即回归直线不通过原点。

检验 $b = b_0 = 1$ ：

$$t_b = \frac{b - b_0}{S_E \sqrt{\dfrac{1}{S_{(xx)}}}} = \frac{0.865 - 1.000}{2.16\sqrt{\dfrac{1}{11\,995.12}}} = -6.85$$

查 t 表,得 $t_{0.05(8)} = 2.306$,$|t| > t_{0.05(8)}$,故回归直线斜率不为 1。

由上述检验可知,两监测站之间存在系统误差。

2) 两条回归直线的比较

在实际工作中还经常需要比较不同时间、不同人员,或不同监测站,不同仪器测得的两条标准曲线有无显著性差异。这时应检验其相应的剩余标准差 S_E,回归系数 b 及截距 a,为清楚明了起见,可采用下列检验步骤:

① 列出两条回归直线的基本参数,见表 10-11。

② 检验剩余标准差是否有显著性差异。计算剩余标准差 S_{E_1} 和 S_{E_2} 后计算统计量:

$$F = \left(\frac{S_{max}}{S_{min}}\right)^2 \tag{10-53}$$

式中:S_{max} 为 S_{E_1} 和 S_{E_2} 中较大者,S_{min} 则为另一个。

表 10-11　回归直线基本参数

直线	1	2
回归方程	$\widehat{y}_1 = a_1 + b_1 x_1$	$\widehat{y}_2 = a_2 + b_2 x_2$
样本容量	n_1	n_2
剩余标准差	S_{E_1}	S_{E_2}
剩余标准的自由度	$f_1 = n_1 - 2$	$f_2 = n_2 - 2$
自变量的差方和	$S_{(x_1,x_1)}$	$S_{(x_2,x_2)}$
自变量的平均值	$\bar{x}_1$	$\bar{x}_2$
因变量的平均值	$\bar{y}_1$	$\bar{y}_2$

由上表中的自由度及确定的显著性水平 a 查 F 表得出临界值 F_a,如果 $F < F_a$,则 S_{E_1} 与 S_{E_2} 之间没有显著性差异,可将 S_{E_1} 和 S_{E_2} 按式(10-54)合并成 S_E,并作进一步检验。

$$S_E = \sqrt{\frac{f_1 S_{E_1}^2 + f_2 S_{E_2}^2}{f_1 + f_2}} \tag{10-54}$$

需进行比较的两条回归直线在实际工作中大多数都在大体相同的测试条件下得到的。一般来说,两条直线的剩余标准差应该没有显著性差异,也就是说是等精密度的。倘若经 F 检验表明 S_{E_1} 与 S_{E_2} 有显著性差异,那么应该寻找影响精密度的原因并加以消除。

③ 检验回归系数 b_1 与 b_2 的显著性差异。计算统计量 t_b:

$$t_b = \frac{b_1 - b_2}{\sqrt{S_E \dfrac{1}{S_{(x_1,x_1)}} + \dfrac{1}{S_{(x_2,x_2)}}}} \tag{10-55}$$

由选定的显著性水平 a 和自由度 $f = f_1 + f_2 = n_1 + n_2 - 4$,查 t 表得临界值 $t_{a(f)}$。若

$|t| < t_{a(f)}$,则 b_1 与 b_2 没有显著性差异,可按式(10-56)由 b_1 与 b_2 求出加权平均值 b 并做下一步检验。

$$b = \frac{b_1 S_{(x_1,x_1)} + b_2 S_{(x_2,x_2)}}{S_{(x_1,x_1)} + S_{(x_2,x_2)}} \tag{10-56}$$

④ 检验截距 a_1 与 a_2 的显著性差异。计算统计量 t_a :

$$t_a = \frac{a_1 - a_2}{\sqrt{S_E \dfrac{1}{n_1} + \dfrac{1}{n_2} + \dfrac{\overline{x_1}^2 + \overline{x_2}^2}{S_{(x_1,x_1)} + S_{(x_2,x_2)}}}} \tag{10-57}$$

同样根据 a 及 f 查 t 表进行显著性检验,若 $|t| < t_{a(f)}$,则 a_1 与 a_2 没有显著性差异,可按式(10-58)将 a_1 与 a_2 合并成:

$$a = \frac{1}{n_1 + n_2}[n_1 \overline{y}_1 + n_2 \overline{y}_2 - b(n_1 \overline{x}_1 + n_2 \overline{x}_2)] \tag{10-58}$$

经上述①~③步骤检验表明均无显著性差异,则这两条回归直线无显著性差异,可合并成一条共同的回归直线,回归方程为:

$$\hat{y} = a + bx \tag{10-59}$$

例 用原子吸收分光光度法测定环境样品中的微量钴时,先分别做了两次标准样品测定得出了两组数据,见表 10-12,试根据所列数据确定吸光度与钴含量之间的关系式,并对所确定的两个回归方程的差异进行检验。

表 10-12 微量钴观测数据

钴含量 $c/\mu g$		0.28	0.56	0.84	1.12	2.24
吸光度	No.1	3.0	5.5	8.2	11.0	21.5
	No.2	3.5	6.0	8.5	11.0	22.3

解 在这种情况下自变量的取值完全相同,即 $n_1 = n_2 = n$, $f_1 = f_2 = f$, $S_{(x_1,x_1)} = S_{(x_2,x_2)} = S_{(xx)}$, $\overline{x}_1 = \overline{x}_2 = \overline{x}$ 。这使两直线回归方程的比较大大简化。

先按式(10-37)分别计算两回归方程的回归系数 b_1 , b_2 与截距 a_1 , a_2 得出:

$$b_1 = 9.48, \quad a_1 = 0.28 \quad b_2 = 9.63, \quad a_2 = 0.55$$

按式(10-47)求两回归直线的剩余标准差 S_{E_1} 、S_{E_2} 为:

$$S_{E_1} = 0.091, \quad S_{E_2} = 0.278。$$

即可按检验步骤进行检验:

① 列出两条直线的基本参数,见表 10-13。

② 检验 S_{E_1} 与 S_{E_2} 的差异:

$$F = \left(\frac{S_{max}}{S_{min}}\right)^2 = \left(\frac{S_{E_2}}{S_{E_1}}\right) = \left(\frac{0.278^2}{0.091^2}\right)^2 = 9.33$$

查 F 分布表, $F_{0.01(3,3)} = 29.46$, $F < F_{0.01(3,3)}$ 。这说明两方差一致,故 S_{E_1} 和 S_{E_2} 无显著差异,由于 $f_1 = f_2$,因此:

$$S_E = \sqrt{\frac{S_{E_1}^2 + S_{E_2}^2}{2}} = \sqrt{\frac{0.091^2 + 0.278^2}{2}} = 0.207$$

表 10-13　微量钴观测数据回归直线参数

回归直线	1	2
回归方程	$A_1 = 0.28 + 9.48c$	$A_2 = 0.55 + 9.63c$
样本容量	5	5
剩余标准差	0.091	0.278
剩余标准的自由度	3	3
自变量的差方和	2.289 28	2.289 28
自变量的平均值	1.008	1.008
因变量的平均值	9.84	10.26

③ 检验 b_1 与 b_2 的差异：

$$t_b = \frac{b_1 - b_2}{S_E \sqrt{\frac{2}{S_{(x,x)}}}} = \frac{9.48 - 9.63}{0.207\sqrt{\frac{2}{2.289\ 28}}} = -0.775$$

查 t 表，$t_{0.05(6)} = 2.45$，$|t_b| < t_{0.05(6)}$ 表明 b_1 与 b_2 无显著性差异。

由于 $S_{(x_1, x_1)} = S_{(x_2, x_2)} = S_{(xx)}$，故 b 的合并可按下式计算：

$$b = \frac{b_1 + b_2}{2} = 9.56$$

④ 检验 a_1 与 a_2 的差异：

$$t_a = \frac{a_1 - a_2}{S_E \sqrt{\frac{2}{n} + \frac{\bar{x}^2}{S_{(x,x)}}}} = \frac{0.28 - 0.55}{0.207\sqrt{\frac{2}{5} + \frac{1.008^2}{2.289\ 28}}} = -1.421$$

查 t 表，$t_{0.05(6)} = 2.45$，$|t_a| < t_{0.05(6)}$，表明 a_1 与 a_2 无显著性差异。本例中，$n_1 = n_2 = n$，$\bar{x}_1 = \bar{x}_2 = \bar{x}$，合并 a 的公式可简化成下式：

$$a = \frac{a_1 + a_2}{2} = 0.42$$

经上述检验表明，这两条校准曲线无显著差异，两批数据可用一个共同的回归方程和一条共同的回归直线来表达，即：

$$A = 0.42 + 9.56C$$

10.4.5　一元非线性回归

安全监测数据中还会遇到大量非线性关系的情况，这时不能用直线回归去拟合，而应选择合适的曲线。例如：当用氟离子选择电极来检测水中 F^- 时，其电动势与 F^- 浓度之间有下列关系：

$$E = K - D\log C_F \tag{10-60}$$

式中:C_F 为氟离子浓度,mg/L,这种关系称对数关系。

这种对数关系绘制的曲线不便于使用,也不便于进行回归和作回归分析。如果令 $\log C_F$ 为 x,E 为 y,则可将上式变为 $y = a + bx$ 的线性关系,这样就可用上节介绍的一元线性回归来进行处理。

例 用氟离子选择电极来检测水中的 F^- 得下表所示的一组数据,试确定电动势 E 与水中 F^- 浓度之间的关系。

表 10-14 氟离子观测数据

$C_F/(\mu g \cdot 50mL^{-1})$	1	5	10	20	30	40	50	80	100
E/mV	343	295	277	258	247	238	232	223	216

解 先计算 $\log C_F$,然后与 E 列表计算:

表 10-15 氟离子观测数据回归方程参数计算

$\log C_F$	0	0.009 0	1.000 0	1.301 0	1.477 1	1.602 1	1.699 0	1.903 1	2.000 0
E	343	295	277	258	247	238	232	223	216

$$E = 340.89 - 63.26 \times \log C_F$$

$$\gamma = -0.999\ 2$$

其他的非线性方程也可通过变量转换使之成为直线方程进行回归,具体转换方法见表 10-16。

表 10-16 非线性方程的变量转换

曲线名称	曲线方程	变量转换法
双曲线	$\dfrac{1}{y} = c + b\dfrac{1}{x}$	$y' = \dfrac{1}{y}$；$x' = \dfrac{1}{x}$
抛物线	$y = b\ (x-c)^2 + a$	$x' = (x-c)^2$
幂函数	$y = dx^b$	$y' = \log y$；$x' = \log x$；$a = \log d$
指数函数	$y = de^{bx}$	$y' = \ln y$；$a = \ln d$
指数函数	$y = de^{b/x}$	$y' = \ln y$；$x' = \dfrac{1}{x}$；$a = \ln d$
S形曲线	$y = \dfrac{1}{a + be^{-x}}$	$y' = \dfrac{1}{y}$；$x' = e^{-x}$
对数曲线	$y = a + b\log x$	$x' = \log x$

第 11 章　安全监控系统工程设计与应用

安全监测监控系统的工程设计应遵守国家法律法规,体现适用性、先进性、可靠性、经济性、可扩展性、兼容性、可管理性和标准化的指导原则,努力做到安全监控系统技术先进、功能齐全、维护方便、操作简单、扩展容易和长期可靠稳定运行。安全监测监控系统种类繁多、应用广泛,不同的安全监测监控系统还对环境有特定要求。本章对安全监测监控系统的通用性设计要求进行简要介绍,并给出社会生活与工业生产中的典型安全监测监控系统应用实例。

11.1　安全监测监控系统工程的设计要求

11.1.1　安全监测监控系统的设计原则

尽管监测监控对象千差万别,安全监测监控系统的设计方案和具体的技术指标也会有很大的差异,但是在进行系统的设计和开发时,还是有一些原则是必须遵循的。

(1)可靠性原则。为了确保安全监测监控系统的高可靠性,应采用高质量的元部件和电源,所采用的各种硬件和软件,尽量不要自行开发。采取各种抗干扰措施,包括滤波、屏蔽、隔离和避免模拟信号的长线传输等。采用多种冗余方式,如冷备份和热备份。对一些智能设备,采用故障预测、故障报警等措施。出现故障时,将执行机构的输出置于安全位置,或将自动运行状态转为手动状态。

(2)使用方便原则。安全监测监控系统应该人机界面友好,方便操作、运行,易于维护。设计时要真正做到以人为本,尽可能地为使用者考虑。人机界面可以采用 LCD 或者是触摸屏,这样操作人员就可以对现场的各种情况一目了然。各种部件尽可能地按模块化设计,并能够带电插拔,使得其易于更换。在面板上可以使用发光二极管作为故障显示,使得维修人员易于查找故障。在软件和硬件设计时都要考虑到操作人员会有各种误操作的可能,并尽量使这种误操作无法实现。许多大公司在设计操作面板、操作台和操作人员座椅时,采用了现代人机工程学原理,尽可能地为操作人员提供一个舒适的工作环境。

(3)开放性原则。开放性是安全监测监控系统的一个非常重要的特性。为了使系统具有一定的开放性,应尽可能地采用通用的软件和硬件。各种硬件尽可能地采用通用的模块,并支持流行的总线标准。尽可能地要求产品的供货商提供其产品的接口协议以及其他的相关资料。在系统的结构设计上,尽可能地采用总线形式或其他易于扩充的形式,尽可能地为其他系统留出接口。

（4）经济性原则。在满足安全监测监控系统的性能指标(如可靠性、实时性、精度、开放性)的前提下,尽可能地降低成本,保证性能价格比最高,以保证为用户带来更大的经济效益。

（5）短开发周期原则。在设计时,应尽可能地使用成熟的技术,对于关键的元部件或软件,不到万不得已不要自行开发。购买现成的软件和硬件进行组装与调试应该成为首选。

11.1.2 安全监测监控系统设计的基本步骤

1）设计阶段划分

任何一个安全监测监控系统的设计与开发基本上是由 6 个阶段组成的,即可行性研究、初步设计、详细设计、系统实施、系统测试(调试)和系统运行。当然,这 6 个阶段的发展并不是完全按照直线顺序进行的。在任何一个阶段出现了新问题后,都可能要返回到前面的阶段进行修改。

在可行性研究阶段,开发者要根据被控对象的具体情况,按照企业的经济能力、未来系统运行后可能产生的经济效益、企业的管理要求、人员的素质、系统运行的成本等多种要素进行分析。可行性分析的结果最终是要确定使用计算机监控技术能否给企业带来一定经济效益和社会效益。

初步设计也可以称为总体设计。系统的总体设计是进入实质性设计阶段的第一步,也是最重要和最为关键的一步。总体方案的好坏会直接影响整个计算机监控系统的成本、性能、设计和开发周期等。在这个阶段,首先要进行比较深入的工艺调研,对被控对象的工艺流程有一个基本的了解,包括要监控的工艺参数的大致数目和监控要求、监控的地理范围的大小、操作的基本要求等;然后初步确定未来监控系统要完成的任务,写出设计任务说明书,提出系统的控制方案,画出系统组成的原理框图,以作为进一步设计的基本依据。

在详细设计阶段,首先要进行详尽的工艺调研,然后选择相应的传感器、变送器、执行器、I/O 通道装置以及进行计算机系统的硬件和软件的设计。对于不同类型的设计任务,则要完成不同类型的工作。如果是小型的计算机监控系统,硬件和软件可以是自己设计和开发的。此时,硬件的设计包括电气原理图的绘制、元器件的选择、印刷线路板的绘制与制作;软件的设计则包括工艺流程图的绘制、程序流程图的绘制等。

在系统实施阶段,要完成各个元器件的制作、购买、安装,进行软件的安装和组态以及各个子系统之间的连接等工作。

系统的测试(调试)主要是检查各个元部件安装是否正确,并对其特性进行检查或测试。调试包括硬件调试和软件调试。从时间上来说,系统的调试又分为离线调试、在线调试,以及开环调试、闭环调试。

系统运行阶段占据了系统生命周期的大部分时间,系统的价值也是在这一阶段中得到体现的。在这一阶段应该由高素质的使用人员严格按照规程进行操作,以尽可能地减少故障的发生。

在完成了可行性研究并且确定系统开发确实可行后,即可进入系统设计阶段。设计的结果是要提供一系列的技术文件。这些技术文件包括文字、图形和表格。技术文件主要是为将来的系统实施、运行和维护提供技术依据。采用结构化的设计方法,即从顶层到底层、从抽象到具体、从总体到局部、从初步到详细。

2) 总体方案设计

如前面所述,系统的总体设计是进入实质性设计阶段的第一步,也是最重要和最为关键的一步。总体方案的好坏会直接影响整个计算机监控系统的成本、性能、设计和开发周期等。总体设计基本步骤如图 11-1 所示。

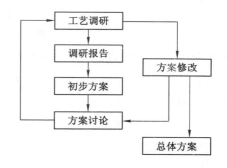

图 11-1　总体方案设计的基本步骤

(1) 工艺调研。总体设计的第一步是进行深入的工艺调研和现场环境调研。经过调研,要弄清系统的规模。例如,要明确控制的范围是一台设备、一个工段、一个车间,还是整个企业。熟悉工艺流程,并用图形和文字的方式对其进行描述。初步明确控制的任务,并且了解生产工艺对控制的基本要求。要弄清楚控制的任务是要保持工艺过程的稳定,还是要实现工艺过程的优化。要弄清楚被控制的参量之间是否关联比较紧密,是否需要建立被控制对象的数学模型,是否存在诸如大滞后、严重非线性或比较大的随机干扰等复杂现象。初步确定 I/O 的数目和类型。通过调研弄清楚哪些参量需要检测、哪些参量需要控制,以及这些参量的类型。弄清现场的电源情况(是否经常波动,是否经常停电,是否含有较多谐波)和其他情况(如振动、温度、湿度、粉尘、电磁干扰等)。

(2) 形成调研报告和初步方案。在完成了调研后,可以着手撰写调研报告,并在调研报告的基础上草拟出初步方案。如果系统不是特别复杂,也可以将调研报告和初步方案合二为一。

(3) 方案讨论和方案修改。在对初步方案进行讨论时,往往会发现一些新问题或不清楚之处。此时,需要再次调研,然后对原有方案进行修改。

(4) 形成总体方案。在经过多次的调研和讨论后,可以形成总体设计方案,并以总体设计报告的方式给出。工艺流程的描述,可以用文字和图形的方式来描述。如果是流程型的被控制对象,可以在确定了控制算法后画出带控制点的工艺流程图(又称为工艺控制流程图)。功能描述,即描述未来计算机监控系统应具有的功能,并在一定的程度上进行分解,然后设计相应的子系统。在此过程中,可能要对硬件和软件的功能进行分配与协调。对于一些特殊的功能,可能要采用专用的设备来实现。结构描述,描述未来计算机监控系统的结构,是采用单机控制,还是采用分布式控制。如果采用分布式控制,则对于网络的层次结构的描述,可以详细到每一台主机、控制节点、通信节点和 I/O 设备。可以用结构图的方式对系统的结构进行描述,用箭头来表示信息的流向。控制算法的确定,如果各个被控参量之间关联不是十分紧密,可以分别采用单回路控制;否则,就要考虑采用多变量控制算法。如果被控制对象的数学模型虽然不是很清楚,但也不是很复杂,可以不建立数学模型,而直接采用常规的 PID 控制算法。如果被控制对象十分复杂,存在大滞后、严重非线性或比较大的随机干扰,则要采用其他的控制算法。一般来说,尽可能多地了解被控制对象的情况,或建立尽可能准确反映被控制对象特性的数学模型,对提高控制质量是有益处的。

(5) I/O 变量总体描述。

3) 系统的详细设计

在进行详细设计之前,首先是收集各个 I/O 点的具体情况。

(1) 传感器、变送器和执行机构的选择。传感器和变送器均属于检测仪表。传感器是将被测量的物理量转换为电量的装置;变送器将被测量的物理量或传感器输出的微弱电量转换为可以远距离传送且为标准的电信号(一般为 0~10 mA 或 4~20 mA)。选择时,主要根据被测量参量的种类、量程、精度来确定传感器或变送器的型号。

如果在前面总体设计时,已经考虑了使用某种现场总线标准,则可以考虑采用支持该标准的智能仪表。当然,智能仪表的价格相对比较高,设计者可以根据用户的经济能力和现场的实际情况来处理。一般来说,如果用户的经济能力允许,或是智能仪表的价格不超过常规仪表的 20%,都可以考虑采用智能仪表。

执行机构的作用是接受计算机发出的控制信号,并将其转换为执行机构的输出,使生产过程按工艺所要求的运行。常用的执行机构有电动机、电机启动器、变频器、调节阀、电磁阀、可控硅整流器或者继电器线圈。与监测仪表一样,执行机构也有常规执行机构与智能执行机构之分。

(2) 监控装置的详细设计。监控装置是指 I/O 子系统和计算机系统(包括网络)两部分。对于不同类型的设计任务,在详细设计阶段所要做的工作是不一样的。这里只考虑系统的硬件和软件都采用现成产品的情况。在各种设计中,显示画面、报表格式的设计应反复与有关使用人员(操作人员、管理人员)交流。

11.1.3 安全监测监控仪表选型

安全监测仪表和执行器的选型隶属于设备选型范畴,是系统总体设计的重要组成部分。当总体方案确定后,必须进行监测仪表和执行机构的选型工作。有的用户可以自行完成这步工作,即便如此,系统设计者也必须了解用户所选择的监测仪表和执行机构的特性,并论证用户的选择是否满足总体方案中确定的技术要求。

检测仪表包括一次仪表(如传感器等)和二次仪表(如变送器等)。以下以压力监测仪表为例介绍仪表选型的一般规则。

选择压力仪表时,要考虑仪表的类型、量程和精度等级等方面的因素。压力检测仪表的选择原则如图 11-2 所示。

1) 仪表类型的选择

仪表类型选择的原则是必须满足生产工艺的要求,主要考虑以下几个方面:

(1) 显示方式的要求。如是否现场指示、远传显示、集中显示、信号报警、自动记录或自动控制等。

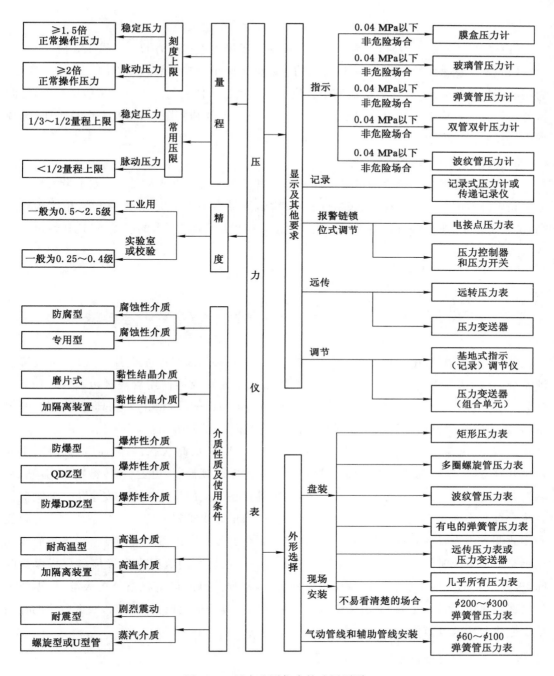

图 11-2　压力监测仪表的选用原则

（2）被测介质物理化学性质。如介质的压力、温度、黏度的高低，是否腐蚀、结晶，脏污程度，易燃、易爆情况，氧化、还原或特殊介质等。

（3）现场环境条件。如现场安装条件、环境高温或低温、电磁场、振动、腐蚀性、湿度等。

2）压力仪表量程范围的选择

压力仪表量程范围要根据工艺生产过程中操作压力大小变化的范围和保证仪表寿命等

方面来考虑。仪表的上限值应大于工艺被测压力变化的最大值。

（1）在测量稳定压力时，仪表的上限值不应小于最大工作压力的 3/2 或 4/3 倍。

（2）测量波动大的脉动压力时，仪表的上限值不应小于被测最大压力的 2 倍或 1.5 倍。为保证测量的准确度，往往要求被测压力值也不能接近于仪表的下限值。一般情况下，被测压力的最小值不应低于仪表量程范围的 1/3。计算出上限和下限后，查仪表产品手册，选择相应量程的压力仪表。

3）仪表精度等级的选择

精度等级是根据已选定的仪表量程和工艺生产上所允许的最大测量误差求最大允许百分误差来确定的。一般来说，仪表精度等级越高，测量结果越精确可靠。但是，精度等级越高，价格也越贵，操作和维护条件越苛刻。因此，在能满足工艺要求的前提下，选择性价比高的压力仪表。

11.2 煤矿安全监控系统

《煤矿安全规程》第四百八十七条规定："所有矿井必须装备安全监控系统、人员位置监测系统、有线调度通信系统"。《煤矿安全监控系统及检测仪器使用管理规范》（AQ 1029—2007）定义煤矿安全监控系统（supervision system of coal mines afety）为：具有模拟量、开关量、累计量采集、传输、存储、处理、显示、打印、声光报警、控制等功能，用于监测甲烷浓度、一氧化碳浓度、风速、风压、温度、烟雾、馈电状态、风门状态、风筒状态、局部通风机开停、主通风机开停，并实现甲烷超限声光报警、断电和甲烷风电闭锁控制，由主机、传输接口、分站、传感器、断电控制器、声光报警器、电源箱、避雷器等设备组成的系统。煤矿安全生产监测监控系统是煤矿实现煤炭高产、高效、安全生产的重要保证。煤矿安全监测监控系统在应急救援和事故调查中也发挥着重要作用。当煤矿井下发生瓦斯（煤尘）爆炸等事故后，系统的监测记录是确定事故时间、爆源、火源等重要依据之一。根据监测数据突变等信息分析爆炸时间，根据监测的瓦斯浓度和时间顺序等分析爆源，根据监测的设备状态分析火源，根据监测的局部通风机、风门、主通风机、风速、风压、瓦斯浓度等分析瓦斯积聚原因，根据监测的瓦斯浓度变化分析波及范围等。

11.2.1 煤矿安全监控系统的功能要求

1）煤矿安全监控的特点

与地面作业场所相比，煤矿井下工作环境特殊，有易燃易爆的可燃性气体和腐蚀性气体，潮湿，多水，浮尘较大。电网电压波动大、电磁干扰严重，作业空间狭小，监测监控传输线路距离远，监测设备安设位置分散等。因此，与一般工业监控系统相比，煤矿安全监测监控具有如下特点：

（1）电气防爆。一般工业监控系统均工作在非爆炸性环境中，而煤矿安全监测监控系统工作在有瓦斯和煤尘的爆炸性环境中。因此，煤矿安全监测监控系统的设备必须是防爆型电气设备和仪表。

（2）传输距离远。一般对工业监控系统的传输距离要求不高，仅为几千米，甚至几百米，而煤矿安全监测监控系统的传输距离至少要达到几十千米。

（3）不宜采用中间继电器。煤矿井下工作环境恶劣，监控距离远，维护困难，若采用中间继电器则会延长系统传输时间。由于中间继电器是有源设备，故障率较无中间继电器系统高，且在煤矿井下电源的供给受电气防爆的限制，在中间继电器处取电源较困难，若采用远距离供电时，还需要增加供电芯线。因此，不宜采用中间继电器。

（4）监测监控对象变化缓慢。煤矿安全监测监控系统的监控对象主要为缓变量。因此，在同样监测监控容量下，对系统的传输速率要求不高。

（5）电网电压波动大，电磁干扰严重。由于煤矿井下空间相对较小，采煤机、掘进机、输送机等大型机电设备启停时电网电压波动较大，架线式电机车火花等造成电磁干扰严重。

（6）工作环境恶劣。煤矿井下除有瓦斯、一氧化碳等易燃易爆气体外，还有硫化氢等腐蚀性气体，矿尘大，潮湿，有淋水，空间狭小。因此，煤矿安全监测监控设备要有防尘、防潮、防腐、防霉、抗机械冲击和防机械冲击等措施。

（7）传感器（或执行机构）宜采用远程供电。一般工业监控系统的电源供给比较容易，不受电气防爆要求的限制，而煤矿安全监测监控系统的电源供给要受到电气防爆要求的限制，由于传感器及执行机构往往设置在工作面等恶劣环境，因此不宜就地供电。现有煤矿井下监测监控系统多采用分站远距离供电。

（8）网络结构宜采用树形结构。一般工业监控系统电缆敷设的自由度较大，可根据设备、电缆沟、电线杆的位置选择星形、环形、树形和总线形等结构。而煤矿安全监测监控系统的传输电缆必须沿巷道敷设，挂在巷道壁上。由于巷道为分支结构，且分支长度可达数千米，因此，为便于系统安装维护、节约传输电缆、降低系统成本，宜采用树形结构。

2）煤矿安全监控系统的功能

煤矿安全监测监控系统能及时、准确、全面地了解井下安全状况和生产情况，实现对灾害事故的早期预测和预报，并能及时地自动处理，管理人员可及时掌握井下设备运行状况，准确、高效地指挥安全生产。

煤矿安全监测监控系统一般由主机、传输接口、分站、传感器（如甲烷传感器、风筒传感器、一氧化碳传感器、温度传感器、压力传感器、风速传感器、设备开停传感器、风门开关传感器、馈电状态传感器等）、执行器（含断电器、声光报警器）、电源箱、电缆、接线盒、避雷器、打印机、电视墙（或投影仪、模拟盘、多屏幕、大屏幕）、管理工作站、服务器、路由器、UPS 电源和其他必要设备组成。中心站硬件一般包括传输接口、主机、打印机、UPS 电源、投影仪或电视墙、网络交换机、服务器和配套设备等。中心站均应采用当时主流技术的通用产品，并满足可靠性、可维护性、开放性和可扩展性等要求。传感器的稳定性应不小于 15 d，由外部本安电源供电的设备一般应能在 9～24 V 范围内正常工作。操作系统、数据库、编程语言等应为可靠性高、开放性好、易操作、易维护、安全、成熟的主流产品。软件应有详细的汉字说明和汉字操作指南。

（1）实时采集各种传感器传来的数据和相应的显示与报警功能。煤矿安全监测监控系统实时采集自各传感器采集来的数据，如甲烷浓度、风速、风压、一氧化碳浓度、温度等模拟量采集、显示及报警功能；馈电状态、风机开停、风筒状态、风门开关、烟雾等开关量采集、显示及报警功能；瓦斯抽采（放）量监测、显示功能等。

（2）甲烷风电闭锁功能。系统必须由现场设备完成甲烷浓度超限声光报警和断电/复电控制功能。甲烷浓度达到或超过报警浓度时，声光报警；甲烷浓度达到或超过断电浓度时，切断被控设备电源并闭锁；甲烷浓度低于复电浓度时，自动解锁；与闭锁控制有关的设备（含甲烷传感器、分站、电源、断电控制器、电缆、接线盒等）未投入正常运行或故障时，切断该设备所监控区域的全部非本质安全型电气设备的电源并闭锁；当与闭锁控制有关的设备工作正常并稳定运行后，自动解锁。系统必须由现场设备完成甲烷风电闭锁功能；安全监控系统必须具有地面中心站手动遥控断电/复电功能，并具有操作权限管理和操作记录功能；安全监控系统应具有异地断电/复电功能；系统宜具有自动、手动、就地、远程和异地调节功能。

（3）存储和查询功能。系统必须具有以地点和名称为索引的存储和查询功能，包括甲烷浓度、风速、负压、一氧化碳浓度等重要测点模拟量的实时监测值；模拟量统计值（最大值、平均值、最小值）；报警及解除报警时刻及状态；断电/复电时刻及状态；馈电异常报警时刻及状态；局部通风机、风筒、主要通风机、风门等状态及变化时刻；瓦斯抽采（放）量等累计量值；设备故障/恢复正常工作时刻及状态等。模拟量及相关显示内容包括地点、名称、单位、报警门限、断电门限、复电门限、监测值、最大值、最小值、平均值、断电/复电命令、馈电状态、超限报警、馈电异常报警、传感器工作状态等。开关量显示内容包括地点、名称、启/停时刻、状态、工作时间、开停次数、传感器工作状态、报警及解除报警状态及时刻等。累计量显示内容包括地点、名称、单位、累计量值等。系统应能在同一时间坐标上，同时显示模拟量曲线和开关状态图等。系统必须具有模拟量实时曲线和历史曲线显示功能。在同一坐标上，用不同颜色显示最大值、平均值、最小值等曲线。系统必须具有开关量状态图及柱状图显示功能。系统必须具有模拟动画显示功能。显示内容包括通风系统模拟图、相应设备开停状态、相应模拟量数值等。应具有漫游、总图加局部放大、分页显示等方式。系统必须具有系统设备布置图显示功能，显示内容包括传感器、分站、电源箱、断电控制器、传输接口和电缆等设备的设备名称、相对位置和运行状态等。若系统庞大一屏容纳不下，可漫游、分页或总图加局部放大。

（4）具有诊断与故障报警功能。系统必须具有人机对话功能，以便于系统生成、参数修改、功能调用、控制命令输入等。系统必须具有自诊断功能。当系统中传感器、分站、传输接口、电源、断电控制器、传输电缆等设备发生故障时，报警并记录故障时间和故障设备，以供查询及打印。系统必须具有双机切换功能。系统主机必须双机备份，并具有手动切换功能或自动切换功能。当工作主机发生故障时，备份主机投入工作。系统必须具有备用电源。当电网停电后，保证对甲烷、风速、风压、一氧化碳、主要通风机、局部通风机开停、风筒状态等主要监控量继续监控。系统必须具有数据备份功能。传感器应具有现场模拟测试报警和断电功能。

（5）软件功能。① 简单配置功能：地面可对井下分站、传感器的数量、类型、参数、安装地点等进行设置。② 丰富的图形功能：软件可显示工艺流程模拟图、各种监测数据动态图形、柱状图、实时曲线、历史曲线等图形。③ 动态图形可由用户根据实际情况自行设计。④ 实用的报表功能。软件可自动生成报表，报表内容、起止时间可由用户设定。⑤ 可靠的存储功能。

（6）网络功能。井口各环境参数实时显示，不仅可使煤矿安全监察员，也可让每位下井煤矿员工自觉对各环境参数安全进行有效的监督和检视。在政府监管部门设服务器一台，通过宽带网将政府监管部门与各煤矿（集团公司）监控系统连接成一个网络设在政府监管部门服务器，随时向各个煤矿（集团公司）提取数据，并在服务器上进行数据存储、报警、显示、打印。同时，可在政府监管部门监控中心设置各矿瓦斯数据和其他数据监视大屏幕，对各煤矿（集团公司）进行行之有效的监督指导。

3）煤矿安全监控系统主要技术指标

（1）误差指标。模拟量输入传输处理误差应不大于 1.0%。模拟量输出传输处理误差应不大于 1.0%。累计量输入传输处理误差应不大于 1.0%。误码率应不大于 10^{-8}。

（2）时间指标。系统最大巡检周期应不大于 30 s，并应满足监控要求。控制时间应不大于系统最大巡检周期。异地控制时间应不大于 2 倍的系统最大巡检周期。甲烷超限断电及甲烷风电闭锁的控制执行时间应不大于 2 s。调节执行时间应不大于系统最大巡检周期。甲烷、温度、风速、负压、一氧化碳等重要测点的实时监测值存盘记录应保存 7 d 以上。模拟量统计值、报警/解除报警时刻及状态、断电/复电时刻及状态、馈电异常报警时刻及状态、局部通风机、风筒、主要通风机、风门等状态及变化时刻、瓦斯抽采（放）量等累计量值、设备故障/恢复正常工作时刻及状态等记录应保存 1 年以上。当系统发生故障时，丢失上述信息的时间长度应不大于 5 min。调出整幅画面 85% 的响应时间应不大于 2 s，其余画面应不大于 5 s。从工作主机故障到备用主机投入正常工作时间应不大于 5 min。在电网停电后，备用电源应能保证系统连续监控时间不小于 2 h。模拟量统计值应是 5 min 的统计值。系统应进行工作稳定性试验，通电试验时间不小于 7 d。系统平均无故障工作时间（MTBF）应不小于 800 h。

（3）传输与容量指标。传感器及执行器至分站之间的传输距离应不小于 2 km；分站至传输接口、分站至分站之间最大传输距离不小于 10 km。系统允许接入的分站数量宜在 8，16，32，64，128 中选取；被中继器等设备分隔成多段的系统，每段允许接入的分站数量宜在 8，16，32，64，128 中选取。分站所能接入传感器、执行器的数量宜在 2，4，8，16，32，64，128 中选取。向传感器及执行器远程本安供电距离应不小于 2 km。

11.2.2　煤矿常见安全生产监测监控系统

1）KJ95N 型煤矿监测监控系统

KJ95N 型煤矿综合监控系统是在天地（常州）自动化股份有限公司（中国煤炭科学研究总院常州自动化研究院）先期开发的各个煤矿监控系统的基础上，采用先进的计算机网络技术、ARM 嵌入式技术和 EMC 抗干扰技术等最新研制推出的矿井综合监控系统，可实现矿井上、下各类环境参数、生产参数及瓦斯抽放过程的监测与显示、报警与控制，适于大中小各类矿井使用。KJ95N 型煤矿综合监控系统符合《煤矿安全监控系统通用技术要求》(AQ6201—2006)及相关行业标准;具有监测监控、显示瓦斯、风速、负压、一氧化碳、烟雾、温度、风门开关等环境参数,并实现故障闭锁和报警,就地和异地超限断电,风电瓦斯闭锁;使调度员及相关领导能及时了解井下工作环境;当瓦斯等超限时,自动切断工作面电源,避免事故发生,保证矿井生产安全。监测、显示煤仓煤位、水仓水位、压风机风压、箕斗计数、各种机电设备开停等生产参数,并实现故障报警;系统软件具有参数设置、控制、页面编辑、列表显示、曲线显示、柱状态图显示、模拟图显示、打印、查询等功能。存储数据可达 2 年以上,为事故追忆及安全分析提供数据依据。监测、显示瓦斯抽放过程;系统高效的网络功能,能够实现安全监控系统数据在各职能部门及领导的实时浏览。同时预留联网接口,实现系统数据的上传。可汇接管理人员监测系统、胶带输送机控制保护装置等,实现局部生产及管理环节的自动化。KJ95N 系统结构如图 11-3 所示。

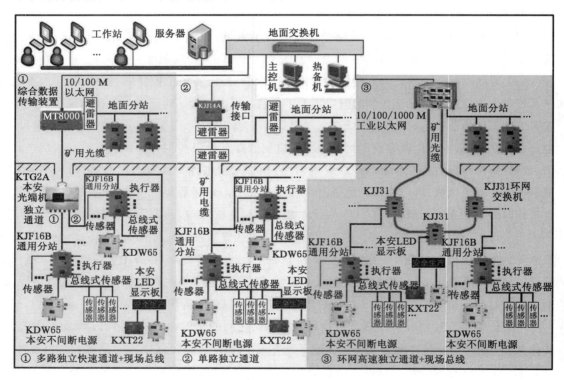

图 11-3　KJ95N 系统结构图

(1) 系统功能全面。监测监控甲烷浓度、风速、负压、一氧化碳浓度、烟雾、温度、风门开关等环境参数;监测监控煤仓煤位、水仓水位、空气压缩机风压、箕斗计数、各种机电设备开停等;监测监控电压、电流、功率等电量参数;监测监控输送带跑偏、输送带速度、轴承温度、机头堆煤等各种机电设备的运行情况;汇接管理带式输送机控制保护装置和集中控制系统、轨道运输监控系统、电力监测系统、选煤厂集控系统、水泵监控系统、火灾监测系统以及人员监测系统等,实现局部生产及管理环节的自动化。

（2）技术先进,组合方式多样,综合能力强。融安全与生产监测监控系统、工业电视监视系统、人员监测系统及程控调度通信系统等于一体,实现井下传输信道合一、全矿范围内各类煤矿监控系统组网管理、与局计算机网络联网、与远程终端通过公用电话网连接等,大幅度减少信道与设备投资,可用作为全矿井综合自动化系统中的安全生产监控子系统。兼容性能好,保护原有投资。可与原有 KJ1、KJ2、KJ22 及 KJ12A 等矿井安全与生产监测监控系统兼容。传输网络简单、可靠。采用标准网络传输协议,传输速率高,传输误码率低,无中继传输距离长。系统主干传输网络有电缆总线传输模式、光缆传输模式和工业以太环网传输模式三种组网模式。

（3）分站自主性、适应性强。由分站、传感器及执行器组成的工作单元可独立工作。当中心站与分站失去联系时,分站能动态存储最新 2 h 的监测数据,在通信恢复正常后,续传给中心站;具有风、电、瓦斯闭锁功能;大屏幕液晶汉字显示分站所接传感器类型、实时参数及模拟量变化曲线;红外遥控设定修改传感器类型、报警、断电值等参数;分站可以作为主站继续挂接小分站,应用于局部安全生产环节的监测控制,扩大了系统的应用范围。模拟量端口与开关量端口可互换,可按需增加某类端口的数量。支持多种标准或非标准信号制式,如电压、电流、频率和触点信号等。

（4）系统软件功能强大。系统软件基于微软 COM/DCOM 组件技术,采用客户/服务器体系结构,兼容性能与开放性能好;可以和具有 OPC 标准接口、其他标准接口（如 RS-232、RS-422、RS-485 等采用标准协议）的设备无缝连接,非标准接口的其他监控设备可通过协议转换接于系统中;具有丰富的组态、画面编辑及报表（数据图）生成功能;支持数据、开关量状态的模拟盘显示,图形、曲线、数据的大屏幕或多屏显示;对所有监测数据和重要操作事件均采用数据库保存,用户可根据需要自行设定保存期限,为用户二次开发和事件的追述提供良好的条件;各种操作（包括测点定义、参数设置、图形生成、报表制作、数据浏览等）不影响系统的传输,保证系统的监测实时性;具有强大的数据采集功能、先进的数据处理技术,每隔2 min形成模拟量传感器的最大、最小及平均值记录,随时统计各分站的通信、供电、报警、断电和复电状态、机电设备开停和运行状态。

（5）报警与控制功能完备。可实现中心站程控或手动强行控制异地断电、分站和传感器就地断电及分站区域断电功能;具有声光、语音报警、报警联动及可通过程控调度通信网对井下局部或全矿井进行语音广播报警等多种类型的报警功能;具有传输故障、设备故障、供/断电状况和软件运行故障等的自诊断功能,还具有远程维护功能。

（6）技术参数。主要技术参数如下:

系统容量:异步传输方式 128 台分站级设备

传输速率:10M,1 200/2 400 bps

传输方式:以太网,RS-485

传输电缆芯线:光/电缆 2 芯

地面中心站到分站之间无中继最小传输距离:电缆 15 km

分站到传感器之间的传输距离不小于:2 km

模拟量传感器信号：200～1 000 Hz 及现场总线数字信号

开关量传感器信号：0、5 mA，无电位接点及现场总线数字信号

供电：地面中心站为 AC220 V；井下设备为 AC127 V、380 V 或 660 V

2）KJ101N 型煤矿监测监控系统

KJ101N 型煤矿安全监控系统是继 A1、KJ10、KJ101 系统后的第四代更新换代产品，系统采用当今先进的微控制和网络技术，系统和产品性能稳定，数据传输快捷可靠，历经多年发展和技术更新，系统性能日臻完善。KJ101 系列产品及其系统控制方式，依据《煤矿监控系统总体设计规范》和《煤矿监控系统中心软件开发规范》的要求进行系统方案的总体拟定和整体设计，具有完善的监测系统功能，系统采用全网络化软件，防突抽放子系统可有机融于系统，实现监测信息共享和抽放监测监控。KJ101N 型煤矿监测监控系统由安全监测部分、地面中心站部分和网络部分组成。设备正常运行的环境要求是温度 0～40 ℃、湿度 98%、无强电磁干扰和强腐蚀性气体，井下设备可工作在含有粉尘和可燃性气体的环境中。系统结构如图 11-4 所示。

KJ101N 型煤矿监测监控系统地面中心站是整个安全生产监控系统的核心，它由监控主机和监控备用机、监控通信接口、UPS 电源、系统避雷器等组成，可完成对井上、井下全部安全与生产数据的采集、分析、异常报警、存储、报表打印、参数设置以及断电控制等，同时可将监测信息通过局域网以广播或信息共享方式提供给安全生产指挥中心和相关领导及部门的所有终端。具体装备数量和终端授权权限完全按照要求配置。局域网络部分是以网络服务器为核心构成，监控主机及其他终端就近采用网线与交换机连接。监控主机可通过光缆或网线与矿井调度指挥中心的大屏幕显示系统相连形成局域网络，以高速以太网为基础，采用开放、标准的整合技术将企业的现场各类控制、监测及数据采集系统的信息进行整合，实现监控信息收集、处理、查询、统计、分析等功能，改善煤矿安全生产环境，供矿领导及相关的决策部门实施有效的管理和控制，同时可通过服务器和远程网络将监测信息传送给上级主管部门。地面中心站设在矿井生产调度室，配备大屏幕显示系统。大屏幕显示系统主要用于煤矿安全与生产监测监控系统图形参数、工业电视信号、综合单元的监控信息及各种生产子系统信息的显示。

KJ101N 型煤矿监测监控系统井下部分设计安装 KJF19 型监控仪。它本身具有甲烷风电闭锁功能，安装位置分别位于距离工作面最近的入风侧配电点，便于调试和维修。KJF19 型监控仪是监控系统信息传送和控制的枢纽，向配接的传感器提供电源，接收传感器采集的信号，向地面中心站传送数据，接收中心站的控制信息，对采集的传感器信号进行分析判断，根据设定进行断电控制。井下各类传感器配置的数量、安装位置和种类完全按照《煤矿安全规程》要求的设计方案进行。

KJ101N 型煤矿监测监控系统典型参数如下：

宽适应范围输入电压：AC500～800 V

高电压、大电流断电等级：1 140 V/30 A

大容量后备电源：>2 h

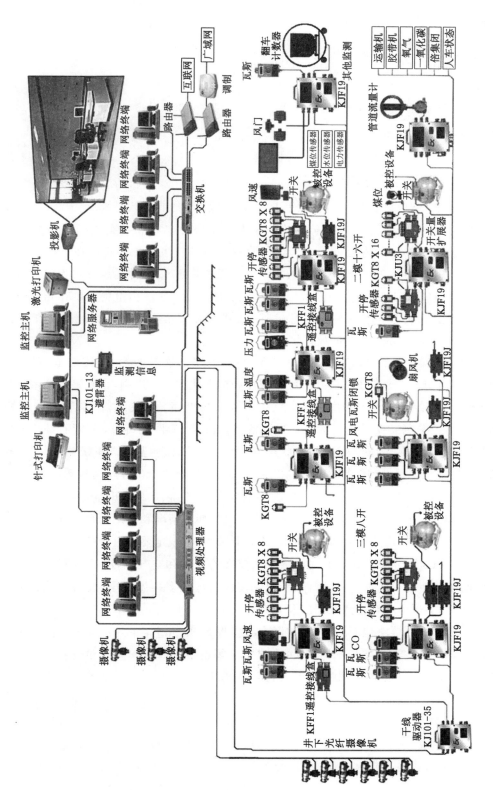

图 11-4 KJ101N 型煤矿安全监控系统

超长的零点、精度调校周期:>100 d

长寿命检测元件:>1 a

宽量程连续检测范围:0.00~100%CH₄

地面组网半径:50 km

传感器接线距离:2 km

井下传输距离:25 km

多信号制式:标准 FSK/高频调相/基带双流码

11.2.3 煤矿安全监控系统应用

某煤矿始建于 1959 年 10 月,1961 年 10 月建成投产,设计生产能力 75 万 t/a。2000 年核定生产能力 200 万 t/a。2014 年矿井的核定生产能力为 220 万 t,实际产原煤 220 万 t。矿井分三个水平生产,一水平已报废,二水平即将报废,现在生产主要集中在三水平。矿井由新副井和老副井进风,中央风井和西风井两个专用风井回风,矿井通风方式为中央边界单翼对角混合式通风,通风方法为抽出式。全矿井最大绝对瓦斯涌出量为 30.74 m³/min,最大相对瓦斯涌出量 8.03 m³/t;平均绝对瓦斯涌出量 30.36 m³/min;平均相对瓦斯涌出量 7.94 m³/t。建立井下临时瓦斯抽放系统共 3 套。

矿井使用的安全监控系统安装于 1998 年年底,经过多次升级改造,体现适用性、节约性、可靠性、可扩展性、先进性、兼容性、可管理性和标准化的指导原则,做到该监控系统技术先进、功能齐全、维护方便、操作简单、扩展容易和长期可靠、快速、稳定运行。现应用 KJ95N 安全生产检测监控系统。整套系统设备运行较稳定,性能可靠,实现了对井下环境参数、甲烷、温度、负压、流量、风速、设备状态等 24 h 不间断监测监控。系统共安装 48 台监测分站、79 台甲烷传感器、40 台断电器、22 台一氧化碳传感器、23 台风速传感器、8 台负压传感器、16 台温度传感器、13 台烟雾传感器、5 台水位传感器、101 台开停传感器,对全矿井水仓、主要变电所、主要通风机和采区回风系统的生产环境情况和生产运行情况进行检测监控,井下所有采掘工作面均按要求安设瓦斯传感器,同时按规定要求对设备进行每月不少于一次的巡检调试、校正,每 7 d 对甲烷传感器用校准的气样和空气调校一次,同时按规定对甲烷超限断电功能进行测试。另外传输系统配接多台远程多媒体终端,数据可以通过网络实现资源共享,实现了应有检测数据的及时上传。

安全生产监控系统由地面中心站,调度中心指挥系统,井上、井下安全生产监控系统组成。通过 Web 服务器、终端显示器和 DLP 显示屏等设备,以图形、图像和报表的形式对工控系统的载波信号进行管理。井下水平大巷利用光纤、采区巷道及工作面采用通信电缆传输数据。通过 Web 服务器和光纤以 IE 浏览方式将有关信息上传到集团公司。地面中心站由 KJ95N 主备机、干线驱动器、数据光端机、光接收机和 KJ95N 系统服务器、联网服务器以及其他的辅件构成,完成井上、井下各种传感器数据及摄像机图像的采集、数据分析和实时控制,并通过矿局域网上传。调度中心指挥系统由智能调度台、DLP 投影单元、数码显示器、图形处理器、图形控制器、视频服务器、视频分配器、图形显示器等组成。调度员不但可以清晰直观地看到检测监控数据、工业电视图像,而且可以调出历史数据和图像,分析矿井生产过程中存在的各种安全隐患,为矿井科学指挥安全生产提供依据。井上、井下安全生产检测监控系统由 KJ95N 安全生产监控系统和视频监控系统两部分组成。系统拓扑结构如图 11-5所示。

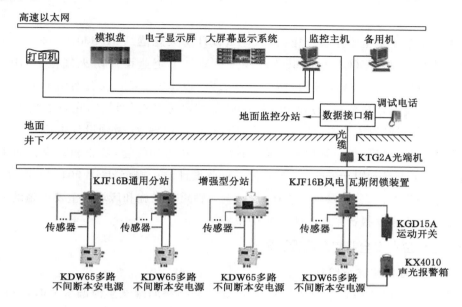

图 11-5 煤矿安全生产监控系统拓扑结构

安全监控系统主要完成各子系统的当前工况和数据采集统计及图形显示、报表显示、系统隐患的语音声光报警。监控主/备机采集数据、处理数据、与各传感器通信。传感器负责采集环境及工况参数,执行地面中心站和可编程区域控制器发出的控制命令。当传感器采集到有害气体数据超限时,可编程区域控制器能够实现就地自动断电,地面中心站也可人为发出控制命令,实现人工远程断电。KJ95N 系统实现采掘工作面等的瓦斯、风、电闭锁。系统可实现主要通风机负压和采区回风巷、风井的风速超过设定值时,同时在井下、地面中心站、调度指挥中心、通风调度等相关地点语音声光报警。系统中心站能对监测数据进行记录,形成曲线进行分析,并自动生成监测监控日报表。矿调度指挥中心的人员通过 DLP 显示屏上对实时监测数据进行观察。实时数据以图、表等直观形式体现,可通过控制器对显示内容进行任意切换、放缩。所有相关人员在办公室内通过计算机终端对矿井的实时监测数据进行浏览,通过表和图能实时检测到矿井的安全生产状况。通风调度人员能通过终端连续监测井下通风状况。

KJ95N 安全监控系统在该矿运行以来,能及时准确地监测井下有害气体涌出,并实现甲烷、一氧化碳、风速、负压超限报警;能准确地实现瓦斯超限断电功能;能全面反映全矿井的安全状况、生产运行情况,为矿井的安全生产指挥提供了可靠的依据;能将安全生产检测监控系统及工业电视系统的数据及图像准确地传到地面中心站;能将全矿井的各种信息全面反映到调度指挥中心及各终端,并能通过局域网和 Intemet 把信息传输到有权限的终端上;系统故障率低、维护量小,能可靠抵御信号干扰和雷电冲击。

11.3 石化储罐区安全监控系统

石油化工企业安全监控系统应按照《建筑设计防火规范》(GB 50016—2014)、《火灾自动报警系统设计规范》(GB 50116—2013)、《石油化工企业设计防火规范》(GB 50160—2008)、《石油化工安全仪表系统设计规范》(GB/T 50770—2013)、《石油化工可燃气体和有毒气体检测报警设计规范》(GB 50493—2009)等国家标准进行设计,在石油化工企业防火设计过程中要体现"以人为本"、"预防为主、防消结合"的理念,做到设计本质安全。安全监控系统要求设计、建设、生产管理和消防监督部门人员密切结合,防止和减少石油化工企业火灾危害,保护人身和财产安全。《石油化工企业设计防火规范》(GB 50160—2008)规定石油化工企业的生产区、公用及辅助生产设施、全厂性重要设施和区域性重要设施的火灾危险场所应设置火灾自动报警系统和火灾电话报警。

11.3.1 石化企业安全监控系统设计要求

1) 石化企业的火灾危险性

石油化工企业中,布置在一个防火堤(可燃液态物料储罐发生泄漏事故时,防止液体外流和火灾蔓延的构筑物。)内的一个或多个储罐称为罐组,一个或多个罐组构成的区域称为罐区。

石油化工储罐区储存的物质主要是油品及液化气等可燃、易燃液体。可燃液体常温下遇点火源容易起火燃烧,且具有流淌性。装盛可燃液体的容器、管道一旦发生泄漏,会扩大危险范围。石油化工储罐的呼吸阀、排气阀等装置,可向空气中散发大量的可燃性气体,当可燃性气体与空气混合的浓度达到爆炸极限范围时,如遇撞击、摩擦、热源或火花等点火源的作用会发生燃烧,甚至爆炸,这更加大了石油化工储罐区的火灾危险性。石油化工储罐区储存的大部分易燃、可燃液体,如汽油、煤油、醚、酯等是高电阻率的电解质,这些物质与罐体接触、摩擦极易产生静电,当静电积累到一定程度,将会发生放电产生火花,形成点火源引起燃烧爆炸。

2) 石化企业火灾自动报警设计要求

在石油化工企业的火灾危险场所设置火灾报警系统可及时发现和通报初期火灾,防止火灾蔓延和重大火灾事故的发生。火灾自动报警系统和火灾电话报警,以及可燃和有毒气体检测报警系统、电视监视系统(CCTV)等均属于石油化工企业安全防范和消防监测的手段和设施,在系统设置、功能配置、联动控制等方面应有机结合,综合考虑,以增强安全防范和消防监测的效果。

(1) 火灾电话报警的设计。消防站应设置可受理不少于两处同时报警的火灾受警录音电话,且应设置无线通信设备;在生产调度中心、消防水泵站、中央控制室、总变配电所等重要场所应设置与消防站直通的专用电话。设置无线通信设备,是因为随着无线通信技术的发展,其所具有可移动的优点,已经成为石油化工企业内对于火灾受警、确认和扑救指挥有效的通信工具。"直通的专用电话"是指在两个工作岗位之间成对设置的电话机,摘机即通,专门用于两个或多个工作岗位之间的电话通讯联系,一般通过程控交换机的热线功能实现。因为当石化企业发生火灾时,尤其是工艺装置火灾,需要从生产工艺角度采取切断物料及卸料等紧急措施,需要生产操作人员与消防人员及时电话通信联系,密切配合,以防止火灾的蔓延与次生灾害的发生

(2) 火灾自动报警系统的设计。对于石油化工企业内火灾自动报警系统的设计应全盘考虑,各个石油化工装置、辅助生产设施、全厂性重要设施和区域性重要设施所设置的区域性火灾自动报警系统宜通过光纤通信网络连接到全厂性消防控制中心,使其构成一套全厂性的火灾自动报警系统。生产区、公用工程及辅助生产设施、全厂性重要设施和区域性重要设施等火灾危险性场所应设置区域性火灾自动报警系统;两套及两套以上的区域性火灾自动报警系统宜通过网络集成为全厂性火灾自动报警系统;火灾自动报警系统应设置警报装置。当生产区有扩音对讲系统时,可兼作为警报装置;当生产区无扩音对讲系统时,应设置声光警报器;区域性火灾报警控制器应设置在该区域的控制室内;当该区域无控制室时,应设置在 24 h 有人值班的场所,其全部信息应通过网络传输到中央控制室;火灾自动报警系统可接收电视监视系统(CCTV)的报警信息,重要的火灾报警点(指大型的液化烃及可燃液体罐区、加热炉、可燃气体压缩机及火炬头等场所)应同时设置电视监视系统;重要的火灾危险场所(是指当发生火灾时,有可能造成重大人身伤亡和需要进行人员紧急疏散和统一指挥的场所)应设置消防应急广播。当使用扩音对讲系统作为消防应急广播时,应能切换至消防应急广播状态;全厂性消防控制中心宜设置在中央控制室或生产调度中心,宜配置可显示全厂消防报警平面图的终端。

(3) 手动火灾报警按钮设置。甲、乙类装置区周围和罐组四周道路边应设置手动火灾报警按钮,其间距不宜大于 100 m。装置及储运设施多已采用 DCS 控制,且伴随着石油化工装置的大型化,中央控制室距离所控制的装置及储运设施越来越远,现场值班的人员很少,为发现火灾时能及时报警,要求在甲乙类装置区四周道路边、罐区四周道路边等场所设置手动火灾报警按钮。

(4) 火灾探测器的选择。外浮顶油罐宜采用线型光纤感温火灾探测器,且每只线型光纤感温火灾探测器应只能保护一个油罐,并应设置在浮盘的堰板上。除浮顶和卧式油罐外的其他油罐宜采用火焰探测器。采用光栅光纤感温火灾探测器保护外浮顶油罐时,两个相邻光栅间距离不应大于 3 m。油罐区可在高架杆等高位处设置点型红外火焰探测器或图像型火灾探测器做辅助探测。火灾报警信号宜联动报警区域内的工业视频装置确认火灾。在罐区浮顶罐的密封圈处推荐设置无电型的线型光纤光栅感温火灾探测器或其他类型的线型感温火灾探测器,既可以监视密封圈处的温度值又可设定超温火灾报警,该类型的线型感温火灾探测器目前在石油化工企业已取得了较好的应用业绩。储罐上的光纤型感温探测器应设置在储罐浮顶的二次密封圈处。储罐的光纤感温探测器应根据消防灭火系统的要求进行报警分区,每台储罐至少应设置一个报警分区。

(5) 其他要求。单罐容积大于或等于 30 000 m³ 的浮顶罐的密封圈处应设置火灾自动

报警系统;单罐容积大于或等于 10 000 m³ 并小于 30 000 m³ 的浮顶罐的密封圈处宜设置火灾自动报警系统。火灾自动报警系统的 AC220 V 主电源应优先选择不间断电源(UPS)供电。直流备用电源应采用火灾报警控制器的专用蓄电池,应保证在主电源事故时持续供电时间不少于 8 h。

3) 石化企业安全监测仪表系统要求

安全仪表系统用于监测石油化工生产过程运行状态,判断危险或风险发生的条件,自动或手动执行规定的安全仪表功能,防止或减少危险事件发生,减少人员伤害或经济损失,减轻危险事件造成的影响,保护人身和生产装置安全,保护环境。安全仪表的选择应满足石油化工工厂或装置的安全仪表功能、安全完整性等级等要求。安全仪表应兼顾可靠性、可用性、可维护性、可追溯性和经济性,应防止设计不足或过度设计。安全仪表系统应由测量仪表、逻辑控制器和最终元件等组成。安全仪表系统的功能应根据过程危险及可操作性分析,人员、过程、设备及环境的安全保护,以及安全完整性等级等要求确定。

(1) 安全仪表系统应符合安全完整性等级要求。安全完整性等级可采用计算安全仪表系统的失效概率的方法确定。安全仪表系统可实现一个或多个安全仪表功能,多个安全仪表功能可使用同一个安全仪表系统。当多个安全仪表功能在同一个安全仪表系统内实现时,系统内的共用部分应符合各功能中最高安全完整性等级要求。

(2) 安全仪表系统应独立于基本过程控制系统,并应独立完成安全仪表功能。安全仪表系统不应介入或取代基本过程控制系统的工作。基本过程控制系统不应介入安全仪表系统的运行或逻辑运算。

(3) 安全仪表系统应设计成故障安全型。当安全仪表系统内部产生故障时,安全仪表系统应能按设计预定方式,将过程转入安全状态。安全仪表系统的逻辑控制器应具有硬件和软件自诊断功能。安全仪表系统的中间环节应少。逻辑控制器的中央处理单元、输入/输出单元、通信单元及电源单元等,应采用冗余技术。当安全仪表系统输入/输出信号线路中有可能存在来自外部的危险干扰信号时,应采取隔离器、继电器等隔离措施。

(4) 安全仪表系统应根据国家现行有关防雷标准的规定实施系统防雷工程。安全仪表系统的交流供电宜采用双路不间断电源的供电方式。安全仪表系统的接地应采用等电位连接方式。

(5) 安全仪表系统的硬件、操作系统及编程软件应采用正式发布版本。安全仪表系统软件、编程、升级或修改等文档应备份。安全仪表系统内的设备宜设置同一时钟。

(6) 在大型石油化工项目中设置多套安全仪表系统时,每套系统应能独立工作。

(7) 开关量测量仪表可包括过程变量开关、手动开关、按钮、继电器触点等。紧急停车用的开关量测量仪表,正常工况时,触点应处于闭合状态;非正常工况时,触点应处于断开状态。重要的输入回路宜设置线路开路和短路故障检测。输入回路的开路和短路故障,宜在安全仪表系统中报警和记录。

4) 石化企业储罐区安全监控功能要求

根据石油化工储罐区特殊的火灾危险性,石油化工储罐区的安全监测参数主要包括可燃性气体浓度、成分、温度、液位或压力等工艺参数。石油化工储罐区的火灾探测参数确定，应充分考虑储罐区的特点。当储存的油品为原油等重质油品时，因其含碳量较多，燃烧将产生大量的烟气，火灾探测的重点应放在对烟气浓度的探测上，同时对火灾温度进行监测。对于轻质油品及一些成品油，由于其含碳量较少，燃烧较充分，在火灾燃烧初期不会产生或产生少量烟气，应着重考虑火焰探测问题。

对石油化工储罐区安全参数监测的总要求是通过对工艺参数和火灾参数的实时监测和数据分析，对参数异常情况及时预测并判断可能的后果，确保采取有效的联动控制，启动安全设施及灭火设施。对监测环境中工艺参数的监测要求主要是有效测量各类参数，预测石油化工储罐区的安全状态、事故及火灾危险性，根据判断结果采取相应的安全措施。对火灾参数的监测要求是在火灾初期对烟气浓度、温度、光辐射强度等进行有效监测，综合分析监测数据，及时产生报警信号及联动控制信号，有效启动现场灭火设备。

11.3.2　石化储罐区安全监控系统应用

以某石化厂液化气罐区 2 000 m³ 球罐为例，研究石化储罐区消防安全性分析评估方法，和石化储罐区消防安全监测系统的最佳构成模式，准确确定监测参数，合理选配监控仪器设备，严格编制监控系统应用软件。其目的在于实测和动态反映石化生产过程各关键部位的安全参数，建立管理与硬件监控相结合的安全监控预警系统，分析和判断石化储罐安全状态，将石化罐区内诸多的危险因素和危险参数给予实时监测、报警和控制，及时预测可能的后果和事故隐患，避免事故发生。

1）石化储罐区安全监控系统设计原则

石化储罐区火灾监测与灭火联动控制系统的设计思路是：根据石化储罐区消防安全监测要求，采用系统集成设计方法设计构造石化储罐区火灾监测与有效灭火联动控制系统，实现工艺及安全参数的实时监测处理；根据监测数据分析石化储罐区的安全状态，及时预测判断可能的灾害事故后果，并通过远程联动控制装置有效启动现场消防设备或灭火设施。

根据总体设计思路，系统设计应注重两项原则：一是管理软件与硬件监控系统相结合，根据现场实际情况制定安全管理规范和事故处置预案，使用计算机技术将安全管理要求和事故处理预案与硬件监控系统有机结合起来，确保硬件监控的可靠性和联动控制的有效性；二是生产监控与安全监控相结合，通过连锁控制、自动停车及其他参数自动控制等监控措施，使储罐区进出料生产过程与静态安全参数监测控制协调互补，达到安全生产的目的。

2）石化储罐区安全监控系统结构形式

根据石化储罐区的特点，考虑到环境工艺参数和火灾参数的监测要求，石化储罐区火灾监测与灭火联动控制系统应采用如图 11-6 所示的系统结构形式，以兼顾工艺监测参数直流 4～20 mA 传输和火灾参数频率量传输的不同要求，以及灭火设备联动控制的信号输出要求。

常规火灾参数的探测采用防爆型火灾探测器，如选用防爆型光电感烟火灾探测器、防爆型电子感温探测器、线缆感温探测装置等。工艺参数的监测是根据数据通信转换协议，设计构造防爆型 DDZ 转换器，接受处理 4～20 mA 本质安全型输出信号，如可燃气体浓度、气体

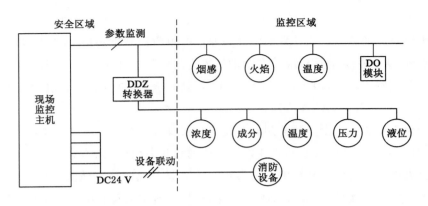

图 11-6   石化储罐区火灾监测系统结构图

成分、储罐温度、液位、压力等工艺参数探测器的输出信号。监控主机主要完成对安全参数及火灾初期参数的连续采集处理,对采集到的信号采用现代信号检测的处理方法,进行状态分析,及时预测并采取措施对事故进行处理,通过直流硬线连接方式和远程联动控制装置有效启动现场消防设备,实施灭火操作。

3)石化储罐区安全监控系统组成

依据上述思路,同时考虑该石化厂液化气罐区 2 000 m³ 球罐的实际状况,在重点分析石化储罐区消防安全性、确定监测参数和有效监控方法的基础上,针对生产安全和消防安全要求确定的球罐消防安全监测系统组成,如图 11-7 所示。

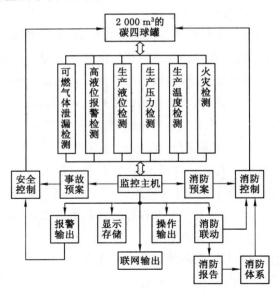

图 11-7   石化储罐区火灾监测系统组成图

系统的监测范围是 2 000 m³ 球罐及其泵区。监测参数有球罐压力、温度、液位和高液位,罐区和泵区可燃气泄漏量,罐区和泵区 20 m 范围感温式火灾信息。火灾监控措施包括四个可燃气体泄漏监测点,一条感温监测电缆(火灾报警),一个高液位监测报警点和液位、压力、温度三个生产参数监测点,整个系统由监控主机管理。其中,液位、压力和温度三个安全监测参数取自石化储罐区生产安全监测系统。可燃气体泄漏监测报警采用 ES2000T-C4型可燃气体浓度检测探测器,三台安装在球罐底部,一台安装在物料泵区,输出监测参数为4～20 mA 标准信号,信号直接送入监控主机。火灾监测报警采用英国 KIDDE 公司可复用式线型感温电缆,在物料泵区架设 10 m,在球罐底部架设 10 m,二者串联后送入 K82012 微机控制器并输出开关量信号,送入监控主机。高液位开关量报警信号取自球罐顶部安装的高液位报警装置,输出直接送入监控主机,液位超高即发出报警。

4）石化储罐区安全监控系统功能

根据石油化工生产过程控制系统的要求,石化储罐区火灾监测与灭火联动控制系统一般采用系统集成方式构成,在系统硬件结构确定后需编制应用软件实现系统的各种功能。为提高运行效率、方便调试及维护系统,系统主控模块、信息通信模块、消防管理模块等。系统主控模块主要完成数据采集处理、报警判断与联动控制输出、自动与手动控制方式切换、系统管理。事故处置模块根据监测数据完成对监测区域安全状态的事故状态分析预测,对工艺安全进行操作控制和处置紧急情况,实施救灾方案。信息通信模块主要完成通信协议管理、数据通信控制、异地远程联网。消防管理模块主要完成系统操作管理、设备工况管理、防火管理与数据存储。

石油化工储罐区的消防设备主要包括火灾警报装置、灭火设备及安全操作设备。火灾警报装置是为了在安全参数出现异常或火灾发生时,根据火灾探测信号及时报警和采取相应的安全措施,主要设备有警铃、水力警铃、事故广播等。灭火设备是为了在火灾初期有效地控制火势,及时扑灭初起火灾,主要设备有泡沫灭火系统、自动喷淋冷却系统等,具有联动要求的设备有消防水泵、泡沫泵、自动喷淋泵等。安全操作设备是为了在安全参数出现异常时,对输油线路及各种控制阀门进行控制和操作(如压力阀等)。

石化储罐区的各种消防设备对联动控制的要求不同,有些设备在出现异常时直接启动,如警铃;有些设备在出现异常后需要延时启动,如消防水泵需在火灾确认后启动;有些设备需要在启动后,对系统返回状态信号,如泡沫泵等。石油化工储罐区具有远程联动要求的设备主要有消防水泵、泡沫泵、安全阀、声光报警器、讯响器、消防电话及消防广播等。在石化储罐区,考虑到消防水泵枪储备数量少,重要性强且分散布置,多采用专线方式直接控制,或专线与总线复合控制方式,使用 DC24 V 标准的驱动信号直接送入现场消防设备配电箱驱动,以确保这些设备动作的高度可靠性。

生产安全和消防安全控制装置完成设备系统的控制功能,由液位参数或人工操作实现球罐进出料阀自动/手动控制,以及进出料泵自动/手动控制;由压力参数或人工操作实现放空阀自动/手动控制,以及水喷淋装置自动/手动控制;由火灾监测参数或人工操作实现消防水枪自动/手动控制;由火灾监测参数或人工操作实现消防泡沫泵自动/手动控制。

石化储罐区火灾监测与灭火联动控制系统和消防设备联动控制实现了安全参数监控与生产过程监控相结合,安全参数监控系统相对独立;安全参数监测报警与事故处置预案相结合,实现动态安全监测与管理;实现监控主机与各类探测器的直接通信及系统联网,简化系统结构;实现系统应用软件结构模块化,达到功能层次清晰,便于操作;采用计算机多媒体技术,形象生动地实现监测数据和事故预案显示。

石化储罐区火灾自动监测与灭火联动控制系统是石油化工防火安全基础设施之一。系统安全参数监测的准确程度、固定灭火装置的联动及时性、系统无故障工作时间、系统运行成本等各方面指标需综合考虑,以适应当前我国大型石油化工储罐区的防火安全要求。

11.4 入侵报警系统

入侵报警系统就是用探测器对建筑内外重要地点和区域进行布防。它可以及时探测非法入侵,并且在探测到有非法入侵时,及时向有关人员示警。随着通信技术、传感器技术和计算机技术的日益发展,入侵报警系统作为防入侵、防盗窃、防抢劫、防破坏的有力手段已得到越来越广泛的应用。利用高科技所建立的一套反应迅速、准确高效的报警系统,并与公安接处警部门联网已逐步成为"保护人民、制止犯罪"的有效手段。入侵报警系统的建设不仅是公安部门维护社会安定的需要,也是广大公民的需求。由于历史原因,安防行业相对独立发展了很多年,形成了特定的术语和设计流程。一般来说,基于安全考虑,会对某些重要设计环节和资料提出保密的要求。

11.4.1 入侵报警系统的设计要求

1) 入侵报警系统设计的基本要求

入侵报警系统工程的设计应符合国家现行标准《安全防范工程技术规范》(GB 50348—2004)等的相关规定。入侵报警系统工程的设计应综合应用电子传感(探测)、有线/无线通信、显示记录、计算机网络、系统集成等先进而成熟的技术,配置可靠而适用的设备,构成先进、可靠、经济、适用、配套的入侵探测报警应用系统。入侵报警系统中使用的设备必须符合国家法律法规和现行强制性标准的要求,并经法定机构检验或认证合格。

入侵报警系统工程的设计应根据防护对象的风险等级和防护级别、环境条件、功能要求、安全管理要求和建设投资等因素,确定系统的规模、系统模式及应采取的综合防护措施;应根据建设单位提供的设计任务书、建筑平面图和现场勘察报告,进行防区的划分,确定探测器、传输设备的设置位置和选型;应根据防区的数量和分布、信号传输方式、集成管理要求、系统扩充要求等,确定控制设备的配置和管理软件的功能。系统应以规范化、结构化、模块化、集成化的方式实现,以保证设备的互换性。

入侵报警系统的设计应符合整体纵深防护和局部纵深防护的要求,纵深防护体系包括周界、监视区、防护区和禁区。周界可根据整体纵深防护和局部纵深防护的要求分为外周界和内周界。周界应构成连续无间断的警戒线(面)。周界防护应采用实体防护或/和电子防护措施;采用电子防护时,需设置探测器;当周界有出入口时,应采取相应的防护措施。监视区可设置警戒线(面),宜设置视频安防监控系统。防护区应设置紧急报警装置、探测器,宜设置声光显示装置,利用探测器和其他防护装置实现多重防护。禁区应设置不同探测原理的探测器,应设置紧急报警装置和声音复核装置,通向禁区的出入口、通道、通风口、天窗等应设置探测器和其他防护装置,实现立体交叉防护。

当入侵报警系统与安全防范系统的其他子系统联合设置时,中心控制设备应设置在安全防范系统的监控中心。独立设置的入侵报警系统,其监控中心的门、窗应采取防护措施。

2) 入侵报警系统的性能设计

入侵报警系统的误报警率应符合设计任务书和/或工程合同书的要求。入侵报警系统不得有漏报警。

入侵报警功能设计应符合下列规定:紧急报警装置应设置为不可撤防状态,应有防误触发措施,被触发后应自锁;在设防状态下,当探测器探测到有入侵发生或触动紧急报警装置时,报警控制设备应显示出报警发生的区域或地址;在设防状态下,当多路探测器同时报警(含紧急报警装置报警)时,报警控制设备应依次显示出报警发生的区域或地址;报警信息应能保持到手动复位,报警信号应无丢失;报警发生后,系统应能手动复位,不应自动复位;在撤防状态下,系统不应对探测器的报警状态做出响应。

当下列任何情况发生时,报警控制设备上应发出声、光报警信息,报警信息应能保持到手动复位,报警信号应无丢失:在设防或撤防状态下,当入侵探测器机壳被打开时;在设防或撤防状态下,当报警控制器机盖被打开时;在有线传输系统中,当报警信号传输线被断路、短路时;在有线传输系统中,当探测器电源线被切断时;当报警控制器主电源/备用电事发生故障时;在利用公共网络传输报警信号的系统中,当网络传输发生故障或信息连续阻塞超过30 s时。

系统应具有报警、故障、被破坏、操作(包括开机、关机、设防、撤防、更改等)等信息的显示记录功能;系统记录信息应包括事件发生时间、地点、性质等,记录的信息应不能更改。

系统应具有自检功能。系统应能手动/自动设防/撤防,应能按时间在全部及部分区域任意设防和撤防;设防、撤防状态应有明显不同的显示。

系统报警响应时间应符合下列规定:分线制、总线制和无线制入侵报警系统不大于2 s;基于局域网、电力网和广电网的入侵报警系统不大于2 s;基于市话网电话线入侵报警系统不大于20 s。

系统报警复核功能应符合下列规定:当报警发生时,系统宜能对报警现场进行声音复核;重要区域和重要部位应有报警声音复核。

无线入侵报警系统的功能设计,除应符合上述要求外,尚应符合下列规定:当探测器进入报警状态时,发射机应立即发出报警信号,并应具有重复发射报警信号的功能;控制器的无线收发设备宜具有同时接收处理多路报警信号的功能;当出现信道连续阻塞或干扰信号超过30 s时,监控中心应有故障信号显示;探测器的无线报警发射机,应有电源欠压本地指示,监控中心应有欠压报警信息。

11.4.2 入侵报警系统设计流程

入侵报警系统工程的设计应按照"设计任务书的编制—现场勘察—初步设计—方案论证—施工图设计文件的编制(正式设计)"的流程进行。对于新建建筑的入侵报警系统工程,建设单位应向入侵报警系统设计单位提供有关建筑概况、电气和管槽路由等设计资料。

1）设计任务书的编制

入侵报警系统工程设计前，建设单位应根据安全防范需求，提出设计任务书。设计任务书应包括内容：任务来源；政府部门的有关规定和管理要求（含防护对象的风险等级和防护级别）；建设单位的安全管理现状与要求；工程项目的内容和要求（包括功能需求、性能指标、监控中心要求、培训和维修服务等）；建设工期；工程投资控制数额及资金来源等。

2）现场勘察

入侵报警系统工程设计前，设计单位和建设单位应进行现场勘察，并编制现场勘察报告。现场勘察除应符合《安全防范工程技术规范》（GB 50348—2004）的相关规定外，还应了解防护对象所在地以往发生的有关案件、周边噪声及振动等环境情况；了解监控中心和/或报警接收中心有关的信息传输要求。

3）初步设计

初步设计的依据应包括：相关法律法规和国家现行标准；工程建设单位或其主管部门的有关管理规定；设计任务书；现场勘察报告、相关建筑图纸及资料。

初步设计应包括：建设单位的需求分析与工程设计的总体构思（含防护体系的构架和系统配置）；防护区域的划分、前端设备的布设与选型；中心设备（包括控制主机、显示设备、记录设备等）的选型；信号的传输方式、路由及管线敷设说明；监控中心的选址、面积、温湿度、照明等要求和设备布局；系统安全性、可靠性、电磁兼容性、环境适应性、供电、防雷与接地等的说明；与其他系统的接口关系（如联动、集成方式等）；系统建成后的预期效果说明和系统扩展性的考虑；对人防、物防的要求和建议；设计施工一体化企业应提供售后服务与技术培训承诺等。

初步设计文件应包括设计说明、设计图纸、主要设备器材清单和工程概算书。设计说明应包括工程项目概述、设防策略、系统配置及其他必要的说明；设计图纸应包括系统图、平面图、监控中心布局示意图及必要说明；设计图纸应符合国家制图相关标准的规定，图例应符合《安全防范系统通用图形符号》（GA/T 74—2000）等国家现行相关标准的规定。在平面图中应标明尺寸、比例和指北针；在平面图中应包括设备名称、规格、数量和其他必要的说明。

系统图应包括主要设备类型及配置数量；信号传输方式、系统主干的管槽线缆走向和设备连接关系；供电方式；接口方式（含与其他系统的接口关系）。平面图应标明监控中心的位置及面积；应标明前端设备的布设位置、设备类型和数量等；管线走向设计应对主干管路的路由等进行标注。对安装部位有特殊要求的，宜提供安装示意图等工艺性图纸。监控中心布局示意图应包括：平面布局和设备布置；线缆敷设方式；供电要求等。

主要设备材料清单应包括设备材料名称、规格、数量等。按照工程内容，根据《安全防范工程费用预算编制办法》（GA/T 70—2004）等国家现行相关标准的规定，编制工程概算书。

4）方案论证

工程项目签订合同、完成初步设计后，宜由建设单位组织相关人员对包括入侵报警系统在内的安防工程初步设计进行方案论证。风险等级较高或建设规模较大的安防工程项目应进行方案论证。

方案论证应提交以下资料：设计任务书；现场勘察报告；初步设计文件；主要设备材料的型号、生产厂家、检验报告或认证证书。

方案论证应包括以下内容：系统设计是否符合设计任务书的要求；系统设计的总体构思是否合理；设备的选型是否满足现场适应性、可靠性的要求；系统设备配置和监控中心的设置是否符合防护级别的要求；信号的传输方式、路由及管线敷设是否合理；系统安全性、可靠性、电磁兼容性、环境适应性、供电、防雷与接地是否符合相关标准的规定；系统的可扩展性、接口方式是否满足使用要求；建设工期是否符合工程现场的实际情况和满足建设单位的要求；工程概算是否合理。对于设计施工一体化企业，其售后服务承诺和培训内容是否可行。

方案论证后形成结论（通过、基本通过、不通过），提出整改意见，并经建设单位确认。

5）施工图设计文件的编制（正式设计）

施工图设计文件编制的依据应包括初步设计文件、方案论证中提出的整改意见和设计单位所做出的并经建设单位确认的整改措施。施工图设计文件应包括设计说明、设计图纸、主要设备材料清单和工程预算书。

施工图设计文件的编制应符合以下规定：施工图设计说明应对初步设计说明进行修改、补充、完善，包括设备材料的施工工艺说明、管线敷设说明等，并落实整改措施；施工图纸应包括系统图、平面图、监控中心布局图及必要说明；系统图应充实系统配置的详细内容（如立管图），标注设备数量，补充设备接线图，完善系统内的供电设计等。

平面图应包括：前端设备设防图应正确标明设备安装位置、安装方式和设备编号等，并列出设备统计表；前端设备设防图可根据需要提供安装说明和安装大样图；管线敷设图应标明管线的敷设安装方式、型号、路由、数量，末端出线盒的位置高度等；分线箱应根据需要，标明线缆的走向、端子号，并根据要求在主干线路上预留适当数量的备用线缆，并列出材料统计表；管线敷设图可根据需要提供管路敷设的局部大样图；其他必要的说明。

监控中心布局图应包括以下内容：监控中心的平面图应标明控制台和显示设备的位置、外形尺寸、边界距离等；根据人机工程学原理，确定控制台、显示设备、机柜以及相应控制设备的位置、尺寸；根据控制台、显示设备、设备机柜及操作位置的布置，标明监控中心内管线走向、开孔位置；标明设备连线和线缆的编号；说明对地板敷设、温湿度、风口、灯光等装修要求；其他必要的说明。

按照施工内容，根据《安全防范工程费用预算编制办法》（GA/T 70—2004）等国家现行相关标准的规定，编制更为详尽的设备材料清单和工程预算书，作为设备订货和工程安装的重要依据。

11.4.3　入侵报警系统应用

某博物馆是一幢 7 层大楼，位于市内繁华地区。地上建筑 7 层，有平台。还有地下室和半地下室各 1 层。用户提供了建筑物的各层平面图，提出了防范部位和重点防范部位的要求。

大楼北面临街有博物馆的正门一个，其他为大面积玻璃窗。大楼南面东、西两侧各有一门,大楼东半部与另一个单位相邻,两单位平台相通。院内南侧有围墙。重点防范部位:半地下室资料库,一层大厅,二层东、西展厅,三层珍贵文物资料库,四层资料库。上述防范部位中,以二、三层最为重要。

地下室内只有些杂物和管道,不是重点防范部位,但考虑到若有作案者潜入破坏,也可能危及整个大楼的安全,所以选用"微波—被动红外双鉴"监测器,控制大楼的东、西两侧的地下室入口。

半地下室有该单位的食堂,东半部有一个资料库。这个部位就不能按地下室同样处理。因为食堂工作人员要上早班和夜班,所以不能采用"封闭地下室入口"的办法。在这一层中,只对其中资料库采取防范措施。库房门外加一双鉴器,形成一个"小禁区",库房门上加磁控开关。

一层是大厅,北面临街,南面在院内,作案者入侵的可能途径主要是门和窗。门可加磁控开关,玻璃窗上也可加磁控开关,但这样做还不够严密,因为作案者可打碎玻璃进入。如果在室内玻璃窗上安装玻璃破碎监测器,可以弥补。但是由于是邻街,又是闹市区,车辆噪声和振动等干扰,都会增加误报的可能。若不采用上面的办法,还可以用"室内微波监测器"或"主动红外监测器",使作案者不能靠近窗户。由于"室内微波监测器"造价较贵,"主动红外监测器"在各种恶劣的气候条件下,工作又不太可靠,所以最后经比较,在室内采用窄波束长距离的"双鉴监测器",来控制大厅南北两侧的窗户。

二层是展厅,是防范的重点部位,应采用多重防范措施。首先控制二层东、西两侧的进出口。在二层的楼门上加"磁控开关"。门上方的墙上装"双鉴监测器",使入侵者不能靠近门。这是第一道防线。第二道防线是在展厅的门上装"磁控开关",门内前上方屋顶处,装"双鉴监测器"。室内增加长距离的"双鉴监测器",控制整个展厅的空间,使入侵者无法在室内活动。第三道防线,由于二层离地面较近,作案者可能沿墙而上,所以围绕二层窗外,沿墙安装一道"周界感应线监测器"。

三层东部有贵重资料库,楼内的防范措施同二层。在三层楼门上装"磁控开关",在门上方的墙上装"双鉴监测器"。因库内存放的资料是多排并列铁皮柜,故在室内设置空间监控有困难,必须加强对门的控制。在库房的卷帘门和木门上都安装"磁控开关"。门内正前方,安装一个"双鉴监测器",这样在门内形成一个小禁区。由于二层已有"周界感应监测器"保护,窗户可不必采取其他防范措施。

四层东部有资料库一个,所选监测器及安装部位和三层资料库防范布局相同。为了对室内监测器报警时进行复合,在上述有防范设施的室内都装有监听器。

从这个建筑的整体考虑,还有两处是可能入侵的部位:院内南围墙和大楼平台。因平台和另一单位相通,作案者可能从平台进入,所以在平台门上装一"磁控开关"。南面围墙上已有铁丝网,为了加强防范,再架设一道"周界感应线监测器"。

系统可选用JY-100型报警控制器。它的主要特点是造价低、性能稳定可靠、功能齐全、体积小、可扩展,并可与国内外多种监测器配接,适合本报警系统使用,可以达到用户的要求。

入侵报警系统监测器平面分布如图 11-8 所示;监控设备连接如图 11-9 所示。

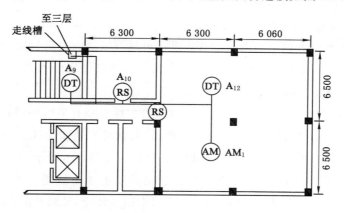

DT—双鉴监测器;RS—磁控开关;AM—监听器。

图 11-8   第四层入侵监测器平面分布图

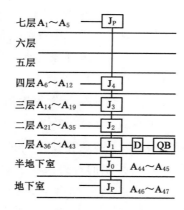

J—中继器;D—端子箱;QB—控制器;A—监测器编号。

图 11-9   入侵报警系统连接图

11.5   住宅建筑火灾自动报警系统

火灾自动报警系统是探测火灾早期特征、发出火灾报警信号,为人员疏散、防止火灾蔓延和启动自动灭火设备提供控制与指示的消防系统。火灾自动报警系统可用于人员居住和经常有人滞留的场所、存放重要物资或燃烧后产生严重污染需要及时报警的场所。火灾自动报警系统的设计,应遵循国家有关方针、政策,针对保护对象的特点,做到安全可靠、技术先进、经济合理。对于建、构筑物中设置的火灾自动报警系统的设计,《建筑设计防火规范》(GB 50016—2014)、《火灾自动报警系统设计规范》(GB 50116—2013)、《家用火灾安全系统》(GB 22370—2008)等进行了相关规定。

11.5.1 火灾自动报警系统的设计要求

1) 火灾自动报警系统设计的基本规定

(1) 火灾自动报警系统应设有自动和手动两种触发装置。火灾自动报警系统中设置的火灾探测器,属于自动触发报警装置,而手动火灾报警按钮则属于人工手动触发报警装置。在设计中,两种触发装置均应设置。

(2) 火灾自动报警系统设备应选择符合国家有关标准和有关市场准入制度的产品。消防产品作为保护人民生命和财产安全的重要产品,其性能和质量至关重要。为了确保消防产品的质量,国家对生产消防产品的企业和法人提出了市场准入要求,凡符合要求的企业和法人方可生产和销售消防产品,就是我们经常所说的市场准入制度。这些制度是选用消防产品的重要依据。《中华人民共和国消防法》第二十四条规定:消防产品必须符合国家标准;没有国家标准的,必须符合行业标准。禁止生产、销售或者使用不合格的消防产品以及国家明令淘汰的消防产品。火灾自动报警设备的质量直接影响系统的稳定性、可靠性指标,所以符合国家有关标准和有关准入制度的要求是保证产品质量一种必要的要求和手段。

(3) 接口和通信协议的兼容性符合规定。系统中各类设备之间的接口和通信协议的兼容性应符合现行国家标准《火灾自动报警系统组件兼容性要求》(GB 22134—2008)的有关规定,保证系统兼容性和可靠性。

(4) 设备总数和地址总数要求。任一台火灾报警控制器所连接的火灾探测器、手动火灾报警按钮和模块等设备总数和地址总数,均不应超过 3 200 点,其中每一总线回路连接设备的总数不宜超过 200 点,且应留有不少于额定容量 10% 的余量;任一台消防联动控制器地址总数或火灾报警控制器(联动型)所控制的各类模块总数不应超过 1 600 点,每一联动总线回路连接设备的总数不宜超过 100 点,且应留有不少于额定容量 10% 的余量。

(5) 系统总线上应设置总线短路隔离器,每只总线短路隔离器保护的火灾探测器、手动火灾报警按钮和模块等消防设备的总数不应超过 32 点;总线穿越防火分区时,应在穿越处设置总线短路隔离器,短路隔离器是最大限度地保证系统整体功能不受故障部件影响的关键。

(6) 超高层建筑要求。对于高度超过 100 m 的建筑,为便于火灾条件下消防联动控制的操作,防止受控设备的误动作,在现场设置的火灾报警控制器成分区控制,除消防控制室内设置的控制器外,每台控制器直接控制的火灾探测器、手动报警按钮和模块等设备不应跨越避难层。

2) 系统形式的选择和设计要求

(1) 火灾自动报警系统形式的选择。仅需要报警,不需要联动自动消防设备的保护对象宜采用区域报警系统。不仅需要报警,同时需要联动自动消防设备,且只设置一台具有集中控制功能的火灾报警控制器和消防联动控制器的保护对象,应采用集中报警系统,并应设置一个消防控制室。设置两个及以上消防控制室的保护对象,或已设置两个及以上集中报警系统的保护对象,应采用控制中心报警系统。火灾自动报警系统的形式和设计要求与保护对象及消防安全目标的设立直接相关。正确理解火灾发生、发展的过程和阶段,对合理设计火灾自动报警系统有着十分重要的指导意义。

（2）区域报警系统的设计。系统应由火灾探测器、手动火灾报警按钮、火灾声光警报器及火灾报警控制器等组成，系统中可包括消防控制室图形显示装置和指示楼层的区域显示器。火灾报警控制器应设置在有人值班的场所。系统未设置消防控制室图形显示装置时，应设置火警传输设备。系统可以根据需要增加消防控制室图形显示装置或指示楼层的区域显示器。区域报警系统不具有消防联动功能。在区域报警系统里，可以根据需要不设消防控制室，若有消防控制室，火灾报警控制器和消防控制室图形显示装置应设置在消防控制室；若没有消防控制室，则应设置在平时有专人值班的房间或场所。区域报警系统应具有将相关运行状态信息传输到城市消防远程监控中心的功能。

（3）集中报警系统的设计。系统应由火灾探测器、手动火灾报警按钮、火灾声光警报器、消防应急广播、消防专用电话、消防控制室图形显示装置、火灾报警控制器、消防联动控制器等组成。系统中的火灾报警控制器、消防联动控制器和消防控制室图形显示装置、消防应急广播的控制装置、消防专用电话总机等起集中控制作用的消防设备，应设置在消防控制室内。

（4）控制中心报警系统设计。有两个及以上消防控制室时，应确定一个主消防控制室。主消防控制室应能显示所有火灾报警信号和联动控制状态信号，并应能控制重要的消防设备；各分消防控制室内消防设备之间可互相传输、显示状态信息，但不应互相控制。

3）消防联动控制设计

（1）消防联动控制器应能按设定的控制逻辑向各相关的受控设备发出联动控制信号，并接受相关设备的联动反馈信号。通常在火灾报警后经逻辑确认（或人工确认），联动控制器应在 3 s 内按设定的控制逻辑准确发出联动控制信号给相应的消防设备，当消防设备动作后将动作信号反馈给消防控制室并显示。消防联动控制器是消防联动控制系统的核心设备，消防联动控制器按设定的控制逻辑向各相关受控设备发出准确的联动控制信号，控制现场受控设备按预定的要求动作，是完成消防联动控制的基本功能要求；同时为了保证消防管理人员及时了解现场受控设备的动作情况，受控设备的动作反馈信号应反馈给消防联动控制器

（2）消防联动控制器的电压控制输出应采用 DC24 V，其电源容量应满足受控消防设备同时启动且维持工作的控制容量要求。消防联动控制器的电压控制输出采用 DC24 V，主要考虑的是设备和人员安全问题，DC24 V 也是火灾自动报警系统中应用普遍的电压。除容量满足受控消防设备同时启动所需的容量外，还要满足传输线径要求，当线路压降超过 5% 时，其 DC24 V 电源应由现场提供。

（3）各受控设备接口的特性参数应与消防联动控制器发出的联动控制信号相匹配。消防联动控制器与各个受控设备之间的接口参数应能够兼容和匹配，保证系统兼容性和可靠性。一般情况下，消防联动控制系统设备和现场受控设备的生产厂家不同，各自设备对外接口的特性参数不同，在工程的设计、设备选型等环节细化要求的防联动控制系统设备和现场受控设备接口的特性参数相互匹配，是保证在应急情况下，建筑消防设施的协同、有效动作

的基本技术要求。

（4）消防水泵、防烟和排烟风机的控制设备，除应采用联动控制方式外，还应在消防控制室设置手动直接控制装置。消防水泵、防烟和排烟风机等消防设备的手动直接控制应通过火灾报警控制器（联动型）或消防联动控制器的手动控制盘实现，盘上的启停按钮应与消防水泵、防烟和排烟风机的控制箱（柜）直接用控制线或控制电缆连接。消防水泵、防烟和排烟风机是在应急情况下实施初起火灾扑救、保障人员疏散的重要的消防设备。考虑到消防联动控制器在联动控制时序失效等极端情况下，可能出现不能按预定要求有效启动上述消防设备的情况，要求冗余采用直接手动控制方式对此类设备进行直接控制，该要求是重要消防设备有效动作的重要保障。

（5）启动电流较大的消防设备宜分时启动。消防设备启动的过电流将导致消防供电线路和消防电源的过负荷，也就不能保证消防设备的正常工作。因此，应根据消防设备的启动电流参数，结合设计的消防供电线路负荷或消防电源的额定容量，分时启动电流较大的消防设备。

（6）需要火灾自动报警系统联动控制的消防设备，其联动触发信号应采用两个独立的报警触发装置报警信号的"与"逻辑组合。为了保证自动消防设备的可靠启功，其联动触发信号应采用两个独立的报警触发装置报警信号的"与"逻辑组合。任何一种探测器对火灾的探测都有局限性，对于可靠性要求较高的气体、泡沫等自动灭火设备、设施，仅采用单一探测形式探测器的报警信号作为该类设备、设施启动的联动触发信号，不能保证这类设备、设施的可靠启动，从而带来不必要的损失，因此，要求该类设备的联动触发信号必须是两个及以上不同探测形式的报警触发装置报警信号的"与"逻辑组合。

4）火灾警报和消防应急广播系统的联动控制设计

（1）火灾自动报警系统应设置火灾声光警报器，并应在确认火灾后启动建筑内的所有火灾声光警报器。发生火灾时，火灾自动报警系统能够及时准确地发出警报，对保障人员的安全具有至关重要的作用。火灾自动报警系统均应设置火灾声光警报器，并在发生火灾时发出警报，其主要目的是在发生火灾时对人员发出警报，警示人员及时疏散。

（2）未设置消防联动控制器的火灾自动报警系统，火灾声光警报器应由火灾报警控制器控制；设置消防联动控制器的火灾自动报警系统，火灾声光警报器应由火灾报警控制器或消防联动控制器控制。

（3）公共场所宜设置具有同一种火灾变调声的火灾声警报器；具有多个报警区域的保护对象，宜选用带有语音提示的火灾严警报器；学校、工厂等各类日常使用电铃的场所，不应使用警铃作为火灾声警报器。

（4）火灾声警报器设置带有语音提示功能时，应同时设置语音同步器。为进免临近区域出现火灾语音提示后声音不一致的现象，带有语音提示的火灾声警报器应同步设置语音同步器。在火灾发生时，及时、清楚地对建筑内的人员传递火灾警报信息是火灾自动报警系统的主要功能。当火灾声警报器设置设置语音提示功能时，设置语音同步器是保证火灾警报信息准确传递的基本技术要求。

（5）同一建筑内设置多个火灾声警报器时，火灾自动报警系统应能同时启动和停止所有火灾声警报器工作。为保证建筑内人员对火灾报警响应的一致性，有利于人员疏散，建筑内设置的所有火灾声警报器应能同时启动和停止。建筑内设置多个火灾声警报器时，同时启动同时停止，可以保证火灾警报信息传递的一致性以及人员响应的一致性，同时也便于消防应急广播等指导人员疏散信息向人员传递的有效性。要求对建筑内设置的多个火灾声警报器同时启动和停止，是保证火灾警报信息有效传递的基本技术要求。

（6）火灾声警报器单次发出火灾警报时间宜为 8～20 s，同时设有消防应急广播时，火灾声警报应与消防应急广播交替循环播放。实践证明，火灾发生时先鸣警报装置，高分贝的啸叫会刺激人的神经使人立刻警觉，然后再播放广播通知疏散，如此循环进行效果更好。

（7）集中报警系统和控制中心报警系统应设置消防应急广播。采用集中报警系统和控制中心提警系统的保护对象多为高层建筑或大型民用建筑，这些建筑内人员集中又较多，火灾时影响面大，为了便于火灾时统一指挥人员有效疏散，要求在集中报警系统和控制中心报警系统中设置消防应急广播。对于高层建筑式大型民用建筑这些人员密集场所，多年的灭火救援实践表明，在应急情况下，消防应急广播播放的疏散导引的信息可以有放地指导建筑内的人员有序疏散。

（8）消防应急广播系统的联动控制信号应由消防联动控制器发出。当确认火灾后，应同时向全楼进行广播。火灾发生时，每个人都应在第一时间得知，同时为避免由于错时疏散而导致的在疏散通道和出口处出现人员拥堵现象，要求在确认火灾后同时向整个建筑进行应急广播。

（9）消防应急广播的单次语音播放时间宜为 10～30 s，应与火灾声警报器分时交替工作，可采取 1 次火灾声警报器播放、1 次或 2 次消防应急广播播放的交替工作方式循环播放。

（10）在消防控制室应能手动或按预设控制逻辑联动控制选择广播分区、启动或停止应急广播系统，并应能监听消防应急广播。在通过传声器进行应急广播时，应自动对广播内容进行录音。为了有效地指导建筑内各部位的人员疏散，作为建筑消防系统控制及管理中心的消防控制室内，应能手动或自动对各广播分区进行应急广播。与日常广播或背景音乐系统合用的消防应急广播系统，如果广播扩音装置未设置在消防控制室内，不论采用哪种遥控播音方式，在消防控制室都应能用话筒直接播音和遥控扩音机的开关，自动或手动控制相应分区，播送应急广播。在消防控制室应能监控扩音机的工作状态，监听消防控制室广播的内容，同时为了记录现场应急指挥的情况，应对通过传声器广播的内容进行录音。

（11）消防应急广播相关信息的显示要求。消防控制室内应能显示消防应急、广播的广播分区的工作状态。

（12）消防应急广播与普通广播或背景音乐广播台用时，应具有强制切入消防应急广播的功能。由于日常工作需要，很多建筑设置了普通广播或背景音乐广播，为了节约建筑成本，可以在设置消防应急广播时共享相关资源，但是在应急状在时，广播系统必须能够无条件的切换至消防应广播状态，这是保证消防应急广播信息有效传递的基本技术要求。

11.5.2 住宅建筑火灾自动报警系统设计要求

1）住宅建筑火灾自动报警系统设计的一般规定

（1）住宅建筑火灾自动报警系统分类。住宅建筑火灾自动报警系统可根据实际应用过程中保护对象的具体情况分为4类。A类系统可由火灾报警控制器、手动火灾报警按钮、家用火灾探测器、火灾声警报器、应急广播等设备组成。B类系统可由控制中心监控设备、家用火灾报警控制器、家用火灾探测器、火灾声警报器等设备组成。C类系统可由家用火灾报警控制器、家用火灾探测器、火灾声警报器等设备组成。D类系统均由独立式火灾探测报警器、火灾声警报器等设备组成。

（2）住宅建筑火灾自动报警系统的选择。有物业集中监控管理且设有市联动控制的消防设施的住宅建筑应选用A类系统。仅有物业集中监控管理的住宅建筑宜选用A类或B类系统。没有物业集中监控管理的住宅建筑宜选用C类系统。别墅式住宅和已投入使用的住宅建筑可选用D类系统。

2）住宅建筑火灾自动报警系统设计

（1）A类系统的设计。住户内设置的家用火灾探测器可接入家用火灾报警控制器，也可直接接入火灾报警控制器。设置的家用火灾报警控制器应将火灾报警信息、故障信息等相关信息传输给相连接的火灾报警控制器。建筑公共部位设置的火灾探测器应直接接入火灾报警控制器。A类系统示意图如图11-10所示。

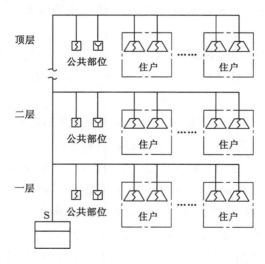

图 11-10　A 类系统示意图

（2）B类和C类系统的设计。住户内设置的家用火灾探测器应接入家用火灾报警控制器。家用火灾报警控制器应能启动设置在公共部位的火灾声警报器。B类系统中，设置在每户住宅内的家用火灾报警控制器应连接到控制中心监控设备，控制中心监控设备应能显示发生火灾的住户。B类系统如图11-11所示；C类系统如图11-12所示。

（3）D类系统的设计。有多个起居室的住户，宜采用互连型独立式火灾探测报警器。宜选择电池供电时间不少于3年的独立式火灾探测报警器。D类系统示意图如图11-13

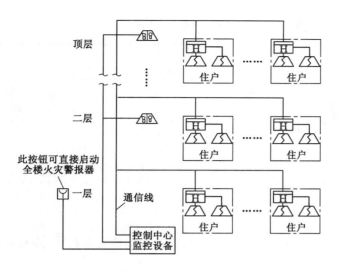

图 11-11　B 类系统示意图

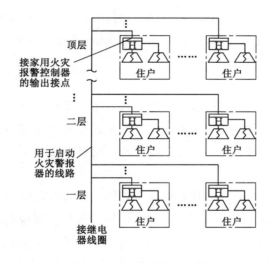

图 11-12　C 类系统示意图

所以。

（4）采用无线方式将独立式火灾探测报警器组成系统时，系统设计应符合 A 类、B 类或 C 类系统之一的设计要求。

3）火灾探测器的设置

（1）每间卧室、起居室内应至少设置一只感烟火灾探测器。

（2）可燃气体探测器在厨房设置时，使用天然气的用户应选择甲烷探测器，使用液化气的用户应选择丙烷探测器，使用煤制气的用户应选择一氧化碳探测器。连接燃气灶具的软管及接头在橱柜内部时，探测器宜设置在橱柜内部。甲烷探测器应设置在厨房顶部，丙烷探测器应设置在厨房下部，一氧化碳探测器可设置在厨房下部，也可设置在其他部位。可燃气体探测器不宜设置在灶具正上方。宜采用具有联动关断燃气关断阀功能的可燃气体探测

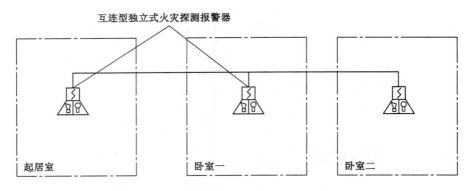

图 11-13 D 类系统示意图

器。探测器联动的燃气关断阀宜为用户可以自己复位的关断阀,并应具有胶管脱落自动保护功能。

4）家用火灾报警控制器的设置

家用火灾报警控制器应独立设置在每户内,且应设置在明显和便于操作的部位。当采用壁挂方式安装时,其底边距地高度宜为 1.3～1.5 m。具有可视对讲功能的家用火灾报警控制器宜设置在进户门附近。

5）火灾声警报器的设置

住宅建筑公共部位设置的火灾报警报器应具有语音功能,且应能接受联动控制或由手动火灾按警按钮信号直接控制发出警报。每台警报器覆盖的楼层不应超过 3 层,且首层明显部位应设置用于直接启动火灾声警报器的手动火灾报警按钮。

6）应急广播的设置

住宅建筑内设置的应急广播应能接受联动控制或手动火灾报警按钮信号直接控制进行广播。每台扬声器覆盖的楼后不应超过 3 层。广播功率放大器应具有消防电话插孔,消防电话插入后应能直接讲话。广播功率放大器应配有备用电池,电池持续工作不能达到 1 h 小时,应能向消防控制室或物业值班室发送报警信息。广播功率放大器应设置在首层内走道侧面墙上,箱体面板应有防止非专业人员打开的措施。

11.5.2 住宅建筑火灾自动报警系统应用

某住宅小区有 6 栋 17 层电梯房,由某物业公司进行管理。各楼栋建立了火灾自动报警系统,由物业进行集中监控管理。火灾自动报警系统设计遵循安全性、可靠性、实时性、实用性、经济性、可扩展性、设备选型标准化、设计接口标准化等原则,选用统一的硬件、软件平台,系统设备选型采用同类产品品牌一致,便于物业管理对同类设备进行统一维护,并可以共享同类型的备品备件,整合不同系统的维护人员,维护成本将可以显著降低。系统采用 B 类系统,由控制中心监控设备、家用火灾报警控制器、家用火灾探测器、火灾声警报器等设备组成,同时安装有入侵探测器,具备入侵报警功能,系统结构如图 11-14 所示。

该系统在单元公共区域设置了手动按钮,可直接启动警报器。家用火灾报警控制器除连接住户内的家用感烟火灾探测器和可燃气体探测器外,还连接了被动红外入侵探测器、玻

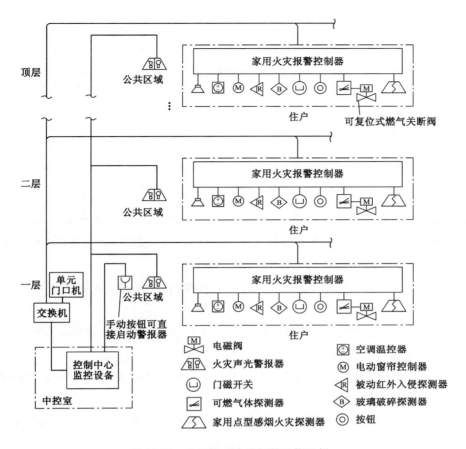

图 11-14　住宅火灾自动报警系统示例

璃破碎探测器、门磁开关、空调调温器、电动窗帘控制器等设备。具有火灾报警、安全防范和舒适性控制等功能。每户家庭均装有可复位式燃气关断电磁阀。系统中家用火灾报警控制器通过超 5 类网线与中控室的控制中心监控设备相连,通过网线进行报警信息及其他信息的交互,家用火灾报警控制器或手动报警按钮报警后由控制中心监控设备启动公共区域的火灾警报器。

　　家用火灾报警控制器选用秦皇岛尼特智能科技有限公司的 NT-JJ3507,具有火灾报警、家电控制、安防报警、情景控制、可视对讲、信息服务和远程控制等功能,通过千兆以太网交换机及光纤与监控中心监控设备 NT-JJ3500 通信。NT-JJ3507 为壁挂式,自带 10 寸彩色显示屏,与感烟探测器、气体探测器、按钮开关、门(窗)磁开关、声光警报器等连接。控制中心监控设备为 NT-JJ3500,具有火灾报警、消息通知、安防报警、视频监控、可视对讲、物业管理等功能。

参 考 文 献

[1] 国家安全生产监督管理总局.煤矿安全规程[M].北京:煤炭工业出版社,2016.

[2] 国家安全生产监督管理总局信息研究院.煤矿井下安全避险"六大系统"培训教材[M].北京:煤炭工业出版社,2012.

[3] 国家质量技术监督局.GB 10408.1—2000 入侵探测器 第1部分:通用要求[S].北京:中国标准出版社,2000.

[4] 国家质量监督检验检疫总局.GB 12358—2006 作业场所环境气体检测报警仪 通用技术要求[S].北京:中国标准出版社,2006.

[5] 国家质量监督检验检疫总局.GB 3836.1—2010 爆炸性环境 第1部分:设备 通用要求[S].北京:中国标准出版社,2010.

[6] 国家质量监督检验检疫总局.GB 3836.2—2010 爆炸性环境 第2部分:由隔爆外壳"d"保护的设备[S].北京:中国标准出版社,2011.

[7] 国家质量监督检验检疫总局.GB 3836.3—2010 爆炸性环境 第3部分:由增安型"e"保护的设备[S].北京:中国标准出版社,2011.

[8] 国家质量监督检验检疫总局.GB 3836.4—2010 爆炸性环境 第4部分:由本质安全型"i"保护的设备[S].北京:中国标准出版社,2011.

[9] 国家质量监督检验检疫总局.GB 50016—2014 建筑设计防火规范[S].北京:中国计划出版社,2015.

[10] 国家质量监督检验检疫总局.GB 50116—2013 火灾自动报警系统设计规范[S].北京:中国建筑工业出版社,2014.

[11] 国家质量监督检验检疫总局.GB 50160—2008 石油化工企业设计防火规范[S].北京:中国计划出版社,2009.

[12] 国家质量监督检验检疫总局.GB 50348—2004 安全防范工程技术规范[S].北京:中国计划出版社,2004.

[13] 国家质量监督检验检疫总局.GB 50394—2007 入侵报警系统工程设计规范[S].北京:中国计划出版社,2007.

[14] 国家质量监督检验检疫总局.GB 50493—2009 石油化工可燃气体和有毒气体检测报警设计规范[S].北京:中国计划出版社,2009.

[15] 国家质量监督检验检疫总局. GB 50770—2013 T 石油化工安全仪表系统设计规范 [S]. 北京:中国计划出版社,2013.

[16] 国家质量监督检验检疫总局. GB 5817—2009 粉尘作业场所危害程度分级[S]. 北京: 中国标准出版社,2009.

[17] 国家质量监督检验检疫总局. GB/T 13486—2014 便携式热催化甲烷检测报警仪[S]. 北京:中国标准出版社,2015.

[18] 国家质量监督检验检疫总局. GB/T 15236—2008 职业安全卫生术语[S]. 北京:中国标准出版社,2009.

[19] 国家质量监督检验检疫总局. GB/T 16913—2008 粉尘物性试验方法[S]. 北京:中国标准出版社,2009.

[20] 国家质量监督检验检疫总局. GB/T 18459—2001 传感器主要静态性能指标计算方法 [S]. 北京:中国标准出版社,2002.

[21] 国家质量监督检验检疫总局. GB/T 50087—2013 工业企业噪声控制设计规范[S]. 北京:中国建筑工业出版社,2014.

[22] 国家质量监督检验检疫总局. GB/T 7665—2005 传感器通用术语[S]. 北京:中国标准出版社,2005.

[23] 国家质量监督检验检疫总局. GBZ/T 189.8—2007 工作场所物理因素测量 第8部分: 噪声[S]. 北京:中国计划出版社,2007.

[24] 国家质量监督检验检疫总局. GBZ/T 192.1—2007 工作场所空气中粉尘测定 第1部分:总粉尘浓度[S]. 北京:中国计划出版社,2007.

[25] 国家质量监督检验检疫总局. GBZ/T 192.2—2007 工作场所空气中粉尘测定 第2部分:呼吸性粉尘浓度[S]. 北京:中国计划出版社,2007.

[26] 国家质量监督检验检疫总局. GBZ/T 192.3—2007 工作场所空气中粉尘测定 第3部分:粉尘分散度[S]. 北京:中国计划出版社,2007.

[27] 国家质量监督检验检疫总局. GBZ/T 192.4—2007 工作场所空气中粉尘测定 第4部分:游离二氧化硅含量[S]. 北京:中国计划出版社,2007.

[28] 国家质量监督检验检疫总局. GBZ/T 229.1—2010 工作场所职业病危害作业分级 第1部分:生产性粉尘[S]. 北京:中国计划出版社,2010.

[29] 国家质量监督检验检疫总局. GBZ/T 229.4—2012 工作场所职业病危害作业分级第4部分:噪声[S]. 北京:中国计划出版社,2012.

[30] 国家质量监督检验检疫总局. GBZ/T 233—2009 工作场所有毒气体检测报警装置设置规范[S]. 北京:中国计划出版社,2009.

[31] 环境保护部. GB 12348—2008 工业企业厂界环境噪声排放标准[S]. 北京:中国环境科学出版社,2008.

[32] 环境保护部. GB 3096—2008 声环境质量标准[S]. 北京:中国环境科学出版社,2008.

[33] 环境保护部. GB/T 15190—2014 声环境功能区划分技术规范[S]. 北京:中国环境科学

出版社,2008.

[34] 姜香菊.传感器原理及应用[M].北京:机械工业出版社,2017.

[35] 李润求,施式亮.矿井瓦斯爆炸灾害风险模式识别与预警[M].徐州:中国矿业大学出版社,2016.

[36] 全国安全生产标准化技术委员会煤矿安全分技术委员会.煤炭标准汇编(AQ卷)[M].北京:煤炭工业出版社,2008.

[37] 唐文彦.传感器[M].5版.北京:机械工业出版社,2015.

[38] 王怀珍,孙文标.通风瓦斯常用数据测量实用手册[M].北京:煤炭工业出版社,2010.

[39] 王俊杰,曹丽.传感器与检测技术[M].北京:清华大学出版社,2011.

[40] 徐凯宏,朱顺兵.安全监测技术[M].徐州:中国矿业大学出版社,2012.

[41] 杨胜强.粉尘防治理论与技术[M].徐州:中国矿业大学出版社,2015.

[42] 张乃禄.安全检测技术[M].2版.西安:西安电子科技大学出版社,2012.02.

[43] 中国建筑标准设计研究院.《火灾自动报警系统设计规范》图示[M].北京:中国计划出版社,2014.